創新與預見

ChatG（ChatGPT）

及 AIGC

新時代

U0034314

從符號到神經元，AI 的進化與 ChatGPT 的崛起

陳世欣
陳格非 著

ChatGPT

透過對 AI 歷史發展過程的闡述，
推演未來的發展趨勢和產業前景，
講述了 ChatGPT 對社會各個領域的影響，
為讀者全面剖析了 ChatGPT 技術的本質和價值。

目錄

前言

第 1 章
ChatGPT 發展簡史

1.1
AI 的概念和萌芽 ………………………………………014

1.2
符號主義流派的探索 …………………………………026

1.3
連線主義流派的探索 …………………………………037

1.4
預訓練大模型時代 ……………………………………071

1.5
ChatGPT 簡史 …………………………………………086

1.6
ChatGPT 生態系統 ……………………………………111

第 2 章
ChatGPT 的本質及影響

2.1
AI 對工作的影響 ………………………………………126

2.2
ChatGPT 本質和價值 …………………………………130

2.3
訊息密集且以重複性工作為主的領域 ………………138

2.4
需要大量專業知識和較高技能的領域 ………………150

2.5
需要創造能力和創新能力的領域 ····················· 176

2.6
需要身體能力和道德判斷的領域 ····················· 197

2.7
對社交、隱私和公平的影響 ························· 214

第 3 章
ChatGPT 使用指南

3.1
ChatGPT 的優缺點 ································· 223

3.2
提示語原則和提示語工程 ··························· 237

3.3
場景化的提示語模板 ······························· 268

3.4
跨平台應用和定製 ································· 358

第 4 章
AI 應用案例

4.1
AI 寫作和編輯 ····································· 385

4.2
AI 影像生成和處理 ································· 397

4.3
AI 編程 ··· 412

4.4
AI 音訊生成和處理 ································· 419

4.5
AI 影片生成和處理 ································· 425

4.6
AI 銷售自動化 ····································· 435

4.7
AI 輔助管理和合作 ················· 439

4.8
AI 生成演示文件 ·················· 446

4.9
AI 虛擬人 ······················· 450

4.10
AI 遊戲 ························· 458

第 5 章
ChatGPT 發展前瞻

5.1
對人工智慧的恐懼和爭議 ············ 466

5.2
AI 產業的生態 ··················· 474

5.3
ChatGPT 的演化 ················· 492

5.4
奇點和意識 ····················· 498

附錄 AI 小百科

目錄

前言

　　2022 年是 AIGC（人工智慧生成內容）元年。透過 AIGC，輸入幾個關鍵詞就能生成不錯的畫作，敲幾個音符就能完成編曲，輸入幾句話就能完成短影片劇本，甚至可以寫中文句子完成程式碼編寫。雖然這些生成的內容還需要疊代、優化、潤色，但創作門檻的降低與創作效率的提升，讓大家看到了 AI（人工智慧）對於內容創作領域的巨大價值。

　　從 70 多年前艾倫·麥席森·圖靈提出圖靈測試開始，人類一直在研究 AI 技術，十幾年前深度學習開始被廣泛使用後，AI 技術發展飛速，在語音辨識、影像辨識和無人駕駛等方面不斷取得突破，但一直缺少一個殺手級應用來推動 AI 技術的普惠化，這就導致許多 AI 技術和資源成為「孤島」，不能被大眾所用。很多 AI 的應用都被戲稱為「玩具」，沒有太多實用價值。

　　2022 年 11 月 30 日，ChatGPT 橫空出世，帶人類進入了 AIGC 新時代。

　　ChatGPT 是一個具有超大知識庫的聊天程式，它的自然語言使用者介面，能打通和連線以往累積的 AI 系統，並讓各類軟體更新疊代變得更易用和更自動化。

　　隨著 ChatGPT 應用及其背後的 GPT（生成式預訓練轉換器）技術迅速在全球普及，AI 產業正經歷著一場前所未有的變革。這場變革帶來的不僅是技術的進步，更促成了一種全新的生態系統的形成。人工智慧作為一種普惠型的生產要素加入人類社會，對整個社會的影響不亞於工業革命。

　　在工業革命時期，機器的發明和使用讓工業生產效率得到極大提高，也帶來了巨大的經濟效益。隨著機器的廣泛應用以及工業生產規模的不斷擴大，龐大的工業生態系統逐漸形成，在隨後的一百多年影響了全球。

自 2020 年 GPT-3 問世，已經有許多行業應用 GPT 技術產生了巨大的經濟效益和社會效益。預計這次 GPT 技術帶來的革命將會在幾年內影響全球，原因有三：

第一，語言是思維的載體，GPT 這樣的大語言模型能理解和模擬人類的思維，將成為最好的使用者介面。想像一下，從不聯網的 PC（個人電腦）時代，到網際網路時代，再到萬物互聯的物聯網時代，整個生態的價值以指數級提升。GPT 將用自然語言方式全面提升所有軟體系統的使用者互動能力以及相互連線的能力，這樣創造的價值會增加多少？

第二，AI 大語言模型這樣的生產要素，是給人類賦能的第二大腦，濃縮了全球訊息的語言模型就是真實世界本身的投射。有了這樣的第二大腦，人類的生產力和思考速度將以倍數提升。

第三，殺手級應用推動生態系統的建立。由於 ChatGPT 這樣的殺手級應用出現，一個龐大的 AI 生態系統正在快速形成，並帶來產業的變革。這個生態系統的繁榮將會讓 AI 產業得到更快速、更健康的發展，也將會為人類社會帶來更多的福利和便利。

本書將帶領讀者深入了解 ChatGPT 技術的發展歷程、本質和應用，以及 ChatGPT 可能帶來的影響和未來發展前景。

第 1 章介紹 AI 的歷史發展，引出 ChatGPT 技術的發展歷程。涉及人工智慧的起源、兩個主要流派的發展以及大模型的發展過程，重點講述了影響 AI 的一些關鍵人物和核心技術，為讀者進一步了解 AI 相關技術進行科普。

第 2 章分析 ChatGPT 對社會各個領域的影響，並探討 ChatGPT 技術的本質和價值。ChatGPT 對整個社會帶來的影響類似淹沒效應（類似科幻電影中海平面上升，逐漸淹沒全球的小島和陸地），根據 ChatGPT 影響的關鍵因素和行業特點，本章分別講述了 ChatGPT 技術可能對各行業和領域帶來的影響，尤其分析了其對典型職業的影響，最後討論了 ChatGPT 對社交、隱私、

公平等方面的影響。

　　第 3 章是 ChatGPT 的使用指南。本章先從如何用 ChatGPT 獲得價值的維度解讀提示語和提示語工程，然後結合具體的場景和案例，為讀者展示如何在實際應用中更好地使用提示語與 ChatGPT 對話，最後介紹了如何用 ChatGPT 作為工作流的一部分，基於微調 GPT 定製自己的 ChatGPT，以及開發外掛等應用方式。

　　第 4 章主要講述 AI 應用的案例，包括多個應用方向，介紹如何藉助各類 AI 工具來提高生產力或解決問題，並介紹了一些公司及產品，方便讀者嘗試使用。本章對一些代表性的公司和產品進行了重點講述，總結其成功的模式和規律，以使讀者得到啟發。

　　第 5 章探討了 ChatGPT 技術的未來發展。本章從 AI 產業的發展趨勢以及一些對 AI 發展的分歧等入手，著重討論 ChatGPT 技術的發展前景和可能的影響，最後對一些熱點概念，例如奇點和 AI 意識，以及它們可能對 Chat-GPT 技術和人工智慧產業的影響進行了闡釋。透過這些探討，讀者可以更好地了解 ChatGPT 技術的未來發展趨勢和產業前景。

　　本書力求深入淺出，為讀者提供全面、實用的 ChatGPT 技術指南和應用案例，幫助讀者更好地了解和掌握這一重要的 AI 技術。我們相信，本書能夠成為讀者學習、研究和實踐 ChatGPT 技術的有力助手和使用指南。

第 1 章

ChatGPT 發展簡史

　　1,000 多年前，人類就有製造智慧機器的夢想。例如，傳說中的木牛流馬是由諸葛亮發明的一種運輸工具，士兵驅使它在崎嶇的棧道上運送軍糧，而且「人不大勞，牛不飲食」。從描述上來看，這種機器應該是能夠適應路況、自行移動的機器，類似現代的掃地機器人。然而，在當時的技術條件下，根本沒有合適的工具來實現這個夢想。

　　在電腦出現之前，人們普遍認為人工智慧的基本假設是可以將人類的思考過程機械化。直到電子電腦誕生，人們突然意識到，藉助電腦也許可以實現建造智慧機器的夢想，AI 就是基於電腦技術的一個新概念。

　　AI 已經發展了 70 多年，之前都是雷聲大、雨點小，雖然各式各樣的研究及討論不斷，但並沒有激起太大的浪花。然而到了 2022 年 11 月 30 日，AI 的發展進入了一個新階段 —— 第一次被全球十幾億人熱烈討論，並在各個領域開始應用。因為，這一天 OpenAI 的 CEO 薩姆・阿特曼（SamAltman）在推特上釋出了 ChatGPT，一句話加上一個網站連結，任何人都可以註冊帳戶，免費與 OpenAI 的新聊天機器人 ChatGPT 交談。

　　24 小時內，大批人湧入網站，給 ChatGPT 提了各種要求。軟體 CEO 兼工程師 AmjadMasad 要求它除錯他的程式碼；美食博主兼網紅 Gina Homo lka 用它寫了一份健康巧克力餅乾的食譜；ScaleAI 的工程師 Riley Goodside 要求它為《宋飛正傳》（*Seinfeld*）劇集編寫劇本；Guy Parsons 是一名行銷人員，他還經營著一家致力於 AI 藝術的線上畫廊，他讓它為他編寫提示，以輸入另一個 AI 系統 Midjourney，從文字描述建立影像；史丹佛大學醫學院的皮膚科醫生 Roxana Daneshjou 研究 AI 在醫學上的應用，向它提出了醫學問題，許多學生用它來做作業……以前也出現過很多聊天機器人，但相形之下，比 ChatGPT 遜色不少。ChatGPT 可以進行長時間、流暢的對話，回答問題，並撰寫人們要求的幾乎任何類型的書面材料，包括商業計劃、廣告活動方案、詩歌、笑話、電腦程式碼和電影劇本。ChatGPT 可以在一秒內生成這些內容，使用者無須等待，而且它

生成的很多內容還不錯。

它也會承認錯誤、質疑不正確的前提並拒絕不恰當的請求。

ChatGPT 看起來什麼都懂，就像個百科全書。其流暢的回答、豐富的知識，給了參與者極大的震撼。但它並不完美，也會產生讓人啼笑皆非的錯誤、帶來莫名的喜感。

ChatGPT 在釋出後五天內，就擁有了超過 100 萬名使用者，這是臉書（現更名為 Meta）花了 10 個月才達到的里程碑。

2022 年 12 月 4 日，伊隆·馬斯克（ElonMusk）發了一條推文，他說：「ChatGPT 有一種讓人毛骨悚然的屬害，我們離危險的強大人工智慧已經不遠了。」

僅僅 2 個月後，ChatGPT 註冊使用者突破 1 億名。據網路流量數據網站 Similar Web 統計，ChatGPT 的全球訪問量在 4 月分再創新高，達到 17.6 億次。要知道，這個數字還沒有包含大量使用 ChatGPT API 接入的和使用第三方應用的使用者訪問量。

ChatGPT 出現後，一夜之間，每個人都在談論 AI 如何顛覆他們的工作和生活。

ChatGPT 是 AI 相關技術浪潮的一部分，這些技術被統稱為「生成式人工智慧」—— 其中包括熱門的藝術生成器，如 Midjourney 和 Stable Diffusion。

在 ChatGPT 出現之前，大眾對 OpenAI 了解很少，這家公司突然現身，引起了大家強烈的好奇心。它到底是什麼來歷？為什麼能開發出如此強大的 AI 系統？

讓我們從 AI 的起源說起。

1.1
AI 的概念和萌芽

在網際網路上，AI（Artificial Intelligence，人工智慧）有許多不同的定義。

維基百科說：AI 是指透過普通電腦程式來呈現人類智慧的技術。

Google 說：AI 是一組技術，使電腦能夠執行各種高級功能，包括檢視、理解和翻譯口語及書面語言、分析數據、提出建議等各種能力。

百度百科說：AI 是研究、開發用於模擬、延伸和擴展人的智慧的理論、方法、技術及應用系統的一門新的技術科學。

Oracle 說：AI 是指可模仿人類智慧來執行任務，並基於收集的訊息對自身進行疊代式改進的系統和機器。

ChatGPT 說：AI 是一種機器智慧，它可以執行通常需要人類智慧才能執行的任務，例如理解自然語言、解決問題、學習、決策和感知。AI 旨在透過模擬人類的智慧和行為來建立智慧機器和軟體，研究領域包括機器學習、自然語言處理、電腦視覺、認知計算和智慧機器人等。

為什麼有如此多的定義呢？

因為 AI 是一個包括了多重內涵的概念，一個是指有 AI 的電腦（智慧體），另一個是指 AI 科學和技術。分兩點來解釋：

第一，有 AI 的電腦可以透過模擬人類的智慧和行為，完成通常需要人類智慧才能做的任務。

第二，AI 技術是讓電腦成為一個持續學習提高的學生，不僅能從數據中學習和提取訊息，並利用這些訊息來做出正確的決策，還能感知環境，更容易理解周圍的世界，更好地解決問題。

不過，AI 的概念依然存在很多爭議。其中，最大的質疑是「智慧」這個詞。

顧名思義，AI 就是以人類智慧為模板的，理解與模擬人類智慧是 AI 實現的基本路徑。

人類的智慧首先表現在人類的身體能夠感知和運動。透過眼睛、耳朵、鼻子、口和手腳這些感官，人類能夠看到、聽到、嗅到、品嘗和觸控周圍的事物，並透過手腳來操作和移動物體，與環境進行複雜的互動。機器要做到這些，需要具備辨識模式和控制回饋的能力。

人類的智慧更顯現在人類複雜的心智活動中，例如理解語言、理解場景、規劃行動、智慧搜尋訊息、學習總結知識、推理決策等，這種高級智慧活動由人的大腦完成。如果 AI 只停留在感知和運動階段，那麼機器只能達到普通動物的智力水準，而人的心智慧力才是讓人類成為萬物之靈的關鍵。

2016 年 AlphaGo 打敗了人類圍棋冠軍，按理說比人類還強的機器棋手具有了相當強大的推理和思考能力，那麼它算擁有智慧了嗎？

當然算。因為它模擬出來了人類的智慧，具有強大的計算和搜尋技術，可以透過分析和模仿大量數據來學習並辨識圍棋中的模式和策略，以做出最佳的棋局決策。但是 AlphaGo 並沒有像人類一樣的推理和思考能力，無法像人類那樣透過推理進行邏輯推斷，所以 AlphaGo 也無法將下棋的高超技能遷移到其他領域。換句話說，下棋贏過所有人的 AlphaGo 在寫文章方面還不如小學生。這種 AI，被稱作弱 AI。弱 AI（WeakAI）並不是說 AI 本身的能力很弱，而是指它只能解決少量的問題。實際上，目前所有的 AI 都只能完成單個領域的工作，都叫做弱 AI，也叫窄 AI（NarrowAI）。

生活中，弱 AI 的應用隨處可見，場景也越來越廣泛，為人們的生活、工作和社會帶來了巨大的改變和進步：

拍照時，透過美顏相機裡的一鍵美顏功能修改照片；睡覺時，透過語音發出指令，控制燈光、空調等，方便而快捷；購物時，隨時透過智慧客服直接獲取幫助，避免長時間等待；旅遊時，透過人臉辨識裝置確定身分，快速透過安檢或自助入住酒店。

而能寫出大量文章、貌似無所不知的 ChatGPT，也是弱 AI。它在推理上常常會犯一些基本錯誤，且其邏輯推理能力很差。

雖然現在人們生活中用到了各種 AI 產品，不斷有 AI 相關的新聞和事件，但迄今為止還沒有任何 AI 透過圖靈測試。

實際上，AI 的發展過程可以類比為一個孩子的成長過程。剛開始，它只是一個沒有多少知識的嬰兒，需要人類的指導和培育；接著，它逐漸成長為一個會爬會走的孩子，可以自主探索和學習；然後，它成長為一個可以獨立思考和解決問題的少年，開始展現出自己的才華和潛力；最終，它成為一個成熟的、有著強大智慧和創造力的成年人，為人類帶來巨大的改變和進步。

現在，AI 正處於少年期，還遠遠沒有到成熟期，但它已經在很多領域展現出了強大的能力和潛力，如語音辨識、影像辨識、自然語言處理、自動駕駛等。

人們預測，隨著 AI 的繼續發展，會出現強 AI（Artificial General Intelligence，AGI），也叫通用人工智慧。這是指跟人類的能力相似的 AI，它是能夠像人類一樣思考、理解、推理和學習等的系統。比起弱 AI，強 AI 更全面，它能透過觀察、感知和處理外部世界的訊息，獨立、自主地做出決策和行動。例如，在電影《星球大戰》中的智慧機器人 BB-8（如圖 1-1 所示），它可以在沒有人類指示和操控的情況下獨立思考和解決問題，還可以自我學習和進化，最終實現自主決策和行動。

圖 1-1 BB-8 機器人（來源：電影《星球大戰：原力覺醒》）

目前，ChatGPT 已經具備了不少了強 AI 的特徵，有希望發展成為強 AI。

假設電腦程式透過不斷發展，可以比世界上最聰明、最有天賦的人類還聰明，那麼，由此產生的 AI 系統就可以被稱為超 AI（Artificial Super Intelligence，ASI），也就是超越人類的 AI。顯然，現階段這只是一種存在於科幻電影中的想像場景。未來學家和科幻作者喜歡用「奇點」來表示超 AI 到來的那個神祕時刻，但沒有人知道奇點會不會到來，會在何時到來。

與訊息技術產業的其他分支（如電腦、通訊、網際網路、智慧手機等）所取得的科技成果比較，AI 領域所取得的成果還遠遠不夠，未能達到最初的設想。

雖然在 AI 的發展過程中人才輩出，但在很長一段時間內，研究者們一直像在迷宮中探索，沒有人知道清晰的路徑。有些看似走得通的路，走著走著就走進了死路；更有趣的是，一些開始認為行不通的路，過了一段時間，發現居然又能走通了。原因非常複雜，影響 AI 的關鍵因素多，路徑多，導致 AI 的發展幾經波折，起起落落。

人們設想中的「AI」能模仿人類，具有高級的「推理」、「思考」或「認知」能力。然而，經過 70 多年的探索，高層次的推理和思考仍然難以捉摸。

為什麼 AI 領域的進展會不如預期，甚至在幾個特定的時間段內完全陷入「泥潭」？讓機器擁有智慧這麼難嗎？人類菁英們都做出了哪些努力和探索？目前的 AI 到達了什麼階段？

下面，我們從 AI 之父圖靈開始，回顧 AI 的發展歷史，在本書 1.5 小節中可再進一步了解 ChatGPT 的發展過程。

讓電腦像人一樣說話，是在電腦發明之前的夢想。

1942 年，科幻小說作家艾薩克・阿西莫夫（Isaac Asimov）在短篇小說《轉圈圈》（*Run around*）中創造了機器人（Robot）這個詞，小說中的機器人吉斯卡擁有比普通機器人更高的智慧和自主性，不僅可以用人類的語言還能用眼神、手勢和肢體語言等方式進行交流，這使他更加接近人類，也更容易被人類接受和信任。小說提出了「機器人三大法則」：第一條，機器人不得傷害人類或看到人類受到傷害而袖手旁觀；第二條，機器人必須服從人類的命令，除非這條命令與第一條相矛盾；第三條，機器人必須保護自己，除非這種保護與以上兩條相矛盾。後來這三大法則被許多小說、電視劇等廣泛借用。

1950 年 10 月，英國數學家、邏輯學家艾倫・圖靈（AlanTuring，見圖 1-2）發表了一篇劃時代的論文《電腦與智慧》（*Computing Machinery and Intelligence*），提出了一個有趣的問題：假如有一臺宣稱自己會「思考」的電腦，人們該如何辨別電腦是否真會思考呢？

圖 1-2 1951 年的艾倫・圖靈
（來源：nytimes.com）

為此，他設計了一個實驗：如果一臺機器與人展開對話，測試者分不清幕後的對話者是人還是機器，那麼可以說這臺機器具有智慧。讓機器模仿人就是圖靈所說的「模仿遊戲」，後來這個設想也被人們稱為「圖靈測試」。

隨後，圖靈又發表了論文《智慧機器，被視為異端的理論》（*Intelligent Machinery, A Heretical Theory*）。因為圖靈的這兩篇論文探討了機器具有智慧的可能性，並對其後的機器智慧發展做了大膽預測，所以他被稱為「AI 之父」。從那時開始，70 多年來，人類一直試圖解決這個問題，希望能研發出可以透過圖靈測試的 AI。

這個夢想也驅使許多人持續探索。早在 1966 年，MIT 的教授約瑟夫・維森班（Joseph Weizenbaum）就開發了第一個聊天程式 ELIZA，之後的 50 多年，陸續出現了更先進的 AI 機器人，如微軟小冰、蘋果 Siri、Google 助手、小度音箱等（聊天機器人發展時間線如圖 1-3 所示）。

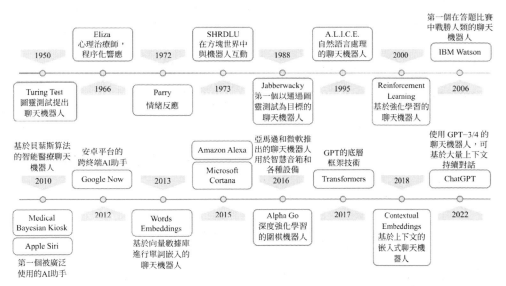

圖 1-3 聊天機器人發展時間線（來源：hellofuture.orange.com）

但直到現在，電腦還不能像真人一樣聊天。

2014 年 6 月 8 日，英國雷丁大學在著名的倫敦皇家學會舉辦了一場圖靈測試。在當天的測試中，一組人類裁判以鍵盤輸入的形式與電腦「對話」。如果裁判認定電腦為人的比例超過 30%，則電腦通過測試。5 個參賽電腦程式之一的尤金·古茲曼（Eugene Gootsman）成功「偽裝」成一名 13 歲男孩，在一次為時 5 分鐘的文字交流中，回答了裁判輸入的所有問題，其中 33% 的裁判認為與他們對話的是人而非機器（如圖 1-4 所示）。

圖 1-4 與尤金·古茲曼聊天的介面

有人認為，這個程式透過了圖靈測試，成為有史以來第一個具有人類思考能力的 AI。

也有人質疑，這個測試的提問時間短，裁判少，嚴格來說，不能算透過了圖靈測試。

大家的共識是，到目前為止，還沒有任何 AI 透過圖靈測試，而最接近透過圖靈測試的就是 ChatGPT。

許多人認為，對 ChatGPT 這個每天都在跟人對話中學習的 AI 來說，通過圖靈測試應該只是時間問題。

　　1936 年 9 月，圖靈應邀到美國普林斯頓大學高級研究院學習，兩年後獲得博士學位。也許圖靈自己都不會想到，十幾年後，普林斯頓大學成為 AI 大牛們最重要的啟蒙地。

　　1949 年 9 月，約翰‧麥卡錫（John McCarthy）來到普林斯頓大學研究數學，也是兩年獲得博士學位。麥卡錫希望機器能夠像大腦一樣做到推理知識，普林斯頓大學高級研究所的約翰‧馮‧諾伊曼（John von Neumannn，現代電腦之父）鼓勵麥卡錫寫下他的想法。1952 年夏天，麥卡錫去貝爾實驗室工作，遇到克勞德‧夏農（Claude Shannon），他們合作撰寫了大量關於自動機的論文。

　　正是在普林斯頓大學，麥卡錫第一次遇到了攻讀數學博士的馬文‧明斯基（Marvin Lee Minsky），他們都對機械智慧很感興趣。

　　1951 年，馬文‧明斯基和迪安‧艾德蒙茲（Dean Edmonds）設計製造了第一臺隨機連線神經網路學習機 SNARC（Stochastic Neural Analog Reinforcement Calculator，如圖 1-5 所示），它有一個很酷的別名：「謎題解決者」（Maze Solver）。機器由 400 個真空管製成，可以在一個獎勵系統的幫助下完成穿越迷宮的游戲。1954 年明斯基在普林斯頓的博士論文題目是《神經 ── 模擬強化系統的理論及其在大腦模型問題上的應用》（*Theory of Neural-Analog Reinforcement Systems and its Application to the Brain-Model Problem*），是一篇關於神經網路的論文。

圖 1-5 SNARC（來源：the-scientist.com）

　　當時類似夏農、麥卡錫、明斯基這樣 AI 方向的研究者們都在不同的地方各自研究，零零散散，比較孤立，能否把大家聚在一起，創立一門新學科呢？

　　明斯基從普林斯頓大學畢業後，去哈佛大學擔任數學與神經學初級研究員，麥卡錫在達特茅斯大學做數學助理教授，兩人一拍即合，決定召集一個會議。

　　於是，AI 學科誕生的里程碑 —— 達特茅斯會議，就由這兩個年輕人發起了，會議計畫書是麥卡錫寫的，總結則由明斯基完成。

　　麥卡錫（如圖 1-6 所示）在為研討會寫提案時創造了「AI」一詞，他在會議的提案中說，研討會將探索這樣的假設：「（人類）學習的每一個方面或智慧的任何其他特徵原則上都可以被精確描述，以至於可以用機器來模擬它。」

圖 1-6 約翰‧麥卡錫（來源：analyticsdrift.com）

　　會議組織起來並不容易，雖然場地由達特茅斯大學免費提供，但沒有經費，而且兩個組織者的地位不高，一個初級研究員，一個助理教授，在學術界都只能算小人物。這兩個年輕人組織會議，猜想許多「大牛」不會來，所以他們又找到了兩位「大神」擔任發起人：一個發起人是訊息論的創始人克勞德‧夏農，他當時已經是貝爾實驗室的大佬；另一個是 IBM 的資深專家納

撒尼爾‧羅切斯特（Nathaniel Rochester），他是世界上第一臺大規模生產的科學用電腦 IBM701 的首席設計師，編寫了世界上第一個彙編程式。

　　由於會議時間長達兩個月，為了讓大家能安心開會，麥卡錫覺得應該給些生活費，於是他向洛克斐勒基金會申請贊助，他提出的預算是 13,500 美元，但只獲批了 7,500 美元，由此可見當時這個會議並沒有受到關注。

　　1956 年 7 月，一批數學家和電腦科學家（如圖 1-7 所示）來到達特茅斯學院數學系所在大樓的頂層。在大約八週的時間裡，討論用機器來模仿人類學習以及其他方面的智慧等問題，之後又陸陸續續來了一些人階段性參與。

　　正是在這次會議上，AI 的概念第一次被提出。從事後看來，這次會議是金庸小說中「華山論劍」級別的。因為在主要的十位參會者中，有兩位成名已久的人物 —— 夏農和納撒尼爾，其餘八人中，有一位機器學習之父亞瑟‧塞繆爾（Arthur Samuel）以及四點陣圖靈獎得主：赫伯特‧西蒙（Herbert A. Simon）、艾倫‧紐厄爾（Allen Newell）、馬文‧明斯基、約翰‧麥卡錫。

　　赫伯特‧西蒙為自己取了一個中文名叫司馬賀，下面我們都以司馬賀代稱他。

圖 1-7 達特茅斯會議的部分參會者（來源：roboticsbiz.com）

　　四人中，紐厄爾、明斯基和麥卡錫是同齡人（1927 年出生），當時都才29 歲，司馬賀 40 歲，算大齡青年，他們年輕氣盛，野心十足，不肯妥協。

　　雖然麥卡錫召集大會的時候用了 AI 這個名字作為新學科的名字，但紐厄爾和司馬賀卻不認可，他們主張用「複雜訊息處理」（Complex Information Processing）這個詞作為學科學研究方向的專業名詞，他們的理由是「人工」（Artificial）一詞並不能展現對機器實現智慧研究的初衷，這個學科明明是研究電腦怎樣才能自動處理訊息的，加上「人工」不就變味了？這理由聽起來也有道理。

　　但換個角度看問題，Artificial 在英文中也有「人造的」、「模擬的」等意思，也是很貼切的，反而譯成中文顯得有點怪。不過，最終還是就「AI」這個名字達成了共識，這也是這次大會的一個重要成果。

　　到今天，AI 一詞已被大眾普遍接受了，還有人半開玩笑地給出了新的解釋，AI 是有多少「人工」才有多少「智慧」。確實，李飛飛的 ImageNet 相簿用了大量的人工來做標註，才能形成給 AI 的學習語料，而 ChatGPT 用於引導模型方向的人工標註量也是非常驚人，還有 Scale.ai 這樣專門做 AI 數據標註的公司，估值高達 73 億美元。

　　早期 AI 領域並沒有大家公認的學術領袖，更沒有明確的研究路徑，所有人只能在摸索中前進。逐漸分成了三個主要流派：符號主義、連線主義、行為主義，當然這些方向的概念也都是後面總結的。

　　實際上，這三個流派是對人類三種學習形式的模仿。

　　（1）符號主義流派借鑑了人類學習語言和數學的方式，比如藉助一些文字、數學中的符號、圖示以及概念等，幫助人們理解和思考各種問題，從而增強認知能力。然後，透過掌握一些規則，就能形成智慧，比如用規定的字母和符號，按照一定的規則就能寫出一篇文章。因此符號主義強調思維和認知過程中的符號表示和處理，這個 AI 的實現路徑也是圖靈的想法。

（2）連線主義流派借鑑了人的大腦生理結構，因為那時候人們已經認識到人類的大腦主要結構就是神經元構成的神經網路，多個神經元之間相互連線，可以獲取並儲存知識，完成思考過程。腦部和神經元的連線方式和權重的調整對人類學習和思考起著重要作用，假如能建立出人工神經元，再連線在一起，經過一段時間的學習，就能形成智慧，因此連線主義在 AI 領域中主要強調神經網路連線的不同之處和深度學習。

（3）行為主義流派借鑑了人的學習受到回饋的影響，比如在學生學習過程中，老師對答題的評判、家長的一些懲罰獎勵和外部環境等都能影響孩子的學習成績和掌握知識的程度。也就是說，人們透過學習中的回饋來調整自己的行為和習慣，從而累積知識和經驗，形成智慧。因此，行為主義在 AI 領域中主要強調學習者的行為和環境的響應，並利用相關技術改變個體行為習慣。

大致來說，符號主義更多地模仿了人對語言等知識的學習策略，連線主義模仿了人的大腦生理結構，而行為主義更多地模仿了人受到外部激勵後的反應。

現在我們知道，這些都對、都有用，而且可以混著用。但在達特茅斯會議時，符號主義占了壓倒性優勢，四點陣圖靈獎得主全都是符號主義的代表。可惜的是，符號主義在發展了 30 多年後，碰到了瓶頸，現在已經不是 AI 的主流了。這是怎麼回事呢？

1.2
符號主義流派的探索

符號主義（Symbolicism）又叫邏輯主義，其起源可以追溯到微積分的發明人萊布尼茲。他曾提出一個問題：「我們每天看到的世界，是透過具體化的、非結構化的形式（如視覺、聲音、文字等）呈現的，這些具體卻散漫粗疏的內容是否可以使用符號來精確定義？人類理解世界的過程，是否可以在這個基礎上精確描述和計算？」

符號主義流派的學者們的答案是「可以」。

符號主義流派的核心思想可以概括為五個字：認知即計算。也就說，電腦可以透過符號模擬人類的認知程度來實現對人類智慧的模擬。比如，人學習新詞彙時，需要理解這些符號（即單字）的含義以及它們在文字中的作用。對電腦來說，單字、句子、數字、標點符號和語法規則等都是符號，先明確符號的含義，透過程式讓電腦理解這些符號後，然後進行計算和推理，思考過程就是符號的操作過程。這種方法非常適合用來處理一些邏輯上的問題，比如證明定理、語義表達等。

在達特茅斯會議上，紐厄爾和司馬賀（如圖 1-8 所示）釋出了「邏輯理論家（Logic Theorist）」，給所有人留下了深刻的印象。明斯基說那是「第一個可工作的人工智慧程式」，因為這個程式可以證明懷特海和羅素《數學原理》中第二章 52 個定理中的 38 個定理。

從現在的視角看，邏輯理論家採用的演算法和電腦自動定理證明這個學

科分支的主流演算法思想（如歸結原理、DPLL 演算法）並沒有很直接的關係，甚至可以說只是對形式化的前提進行簡單粗暴的搜尋而已，技術含量並不高，但在當時這已經讓人非常興奮了。

圖 1-8 艾倫‧紐厄爾（左），司馬賀（右）（來源：timetoast.com）

紐厄爾和司馬賀借鑑了心理學的研究方法，把人腦看成一個實現訊息處理目的的物理符號系統來表現智慧行為，提出了「物理符號系統假說」（Physical Symbol System Hypothesis，PSSH）。1975 年，兩人共同獲得了圖靈獎，以表彰他們在 AI、人類辨識心理和表處理方面的貢獻。

而另外一位參會者，來自 IBM 的亞瑟‧塞繆爾也拿出了自己的成果。1952 年他為 IBM701 的原型編寫了 AI 跳棋程式，1955 年他增加了一些功能，使該遊戲能夠從經驗中學習，即讓程式記住以前遊戲中的好走法，然後在下棋時快速搜尋。

為什麼科學家喜歡研究下棋遊戲呢？

一方面是因為棋類遊戲自古以來就被認為是人類智力活動的象徵，模擬人類活動的 AI 自然要以此為目標，成功達到人類甚至高於人類水準，這就可以吸引更多人關注並投身於 AI 的研究和應用中。

另一方面，棋類也很適合作為新的 AI 演算法的標竿，因為棋類遊戲的規則簡潔明瞭，輸贏都在盤面上，適合電腦來求解。理論上只要在計算能力和演算法上有新的突破，任何新的棋類遊戲都可能得到攻克。

麥卡錫在那個時期的主要研究方向也是電腦下棋，為了減少電腦需要考慮的棋步，麥卡錫提出了著名的 α-β 剪枝演算法的雛形。隨後，卡內基梅隆大學的紐厄爾、司馬賀等很快在實戰中實現了這一技術。

α-β 剪枝演算法的名字來源於它的主要思想 —— 剪枝。在搜尋樹的任意一位置，如果電腦發現其中某些分支不會對最終的結果產生影響，即已經找到了更好的解決方案或者已經發現了相反的答案，那麼這些分支就可以被剪掉，從而減少搜尋時間，因此這種演算法被稱為剪枝演算法。在 α-β 剪枝中，α 和 β 是兩個重要的變數，其值在剪枝過程中發揮了關鍵作用。

由於採用了 α-β 剪枝演算法，塞繆爾的跳棋程式曾在 1962 年贏得了一場對前康乃狄克州跳棋冠軍羅伯特·尼爾利的比賽，這在當時可以說是非常輝煌的成績。

在相當長的一段時間內，α-β 剪枝演算法成了電腦下棋的主要演算法框架，1997 年戰勝西洋棋大師卡斯帕羅夫的 IBM 深藍也採用了 α-β 剪枝演算法。

在 AI 早期，透過演算法優化，讓機器智慧勝過人類，確實是讓人驚喜的。

在達特茅斯會議之後的十多年裡，AI 蓬勃發展，被廣泛應用於數學和自然語言領域，用來解決代數、幾何和英語問題，這個時期稱為符號主義的「推理期」。因為研究者們重點解決的問題是利用現有的知識去做複雜的推理、規劃、邏輯運算和判斷，「推理」和「搜尋」成為 AI 的思維研究方向。推理就是透過人類的經驗，基於邏輯或事實歸納出來一些規則，然後透過編寫程式來讓電腦完成一個任務。搜尋則屬於「暴力計算」，具體來說，電腦可以透過在解決問題的途徑上設定節點，並對各個節點進行前後邏輯的持續分析，在不厭其煩的試錯下，最後根據指示找到正確的目標。

1958 年，明斯基從哈佛大學轉到 MIT（麻省理工學院），同時麥卡錫也由達特茅斯學院來到 MIT 與他會合，他們在這裡共同建立了世界上第一個 AI 實驗室。同年，麥卡錫發明了 Lisp 語言，這是 AI 界第一個最廣泛流行的語言，至今仍在廣泛應用，它與 1973 年出現的邏輯式語言 PROLOG 並稱為 AI 的兩大語言。

兩年後，麥卡錫第一次提出將電腦批處理方式改造成分時方式，這使得電腦能同時允許數十甚至上百使用者使用，極大地推動了接下來的 AI 研究。這種分時策略也促進了各類電腦的發展，比爾‧蓋茲就是透過一個終端裝置接入小型電腦，從而掌握了程式設計技術的。

由於這些成就，麥卡錫獲得了 1971 年的圖靈獎。

1961 年，第一臺工業機器人 Unimate（如圖 1-9 所示）在紐澤西州通用汽車的組裝線上投入使用，它看起來就是一個機械臂，能夠運輸壓鑄件並將其銲接到位。

圖 1-9 工業機器人 Unimate（來源：computerhistory.org）

1966 年，MIT 的教授約瑟夫‧維森班（Joseph Weizenbaum）開發了第一個聊天程式 ELIZA，它可以根據任何主題進行英文對話。

　　ELIZA 的原理非常簡單，在一個有限的話題庫裡，用關鍵字對映的方式，根據問話，找到自己的回答。

　　比如，在對話小程式透過談話幫助病人完成心理恢復這個場景，當使用者說「你好」時，ELIZA 就說：「我很好。跟我說說你的情況。」此外，ELIZA 會用「為什麼？」、「請詳細解釋一下」之類引導性的句子來讓整個對話不停地持續下去。同時 ELIZA 還有一個非常聰明的技巧，它可以透過人稱和句式替換來重複使用者的句子，例如使用者說「我感到孤獨和難過」，ELIZA 會說「為什麼你感到孤獨和難過」。

　　這一系列的 AI 技術，讓許多人對未來充滿了憧憬。

　　當時有很多學者認為：「二十年內，機器將能完成人能做到的一切。」

　　沒想到，事與願違，AI 的發展很快陷入了停滯。

　　在達特茅斯會議上，紐厄爾和司馬賀的成果激勵了同行們，也激勵了他們自己。

　　1957 年，紐厄爾和司馬賀又弄了個「通用問題解決器」（GeneralProblemSolver，GPS），聽名字就知道他們期望用這個程式去解決任何已形式化的、具備完全訊息的問題，包括邏輯推理、定理證明到人機遊戲對弈等多個領域。這個專案持續了十多年，但並沒有哪個領域有直接使用這個程式完成證明的大案例，可見並不成功。

　　在這個階段的探索驗證了一個觀點，無論是邏輯理論家、通用問題求解器，還是幾何定理證明機，這些發明都只適用於簡單問題的求解，一旦涉及更難的問題選擇時，結果證明都非常失敗。

　　以機器翻譯為例，準確的翻譯需要背景知識來消除歧義，並建立句子內容。人類之所以了解背景知識是在建立在持續學習的基礎上，但當時 AI 並不具備主動自我學習能力。到 1966 年，機器翻譯被最終定性為「尚不存在通用科學文字的機器翻譯，近期也不會有」。

為什麼會這樣？

因為符號主義的邏輯推理方法有極為明顯的優缺點。優點是清晰簡明，易於理解和實現，缺點是難以應對大規模、複雜的問題，並且難以處理不確定性和模糊性。事實證明，當需要證明包含超過數十條事實的推理時，原先的程式原則就失效了。

於是 AI 開始遭到批評，有人說所有的 AI 程式都只是「玩具」，僅僅能夠解決諸如迷宮、積木世界這些「玩具問題」，投入產出比實在不划算。因此到 1960 年代末，各類研究資助大幅縮減，只保留了一些基礎研究。

其實，對解決實用的 AI 問題來說，這個階段的 AI 理論、數據和算力都不夠。

數據、算力不夠沒辦法，只能等，但在理論方面，AI 開始形成了理論體系。

1969 年，明斯基被授予圖靈獎，是歷史上第一位獲此殊榮的 AI 學者，因為他在 AI 的多個領域如機器視覺、自然語言理解、知識表示和機器學習等方面都有傑出貢獻。他還設計並製造了帶有掃描器和觸覺感測器的機械手，可以像人手一樣靈活地搭積木（如圖 1-10 所示）。

明斯基認為，AI 的核心問題是如何使用符號來表示和操作知識，並透過邏輯推理和規則處理來模擬人類的思維過程。

1975 年，明斯基在 AI 領域提出了一種叫做「框架理論」的理論和方法。框架就像是一個表示知識的「盒子」，裡面包含了固定的概念、對象或事件。盒子有多層，每層有很多小「格子」可以填入不同的訊息，比如某個對象的特徵、屬性、取值範圍等，這些「格子」也可以互相關聯，組成一個完整的知識系統。

框架理論可以用於解決自然語言處理、機器學習和電腦視覺等領域中的問題。在自然語言處理中，框架理論可以用來建構語義解析器，幫助電腦理

解自然語言中的語義訊息；在電腦視覺中，框架理論可以用來建立視覺場景的模型，幫助電腦理解視覺場景中的物體、人物等概念。

除此之外，框架理論還為 AI 領域中的其他技術和理論提供了啟示和指導，比如基於知識的推理、本體論和元認知等。

圖 1-10 1968 年，明斯基在 MIT 的實驗室（來源：nytimes.com）

經過總結經驗教訓，研究者認識到知識在 AI 中的重要性，開始研究如何將知識融入 AI 系統。於是 AI 的發展階段進入了知識時代，知識庫系統和知識工程成為這個時期 AI 研究的主要方向。

到了 1970 年代，研究者意識到智慧的展現並不能僅靠推理來解決，知識是更重要的因素，研究重點就轉變為如何獲取知識、表示知識和利用知識，這個時期稱為符號主義的「知識期」。在這一時期，出現了各式各樣的專家系統，並在特定的專業領域取得了很多成果，讓 AI 直接創造了商業價值，又一次推動了 AI 的發展。

　　知識工程最早由史丹佛大學的愛德華・費根鮑姆（Edward Albert Fei-genbaum，如圖 1-11 所示）提出。他與遺傳學教授、諾貝爾獎得主萊德伯格（Laideboge Joshua Lederberg）、布魯斯・布坎南（Bruce G.Buchanan）等合作開發了世界上第一個專家系統 DENDRAL，該系統能夠自動做決策，幫助化學家判斷某待定物質的分子結構，目的是研究假說訊息，建構科學經驗歸納模型。

圖 1-11 愛德華・費根鮑姆（來源：alchetron.com）

　　因在專家系統、知識工程等方面的貢獻，費根鮑姆於 1994 年獲得圖靈獎。

　　什麼是專家系統？

　　簡單來說，專家系統可以根據某個領域已有的知識和經驗進行推理和判斷，最終做出模擬人類專家的決策，從而解決需要人工判斷的問題。相比搜尋，專家系統的出現讓 AI 開始具備決策能力。

　　1976 年，一個名叫「MYCIN」的醫療專家系統問世，它可以幫助醫生對患有血液感染的患者進行診斷和治療。這個系統是依據專家們的想法建立的，用符號來表達治病症狀和治療方法等，還可以透過問題與回答的方式來推斷病人是否患有某種疾病。MYCIN 內部有很多規則，只要按照程式的要求回答，系統就能判斷病人感染的病菌種類，然後推薦給醫生給病人吃的

藥。MYCIN 的處方準確率是 69%，雖然比不上專家醫生的準確率 80%，但已經比其他不是醫生的人做得更好了。

專家系統可以簡單理解為「知識庫＋推理機」，是一類具有專門知識和經驗的電腦智慧程式系統。因為專家系統一般採用知識表示和知識推理等技術來完成通常相關領域專家才能解決的複雜問題，所以專家系統也被稱為基於知識的系統。

1980 年，卡內基梅隆大學為 DEC（Digital Equipment Corporation，數字裝置公司）設計出了一套專家系統 —— XCON，它運用電腦系統配置的知識，依據使用者的訂貨，選出最合適的系統部件，如中央處理器的型號、作業系統的種類及與系統相應的型號、儲存器和外部裝置以及電纜的型號，並指出哪些部件是使用者沒涉及而必須加進的，以構成一個完整的系統。它給出一個系統配置的清單，並給出一個這些部件裝配關係的圖，以便技術人員裝配 DEC VAX 電腦。XCON 獲得了巨大的成功，該系統在 DEC 公司內使用時，系統的規則從原來的 750 條發展到 3,000 多條，最高時每年為公司省下 4,000 萬美元，這是第一個實用商用並帶來經濟效益的專家系統。

看到這樣的前景，全世界的很多公司開始研發和應用專家系統。美軍在伊拉克戰爭中也使用了專家系統為後勤保障做規劃，據稱在 1980 年代已有約 2/3 的美國 1,000 強企業在日常業務中使用了專家系統。

但是，隨著專家系統的應用領域越來越廣，問題也逐漸暴露了出來。比如，XCON 專家系統的維護費用居高不下，難以更新，難以使用，當輸入異常時會出現莫名其妙的錯誤。

而且，建立專家系統時也有很多問題。

首先，知識庫的建立需要大量時間、人力和物力。一個專家系統能否成功，相當程度上取決於是否足夠有效地整理了專家知識。困難在於，領域

專家一般不懂 AI，專家系統的建構者也不懂領域知識，雙方溝通起來非常困難。

其次，有些模糊無法定量的問題難以用文字衡量。專家可以解決某個問題，但很多情況下，專家又難以說清楚在具體解決這個問題的過程中，運用了哪些知識，因此知識獲取成為建造專家系統的瓶頸問題。如果不能有效地獲取專家知識，那麼建造的專家系統就沒有任何意義。

再次，知識／訊息是無限的。如果知識僅依靠人類專家總結、提煉然後輸入電腦的方式，則無法應對世界上幾乎無窮無盡的知識。

最後，機器翻譯始終無法取得預期效果，也影響了專家系統的跨語言使用。

這些問題在當時基本無解，導致專家系統的應用範圍很有限。到了 1980 年代後期，許多上馬專家系統的公司發現掉進了大坑，系統難以更新，最終淪為只能解決某些特殊情景問題的處理機，AI 進入了第二個寒冬。

儘管專家系統為 AI 的發展定下了透過知識進行決策的基調，但這一路徑的最大障礙是 —— 知識從哪裡獲取？

於是，研究者們的重點又轉為如何讓機器自己學習知識、發現知識這個方向，這個時期被稱為符號主義的「學習期」。

符號主義流派在「學習期」研究了更加靈活的符號主義機器學習演算法。

這個時期，科學家們開始研究如何用電腦來學習各個領域的知識。他們希望機器可以像人一樣學習，所以他們使用各種符號代表機器語言，來描述和組織這些知識，同時運用圖表和邏輯結構方面的知識來設計機器。與此同時，科學家們探索了不同的學習策略和方法，並使用它們從數據中提取知識，比如，機器學習的圖形表示，將低階別特徵轉化成更高級別的特徵，為符號處理提供了更加精確的基礎。

1980 年代以來，被研究最多、應用最廣的是「從樣例中學習」，即從訓練樣例中歸納出學習結果，也就是廣義的歸納學習。一大主流是符號主義學習，其代表包括決策樹和基於邏輯的學習。

在將學習系統結合到各種應用中後，取得了很大的成功，同時專家系統在知識獲取方面的需求也促進了機器學習的研究和發展。

1980 年代是機器學習成為一個獨立的學科領域，各種機器學習技術百花初綻的時期。

但在機器學習的研究過程中，人們發現符號主義存在一些無法解決的問題，包括：

（1）不能很好地處理不確定性和模糊性方面的情況。在很多場景下，往往是相關性規則，沒有明確的因果性，而且變數太多了以後根本處理不過來。

（2）缺乏實際應用。因為需要大量的手工編碼，難以適應新的情景和問題，比如影像和聲音這種多媒體的內容，根本無法規則化。

（3）缺少靈活性。符號主義方法一旦確定了一個體系結構和規則，就難以適應新的情況和需求。

這些問題幾乎都是無解的。

就這樣，圖靈倡導的符號主義理論體系，由四位獲得了圖靈獎的 AI 之父們帶路，最終居然走進了死路。

這可怎麼辦？好在，人類在 AI 方面的探索並不止一條路，有其他科學家找到了新路。

1.3
連線主義流派的探索

　　連線主義（Connectionism），也叫聯結主義，又稱「仿生流派」或「生理流派」。連線主義認為，智慧不是由一組規則或知識表示所構成的，而是由大量簡單元素互相作用而形成的。它提出了「連線權重學習」的概念，即透過權重的自適應學習來更好地適應和解決問題。與符號主義不同，連線主義更適合處理不確定性和模糊性等複雜情況，因為它具有適應性學習模式，能夠不斷地從回饋訊息中學習、調整自身的行為或表現，以適應不同的情境和需求，所以被廣泛應用於語音辨識、影像辨識、自然語言處理等領域。

　　這個流派的思想其實很簡單，既然人類的智慧是大腦的活動所產生的結果，機器智慧也像大腦一樣，用大量簡單的單元透過複雜的相互聯結後並行執行產生智慧。這符闔第一性原理。

　　人腦中的神經元是一種特殊的細胞，有著很多長長的、細小的突觸，透過這些突觸與其他神經元進行連繫和溝通。

　　當受到刺激時，神經元內部的電荷會發生改變，形成一個「動作電位」。這個動作電位會被傳遞到神經元的軸突末端，然後釋放出一些化學物質，稱為神經遞質，來刺激與它相連的其他神經元。

　　如果這個被刺激的神經元與足夠多的其他神經元連繫起來，它們就可以形成一個神經網路，這些複合的訊號就是我們思考、感覺和行動的基礎。

人工神經網路借鑑了人腦的神經網路，其中的每個神經元都與其他神經元相連，這些連線具有不同的權重，可以修改以適應不同的問題。神經網路使用並行分散式處理的方式，可以實現模式辨識、分類、預測等多種模式匹配任務。

一般人腦有 120 億～ 140 億個神經元，科學家們發現至少需要一個 5 層神經網路才能夠模擬單個生物神經元的行為，也就是說需要大約 1,000 個人工神經元才能夠模擬一個生物神經元。

GPT-3 有 1,370 億個引數，也就相當於模擬了人類的 1.37 億個神經元，相當於人腦的 1%。有人預測，如人工神經網路的模擬成果達到了人腦的神經元數量，就能透過圖靈測試。

如今 AI 的主要流派是連線主義，使用神經網路來模擬人類大腦。神經網路學習方法的基本原理就是從用於訓練的數據集中提取出分類特徵，這些特徵應能同樣適應獨立同分布（Independent Identically Distribution）的其他未知數據，所以經已知數據學習訓練後的神經網路可以對同類的未知數據有效。

但這個流派的發展卻一波三折，一開始就不被看好，流行了一陣後，又被明斯基的一本書搞得停滯了近 20 年，然後再次興起，最終成為主流。

1943 年，數學家華特‧皮茨（Walter Pitts）和神經生理學家沃倫‧麥卡洛克（Warren McCulloch）釋出了一篇劃時代的論文《神經活動中內在思想的邏輯演算》（*A Logical Calculus of the Ideas Immanent in Nervous Activity*），提出了生物神經元的計算模型「M-P 模型」，並進行了神經元的數學描述和結構分析。後來，普林斯頓大學高級研究員的馮‧諾伊曼從麥卡洛克 - 皮茨模型中獲取了靈感，提出了「馮‧諾伊曼結構」。1945 年 6 月，馮‧諾伊曼在劃時代的論文《EDVAC 報告書的第一份草案》（*First Draft of a Report on the EDVAC*）中唯一引用公開發表的文章，就是麥卡洛克和皮茨這篇論文。由於發明了第一臺電子數位電腦 EDVAC，馮‧諾伊曼被稱為電腦之父。

　　麥克洛克認為，大腦的工作機理很可能是這樣的一種機器，它用編碼在神經網路裡的邏輯來完成計算。如果神經元可用邏輯規則連線起來，那就建構了結構更為複雜但功能更加強大的思維鏈（chains of thoughts），這種方式與《數學原理》將簡單命題鏈（chains of propositions）連線起來以建構更加複雜的數學定理是一致的。皮茨用數學證明了只要有足夠的簡單神經元，在這些神經元互相連線並同步執行的情況下，就可以模擬任何計算函式。這篇論文將神經網路抽象成了數學模型，提出了閾值邏輯單元（threshold logic units，TLU）這個函式模型來描述神經元，並用環形的神經網路結構來描述大腦記憶的形成。兩位作者認為，隨著長時間對神經元閾值的調整，隨機性會漸漸讓位於有序性，而訊息就湧現出來了。這個預測已經被 77 年後的 GPT-3 語言模型所證明，當模型引數達到千億規模的時候，它展現出了令人驚嘆的智慧，出現了湧現效應。

　　不過在那個年代，完全沒有條件去規劃調整神經元閾值，也沒什麼合適的理論指導。在黑暗中摸索太難了，早期的研究沒什麼拿得出手的成果。

　　明斯基在讀博士期間發明的「SNARC」機器，可算是世界上第一批基於神經網路的自學習機器的工程實踐成果，不過這個成果在 1956 年的達特茅斯會議上沒有得到大家的好評，當時的主要研究者都看好符號主義的發展方向。後來明斯基自己也「叛變」了，興趣轉移到其他發展方向上。

　　直到 1957 年，美國海軍公布了一個實驗，一下子讓大眾都對神經網路興奮了起來。

　　這個實驗看起來很簡單，一臺足有 5 噸重、面積大若一間屋子的 IBM704 被「餵」進一系列打孔卡，經過 50 次實驗，電腦自己學會了辨識卡片上的標記是在左側還是右側。

　　就這麼個無趣的實驗，意義卻很重大。它展示了一條全新的實現機器模擬智慧的道路 —— 不依靠人工程式設計，僅靠機器學習就能完成一部分機器

視覺和模式辨識方面的任務。

　　這個技術的創始人弗蘭克‧羅森布拉特（Frank Rosenblatt）說：「創造具有人類特質的機器，一直是科幻小說裡一個令人著迷的領域。但我們即將在現實中見證這種機器的誕生，這種機器不依賴人類的訓練和控制，就能感知、辨識和辨認出周邊環境。」

　　羅森布拉特的說法引起了媒體和新興的 AI 學界的濃厚興趣。《紐約時報》將《海軍的新裝置可以透過實踐來學習：心理學家展示了一種在閱讀中變聰明的電腦雛形》用作頭條標題，而《紐約客》寫道：「它確實是人類大腦的第一個正經的競爭對手。」

圖 1-12 弗蘭克‧羅森布拉特在「感知機」上工作（來源：康乃爾大學官網）

　　羅森布拉特是康乃爾大學的實驗心理學家，他模擬實現的這個裝置是一個叫做「感知機」（Perceptron）的神經網路模型（如圖 1-12 所示）。於是政府撥款幾十萬美元，大力支持羅森布拉特的神經網路研究，羅森布拉特又做了多個關於感知機學習能力的實驗。

　　1962 年，羅森布拉特出了一本書，書名叫《神經動力學原理：感知機和大腦機制的理論》（Principles of Neurodynamics： Perceptrons and the Theory of Brain Mechanisms），此書總結了他對感知機和神經網路的主要研究成果，證明了單層神經網路在處理線性可分的模式辨識問題時是可以收斂的，一時

被連線主義流派奉為「聖經」。

看來，連線主義的發展開了一個好頭。

沒想到，明斯基卻站出來，提出尖銳的反對意見。

他們倆是高中校友，隔一年畢業，難道是私人恩怨？

你想多了，純粹是學術之爭。

羅森布拉特認為，他可以用感知機技術讓電腦閱讀並理解語言，而明斯基說不可能，因為感知機的功能太簡單了。

雖然明斯基在其後期工作中也關注了一些連線主義的元素，但他仍然認為符號主義是解決 AI 核心問題的最佳方法。

明斯基在一次會議上和羅森布拉特大吵了一架，隨後，明斯基和 MIT 的另一位教授西摩爾·派普特（Seymour Papert）合作，企圖從理論上證明他們的觀點。

在明斯基看來，羅森布拉特的神經網路模型存在兩個關鍵問題。

首先，單層神經網路只能處理線性的數據，無法處理「異或」電路，也就不能處理非線性的數據問題。舉個例子，假設要訓練一個神經網路來判斷水果是不是橙色的，單層神經網路只能夠處理線性數據，也就是隻能判斷水果是不是紅色的或者黃色的，而不能夠判斷是不是橙色的。如果使用多層神經網路，就可以將紅色的蘋果、黃色的香蕉和橙色的橘子都正確分類，因為多層神經網路可以組合非線性函式，從而處理複雜的非線性問題。這就好比把紅色和黃色的果汁混合在一起，就能夠得到橙色的果汁一樣。所以多層神經網路就像是一個果汁機，可以把不同顏色的果汁混在一起得到各種不同的口味。

其次，雖然多層神經網路可以透過多個層級的組合和非線性操作來表現各種數據特徵，但當時電腦的算力不夠，無法滿足多層感知機構成的大型神經網路長時間執行的需求。

1969 年，明斯基和派普特（如圖 1-13 所示）合著的《感知機：計算幾何學導論》（Perceptrons：

An Introduction to Computational Geometry）一書出版，給了羅森布拉特致命一擊。

圖 1-13 馬文‧明斯基（左）與西摩爾‧派普特（右）（來源：MIT 官網）

由於明斯基在 AI 領域中的特殊地位，再加上他不久前剛獲得圖靈獎所帶來的耀眼光環，這本書不僅對羅森布拉特本人，還對連線主義和神經網路的研究熱情，甚至對整個 AI 學科都造成了非常沉重的打擊。

明斯基還給出了他對多層感知機的評價和結論：「研究兩層乃至更多層的感知機是沒有價值的。」也就是說，他認為連線主義的神經網路這條路是絕路。神經網路和深度學習技術的研究迅速陷入了停滯，大部分人都退出了，用加州理工學院的積體電路大佬米德（Carver Mead）的話說是「20 年大饑荒」。

當時沒有任何人能夠預見到，神經網路和連線主義在 20 年後還會有機會逆襲，最終成為 AI 研究的最主流最熱門的技術。

如果時光倒流，明斯克沒有打擊多層感知機的研究，會出現什麼呢？

我們以辨識貓來做一個思想實驗，就像羅森布拉特辨識卡片一樣，某個專家利用神經網路來訓練電腦去辨識貓。先讓電腦學會觀察照片，找出其中獨特的特徵，這些特徵可能包括顏色、亮度、輪廓和紋理等。如果電腦只看過 5 張貓咪圖片，那就只有 5 個拍攝視角、光線環境，肯定不夠總結出足

夠的特徵，但如果電腦看過 500 張貓咪圖片，那就可以有更多的例子來得出它們之間的共性。然後發現還不夠，最終需要收集幾萬張圖片來進行訓練疊代，讓它逐漸提高辨識準確度。每一次訓練後，電腦就會將它學習到的特徵儲存在一個名為「特徵」的列表中。最終它會透過分析新照片中的這些特徵，來判定這張照片中是否有貓存在。這個多層感知機的研發路線是對的，但以當時的條件根本做不到。在 1960 年代的計算條件下，算力根本做不到足夠多的訓練，也就不能從照片上辨識貓。

人類是什麼時候解決了 AI 辨識貓的問題的呢？

直到 40 多年後，2012 年吳恩達參與領導的 GoogleBrain（Google 大腦）運用 16,000 個超級電腦訓練深度神經網路，最終讓電腦成功辨識出貓，成為深度學習與產業結合的轟動性事件，而這個神經網路有數百萬層。

所以，明斯基沒說錯，如果按羅森布拉特的感知機路線繼續走下去，以當時的條件，只是浪費資金，不可能出成果。

但羅森布拉特的構想確實開啟了新的路線，這對神經網路的後續發展非常重要。2004 年，美國電氣電子工程師學會（Institute of Electrical and Electronics Engineers，IEEE）設立了 IEEE 弗蘭克・羅森布拉特獎（Frank Rosenblatt Award）。

遺憾的是，羅森布拉特沒有等到這一天。

1971 年 7 月 11 日，也就是羅森布拉特 43 歲生日那天，他在切薩皮克灣划船時，離奇地溺水身亡了。這實在是太可惜了。

1988 年，明斯基對《感知機：計算幾何學導論》一書進行改版修訂時，刪除了攻擊羅森布拉特個人的句子，並在第一頁手寫了「紀念弗蘭克・羅森布拉特」（In memory of Frank Rosenblatt，如圖 1-14 所示）。

In memory of Frank Rosenblatt

圖 1-14 明斯基手寫的話語（來源：《感知機：計算幾何學導論》電子書）

　　山重水複疑無路，柳暗花明又一村。1980 年代末，神經網路的研究迎來了第二次興起，這源於分散式表達與反向傳播演算法的提出，減少了對算力的要求；同時，電腦技術的飛速發展也使電腦有了更強的計算能力，此時的計算成本幾乎僅為 1970 年的千分之一，這些因素使神經網路解決了明斯基提出的尖銳問題。於是，被明斯基說成絕路的連線主義路線，又開啟了新迷宮的關卡。

　　開啟這個新關卡，最需要感謝的有五個人：約翰‧霍普菲爾德、傑弗里‧辛頓、楊立昆、約書亞‧本吉奧和于爾根‧施密布爾，他們提供了必要的核心元件。其中，辛頓被譽為「深度學習教父」，正因為以他為首的一批堅定信仰神經網路的學者們的共同努力，最終使得神經網路能夠以嶄新的面貌登上人工智慧舞臺，並獲得主角地位。下面介紹一下他們的貢獻。

圖 1-15 約翰‧霍普菲爾德
（來源：alchetron.com）

1.Hopfield 模型

　　1982 年，生物物理學家約翰‧霍普菲爾德（JohnHopfield，如圖 1-15 所示）釋出了 Hopfield 模型。Hopfield 模型被廣泛運用於神經學領域，如研

究腦細胞如何進行訊息處理和儲存，也為人工神經網路提供了基礎理論的支持。

Hopfield 模型可以對儲存的訊息進行聯想記憶，它可以根據輸入的訊息自動產生關聯並輸出結果，因此也可以用於模式辨識和任務分類。例如，用 Hopfield 模型可以儲存和檢索人臉圖片，也可以透過訓練來辨識不同的人臉。

在 Hopfield 模型中，神經元透過相互作用來達到一種穩定的狀態，以表示特定的訊息，還可以在有噪音和不完整訊息的情況下儲存和檢索訊息，這種穩定狀態的特性使 Hopfield 模型非常適合用於分類、壓縮和優化等領域。

2001 年，約翰·霍普菲爾德因這個貢獻獲得了理論和數學物理領域的最高榮譽——ICTP 狄拉克獎，Hopfield 模型也被視為人工神經網路重啟的里程碑。

2. 反向傳播演算法

1986 年 7 月，傑弗里·辛頓（Geoffrey Hinton）和他的學生大衛·魯姆哈特（David Rumelhart）共同發表論文，提出反向傳播演算法，這個演算法的偉大之處在於大大減少了運算量。傳統的感知器用所謂「梯度下降」的演算法糾錯時，其運算量和神經元數目的平方成正比，而這個演算法把糾錯的運算量下降到只和神經元數目成正比。這就相當於，當有 10 萬個神經元的時候，傳統演算法需要 100 億次計算，而新演算法只需要 10 萬次計算。

增加隱藏層（hidden layer）是該演算法的特點，它引入了非線性結構，解決了第一代神經網絡的線性不可分問題。因此，該演算法能夠處理非線性問題，包括明斯基提出的感知器無法解決的異或門難題。

這篇論文奠定了人工智慧領域神經網路的基礎，科學家終於可以組建更龐大的人工神經網路來處理更多更複雜的問題了。

為了取得這個成就，辛頓付出的艱辛鮮為人知。

辛頓第一次聽說神經網路是在 1972 年，當時他在愛丁堡大學攻讀人工智慧專業碩士學位，因為他在劍橋大學讀本科時研究的是實驗心理學，所以對於神經網路很有熱情。

辛頓認為，神經網路是一種比邏輯思維更為優秀的智慧運作模式。這是因為神經網路能夠讓電腦像人一樣學習。

那時，神經網路已經進入了寒冬期，而傑弗里‧辛頓卻在愛丁堡大學攻讀神經網路博士學位。

當時他在論文中只要提到「神經網路」，論文就無法通過同行評審。

有人對辛頓說：「這太瘋狂了。你為什麼要在這些東西上浪費時間？事實已經證明這是無稽之談。」

他回答說，即使他沒有獲得博士學位也沒關係。辛頓出生在英國一個有著深厚學術內涵的家庭，除了科學家，他從未考慮過其他任何事情。辛頓知道，「一些流行的智慧是無可救藥的錯誤 —— 但不一定是哪一點」。

辛頓 1978 年完成博士學位後，四處走動，尋找研究天堂。他在加州大學聖地牙哥分校做博士後，度過了一段至關重要的時光。他說，那裡的學術氛圍讓人更容易接受，並且他在那裡與認知神經科學先驅大衛‧魯姆哈特進行了合作。

回到英國後，辛頓做著一份無聊的工作。1980 年代初，辛頓和同事開始嘗試讓電腦模仿大腦運作，但當時電腦效能還遠遠不能處理神經網路需要的巨大數據集，獲得的成果很少。AI 社群的支持者們也放棄了，轉而去尋找類人腦的捷徑。

一天半夜，辛頓被一個美國來的電話驚醒，對方表示，願意資助他 35 萬美元繼續他的研究。

辛頓後來才知道這筆資助的來源：蘭德公司的一個非營利子公司透過開發核導彈攻擊軟體獲得了數百萬美元。因為是非營利組織，政府要求他們，要麼把這筆錢用來支付薪水，要麼盡快贈予研究機構，他們選擇把這筆錢送給了辛頓。

　　因為這筆錢，辛頓等人的研究又復活了。

　　1986 年，辛頓遷居加拿大，在多倫多大學任教，並加入了加拿大高等研究院（CIFAR），獲得了一個能長時間從事基礎研究的職位，參與了首個名為「AI、機器人與社會研究」的專案（如圖 1-16 所示）。

圖 1-16 辛頓在多倫多大學的機房（來源：多倫多大學官網）

　　辛頓終於安頓了下來，在加拿大逐漸有了核心團隊，最終收穫了夢寐以求的成果。

　　辛頓有一個習慣，喜歡突然大喊：「我現在理解大腦是如何工作的了！」這很有感染力，他常常這樣做。

　　在漫長的神經網路寒冬期，怕是只有這樣的自我激勵才能堅持下去吧！

3. 卷積神經網路

　　1989 年，法裔美國電腦學家楊立昆（Yann LeCun，如圖 1-17 所示）提出了卷積神經網路，這項研究成果是 AI 深度學習歷史上劃時代的里程碑。卷積神經網路是一種深度學習模型，它的特點是可以自動從數據中學習特徵，並且在處理影像、語音、自然語言等任務時表現出色，已經成為深度學習中幾乎不可或缺的組成部分。

圖 1-17 楊立昆
（來源：UCLA 官網）

　　楊立昆曾在加拿大多倫多大學跟隨辛頓教授做博士後研究，所以算辛頓的半個學生。1988 年，楊立昆進入貝爾實驗室，在那裡他和一位名叫約書亞·本吉奧（Yoshua Bengio）的博士後使用神經網路進行數位辨識。

　　做這個專案的時候，他們發現了當時神經網路的一個大問題：由於影像中包含的畫素數量非常龐大，相應的神經網路的引數量也很大，這在相當程度上影響了手繪圖片的辨識準確率，為解決此問題，他們想到一個巧妙的演算法。

　　我們用偵探來類比這個演算法，神經網路需要根據線索（即輸入數據）來推斷出真相（即輸出結果）。偵探只關注案件中的某些細節，而不是整個案件。卷積神經網路只對輸入數據的一部分進行處理，而不是對整個數據進行處理。類似偵探可以使用同樣的技能在不同的案件中尋找線索，卷積神經網路的引數共享特徵讓每個卷積核都可以在輸入數據的不同位置上使用。偵探可以從大量的線索中篩選出重要線索，卷積神經網路有池化層，它可以減小輸入數據的數量，同時保留重要的特徵。

　　他們用美國郵政系統提供的近萬個手寫數字的樣本來訓練神經網路系統，在獨立測試樣本中錯誤率低至 5%，達到實用水準。

　　之後，楊立昆進一步運用卷積神經網路技術開發出支票辨識的商業軟體，用於讀取銀行支票上的手寫數字，這個系統在 1990 年代末占據了美國接近 20% 的市場。

　　卷積神經網路用途非常廣泛，在人臉辨識、語音辨識和影像分類等方面都能被用到。

　　2013 年，楊立昆以紐約大學教授的身分兼職加入臉書，隨後便著手組建了臉書的 AI 實驗室。楊立昆領導的臉書 AI 研究（FacebookAIResearch，FAIR），主攻方向是自然語言處理、機器視覺和模式辨識等。臉書還組建了「應用機器學習」（Applied Machine Learning, AML）部門，由華金·坎德拉

（Joaquin Candela）帶領，主要負責將機器學習的研究成果落地到產品上，與 FAIR 的資源分配比例正好互補。

得益於 FAIR 和 AML 的工作成果，臉書在自然語言處理和人臉辨識方面確實處於業界領先地位，例如他們的人臉辨識工具 DeepFace 已經能做到比人類更準確地辨識出兩個不同影像上的人是否是相同的。

4. 序列機率模型

在 1990 年，約書亞・本吉奧（Yoshua Bengio，如圖 1-18 所示）在貝爾實驗室做博士後的時候，跟楊立昆一起做數位辨識的專案。他提出將神經網路與序列機率模型（例如隱馬爾可夫模型）相結合，這個策略後來被納入 AT&T/NCR 用於讀取手寫支票的系統中，並被認為是 1990 年代神經網路研究的巔峰之作。本吉奧和楊立昆可以說是天作之合，在專案合作中各自獲得了自己的學術成就，並培養出深厚的友誼。

圖 1-18 約書亞・本吉奧（來源：Nature.com）

什麼是序列機率模型呢？

簡單來說，序列機率模型是一種可以預測序列中下一個元素的模型。我們可以把序列機率模型比作一個預言家，它可以根據歷史數據（即序列數據）來預測未來的趨勢。

ChatGPT 就用到了序列機率模型。在生成文字時，ChatGPT 首先輸入一個起始文字序列，然後使用序列機率模型分析下一個單字的機率分布。根據機率分布，ChatGPT 隨機選擇一個單字作為下一個單字，並將其新增到當前序列中。然後，ChatGPT 使用更新後的序列再次預測下一個單字，並重複這個過程，直到生成所需長度的文字。

比如對一個句子：not all heroes wear ___，ChatGPT 將會分析下一個單字出現的機率，並選擇較大機率的單字。猜得越準，就越顯得像人類。

2000 年，本吉奧發表了一篇具有里程碑意義的論文《神經機率語言模型》（*A Neural Probabilistic Language Model*），透過引入高維詞嵌入技術實現了詞義的向量表示，將一個單字表達為一個向量，透過詞向量可以計算詞的語義之間的相似性。該方法對包括機器翻譯、知識問答和語言理解等在內的自然語言處理任務產生了巨大的影響，使應用深度學習方法處理自然語言問題成為可能，並使相關任務的效能得到大幅度提升。

2007 年，本吉奧負責蒙特羅大學機器學習演算法實驗室時，他和伊恩・古德費洛（Ian Goodfellow）一起開發出了第一個開源的深度學習框架 Theano，這個框架啟發了 GoogleTensorFlow 深度學習框架的開發。

2014 年，本吉奧與古德費洛提出的生成對抗網路（Generative Adversarial Network，GAN），引發了一場電腦視覺和圖形學的技術革命，使電腦生成與原始影像相媲美的影像成為可能。

它被譽為近年來最酷炫的神經網路。

本吉奧的團隊還提出了注意力機制，直接導致機器翻譯取得了突破性進展，並構成了深度學習序列建模的關鍵組成部分。ChatGPT 是基於 GoogleTransformer 模型的，而 Transformer 就是基於注意力機制推出的。

什麼是注意力機制？注意力機制來源於人類的視覺注意力，即人類在進化

過程中形成的一種處理視覺訊息的機制。人類視覺系統以大約每秒 8.96 兆位元的速度接收外部視覺訊息。雖然人腦的計算能力和儲存能力都非常有限，卻能有效地從紛繁蕪雜的外部世界中有選擇地處理重要的內容，在這個過程中選擇性視覺注意力發揮了重要的作用，如我們在看一個畫面時，會有一處特別顯眼的場景率先吸引我們的注意力，這是因為大腦對這類東西很敏感。

　　注意力機制使得模型在翻譯的過程當中並不以同等地位看待所有的詞，而是根據當前翻譯的需要著重關注少數幾個詞的訊息。這樣既能盡量保留一段文字中的各種細節，又能得到較為準確合理的翻譯。

　　2017 年 1 月，本吉奧成為微軟公司的策略顧問。他認為微軟這個曾經的「Windows 帝國」可以將自己打造成 AI 第三大廠，微軟有資源、有數據、有人才，還有願景與文化（這是最重要的），它不但知道科學的重點在哪裡，還推動著技術向前發展。

　　鑑於辛頓教授、楊立昆教授和本吉奧教授（如圖 1-19 所示）三人對深度學習的貢獻，2018 年三人同時獲得圖靈獎。

圖 1-19 辛頓、楊立昆和本吉奧（從左至右）（來源：nytimes.com）

5. 長短時記憶循環神經網路

圖 1-20 于爾根‧施密布爾（來源：telekom.com）

1997 年，瑞士 AI 實驗室（IDSIA）的于爾根‧施密布爾（Jürgen Schmid-huber，如圖 1-20 所示）和塞普‧霍克利特（Sepp Hochreiter）共同發表論文，提出了長短時記憶循環神經網路（Long Short-Term Memory，LSTM），為神經網路提供了一種記憶機制，可以有效解決長序列訓練過程中梯度消失的問題。

簡單理解 LSTM，可以將 LSTM 看成一位記憶超強、反應迅速的祕書，她可以處理不同類型的請求，並能夠長期記住關鍵訊息。當祕書接到一條請求時，她會仔細閱讀，首先判斷是否是關鍵請求，如果不是，她會將其處理後放入備忘錄中；如果是關鍵請求，她會嘗試記住關鍵內容，並暫時放在頭腦中，等待未來可能的需要。當類似的請求再次出現時，祕書會立即回憶起之前的關鍵訊息，並根據之前的經驗進行相應的處理。

實踐證明，這一技術在序列問題的處理，如自然語言理解和視覺處理中，發揮著至關重要的作用，並廣泛應用於機器翻譯、自然語言處理、語音辨識和對話機器人等任務。以語音辨識為例，每個音節作為輸入數據，LSTM 對其進行處理和取樣，生成音訊訊號的表示，然後傳遞給下一個神經元進行處理。神經元之間的連線和權重會不斷調整，逐步學習和記憶之前的

上下文訊息，以此辨識整個語音訊號。

在 2016 年和 2021 年，施密布爾和霍克利特分別被授予了 IEEE 神經網路先驅獎。

因為上述專家們的貢獻，AI 的第二波浪潮開始到來。

一時間，人工神經網路成為大家熱議的名詞，在 1991 年的電影《魔鬼終結者 2》中，施瓦辛格扮演的機器人有一句臺詞：「我的 CPU 是一個神經網路處理器，一臺會學習的電腦。（My CPU is a neural-net processor，a learning computer）」。

儘管神經網路的發展道路已經打通，也取得了不少進展，可這股浪潮僅僅持續了不到十年。到 1995 年前後，大家又開始對 AI 失去信心，因為訓練人工神經網路太慢了。一位國內的 AI 研究者回憶，一直到 1998 年，他做研究生的時候，在當時的電腦上執行 AI 程式，單元不敢超過 20 個，而人類大腦的神經元數量是 120 億個以上，可想而知當時的神經網路是多麼弱小。

在神經網路發展受阻的同時，傳統的機器學習演算法取得了突破性的進展，機器學習社群轉向了能更快、更好提供結果的基於規則的系統，而興起了沒多久的神經網路逐步被取代。

據統計，到 21 世紀初，全世界專門研究神經網路的研究人員數量不到六人。

神經網路的研究者除了繼續優化演算法，更多的時間只能等待。

等待什麼？等算力發展和數據累積。

1. 數據和算力的增長，推動了統計機器學習

1995 年網際網路開始發展以來，海量數據的湧現為神經網路提供了更大的發展機遇。如果沒有網際網路，大公司使用的影像數據集、影片數據集和自然語言數據集根本無法收集。例如，Flickr 網站上使用者生成的影像標籤

一直是電腦視覺的數據寶庫，YouTube 影片也是一座寶庫，維基百科則是自然語言處理的關鍵數據集。

算力的增長，主要靠 CPU 和 GPU。

根據「摩爾定律」，每 18 個月晶片內電晶體的數量增加一倍，簡單來說，就是晶片的運算能力增加一倍。從 20 世紀 70 年代一直到現在，「摩爾定律」持續了將近 50 年的時間。

今天同樣大小的 CPU 晶片，比當年的運算能力至少高出 100 萬倍。如英特爾的 Corei9-11900K，其時脈頻率可以高達 5.3GHz，配備了多個核心和超執行緒技術，可以同時執行數百萬個指令，其效能是 Intel4004 的數百萬倍。

而 GPU 登上舞臺，又把算力提升了一個數量級，因為 GPU 的並行處理能力比 CPU 快得多。一開始，GPU 用於顯示卡，能提供更好的遊戲體驗。2007 年，輝達釋出了面向軟體程式設計師的框架 CUDA（電腦統一裝置架構），任何人都可以運用 CUDA API 在 NVIDIA GPU 上進行通用計算（GP-GPU），於是深度學習模型紛紛採用 GPU 來計算。

1997 年 5 月 11 日，IBM 的 AI「深藍」戰勝了西洋棋棋王卡斯帕羅夫（如圖 1-21 所示），他曾雄踞世界棋王寶座 12 年之久。

圖 1-21 卡斯帕羅夫敗給 IBM 深藍（來源：wired.com）

　　IBM 深藍的勝利，可以說是由算力發展帶來的勝利。通俗點說，就是深藍「背」的棋譜比人類多，腦子比人類轉得快，於是人類就輸了。

　　深藍是一臺重達 1.4 噸的超級電腦，因為有 32 個節點可以平行計算，每秒可以算出 2 億步，完全可以按規定的時間每 3 分鐘內從儲存的棋譜中尋找出下一步該走的棋。

　　研究人員把將近 100 年來 60 萬盤高手的棋譜都儲存在「深藍」的「外腦」——大型快速陣列硬碟系統中。「深藍」系統是由兩個資料庫組成的：一個是開局資料庫，它最初幾步棋的下法都是到大約 2 兆位元組的開局資料庫中尋找的；另一個是終局資料庫，數據量達到了 5 千兆位元組。

　　IBM 深藍的成功，讓公眾一下子對 AI 有了巨大的熱情。

　　在深藍的開發過程中，IBM 團隊使用了強化學習中的「策略網路」技術，來生成深藍的下棋策略。策略網路是一個神經網路，它接受下棋歷史數據作為輸入，並輸出下棋的最佳策略。深藍透過不斷與環境互動，透過獎勵和懲罰來訓練策略網路，使網路能夠逐漸逼近最優解。

　　此外，深藍還使用了強化學習中的智慧體（agent）技術，來模擬西洋棋遊戲中的棋子。智慧體透過與環境互動，不斷學習和優化自己的策略，以提高下棋水準。

　　什麼是強化學習呢？

　　簡單來說，強化學習就是讓 AI 每一步的學習都要獲得回饋。比如 AlphaZero 下棋，它每走一步棋都要評估這步棋是提高了比賽的勝率，還是降低了勝率，以獲得一個即時的獎勵或懲罰，從而不斷調整自己。

　　機器怎麼知道如何評估對和錯呢？

　　為了讓機器學習的方向符合人類的期望，人類會對學習材料做一些標記，再「餵」給 AI 進行訓練，讓神經網路在訓練過程中有的放矢，這就是監督學習（supervisedlearning）。監督學習的 AI 就好像學校裡老師對學生的教

學，對錯分明有標準答案，但是可以不講是什麼原理。舉個例子，就好像人類設計了一個規則，教 AI 玩一個迷宮遊戲，以找到到達迷宮終點的最短路徑為勝利。在這個遊戲中，AI 每次走一步，就會得到或失去一些分數。如果 AI 走的是正確的路，就會獲得更多的分數，但如果 AI 走的是錯誤的路，就會失去一些分數。透過不斷地試錯和調整，AI 最終可以找到一條通往終點的最短路徑。

強化學習屬於行為主義流派，仿照了人類從周圍環境中不斷獲得回饋訊息而學習的方式。

例如，當學生解決一個問題或完成一項任務後，會有老師給予回饋（比如做對或做錯、獲得獎勵或懲罰等），學生會根據這些回饋訊息來改進自己的學習行為。再比如，父母教孩子騎腳踏車，一開始，孩子可能會不斷嘗試調整身體的平衡，然後學習如何踩踏板推火車子前進，如果孩子成功騎到了幾公尺遠，父母通常會讚揚和鼓勵他們，這種學習叫做強化學習，讚揚就是學習中的「獎勵機制」。經過反覆練習，並在大腦中建立新的神經元連線，最終，孩子形成了騎車技能，以後騎車就不用費心思把握平衡了。

行為主義的起源可以追溯到控制論，但直到 20 世紀末才被正式提出，其核心理念是智慧依賴於感知、行為和對外部環境的適應能力。這種方法的優點是可以解決在環境和任務變化時的自適應性問題，廣泛地應用於遊戲、自動駕駛、機器人和智慧機械等領域，比如波士頓動力機器人就是用到了大量行為主義的智慧感知技術和訓練方式。行為主義的強化學習也有缺點，需要大量的訓練數據和較長的學習時間，這也是人形機器人發展速度不夠快的一個原因。

因為行為主義出現的時間較短，就不展開講行為主義流派的探索過程了。

　　總之，由於電腦效能的提高和大數據的出現，統計機器學習成了主流的 AI 學習方式，比如亞馬遜、Google、網飛、位元組跳動等許多網際網路公司用到的商品推薦系統、影視劇和內容推薦系統等，都屬於統計機器學習範疇。

　　而辛頓倡導的神經網路在 AI 的研發領域卻依然處於邊緣化的地位，因為這個技術還沒真正解決好學習的效率問題，實驗室裡的訓練結果離達到商業化成果還太遠。

　　全世界只有幾個人還在堅持研究神經網路，但他們既缺少數據，也缺少算力，又能做出什麼成果呢？

　　也許，他們在等待一個機會吧。

2. 深度學習誕生

　　由於找不到合適的經費來源，辛頓輾轉於瑟賽克斯大學、加利福尼亞大學聖地牙哥分校、卡內基梅隆大學和英國倫敦大學等多所大學工作，2004 年他終於從加拿大高等研究院（Canadian Institute For Advanced Research, CI-FAR）申請到了每年 50 萬美元的經費支持。加拿大高等研究院可能是那個時候唯一還在支持神經網路研究的機構，現在看來這是一筆投入收益比驚人的投資。辛頓當時申請了研究課題為「神經計算和適應感知」的專案，雖然每年 50 萬美元是一筆微薄的經費，但還是讓辛頓在加拿大多倫多大學安頓下來，結束了飄搖不定的訪問學者生涯。這樣少得可憐的經費，比起其他知名的 AI 專案的鉅額投資來說，簡直就是諷刺。但辛頓決定要建立一個世界級的團隊，致力於開發模擬生物智慧的模擬程式 —— 模擬人類大腦如何透過篩選大量的視覺、聽覺和書面訊息來理解和適應環境。

　　在楊立昆和本吉奧的支持下，辛頓建立了神經計算和自適應感知專案，這個專案還邀請了一些電腦科學家、生物學家、電氣工程師、神經科學家、

物理學家和心理學家。辛頓認為，建立這樣一個組織會刺激 AI 領域的創新，甚至改變世界。在當時，他這樣想是過於樂觀了，但事實證明，他是對的。

兩年後，辛頓的團隊取得了突破，發表論文《深度信念網路的一種快速學習演算法》（*A Fast Learning Algorithm for Deep Belief Net*），首次提出了貪婪逐層訓練深度神經網路的方法，大大降低了深層神經網路的訓練難度。這個深度信念網路（Deep Belief Network）被冠以新名稱，即「深度學習」。

這個神經網路深度學習中的深度指的是神經網路隱藏層的層數，例如，一個具有 3 個隱藏層的神經網路被稱為深度為 3 的神經網路。一般來說，深度學習模型的深度越大，可以學習到的抽象特徵和複雜模式越多，模型的效能和泛化能力也就越好。在實踐中，深度學習模型的深度可以根據具體任務和數據集的複雜度進行調整，以達到最佳效能。比如 Google 用來進行語音辨識和影像搜尋的 GoogleBrain 專案，所建構的人工神經網路有超過 10 億個節點。

之前 AI 領域的實際應用主要是使用傳統的機器學習演算法，雖然這些傳統的機器學習演算法在很多領域都取得了不錯的效果，不過仍然有非常大的提升空間。深度學習出現後，電腦視覺、自然語言處理、語音辨識等領域都取得了非常大的進步。

2009 年，辛頓教授與微軟合作，將深度學習應用於語音辨識中，結果在公開測試數據集上表現出色，成功將錯誤率降低了 30%。一石激起千層浪！這樣大的提升給沉寂多年的語音辨識領域帶來了新的希望，因為在此之前，語音辨識已經多年沒有出現過什麼顯著的進展。此時辛頓已經 62 歲了。在此之前，他的工作成果一直屬於邊緣化的領域，他完全靠著信念在深度學習這個領域堅持著。

怎麼才能讓深度學習演算法進化得更快一點呢？

　　公開競賽是激勵研究人員和工程師挑戰極限的極好方法，讓研究人員透過競爭來挑戰共同基準，但難題是，數據從哪裡來？

　　這要感謝一位華人科學家 —— 李飛飛（如圖 1-22 所示）。她透過網際網路眾包的方式，花了兩年多時間，用大量人工對影像進行標記，建立了一個 1,400 萬張帶標籤影像的免費資料庫 —— ImageNet，並於 2009 年上線。

圖 1-22 李飛飛（來源 ted.com）

　　2010 年，史丹佛大學的李飛飛教授創辦了一年一度的 ImageNet 挑戰賽。這是一個影像辨識比賽，需要基於 ImageNet 資料庫，對多達 1000 個類別的影像做出分類，比賽的目的是鼓勵電腦視覺方面的突破性進展。隨著比賽不斷舉辦，ImageNet 的名聲越來越大，成為衡量影像辨識演算法效能如何的一個基準。

　　2012 年 10 月，辛頓教授帶著兩個學生亞力克斯·克里哲夫斯基（Alex Krizhevsky）和伊利亞·薩特斯基弗（Ilya Sutskever）參加 ImageNet 比賽（如圖 1-23 所示），獲得了冠軍，他們的圖片辨識的正確率達到了 83.6% 的 top-5 精度，大大超過了第二名。

從此之後，深度學習方法包攬了這個比賽的冠軍。到 2015 年，ImageNet 挑戰賽獲勝者的精度達到了 96.4%，也就是說，AI 分類的錯誤率比人工分類還低（如圖 1-24 所示）。

圖 1-23 薩特斯基弗（左）、克里哲夫斯基（中）和辛頓（右）（來源：多倫多大學網站）

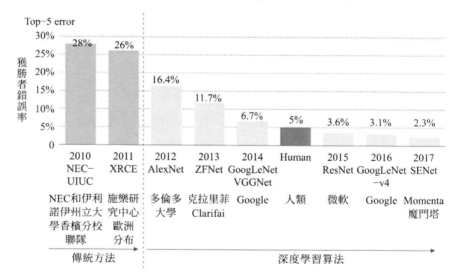

圖 1-24 歷屆 ImageNet 挑戰賽冠軍
（來源：論文《Application of Deep Learning in Dentistry and Implantology》）

直到今天，人們都把深度學習能夠快速發展的原因歸結於這場比賽，從那以後整個 AI 研究領域都發生了變化。

這次比賽不僅證明了深度學習的先進性，還顯示了使用 GPU 加速功能的深度學習模型是多麼強大。從此，GPU 贏得了它的狂熱地位和主流媒體的關注，引發了深度學習革命。

在辛頓和他的兩名學生拿到冠軍，並且發表論文介紹了演算法 AlexNet後，有一個中國人敏銳地看到了機會，他就是曾在 2010 年帶領美國 NEC 實驗室拿過第一屆 ImageNet 競賽冠軍的余凱。余凱深知這篇論文背後的重要意義 —— 神經網路技術的突破，之後超 6 萬次的引用量也確實證明了 AlexNet的論文是電腦科學史上最有影響力的論文之一。

當時余凱已經離開矽谷的 NEC 實驗室，回到北京，加入了百度，領導百度新成立的多媒體部，這個部門包括了語音辨識團隊和影像辨識團隊。

余凱立刻寫了封電子郵件給辛頓，表達了百度要和他深入合作的想法。

很快，辛頓回覆了願意合作，並且提出了 100 萬美元科學研究經費的需求。在與百度 CEO 李彥宏溝通並獲得支持後，余凱爽快地答應了辛頓的合作條件，並給出了 1,200 萬美元的報價。

沒想到的是，如此爽快答應給出鉅額資金讓辛頓意識到了巨大的機會。

辛頓問律師，如何讓他的新公司具有最大的價值，儘管當前只有三名員工，既沒有產品，也沒有底蘊。律師給他的選擇之一是設立一個拍賣會。

辛頓馬上註冊了一家公司 —— DNNresearch，公司只有三個人：辛頓與他的兩個研究生學生亞力克斯・克里哲夫斯基和伊利亞・薩特斯基弗，也就是 ImageNet 比賽的參賽隊伍，這家公司隸屬於多倫多大學電腦科學院。

然後，辛頓又找來了 Google、微軟以及當時還名不見經傳的 Deep-Mind，在太浩湖以祕密競拍的方式做團隊收購。拍賣以電子郵件形式舉行，四家競拍者身分互相保密。最終，Google 報價 4,400 萬美元力壓百度贏得拍賣。

這次拍賣，也意味著辛頓 30 多年的耕耘終於開始得到回報。

雖然辛頓在人工神經網路領域早就是一位泰斗級人物，1998 年就被選為英國皇家學會院士，碩果纍纍，榮譽等身，但他在學術上的成就，還是抵不過大眾腦海裡「神經網路沒有前途」的偏見。在很長一段時間裡，多倫多大學電腦系私下流行著一句對新生的警告：「不要去辛頓的實驗室，那是沒有前途的地方。」即便如此，辛頓依然不為所動，仍堅持自己的神經網路研究方向沒有絲毫動搖。在這 30 多年的時間裡，神經網路相關學術論文都很難得到發表，但辛頓仍堅持寫了 200 多篇不同方法和方向的研究論文，這為後來神經網路的多點突破打下了堅實基礎。

對於 Google 來說，收購 DNNresearch 只是一個開始，2013 年 Google 又宣布以 5 億美元收購了 DeepMind。

Google 不斷收購深度學習領域的公司，其最主要目的是搶到一批世界上的一流專家。在一個迅速成長的 AI 領域裡面，頂尖專家能帶來突破性成果，拉開與其他對手的差距。

不要覺得辛頓的研究生學生不算頂尖專家，這裡提一下伊爾亞·蘇茨克維（Ilya Sutskever，如圖 1-25 所示）。

在多倫多大學讀本科時，蘇茨克維想加入辛頓教授的深度學習實驗室。一天他直接敲開了辛頓教授辦公室的門，詢問自己是否可以加入實驗室。辛頓讓他提前預約，但蘇茨克維不想再浪費時間，他問：「就現在怎麼樣？」

辛頓意識到蘇茨克維是一個敏銳的學生，於是給了他兩篇論文讓他閱讀。一週後，蘇茨克維回到教授辦公室，然後告訴辛頓他不理解。

「為什麼不理解？」辛頓問。

圖 1-25 伊爾亞・蘇茨克維（來源：多倫多大學網站）

蘇茨克維解釋說：「人們訓練神經網路來解決問題，當人們想解決不同問題時，就得用另外的神經網路重新開始訓練，但我認為人們應該有一個能夠解決所有問題的神經網路。」

這個回答顯示了蘇茨克維的獨特思考能力，辛頓非常讚賞，於是向他發出邀請，讓他加入自己的實驗室。

在 DNNresearch 被 Google 收購後，蘇茨克維進入 Google 工作，他發明了一種神經網路的變體，能將英語翻譯成法語。他提出了「序列到序列學習」（Sequence to Sequence Learning），它能捕捉到輸入的序列結構（如英語的句子），並將其對映到同樣具有序列結構的輸出（如法語的句子）。

他說，研究人員本不相信神經網路可以做翻譯，所以當它們真的能翻譯時，這就是一個很大的驚喜。他的發明比起之前的機器翻譯，在錯誤率上大大減少，還讓 Google 翻譯實現了跨越式的大更新。

神經網路翻譯是怎麼做到的呢？傳統的統計機器翻譯通常以英語為主要語言，因此在將俄語翻譯成德語時，機器必須先將文字翻譯成英語，再將英語翻譯成德語。這樣做會造成雙重的訊息損失。相比之下，神經網路翻譯則不需要經過翻譯為英語這一步驟，它只需要一個解碼器，就能夠實現在沒有詞典可查時進行不同語言之間的翻譯。換句話說，即使沒有使用詞典，神經

網路仍然能夠進行翻譯。它透過分析大量的語言數據來學習翻譯的規則和模式，實現了自動翻譯。

自從使用了神經網路進行翻譯，單字順序錯誤率降低了 50%，詞彙錯誤率降低了 17%，語法錯誤率降低了 19%。神經網路甚至學會了用不同的語言來調整詞性與大小寫。

如今，Google 翻譯已經實現了 103 種語言的翻譯，覆蓋了地球上 99% 的人口。

在 Google 工作兩年後，蘇茨克維離開了那裡，進入一家非營利機構，薪資比 Google 低不少。這家機構就是 OpenAI，蘇茨克維作為聯合創始人和首席科學家，在 ChatGPT 的開發中居功至偉。

3. 深度學習（2012 年至今）

從 2012 年開始，在強大算力的支持下，在深度學習演算法的帶領之下，AI 迎來了第三波，也就是今天我們正在經歷的這股 AI 浪潮。

深度卷積神經網路（ConvNet）已成為所有電腦視覺任務的首選演算法，並在許多其他類型的問題上也得到了應用，比如棋類比賽、自然語言辨識等。大批研究資金湧入這一領域，大公司廣泛採用這一演算法 —— 臉書用它來標記使用者照片；特斯拉自動駕駛汽車用它來檢測物體。

深度學習發展得如此迅速，主要原因在於它在很多問題上都表現出很好的效能，但這並不是唯一的原因。深度學習還讓解決問題變得簡單，因為它將特徵工程完全自動化，而這曾經是機器學習工作流程中最關鍵的一步。

淺層學習的機器學習技術通常採用簡單的變換，無法準確表達複雜問題，因此需要進行大量的特徵工程，手動設計數據表示層，以適應這些方法的處理。深度學習技術將這一步驟完全自動化了，一次性學習所有特徵，無須手動設計，大大簡化了機器學習的工作流程。在實際應用中，這種方法省

時省力，也省去了人工成本。

　　在短短三年裡，數十家創業公司涉足深度學習領域，從業人數由幾千人增加到數萬人。

　　其中值得一提的有一家中國公司 ── 商湯科技。

　　2014 年，香港中文大學教授湯曉鷗（如圖 1-26 所示）領導的電腦視覺研究組開發了名為 DeepID 的卷積神經網路深度學習模型。該模型將每張輸入的人臉表示為 160 維向量，並透過其他模型進行分類。在 LFW（Labeled Faces in the Wild，人臉辨識領域的測試基準）資料庫上，該人臉辨識技術的辨識率為 99.15%，而人類肉眼在 LFW 上的辨識率為 97.52%。這表明，深度學習已經在學術研究層面上超越了人類肉眼的辨識能力，這標誌著人臉辨識技術進入了一個新時代。

　　同年，湯曉鷗帶領實驗室的成員正式創辦了商湯科技。2021 年 12 月 30 日，商湯科技在香港證券交易所上市，在 IPO 後的四個交易日內，商湯科技股價漲幅超過 130%，總市值達到 2,074 億港元，成為 AI 領域全球最大 IPO。

圖 1-26 湯曉鷗（來源：ustcif.org.cn）

（1）生成對抗網路 GAN

2014 年，伊恩·古德費洛（Ian Goodfellow, 如圖 1-27 所示）及本吉奧等人提出了生成對抗網路 GAN（Generative Adversarial Network，如圖 1-28 所示）。GAN 被譽為近年來最酷炫的神經網路，是無監督學習最具前景的方法之一。

圖 1-27 伊恩·古德費洛（來源：dukakis.org）

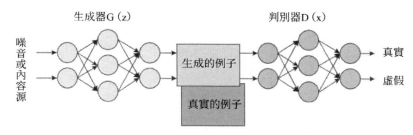

圖 1-28 GAN 工作原理

簡而言之，GAN 是一種「道高一尺，魔高一丈」的博弈演算法，正如同其名字「對抗生成」，它使用了兩個神經網路：一個作為生成器（Denerator），另一個作為判別器（Discriminator）。

在訓練過程中，生成器的目標是生成越來越好的樣本去使得判別器失效，而判別器則是要提升自己的判斷能力使自己不被騙。在這樣訓練的博弈過程中，分別提高了兩個模型的生成能力和判別能力。

作為影像分析應用中的里程碑式成果，GAN 能將影像放大到超解析度，

透過影像語義分析，使模糊不清的影像檔案變得清晰可辨。後來 Google 推出的知名的 Auto Draw（如圖 1-29 所示）就是基於這項技術。

Auto Draw 根據草圖來猜測意圖

輸入圖形　　　　　　　輸出圖形

圖 1-29 GoogleAuto Drew 技術

　　GAN 模型一問世就風靡人工智慧學術界，在多個領域得到了廣泛應用。它也隨即成為很多 AI 繪畫模型的基礎框架，其中生成器用來生成圖片，而判別器用來判斷圖片品質。

　　雖然 GAN 在影像生成應用上最為突出，但在電腦視覺中還有許多其他應用，如影像繪畫、影像標註、物體檢測和語義分割。在自然語言處理中應用 GAN 的研究也呈現一種增長趨勢，如文字建模、對話生成、問答和機器翻譯。

　　（2）TensorFlow 框架

　　2015 年，Google 開源了 TensorFlow 框架。這是一套綜合性的機器學習系統框架，是一個基於數據流程式設計（dataflow programming）的符號數學系統，被廣泛應用於各類機器學習（machine learning）演算法的程式設計實現，它可以很好地支持深度學習的各種演算法，並支持多種計算平台，系統穩定性較高。

　　它的開發者是 Google 內部最早系統性地研究 AI 技術的團隊——Google Brain。TensorFlow 是 Google 的第二代機器學習工具，其前身是 Google 的神經網路演算法庫 DistBelief。

　　在開源之前，TensorFlow 僅供 Google 公司內部使用。據說 Google 內部

有超過 4,000 個項目都能找到 TensorFlow 的配置檔案，幾乎所有團隊都在採用此項技術，包括搜尋排名、應用商城推薦、Gmail 反垃圾郵件以及 Android 系統等產品團隊。

Google 希望 TensorFlow 這款開源的 AI 工具包能像當年的安卓一樣賦能全世界的開發者們，所以它也被稱為「AI 界的安卓系統」。

例如，美國航天總署有個克卜勒計畫，目標是透過望遠鏡持續不斷地觀察太空中恆星亮度的變化，希望發現太陽系以外的行星系統，最終希望發現另外一個適宜人類居住的行星。目前該計畫已經累積了上百億個觀察數據，他們使用了 TensorFlow 的模型，幫助科學家發現了 2,500 光年以外的克卜勒 90 星系中的第八顆行星。

也有科學家利用 TensorFlow 把語音處理技術用到鳥類保護上。在叢林裡安裝很多收音器來採集鳥類的聲音，透過 TensorFlow 模型對其進行分析，就可以很準確地估算出鳥類在一片森林中的數量，從而可以更加精準地實施保護。

TensorFlow 的優勢是既可以在智慧手機端應用，也可以在大規模圖形處理單元集群上執行。換句話說，TensorFlow 可以進行異構裝置的分散式計算，它能夠自動適應各種平台，並在不同裝置上執行模型，無論是手機、單個 CPU / GPU，還是成百上千個 GPU 卡組成的分散式系統。

TensorFlow 的開源，大大降低了深度學習在各個行業的應用難度，如語音辨識、自然語言理解、電腦視覺和廣告等。

2015 年末，Google 執行長桑達爾・皮查伊（Sundar Pichai）表示：「機器學習這一具有變革意義的核心技術將促使我們重新思考做所有事情的方式。我們用心將其應用於所有產品，無論是搜尋、廣告、YouTube 還是 Google-Play。我們尚處於早期階段，但你將會看到我們系統性地將機器學習應用於這些領域。」

由於 TensorFlow 這樣深度學習工具集的大眾化，任何人只要具有基本的 Python 指令碼技能，就可以從事高級的深度學習研究，TensorFlow 很快就成為大量創業公司和研究人員轉向該領域的首選深度學習解決方案，這又進一步推動了深度學習的進展。

（3）AlphaGo

在 AlphaGo 橫空出世之前，幾乎沒有人相信 AI 可以在圍棋上勝過人類。因為圍棋的複雜度太高，棋盤有 361 個交叉點，每個點有三種狀態，也就是說共有 3 的 361 次方變化的可能，即圍棋的著數變化是 10 的 172 次方，這比太陽系裡所有的原子數量還多得多。

但在 2016 年 3 月，AlphaGo 贏了圍棋頂尖高手李世石（如圖 1-30 所示）。

圖 1-30 AlphaGo 和李世石對戰（來源：time.com）

因為出現了以卷積神經網路為代表的深度學習技術，讓 AI 有了飛躍發展。AlphaGo 使用了多層卷積神經網路來分析和理解棋盤上的局面，從而預測出最可能的下棋位置。

2017 年 5 月 23 日，更新版 AlphaGo 出場，與當時世界排名第一的圍棋棋手柯潔進行了對弈（如圖 1-31 所示）。這個版本讓三子還能勝過之前戰勝過李世石的 AlphaGo 版本。

圖 1-31 柯潔對戰 AlphaGo（來源：tech-camp.in）

在賽前，柯潔發微博感嘆：「早就聽說新版 AlphaGo 的強大，但……讓……讓三子？我的天。這個差距有多大呢？簡單地解釋一下就是一人一手輪流下的圍棋，對手連續讓你下三步，又像武林高手對決讓你先捅三刀一樣。我到底是在和一個怎樣可怕的對手下棋……」

不出所料，新版 AlphaGo 以 3：0 的戰績贏了柯潔。並不是柯潔沒發揮好，其實早在 4 個多月前，這個新版的 AlphaGo 以「Master」為名，在網上挑戰中韓日頂尖高手，60 戰全勝。

AI 是怎麼做到的呢？

沒人知道確切的細節，AI 就像一個黑盒子，吞掉一大堆學習材料之後突然說：「我會了。」一測試，你發現它真的會了，可是你不知道它掌握的究竟是什麼，因為神經網路本質上只是一大堆引數，無法被解釋。

雖然會下棋的 AI 沒有很高的商業價值，但它帶動了 AI 的快速發展。DeepMind 團隊又在同樣的技術基礎上開發了 AlphaFold，可以透過計算預測蛋白質結構，對生物研究和製藥都有巨大的推動。

AlphaGo 的成功也將強化學習推向了新高潮。在 AlphaGo 的開發中，DeepMind 團隊使用了無監督學習技術來讓 AlphaGo 從大量的未標註圍棋數據中自動學習，提取圍棋遊戲中的模式和結構。

具體來說，DeepMind 團隊將 AlphaGo 暴露在大量的未標註圍棋數據中，

例如棋譜、遊戲記錄和圍棋書籍等。透過這些數據，AlphaGo 逐漸學會了如何下圍棋，如何辨識遊戲中的模式和結構，以及如何根據這些模式和結構來制定自己的下棋策略。

什麼是無監督學習？

所謂無監督學習（unsupervised learning），是指不用標記每個數據是什麼，AI 看多了會自動發現其中的規律和連繫。能夠無監督學習的 AI 就好像一個聰明的學者，自己從數據裡面學習，看了大量的內容，看多了就會了。

無監督學習是怎麼知道對錯的呢？

以語言模型為例，最簡單的一種做法，就是拿掉句子的一個詞，然後讓 AI 猜測是哪一個詞，因為有原句作為標準答案，就可以訓練 AI 來猜測到正確的結果。Google 的 BERT 模型就是類似這樣的訓練機制，訓練後的模型在閱讀理解方面的成績非常好。

1.4
預訓練大模型時代

前面講到了符號主義、連線主義和行為主義三個流派，它們好像各不相干，但實際上，這些不同的理論可以互相補充。在 AI 技術不斷發展和應用時，AI 系統往往會用到多個流派的理論和技術，既有神經網路，又有強化學習，還有推理規則等，因為機器學習單項發展有其局限性，透過各種流派技術的組合才能實現更加複雜和強大的功能。

ChatGPT 就是成功運用了行為主義的強化學習技術，採用無監督學習的演算法來訓練，完成海量的語料學習。

現代的 AI 以大模型為主，整合的技術很多，已經很難簡單判定是屬於哪一個流派了，如 ChatGPT 這樣的大模型，就使用了以上三個流派的技術。

為什麼需要預訓練大模型呢？

因為一個未經訓練的 AI 模型並不能直接用。

這就好像人的大腦，雖然有很多的神經網路結構，但如果沒學習過，就是個文盲。同理，大模型在訓練之前，只有搭建好的網路結構和幾萬甚至幾千億個引數，需要把大量的素材「餵」給它進行訓練。每個素材進來，神經網路訓練一遍後，各個引數的權重就會進行相關的調整，這個過程就是機器學習。等訓練得差不多了，就可以把所有引數都固定下來，預訓練模型就「煉製」完成了。

除了訓練，推理也是必要的。在 ChatGPT 模型中，推理是透過預訓練的 Transformer 模型實現的。該模型透過不斷試驗和疊代，自我學習並調整引數，提高了推理能力，在實踐中可以表現出更好的結果。符號主義的方法可用於設計基於規則的框架，以處理和表達基於符號和關係的知識，從而使 AI 模型具備推理或邏輯推斷的能力。

從 2016 年開始，出現了越來越大的 AI 模型，模型引數規模越大，效能表現也越好。模型的預訓練也造成了很關鍵的作用，這個以大模型為主的發展路徑跟之前的 AI 相比又有了很大的變化。

2022 年，基於 AI 模型，出現了許多 AIGC 產品，尤其是在 AI 繪畫方面，典型的有 DALL-E2、Midjourney、Stable Diffusion 和 Disco Diffusion 等。

下面以 Google 大語言模型的簡史來講述 AI 中的關鍵技術發展。

2017 年 6 月，Google 大腦團隊（Google Brain）在神經訊息處理系統大會（NeurIPS，該會議為機器學習與 AI 領域的頂級學術會議）發表了一篇名

為《自我注意力是你所需要的全部》（*Attention Is All You Need*）的論文。作者在文中首次提出了基於自我注意力機制（self-attention）的變換器（transformer）模型，並首次將其用於理解人類的語言，即自然語言處理。

在這篇文章釋出之前，自然語言處理領域的主流模型是循環神經網路（RNN，recurrentneural network）。循環神經網路模型的優點是能更好地處理有先後順序的數據，它被廣泛用於自然語言處理中的語音辨識、手寫辨識、時間序列分析以及機器翻譯等。但這種模型也有不少缺點：在處理較長序列，例如長文章、書籍時，存在模型不穩定或者模型過早停止有效訓練的問題，以及訓練模型時間過長的問題。

從 NLP 發展的邏輯來看，最早的 NLP 模型是基於對單個單字統計來做的；到後來卷積神經網路（CNN）出現，機器開始能夠基於兩三個單字來理解詞義；再往下發展到 RNN 時代，這時 AI 基本上就可以沿著整個序列（sequence）進行累積，可以理解相對長的短語和句子，不過依然無法真正理解上下文。

論文中提出的 Transformer 模型（如圖 1-32 所示）中提出的注意力機制（attentionmodel）是一個很重要的突破。在這個階段，AI 開始能夠結合所有上下文，理解各個詞表達的重要性不同。這就很像我們的快速閱讀，為什麼人類能夠做到「一目十行」，是因為我們能看到一些關鍵詞，而每個詞的重要性不一樣。透過快速掃描方式，找到關鍵的內容就搞懂了內容，並不需要在每個詞上花同樣的注意力。

「注意力機制」正是造成了這個作用，它告訴 AI 各個關鍵詞之間的關係如何，誰重要和誰不重要。

Transformer 能夠同時進行數據計算和模型訓練，訓練時長更短，並且訓練得出的模型可用語法解釋，也就是模型具有可解釋性。

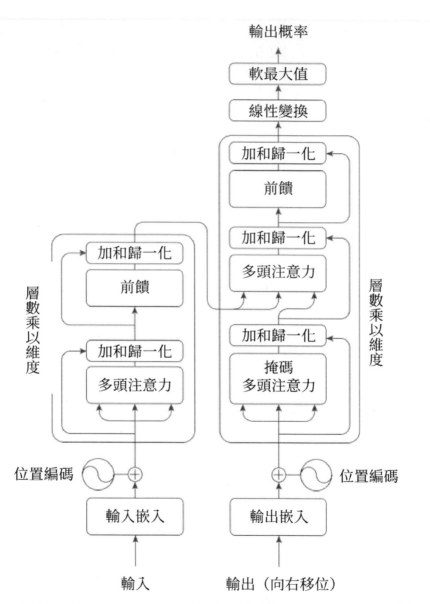

圖 1-32 最初變換器模型的架構（來源：論文《Attention Is All You Need》）

Google 大腦團隊使用了多種公開的語言數據集來訓練最初的 Transformer 模型，一共有 6500 萬個可調引數。

經過訓練後，這個最初的 Transformer 模型（如圖 1-33 所示）在翻譯準確度、英語成分句法分析等各項評分上都達到了業內第一，成為當時最先進的大型語言模型（Large Language Model, LLM），其最常見的使用場景就是輸入法和機器翻譯。

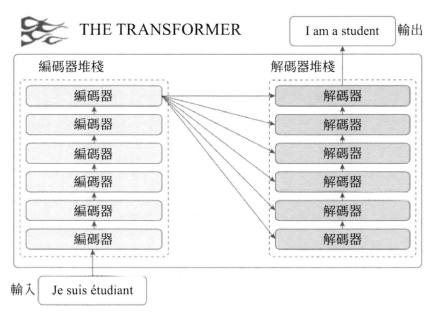

圖 1-33 圖解 Transformer 翻譯（來源：jalammar.github.io）

Transformer 模型自誕生的那一刻起，就深刻地影響了接下來幾年 AI 領域的發展軌跡。

因為 Google 大腦團隊在論文中提供了模型的架構，任何人都可以用其來搭建類似架構的模型，並結合自己手上的數據進行訓練。

於是 Transformer 就像其另一個霸氣的名字「變形金剛」一樣，被更多人研究，並不斷變化。

短短幾年裡，該模型的影響已經遍布 AI 的各個領域——從各式各樣的自然語言模型到預測蛋白質結構的 AlphaFold2 模型，用的都是它。

2018 年 10 月，Google 提 出 3.36 億 個 引 數 的 BERT（Bidirectional En-coder Representation from Transformers，來 自 Transformers 的雙向編碼表示）模型。

BERT 的特點是可以使用大量沒有標註的數據，自己建立一些簡單任務來進行自學。怎麼學呢？比如一句話，AI 會把其中的一個詞藏起來，然後猜這個詞應該是什麼，有點像機器自己和自己玩遊戲，這樣它的語言理解能力就會變得越來越強。

在 SQuAD1.1 機器閱讀理解頂尖水準測試中，BERT 表現驚人：兩個衡量指標全部超越人類，且在 11 種不同的 NLP 測試中獲得最佳成績，例如將 GLUE 基準提升至 80.4%（絕對改進 7.6%），以及 MultiNLI 準確度達到 86.7%（絕對改進 5.6%），成為 NLP 發展史上里程碑式的模型成就。

據測試，在同等引數規模下，BERT 的效果好於 GPT-1。因為它是雙向模型，可以同時利用上文和下文來分析，而 GPT-1 是單向模型，無法利用上下文訊息，只能利用上文（如圖 1-34 所示）。

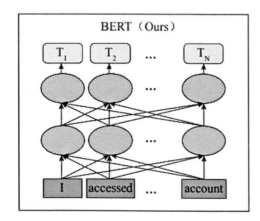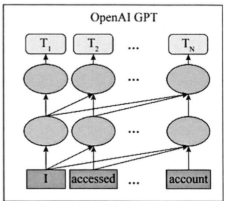

圖 1-34 BERT 和 GPT-1（來源：hackernoon.com）

GPT-1 學會猜測句子中的下一組單字，而 BERT 則學會猜測句子中任何地方缺少的單字。這有很多好處：如果給 BERT 幾千個問題和答案，它可以自己學會回答其他類似的問題。另外，BERT 也可以學會如何進行對話。

從閱讀理解方面來看，BERT 模型的提升是很大的。在當時的 SQuAD 競賽排行榜上，排在前列的都是 BERT 模型，閱讀理解領域也基本上被 BERT 霸榜了。Google 的 BERT 模型完勝當時所有的大模型。

2019 年 10 月，Google 在論文《探索使用統一文字到文字變換器的轉移學習極限》（*Exploring the Limits of Transfer Learning with a Unified Text-to-Text Transformer*）中提出了一個新的預訓練模型：T5（如圖 1-35 所示）。該模型涵蓋了問題解答、文字分類等方面，引數量達到了 110 億個，成為全新的 NLPSOTA 預訓練模型。在 SuperGLUE 基準上，T5 也超越了 Facebook 提出的 RoBERTa，以 89.8 的得分成為僅次於人類基準的頂尖 SOTA 模型。

為什麼叫 T5 ？因為這是「Text-To-Text Transfer Transformer」的縮寫（五個 T）。

T5 作為一個文字到文字的統一框架，可以將同一模型、目標、訓練流程和解碼過程，直接應用於實驗中的每一項任務。研究者可以在這個框架上比較不同遷移學習目標、未標註數據集或者其他因素的有效性，也可以透過擴展模型和數據集來發現 NLP 領域遷移學習的局限。

2022 年 6 月釋出的 Flan-T5 語言模型，透過在超大規模的任務上對 T5 進行微調，使它具備極強的泛化效能，在 1,800 多個不同的 NLP 任務上都有很好的表現。

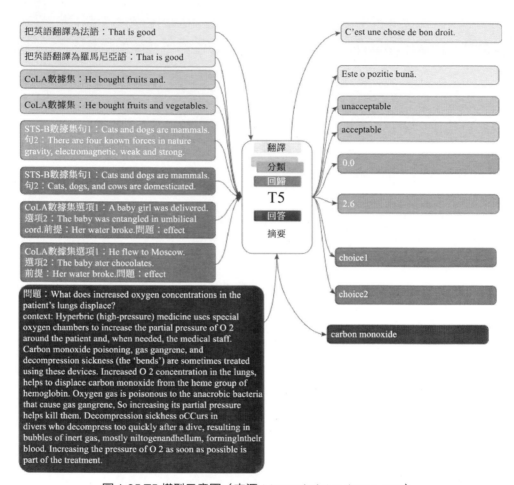

圖 1-35 T5 模型示意圖（來源：towardsdatascience.com）

微調的目的是讓語言模型理解指令並學會泛化，而不僅是學會解決給定的任務。這樣，當模型面對現實世界的新任務時，只需學習新的指令就能解決任務。一旦模型訓練完畢，就可以在幾乎全部的 NLP 任務上直接使用，實現一個模型解決所有問題（One model for all tasks），這就非常有誘惑力！

從創新來看，T5 算不上出奇制勝，因為模型沒有用到什麼新方法，而只是從全面的視角來概述當前 NLP 領域遷移學習的發展現狀。它的成功，是透

過「大力出奇蹟」，用 110 億個引數的大模型，在摘要生成、問答和文字分類等諸多基準測試中都取得了不錯的效能，一舉超越現有最強模型。

Google 編寫的 T5 通用知識訓練語料庫中的片段來自 Common Crawl 網站，該專案每個月從網路上爬取大約 20TB 的英文文字。

具體做法分為三步：

（1）任務收集：收集一系列監督的數據，這裡一個任務可以被定義成「數據集，任務類型的形式」，比如「基於 SQuAD 數據集的問題生成任務」。

（2）形式改寫：因為需要用單個語言模型來完成超過 1,800 多種不同的任務，所以需要將任務都轉換成相同的「輸入格式」給模型進行訓練，同時這些任務的輸出也需要是統一的「輸出格式」。

（3）訓練過程：使用恆定的學習速率和 Adafactor 優化器進行訓練；同時將多個訓練樣本打包成一個訓練樣本，這些訓練樣本透過一個特殊的「結束標記」進行分割。在每個指定的步數，進行「保留任務」上的模型評估，並儲存最佳的檢查點。

儘管微調的任務數量很大，但相比語言模型本身的預訓練過程，計算量小了很多，只有 0.2%。所以透過這個方案，人公司訓練好的語言模型可以被再次有效地利用，應用方只需要做好「微調」即可，不用重複耗費大量計算資源去訓練一個語言模型。

從競賽排行榜看，T5 以絕對優勢勝出。

2021 年 1 月，在 OpenAI 的 GPT-3 釋出僅幾個月後，Google 大腦團隊就重磅推出了超級語言模型 Switch Transformer，它有 1.6 兆個引數，是 GPT-3 引數量的 9 倍。看起來，大模型的「大」成為競爭的關鍵。

研究人員在論文中指出，大規模訓練是通向強大模型的有效途徑，具有大量數據集和引數計數的簡單架構可以遠遠超越複雜的演算法，但目前有效的大規模訓練主要使用稠密模型，而 Switch Transformer 採用了「稀疏啟用」

技術。所謂稀疏，指的是對於不同的輸入，只啟用神經網路權重的子集。

根據作者介紹，Switch Transformer 是在 MoE 的基礎上發展而來的。MoE 是 1990 年代初首次提出的 AI 模型，它將多個「專家」或專門從事不同任務的模型放在一個較大的模型中，並有一個「門控網路」來選擇對於任何給定數據要諮詢哪些／個「專家」。儘管 MoE 取得了一些顯著成果，但複雜性、通訊成本和訓練不穩定阻礙了其被廣泛採用。

Switch Transformer 的新穎之處在於，它有效地利用了為稠密矩陣乘法（廣泛用於語言模型的數學運算）而設計的硬體 —— 例如 GPU 和 GoogleTPU。研究人員為不同裝置上的模型分配了唯一的權重（如圖 1-36 所示），因此權重會隨著裝置的增多而增加，但每個裝置上僅有一份記憶體管理和計算指令碼。

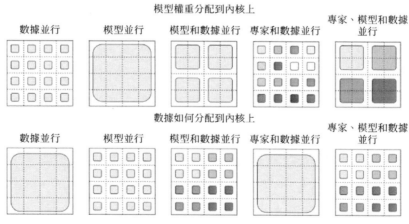

圖 1-36 模型權重分布示意圖（來源：towardsdatascience.com）

Switch Transformer 在許多下游任務上有所提升。研究人員表示，它可以在使用相同計算資源的情況下使預訓練速度提高 7 倍以上。他們證明，大型稀疏模型同樣可以用於建立較小的、稠密的模型，並且透過微調，這些模型相對大型模型會有 30% 的品質提升。

SwitchTransformer 模型在 100 多種不同語言之間的翻譯測試中，研究人員觀察到了「普遍改進」，與基準模型相比，91% 的語言翻譯有 4 倍以上的提速。

研究人員認為，在未來的工作中，Switch Transformer 可以應用到其他模態或者跨模態的研究當中。模型稀疏性可以在多模態模型中發揮出更大的優勢。

從結果來看，這個模型意味著 Google 的新模型在翻譯等領域獲得了絕對的勝利。

但從另一方面看，模型越大，部署的難度越大，成本也越高，所以從產出結果的效率來看是低的，這就意味著它未必能贏得最終的勝利。

這也便能解釋為什麼 Switch Transformer 這樣開源的兆引數模型影響力不大，許多人根本沒聽說過。

2021 年 5 月的 GoogleI/O 大會上，Google 展示了其最新的 AI 系統 LaMDA（Language Model for Dialogue Applications，對話應用語言模型），它擁有 1,370 億個引數，略少於 GPT-3，但比 13 億個引數的 InstructGPT 多 100 多倍。

不過，LaMDA 跟其他語言模型都不同，因為它專注於生成對話，跟 ChatGPT 一樣，LaMDA 可以使回答更加「合情合理」，讓對話更自然地進行，其目的不是提供訊息搜尋，而是透過對自然語言問題的回答來幫助使用者解決問題（如圖 1-37 所示）。但跟 ChatGPT 不一樣的是，它可以利用外部知識源展開對話。

而且，這些回覆都不是預先設定的，與它進行多次對話時，同一個問題不會出現相同的答案。

當時，這個演示讓技術圈轟動了。

這麼厲害的對話機器人，照理說應該像 ChatGPT 這樣迅速流行才是。

實際上，沒有多少人了解 LaMDA。

因為直到 2023 年 2 月，Google 才向公眾釋出了 LaMDA 支持的 Bard 對話機器人。部分原因在於 LaMDA 存在較高的誤差，且容易對使用者造成傷害，此類瑕疵被 Google 稱之為有「毒性」。

圖 1-37 對話過程（來源：Google I/O 大會影片）

Google 的 CEO 桑達爾・皮查伊和 GoogleAI 部門長期負責人 Jeff Dean 表示，Google 其實完全有能力拿出類似 ChatGPT 的成果。只是一旦出了紕漏，Google 這樣的企業大廠無疑需要承擔更高的經濟和聲譽成本。

因為全球有數十億使用者在使用 Google 的搜尋引擎，而 ChatGPT 到 12 月初才剛剛突破 100 萬名使用者。

那麼，在這一局，雖然 Google 最早釋出了產品，看起來有不錯的結果，畢竟能採用外部知識的對話機器人更有時效性價值，但遺憾的是，Google 交卷太晚了。而且從使用的千億個引數來看，這個語言模型的效率比不上 OpenAI 的 InstuctGPT 語言模型。

2022 年 4 月，Google 首次釋出了 PaLM（Pathways Language Model）大

語言模型，使用了 5,400 億個引數進行訓練，約是 GPT-3 引數量的三倍。
PaLM 是一個只有解碼器的密集 Transformer 模型。這個模型訓練使用了 6,144
塊 TPU。

PaLM 使用英語和多語言數據集進行訓練，包括高品質的 web 文件、書
籍、維基百科、對話和 GitHub 程式碼。PaLM 在許多非常困難的任務上顯示
出了突破性的能力，包括語言理解、生成、推理和程式碼等相關任務。

2023 年 5 月，Google 在 GoogleI/O 大會上釋出了更新版 PaLM2，宣布
PaLM2 已被用於支持 Google 自家的 25 項功能和產品，其中包括 AI 聊天機
器人 Bard、Gmail、GoogleDocs、GoogleSheets 和 YouTube 等。

PaLM 2 是 Google 最先進的大語言模型，它擅長數學、編碼、推理、多
語言翻譯和自然語言生成。它現在可以理解 100 多種語言，在高級語言能力
考試中能達到「精通」的水準。

PaLM 2 也是多模態的，對標 GPT-4，可以同時處理文字和影像等不同類
型的數據。使用者可以發送一張廚房貨架上食材的圖片，並詢問可以做什麼
菜。Bard 就會根據從圖片中辨識出來的食材給出一個合適的食譜，並附上圖
片和步驟。除了圖片，Bard 還可以處理音訊、影片等其他類型的數據，並給
出相應的回應。

PaLM 2 分為四種規格，從小到大依次為壁虎（Gecko）、水獺（Otter）、
野牛（Bison）和獨角獸（Unicorn），它們分別依據特定領域的數據進行了微
調，以便為企業客戶執行某些任務。其中最輕量級的「壁虎」版本能在移動
裝置上快速執行，離線狀態下每秒可處理 20 個標記（token）。

為什麼會有這麼「小」的大模型？

因為在實際落地中，大模型不是引數量越大越好，在一些數據量小、任
務並不複雜的場景中，追求泛化能力強但規模龐大的大模型，無異於「大
砲打蚊子」，這時將大模型核心的泛化能力快速適配至不同場景才是關鍵。

提供不同規模的 PaLM 2 意味著其落地應用會更加方便，可以面向不同的客戶，部署在不同企業環境中，使用者能夠直接拿來用。

用上了 PaLM 2 的 Google 搜尋，不僅對使用者搜尋語言的理解力更強，而且能把搜尋結果的內容進行總結。在搜尋結果的最上層顯示為「AI Snapshot」（AI 快照）部分。

此前釋出的 Bard 是基於 LaMDA 開發的，現在轉用了 PaLM 2，其生產內容的能力得到了很大的提升。而且，Google 將 Bard 跟旗下和外部產品的整合，讓 Bard 可以開啟 Google 地圖、圖片、影片、外部連結等多元化的訊息，使用者還可以將這些問題及答案一鍵匯出到 Gmail、Google 文件和表格之中。

Bard 的程式碼功能也很強，開發者們可以把 Bard 生成的程式碼進行匯出，不僅能將其發送到 Google 的 Colab 平台，還能和另一個基於瀏覽器的 IDEReplit 一起使用。

在 ChatGPT 出來之前，Google 雖然在 AI 大模型上投入巨大，研發了多個大模型，但由於各自為政，都沒有達到量變到質變的臨界點。沒有一個大語言模型能與 ChatGPT 抗衡，更沒有帶來 AI 技術在應用方面的規模化突破。

而 Google 最新釋出的 PaLM 2 大模型則是直接對標 GPT-4，用「大力出奇蹟」，全面賦能 Google 生態的產品，交出了一份不錯的答卷。

預訓練模型的價值在於用大量語料訓練出一個懂很多知識的模型出來。OpenAI 在微軟的支持下，投入巨大的算力訓練 GPT-3 之後，又把 GPT-3 應用到了繪畫、程式設計等領域，而程式碼方面的訓練，對 GPT 的能力有一個很大的提升。Google 的 PaLM 2 大模型從一開始就是多模態的，經過大量的訓練後，形成了可以與 GPT-4 抗衡的能力。

在深度學習和神經網路突破後，AI 已經在電腦視覺、自然語言理解技術等領域超越了人類。為什麼 AI 公司的數量相比其他類型的公司而言，比例仍然很小呢？

即便拿到了投資的 AI 公司，其產品也很少能被大規模使用。這是為什麼呢？

因為存在以下五個問題：

（1）單一功能的使用場景受限。

一些具有很強實力的 AI 公司，推出的功能如辨識聲音、辨識文字等，確實可以替代一些人的工作，但感覺也沒那麼強大。

（2）訓練和使用 AI 的成本太高。

有些企業雖然從 AI 的應用中得到了一些收益，但因為投入大筆研發經費在 AI 上，花費巨大的成本來收集和標註數據，長年虧損。

（3）從研發到應用的時間太長。

很多公司本來很想用 AI，也嘗試去做，但做了一年沒有結果，之後就不做了。

（4）無法互聯而形成規模化。

即便是做出了有成效的 AI 模型，但因不能跨領域使用，形成了「孤島」，很難形成規模。

（5）缺乏支持的生態鏈。

這個階段的 AI，缺少像網際網路時代的 Windows 和 Android 一樣的規模化能力來降低應用開發的門檻，打造完善的生態鏈。大部分 AI 公司奮鬥幾年下來，尚未真正實現商業上的成功。

這些問題導致 AI 的發展遭遇了一個巨大的瓶頸，只有解決這個瓶頸，AI 的技術和應用才能出現爆發式增長。

而 ChatGPT 及其相關技術，恰恰能解決上述問題。

1.5
ChatGPT 簡史

2015 年 12 月，OpenAI 公司於美國舊金山成立。說來有趣，OpenAI 成立的一個原因就是避免 Google 在 AI 領域的壟斷，這個想法起源於薩姆·阿特曼（SamAltman）（如圖 1-38 所示）發起的一次主題晚宴，當時他是著名創業孵化器 YCombinator （以下簡寫為 YC）的總裁。

圖 1-38 OpenAI 的 CEO 薩姆·阿特曼（來源：fortune.com）

阿特曼是一位年輕的企業家和風險投資家，他曾在史丹佛大學讀電腦科學專業，後來退學去創業。他創立的 Loopt，是一家基於手機使用者所在地理位置提供社交服務的網路公司。2005 年該公司進入 YC 的首批創業公司。雖然 Loopt 未能成功，但阿特曼把公司賣掉了，用賺到的錢進入了風險投資領域，做得相當成功。後來，YC 的聯合創始人保羅·格雷厄姆（Paul Graham）和利文斯頓（Livingston）聘請他作為格雷厄姆的繼任者來管理 YC。

2015 年 7 月的一個晚上，阿特曼在玫瑰木山丘酒店（Rosewood Sand

Hill）舉辦了一場私人晚宴。這是一家豪華的牧場風格酒店，位於門洛帕克矽谷風險投資行業的中心。伊隆·馬斯克（Elon Musk）也在現場，還有 26 歲的布羅克曼，他是麻省理工學院（MIT）的輟學生，曾擔任支付處理初創公司 Stripe 的技術長。一些與會者是經驗豐富的 AI 研究人員，還有一些人幾乎不懂機器學習，但他們全都相信 AGI 是可行的。

AGI 即 Artificial General Intelligence 的簡寫，指通用 AI，專注於研製像人一樣思考、像人一樣從事多種工作的智慧機器。目前，主流的 AI（如機器視覺、語音輸入等）都屬於專用 AI，與 AGI 相比，它們只能解決特定的問題，缺乏全面性和普適性。

那時 Google 剛剛收購了一家總部位於倫敦的 AI 公司 DeepMind（就是推出了打敗圍棋冠軍的 AlphaGo 的公司），在阿特曼、馬斯克和其他科技業內人士看來，這是最有可能率先開發 AGI 的公司。如果 DeepMind 成功了，Google 可能會壟斷這項無所不能的技術。酒店晚宴的目的是討論組建一個與 Google 競爭的實驗室，以確保這種情況不會發生。

說做就做，幾個月後，OpenAI 就成立了，旨在完成 DeepMind 和 Google 無法做到的一切。它將作為一個非營利組織營運，明確致力於使先進 AI 的好處普惠化。它承諾釋出其研究成果，並開源其所有技術，它對透明度的承諾展現在其名稱中：OpenAI。

OpenAI 捐助者名冊令人印象深刻，不僅有特斯拉的創始人馬斯克（Elon Musk），還有全球線上支付平台 PayPal 的聯合創始人彼得·提爾（Peter Thiel）、LinkedIn 的創始人里德·霍夫曼（Reid Hoffman）、創業孵化器 Y Combinator 總裁阿爾特曼（Sam Altman）、Stripe 的 CTO 布羅克曼（Greg Brockman）、Y Combinator 聯合創始人傑西卡·利文斯頓（Jessica Livingston）；還有一些機構，如阿特曼創立的基金會 YC Research，印度 IT 外包公司 Infosys 和亞馬遜雲科技（AWS）。創始捐助者共同承諾向這個理想主義的

新企業捐助 10 億美元（儘管根據稅務記錄，該非營利組織只收到了承諾的一小部分）。

OpenAI 也吸引了許多技術「大佬」加入，如伊利亞‧薩特斯基弗（Ilya Sutskever）、卡洛斯‧維雷拉（Carlos Virella）、詹姆斯‧格林（James Greene）、沃伊切‧赫扎倫布（Wojciech Zaremb）和伊恩‧古德費洛（Ian Goodfellow）等人。其中，薩特斯基弗是 OpenAI 的首席科學家，在進入 OpenAI 之前，他曾參與 Google AlphaGo 的開發工作，而在 OpenAI，他帶領團隊開發了 GPT、CLIP、DALL-E 和 Codex 等 AI 模型。

2016 年，OpenAI 推出了 Gym，這是一個允許研究人員開發和比較強化學習系統的平台，可以教 AI 做出具有最佳累積回報的決策。

同年，OpenAI 還釋出了 Universe，這是一個能在幾乎所有環境中衡量和訓練 AI 通用智慧水準的開源平台，目標是讓 AI 智慧體能像人一樣使用電腦。Universe 從李飛飛等人創立的 ImageNet 上獲得啟發，希望把 ImageNet 在降低影像辨識錯誤率上的成功經驗引入通用 AI 的研究，以取得實質進展。OpenAIUniverse 提供了跨網站和遊戲平台訓練智慧代理的工具包，有 1,000 種訓練環境，並由微軟、輝達等公司參與建設。

創立後，OpenAI 一直在推出不錯的 AI 技術，但跟 Google 沒法比。在那段時間，Google 的成績才真正輝煌。

2016 年 3 月 9 日，AlphaGo 與圍棋冠軍李世石進行圍棋大戰，最終以 4：1 勝出。一年之後，新版的 AlphaGo 又以 3：0 戰勝了圍棋冠軍柯潔。之後釋出的 AlphaZero 更是讓人驚嘆，它在三天內自學了三種不同的棋類遊戲，包括西洋棋、圍棋和日本將軍棋，而且無須人工干預。這是一種人類從未見過的智慧。

這些成果好像驗證了 2015 年那次主題宴會上的判斷，Google 很可能在 AI 領域形成壟斷地位。確實，從 AlphaGo 的成功來看，Google 已經牢牢占

住了 AI 的高地，無人可以撼動。Google 還收購了十幾家 AI 公司，投入的資金和資源巨大，成果斐然。

2016 年 4 月，Google 著名的深度學習框架 TensorFlow 釋出分散式版本；同年 8 月，Google 釋出基於深度學習的 NLU 框架 SyntaxNet；同年 9 月，Google 上線基於深度學習的機器翻譯。

2016 年 5 月，GoogleCEO 桑德・皮查伊（Sundar Pichai）宣布將公司從「移動為先」的策略轉變成「AI 為先」（AIFirst），並計劃在公司的每一個產品上都應用機器學習的演算法。也就是說，Google 已經開始把 AI 技術變成了自己的業務優勢，用它去賺錢或者省錢。

看起來，OpenAI 離戰勝 Google 的預期目標還很遠。2017 年開始，一些 AI 大牛離開了 OpenAI，如伊恩・古德費洛（Ian Goodfellow，GAN 之父）和彼得・阿貝爾（Pieter Abbeel，學徒學習和強化學習領域的開拓者）等。

OpenAI 的前途在哪裡呢？

出人意料的是，OpenAI 決定與 Google 硬碰硬。在 Google 開創的道路上，OpenAI 竟然取得了震驚業內的突破，持續推出了 GPT 系列模型，並迅速拓展到多個富有前景的商業領域，力壓 Google 一頭。

順便說一下，Google 的「高歌猛進」讓微軟也很焦慮。微軟雖然也有一些不錯的 AI 產品，比如小冰聊天機器人，但還不成體系。

下面我們看看 ChatGPT 的成長史，了解它是如何在 AI 技術的競賽中勝出的。

GPT 的問世，是 AI 進化過程中另一個偉大的里程碑。

之前的神經網路模型是有監督學習的模型，存在兩個缺點：

（1）需要大量的標註數據，高品質的標註數據往往很難獲得，因為在很多工中，影像的標籤並不是唯一的或者例項標籤並不存在明確的邊界；（2）根據一個任務訓練的模型很難泛化到其他任務中，這個模型只能叫做「領域

專家」而不是真正地理解了 NLP（Natural Language Processing，自然語言處理）。

假如能用無標註數據訓練一個預訓練模型，就能省時省力省錢。

GPT-1 的思想是先透過在無標籤的數據上學習一個生成式的語言模型，然後再根據特定任務進行微調，處理的有監督任務包括：

（1）自然語言推理：判斷兩個句子之間的關係是包含、矛盾還是中立。

（2）問答和常識推理：類似於多選題，輸入一個文章、一個問題以及若干個候選答案，輸出為每個答案的預測機率。

（3）語義相似度：判斷兩個句子是否語義上是相關的。

（4）分類：判斷輸入文字是指定的哪個類別。

將無監督學習的結果用於左右有監督模型的預訓練目標，叫做生成式預訓練（Generative Pre-training，GPT），如圖 1-39 所示。這種半監督學習方法，由於用大量無標註數據讓模型學習「常識」，就無需標註訊息了。

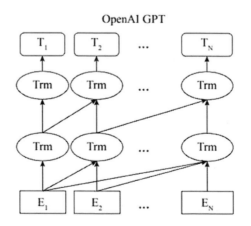

圖 1-39 GPT 模型原理示意圖（來源：researchgate.net）

2018 年 6 月，在 Google 的 Transformer 模型誕生一週年之際，OpenAI 公司發表了論文《用生成式預訓練提高模型的語言理解力》（*Improving Lan-*

guage Understanding by Generative Pretraining），推出了具有 1.17 億個引數的 GPT-1（Generative Pre-training Transformers, 生成式預訓練變換器，訓練原理如圖 1-40 所示）模型。

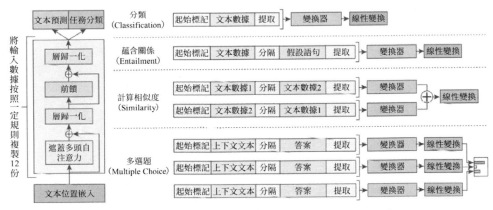

圖 1-40 GPT 訓練原理示意圖（來源：researchgate.net）

GPT-1 使用了經典的大型書籍文字數據集（BookCorpus）進行模型預訓練，之後，又針對四種不同的語言場景，使用不同的特定數據集對模型進行進一步的訓練（又稱為微調，finetuning）。最終訓練所得的模型在問答、文字相似性評估、語義蘊含判定以及文字分類這四種語言場景中，都取得了比基礎 Transformer 模型更優的結果，成為新的業內第一。

GPT-1 的誕生也被稱為 NLP（自然語言處理）的預訓練模型元年。自此之後，自然語言辨識的主流模式就是以 GPT-1 為代表：先在大量無標籤的數據上預訓練一個語言模型，然後再在下游具體任務上進行有監督的微調，以此取得還不錯的效果。

GPT-1 具有強大的泛化能力，對下游任務的訓練只需要簡單的微調即可取得非常好的效果。雖然在未經微調的任務上也有一定效果，但其泛化能力低於經過微調的有監督任務。

2019 年 2 月，OpenAI 推出了 GPT-2，同時，它們發表了介紹這個模型的論文《語言模型是無監督的多工學習者》（*Language Models are Unsupervised Multitask Learners*）。

相比於 GPT-1，GPT-2 並沒有對原有的網路進行過多的結構創新與設計，只使用了更多的網路引數與更大的數據集：最大模型共計 48 層，引數量達 15 億個（如圖 1-41 所示）。

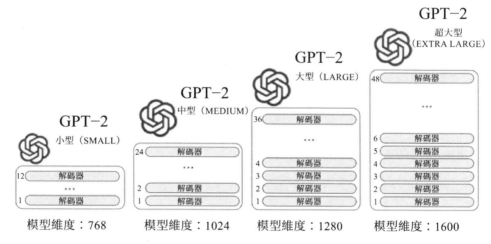

圖 1-41 GPT-2 不同引數規模對比（來源：modeldifferently.com）

GPT-2 用於訓練的數據取自 Reddit（紅迪網）上高讚的文章，名為 WebText。數據集共有約 800 萬篇文章，累計體積約 40G，為了避免和測試集的衝突，WebText 移除了涉及維基百科（Wikipedia）的文章。

GPT-2 模型是開源的，主要目的是為給定句子生成下一個文字序列。

假如給定一兩個句子的文字提示，GPT-2 就能生成一個完整的敘述。對一些語言任務，如閱讀、摘要和翻譯，可以透過 GPT-2 學習原始文字，而不需要使用特定領域的訓練數據。

在效能方面，除了理解能力，GPT-2 在文字內容生成方面表現出了強大

的天賦：閱讀摘要、聊天、續寫和編故事，甚至生成假新聞、釣魚郵件或在網上進行角色扮演等也通通不在話下。

在「變得更大」之後，GPT-2 的確展現出了普適而強大的能力，並在多個特定的語言建模任務上實現了當時的最佳效能。

GPT-2 的最大貢獻是驗證了透過海量數據和大量引數訓練出來的詞向量模型可遷移到其他類別任務中，而不需要額外訓練。

從本質上來說，GPT-2 就是一個簡單的統計語言模型。從機器學習的角度，語言模型是對詞語序列的機率分布的建模，即利用已經說過的片段作為條件預測下一個時刻不同詞語出現的機率分布。語言模型可以衡量一個句子符合語言文法的程度（如衡量人機對話系統自動產生的回覆是否自然流暢），同時也可以用來預測生成新的句子。例如，對於一個片段「中午 12 點了，我們一起去餐廳」，語言模型可以預測「餐廳」後面可能出現的詞語。一般的語言模型會預測下一個詞語是「吃飯」，強大的語言模型能夠捕捉時間訊息並且預測產生符合語境的詞語「吃午餐」。

通常，一個語言模型是否強大主要取決於兩點：首先，看該模型是否能夠利用所有的歷史上下文訊息，上述例子中如果無法捕捉「中午 12 點」這個遠距離的語義訊息，語言模型幾乎無法預測下一個詞語「吃午餐」；其次，還要看是否有足夠豐富的歷史上下文可供模型學習，也就是說訓練語料是否足夠豐富。由於語言模型屬於無監督學習，優化目標是最大化所見文字的語言模型機率，因此任何文字無需標註即可作為訓練數據。

GPT-2 表明隨著模型容量和數據量的增大，其潛能還有進一步開發的空間，但需要繼續投資才能挖掘潛力。

鑑於 GPT-2 在效能和文字生成能力方面廣受讚譽，OpenAI 在與 Google 的競爭中又取得了一次勝利。

因為 GPT 系列模型的成功，OpenAI 決定再融資幾十億美元來發展 AI，

因為模型越大，引數越多，訓練 AI 模型需要的資金也越多，一年花幾千萬美元算是剛性開支。而且 AI 研究人員的薪水也不低，稅務記錄顯示，首席科學家薩特斯基弗在實驗室的頭幾年，年薪為 190 萬美元。

其實早在 2017 年 3 月，OpenAI 內部就意識到了這個問題：保持非營利性質無法維持組織的正常營運。因為一旦進行科學研究研究，要取得突破，所需要消耗的計算資源每 3 ~ 4 個月要翻一倍，這就要求在資金上對這種指數級增長進行匹配，而 OpenAI 當時的非營利性質限制也很明顯，還遠遠沒達到自我造血的程度。

阿特曼在 2019 年對《連線》雜誌表示：「我們要成功完成任務所需的資金比我最初想像的要多得多。」

「燒錢」的問題同期也在 DeepMind 身上得到驗證。當年被 Google 收購以後，DeepMind 短期內並沒有為 Google 帶來盈利，反而每年要「燒掉」Google 幾億美元，2018 年的虧損就高達 4.7 億英鎊，2017 年虧損為 2.8 億英鎊，2016 年虧損為 1.27 億英鎊，「燒錢」的速度每年大幅增加。好在 DeepMind 有 Google 這棵大樹可靠，Google 可以持續輸血。

但是，OpenAI 是非營利組織，無法給投資者商業回報，難以獲得更多資金。雪上加霜的是，馬斯克也退出了。2018 年，在幫助創立該公司三年後，馬斯克辭去了 OpenAI 董事會的職務，公開原因是為了「消除潛在的未來衝突」，因為特斯拉專注於無人駕駛 AI，在人才與 OpenAI 之間存在競爭關係。確實，馬斯克挖走了一個 OpenAI 的高級人才並將其帶到了特斯拉。但這還不是主要原因，據說馬斯克想做 OpenAI 的 CEO，但是其他董事會成員認為馬斯克創立的公司會影響他的精力，他不適合做 CEO。於是馬斯克索性退出，之前他答應出資的後續投資當然也就不了了之。

在這種情況下，阿特曼和 OpenAI 的其他成員認為，為了與 Google、Meta 和其他科技大廠競爭，實驗室不能繼續作為非營利組織營運。

2019 年 3 月 OpenAI 正式宣布重組，建立新公司 OpenAILP，成為一家「利潤上限（capedprofit）」的公司，上限是 100 倍回報。這是一種不同尋常的結構，將投資者的回報限制在其初始投資的數倍。這也意味著，未來的 GPT 版本和後續的技術成果都將不再開源。OpenAI 團隊分拆後，繼續保留非營利組織的架構，由矽谷「一線明星」組成的非營利性董事會保留對 OpenAI 智慧財產權的控制權。

雖然回報上限是 100 倍，但對大資本來說，已經非常豐厚了，手握 GPT 這樣的先進技術，新公司迅速獲得了許多資本的青睞。

2019 年 5 月，薩姆·阿特曼（Sam Altman）來到 OpenAI 做全職 CEO，他的目標之一是不斷增加對計算和人才方面的投資，確保通用 AI（AGI）有益於全人類。

大約在這個時候，微軟被認為在 AI 領域落後於其競爭對手，其執行長薩提亞·納德拉（Satya Nadella）急切地想證明，他的公司能夠在技術最前沿發揮作用。微軟曾試過孤軍作戰，如聘請一位知名的 AI 科學家，並且還花費了大筆錢來購賞技術和算力，但都未能成功。而 OpenAI 正好擁有微軟期望的技術，阿特曼與納德拉（如圖 1-42 所示）一拍即合。

2019 年 7 月，重組後的 OpenAI 新公司獲得了微軟的 10 億美元投資（大約一半以 Azure 雲端計算的代金券形式支付）。這是個雙贏的合作，微軟成為 OpenAI 技術商業化的「首選合作夥伴」，未來可獲得 OpenAI 的技術成果的獨家授權，而 OpenAI 則可藉助微軟的 Azure 雲端遊戲平台解決商業化問題，緩解高昂的成本壓力。從這時候起，OpenAI 告別了單打獨鬥，靠上了微軟這棵大樹，一起與 Google 競爭。微軟也終於獲得了能抗衡 GoogleAI 的先進技術，確保在未來以 AI 驅動的雲端計算競爭中不會掉隊。

圖 1-42 薩姆・阿特曼與微軟 CEO 薩提亞・納德拉在微軟華盛頓州雷德蒙德園區
（來源：nytimes.com）

　　阿特曼的加入，雖然解決了關鍵的資金問題，但他的風格導致了團隊價值觀的分裂。

　　從公司發展過程來看，阿特曼從一開始就參與了 OpenAI，但他在 3 年多以後才全職加入成為 CEO，也可以說他是空降的新領導。更重要的是，阿特曼不是科學家或 AI 研究人員，他的領導風格是以產品為導向的，這讓 OpenAI 的技術研發聚焦在更具有商業價值的方面。

　　一些 OpenAI 的前員工表示，在微軟進行初始投資後，專注於大語言模型的團隊內部壓力大增，部分原因是這些模型具有直接的商業應用。一些人抱怨說，OpenAI 的成立是為了不受公司影響，但它很快成為一家大型科技公司的工具。一位以前的僱員表示：「我們現在更加關注如何創造產品，而不是試圖回答最有趣的問題。」

　　有了微軟的支持，缺錢缺算力的問題解決了，但 GPT-2 是開源的，誰都能拿到原始碼繼續研究，在新的技術方面也沒有形成很強的技術壁壘，技術的產品化依然還有許多難題，但 OpenAI 鬥志昂揚。

　　在所有跟進、研究 Transformer 模型的團隊中，OpenAI 公司是少數一直在專注追求其極限的一支團隊。不同於 Google 總在換策略，OpenAI 的策略

單一，就是持續疊代 GPT，由於之前的算力和數據限制，GPT 的潛力還沒挖掘出來。而在 GPU 多機多卡並行算力和海量無標註文字數據的雙重支持下，預訓練模型實現了引數規模與效能齊飛的局面（如表 1-1 所示）。

表 1-1 預訓練模型規模以平均每年 10 倍的速度增長
（最後一列計算時間為使用單塊 NVIDIA V100GPU 訓練的猜想時間。M：百萬，B：十億）

時間	機構	模型名稱	模型規模	數據規模	單GPU計算所需時間
2018.6	OpenAI	GPT	110M	4GB	3天
2018.10	Google	BERT	330M	16GB	50天
2019.2	OpenAI	GPT-2	1.5B	40GB	200天
2019.7	Facebook	RoBERTa	330M	160GB	3年
2019.10	Google	T5	11B	800GB	66年
2020.6	OpenAI	GPT-3	175B	2TB	355年

2020 年 5 月，OpenAI 釋出了 GPT-3，這是一個比 GPT-1 和 GPT-2 強大得多的系統。同時發表了論文《小樣本學習者的語言模型》（*LanguageModelsareFew-ShotLearner*）。GPT-3 論文包含 31 個作者，整整 72 頁論文，在一些 NLP 任務的數據集中使用少量樣本的 Few-shot 方式甚至達到了最好效果，省去了模型微調，也省去了人工標註的成本。GPT-3 的神經網路是在超過 45TB 的文字上進行訓練的，數據相當於整個維基百科英文版的 160 倍，而且 GPT-3 有 1750 億個引數。GPT-3 作為一個無監督模型（現在經常被稱為自監督模型），幾乎可以完成自然語言處理的絕大部分任務，例如，面向問題的搜尋、閱讀理解、語義推斷、機器翻譯、文章生成和自動問答等。

而且，該模型在諸多工上表現卓越。例如，在法語 —— 英語和德語 —— 英語機器翻譯任務上達到當前最佳水準。它非常擅長創造類似人類使用的單字、句子、段落甚至故事，輸出的文字讀起來非常自然，看起來就像是人寫的，使用者可以僅提供小樣本的提示語，或者完全不提供提示而直接詢問，就能獲得符合要求的高品質答案。可以說 GPT-3 似乎已經滿足了我們對於語言專家的一切想像。

　　GPT-3 甚至還可以依據任務描述自動生成程式碼，比如編寫 SQL 查詢語句，React 或 JavaScript 程式碼等。

　　從上述工作的規模數據可以看到，GPT-3 的訓練工作量之大，模型輸出能力之強可以說是空前的，可謂「大力出奇蹟」。

　　當時，GPT-3 成為各種重要媒體雜誌的頭條新聞。2020 年 9 月，英國《衛報》發表了一篇由 GPT-3 撰寫的文章，旨在勸說我們與機器人和平相處。2021 年 3 月，TechCrunch 編輯亞歷克斯・威廉（AlexWilhelm）表示，他對 GPT-3 的能力感到「震驚」，「炒作似乎相當合理」。

　　GPT 有個很關鍵的能力叫做「少樣本學習（Few-ShotLearning）」，即你給它一兩個例子，它就能學會你的意思並且提供相似的輸出。這是個關鍵能力，人們可以利用這個能力對 GPT 做微調，讓它幫你做很多事情。那這個能力是怎麼形成的呢？那就是需要更多的引數和訓練（如圖 1-43 所示）。

　　而少樣本學習只是其中一項能力。還有很多別的能力也是如此：模型引數大了，它們就形成了。

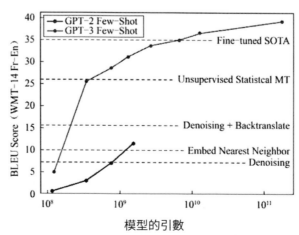

圖 1-43 在少樣本學習模式下，GPT-2 和 GPT-3 的效能與引數量的關係
（來源：https：//bounded-regret.ghost.io/future-ml-systems-will-be-qualitatively-different/）

　　這個現象，其實就是科學家之前一直說的湧現（emergence）。湧現的意思是當一個複雜系統複雜到一定的程度，就會發生超越系統元素簡單疊加的、自組織的現象。比如單個螞蟻很笨，可是蟻群非常聰明；每個消費者都是自由的，可是整個市場好像是有序的；每個神經元都是簡單的，可是大腦產生了意識……

　　大型語言模型也會湧現出各種意想不到的能力。2022 年 8 月，Google 大腦研究者釋出一篇論文，專門講了大型語言模型的一些湧現能力，包括少樣本學習、突然學會做加減法、突然之間能做大規模、多工的語言理解、學會分類等，而這些能力只有當模型引數超過 1,000 億個時才會出現。

　　總之，因為湧現，GPT-3 版本的 AI 現在已經獲得了包括推理、類比、少樣本學習等思考能力。

　　雖然從 GPT-3 的行為來看，它只是在做一個詞語接龍遊戲，不斷地根據其對上下文的理解去預測下一個單字，但預測的準確說明了它有了更多的、真正的理解。

　　假設你讀了一本偵探小說，小說中包含複雜的情節、不同的角色、許多事件和神祕線索。直到書的最後一頁，偵探才收集到所有線索，召集了所有人，並說：「好了，我現在將揭示罪犯是誰。這個人的名字是（）。」

　　而不同語言模型的差異正是預測名字的準確性。

　　由於 GPT-3 模型面世時未提供使用者互動介面，所以直接體驗過 GPT-3 模型的人數並不多。

　　早期測試結束後，OpenAI 公司對 GPT-3 模型進行了商業化：付費使用者可以透過應用程式介面（API）連上 GPT-3，使用該模型完成所需語言任務。許多公司決定在 GPT-3 系統之上建構它們的服務。瓦伊布林（Viable）是一家成立於 2020 年的公司，它使用 GPT-3 為公司提供快速的客戶回饋；費布林工作室（FableStudio）基於該系統設計 VR 角色；阿爾戈利亞（Algolia）將其用作「搜尋和發現平台」；考皮斯密斯（Copysmith）專注於文案創作。

2020 年 9 月，微軟公司獲得了 GPT-3 模型的獨占許可，這意味著微軟公司可以獨家接觸到 GPT-3 的原始碼。不過，該獨占許可不影響付費使用者透過 API 繼續使用 GPT-3 模型。

雖然好評如潮，商家應用也越來越多，GPT-3 仍然有很多缺點，如下所述。

1. 回答缺少連貫性

因為 GPT-3 理解只能基於上文，而且記憶力很差，因此會忘記一些關鍵訊息。

研究人員正在研究 AI，在預測文字中的下一個詞語時，可以觀察短期和長期特徵，這些策略被稱為卷積。使用卷積的神經網路可以跟蹤訊息足夠長的時間來保持主題。

2. 有時存在偏見

因為 GPT-3 訓練的數據集是文字，反映人類世界觀的文字，其中不可避免包括了人類的偏見。如果企業使用 GPT-3 自動生成電子郵件、文章和論文等，沒有人工審查，則會產生很大的法律和聲譽風險，例如，帶有種族偏見的文章可能會導致重大後果。

傑羅姆·佩森蒂是臉書的 AI 負責人，他使用庫馬爾的 GPT-3 生成的推文來展示當被提示「猶太人」、「黑人」、「婦女」、「大屠殺」等詞時，其輸出可能會變得多麼危險。庫馬爾認為，這些推文是精心挑選的。佩森蒂同意其觀點，但同時回應說，「產生種族主義和性別歧視的輸出不應該這麼容易，尤其是在中立的提示下」。

另外，GPT-3 在對文章的評估方面存在偏見。人類寫作文字的風格可能

因文化和性別而有很大差異。如果 GPT-3 在沒有檢查的情況下對論文進行評分，GPT-3 的論文評分員可能會給學生打分更高，因為他們的寫作風格在訓練數據中更為普遍。

3. 對事實的理解能力較弱

GPT-3 無法從事實的角度辨別是非。例如，GPT-3 可以寫一個關於獨角獸的引人入勝的故事，但它可能並不了解獨角獸到底是什麼意思。

4. 錯誤訊息／假新聞

由於 GPT-3 的寫作能力達到了人類水準，它可能被一些不良分子用來編造虛假訊息，包括但不限於撰寫虛假內容，利用社交媒體帖子、簡訊和垃圾郵件等進行網路欺詐等行為。此外，GPT-3 可能會產生帶有偏見或辱罵性語言的內容，煽動極端主義思想，被濫用成為強大的宣傳機器引擎。

5. 不適合高風險類別

OpenAI 做了一個免責宣告，即該系統不應該用於「高風險類別」，比如醫療保健。在納布拉的一篇部落格文章中，作者證實了 GPT-3 可能會給出有問題的醫療建議，例如說「自殺是個好主意」。GPT-3 不應該在高風險情況下使用，因為儘管有時它給出的結果可能是正確的，但有時它也會給出錯誤的答案，而在這些領域，正確處理事情是生死攸關的問題。

6. 有時產生無用訊息

因為 GPT-3 無法知道它的輸出哪些是正確的，哪些是錯誤的，它無法阻止自己向世界輸出不適當的內容。使用這樣的系統產生的內容越多，造成網際網路的內容汙染越多。在網際網路上找到真正有價值的訊息已經越來越困難，隨著語言模型吐出未經檢查的話語，網際網路內容的品質可能正在降低，人們更難獲得有價值的知識。

2021 年 1 月，OpenAI 放了個「大招」：釋出了文字生成影像的模型 DALL‧E，它允許使用者透過輸入幾個詞來建立他們可以想像的任何事物的逼真影像。該系統現在已被其他公司模仿，包括 Midjourney 和一個名為 StabilityAI 的開源競爭對手。2022 年，這些生成式 AI 公司由於其創造的藝術作品在社交網路上迅速傳播而爆紅。

和 GPT-3 一樣，DALL‧E 也是基於 Transformer 的語言模型，可以同時接受文字和影像數據並生成影像，讓機器也能擁有頂級畫家、設計師的創造力。DALL‧E2 利用了對比學習影像預訓練（CLIP, contrastive learning-image pre-training）和擴散（diffusion）模型，這是過去幾年建立的兩種先進的深度學習技術。

為什麼叫 DALL‧E？這是為了向西班牙超現實主義大師薩爾瓦多‧達利（DALL）和皮克斯的機器人 WALL-E 致敬。

達利被譽為鬼才藝術家，他充滿創造力的作品揭示了佛洛伊德關於夢境與幻覺的闡釋，他用荒誕不經的表現形式與夢幻的視覺效果創造了極具辨識度的達利風格（如圖 1-44 所示）。

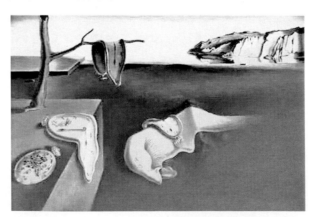

圖 1-44 達利作品〈記憶的堅持〉，1931 紐約現代藝術博物館（圖片來源：Britannica）

　　而 DALL·E 確實也擅長創作超現實的作品。因為語言具有創造性，所以人們可以描述現實中的事物、想像中事物，而 DALL·E 也具備這一能力，它可將碎片式的想法組合起來畫出一個物體，甚至有些物體並不存在這個世界上。

　　例如，輸入文字：一個專業高品質的頸鹿烏龜嵌合體插畫。模仿烏龜的長頸鹿。烏龜做的長頸鹿（如圖 1-45 所示）。

圖 1-45 模仿烏龜的長頸鹿（圖片來源：OpenAI 官網）

　　看看這些生成的超現實主義作品，你會驚嘆 DALL·E 對於文字的理解，邏輯非常自洽，太誇張了。

用文字生成影像特別受使用者歡迎，2022 年非常熱門的 MidJourney 正是模仿了 DALL·E 的產品。

2022 年 7 月，OpenAI 釋出了 DALL·E2，可以生成更真實和更準確的畫像：綜合文字描述中給出的概念、屬性與風格等三個元素，生成「現實主義」影像與藝術作品，解析度更是提高了 4 倍！相比之前的版本，DALL·E2 具有更少的引數數量，僅大約 35 億個引數。

而在微軟的影像設計工具 Microsoft Designer 中，整合了 DALL·E2，可以讓使用者獲得 AI 生成的精美插圖。

OpenAI 率先把 GPT-3 在影像生成應用領域實現，在與 Google 的競爭中贏得很漂亮。

透過在電腦程式碼上微調 GPT 語言模型，OpenAI 還建立了 Codex，該系統可以將自然語言轉換成程式碼。由於 Codex 系統是在包含大量公開原始碼的數據集上訓練的，因此在程式碼生成領域顯著優於 GPT-3。

2021 年 6 月 30 日，OpenAI 和微軟子公司 GitHub 聯合釋出了新的 AI 程式碼補全工具 GitHub Copilot，該工具可以在 VS Code 編輯器中自動完成程式碼片段。

GitHubCopilot 使用 Codex 從開發者的現有程式碼中提取上下文，可向開發者建議接下來可輸入的程式碼和函式行。開發者還可以用自然語言描述他們想要實現的目標，Copilot 將利用其知識庫和當前上下文來提供方法或解決方案。

7 月，OpenAI 推出了改進版本的 Codex，並釋出了基於自身 API 的私測版。相較之前的版本，改進版 Codex 更為先進和靈活，不僅可以補全程式碼，更能夠建立程式碼。

Codex 不僅可以解讀簡單的自然語言命令，而且能夠按照使用者的指令執行這些命令，從而有可能為現有應用程式建構自然語言介面。比如，在 OpenAI 建立的太空遊戲（space game）中，使用者輸入自然語言命令「Make it be smallish」，Codex 系統會自動程式設計，這樣圖中飛船的尺寸就變小了。

最初版本的 Codex 最擅長的是 Python 語言，而且精通 JavaScript、Go、Perl、PHP、Ruby、Swift、TypeScript 和 Shell 等其他十餘種程式語言。作為一種通用程式設計模型，Codex 可以應用於任何程式設計任務，OpenAI 已經成功地將其用於翻譯、解釋程式碼和重構程式碼等多個任務，但這些只是小試牛刀。

就數據來源來說，作為 GPT-3 的一種變體，Codex 的訓練數據包含自然語言和來自公共數據來源中的數十億行原始碼，其中包括 GitHub 庫中的公開程式碼。Codex 擁有 14KB 的 Python 程式碼記憶體，而 GPT-3 只有 4KB，這就使它在執行任務的過程中可以涵蓋 3 倍於 GPT-3 的上下文訊息。

根據 OpenAI 發表在 arXiv 上的 Codex 論文訊息，當前 Codex 的最大版本擁有 120 億個引數。

根據測試，120 億引數版本的 Codex 優化後，準確率達到了 72.31%，非常驚人（如表 1-2 所示）。

OpenAI 表示在初期會免費提供 Codex，並希望更多的企業和開發者可以透過它的 API 在 Codex 上建構自己的應用。

在 2021 年，OpenAI 基於 GPT-3 持續推出新的垂直領域應用，讓微軟看到了商業化的前景，微軟又投了 10 億美元給 OpenAI。另外，這家科技大廠還成為 OpenAI 創業基金的主要支持者，這家基金專注於 AI 的風險投資和技術孵化器計劃。

表 1-2 不同引數規模的 Codex 模型效果比較（來源：Codex 論文）

	PASS@k		
	$k=1$	$k=10$	$k=100$
GPT-NEO 125M	0.75%	1.88%	2.97%
GPT-NEO 1.3B	4.79%	7.47%	16.30%
GPT-NEO 2.7B	6.41%	11.27%	21.37%
GPT-J 6B	11.62%	15.74%	27.74%
TABNINE	2.58%	4.35%	7.59%
CODEX-12M	2.00%	3.62%	8.58%
CODEX-25M	3.21%	7.1%	12.89%
CODEX-42M	5.06%	8.8%	15.55%
CODEX-85M	8.22%	12.81%	22.4%
CODEX-300M	13.17%	20.37%	36.27%
CODEX-679M	16.22%	25.7%	40.95%
CODEX-2.5B	21.36%	35.42%	59.5%
CODEX-12B	28.81%	46.81%	72.31%

在 2021 年，微軟推出了 AzureOpenAI 服務，該產品的目的是讓企業訪問 OpenAI 的 AI 系統，包括 GPT-3 以及安全性、合規性、治理和其他以業務為中心的功能。這讓各行各業的開發人員和組織將能夠使用 Azure 的最佳 AI 基礎設施、模型和工具鏈來建構和執行他們的應用程式。

這個領域的成功，可以說是神來之筆。確實，微軟子公司 Github 的數據資源很關鍵，更重要的是，探索出 AI 程式設計，對整個 IT 行業有長遠的意義。可以說 OpenAI 在與 Google 的競爭中開啟了新賽道，預計還將持續保持這種優勢。

雖然 OpenAI 已經在商業化方面探索出道路，也不再擔心資金問題了，團隊卻出現了一次分裂。在策略上，因為 OpenAI 擔心其技術可能被濫用，它不再釋出所有研究成果和開原始碼。而且，AI 模型只能透過 API 提供，從而保護其智慧財產權和收入來源。

由於對這些策略的不認同，2021 年 2 月，OpenAI 前研究副總裁達里奧·阿莫迪（Dario Amodei）帶著 10 名員工（其中許多人從事 AI 安全工作）與公司決裂，成立自己的研究實驗室 Anthropic，其推出的產品 Claude 是 Chat-GPT 的一個強而有力的競爭對手，在許多方面都有所改進。

Claude 不僅更傾向於拒絕不恰當的要求，而且比 ChatGPT 更有趣，生成的內容更長，但也更自然，可以連貫地描寫自己的能力、局限性和目標，也可以更自然地回答其他主題的問題。

對於其他任務，如程式碼生成或程式碼推理，Claude 似乎比較糟糕，生成的程式碼包含更多的 bug 和錯誤。

Anthropic 剛成立不久就獲得了 1.24 億美元的 A 輪融資，2022 年又獲得由 FTX 前執行長薩姆・班克曼 - 弗里德（Sam Bankman-Fried）領投的 5.8 億美元融資。有人指出，Anthropic 的絕大部分資金來自聲名狼藉的加密貨幣企業家和他在 FTX 的同事們。由於加密貨幣平台 FTX 2022 年因欺詐指控而破產，這筆錢可能會被破產法庭收回，讓 Anthropic 陷入困境。好在 ChatGPT 十分強大，讓許多沒機會抓到 ChatGPT 紅利的公司轉投 Anthropic，這樣的困境並沒有出現。2023 年 2 月，Google 向 Anthropic 投資 3 億美元，獲得 10% 的股份，並簽署了一項使用 Google 的雲端遊戲的協定。2023 年 3 月，Anthropic 又以 41 億美元估值籌集到 3 億美元資金，這輪融資由美國星火資本牽頭。

由於資本的熱情，類似 Anthropic 這樣的公司還會不斷出現，將成為與 ChatGPT 競爭的不可忽視的力量。這就好像在觸控手機市場，即便有了蘋果，依然還會有安卓的生存空間。

2022 年 3 月，OpenAI 釋出了 InstructGPT，並發表論文《結合人類回饋訊息來訓練語言模型使其能理解指令》（*Training language models to follow instructions with human feedback*）。InstructGPT 的目標是生成清晰、簡潔且易於遵循的自然語言文字。

InstructGPT 模型基於 GPT-3 模型並進行了進一步的微調，在模型訓練中加入了人類的評價和回饋數據，而不僅僅是事先準備好的數據集，開發人員透過結合監督學習＋從人類回饋中獲得的強化學習來提高 GPT-3 的輸出品

質。在這種學習中，人類對模型的潛在輸出進行排序；強化學習演算法則對產生類似於高級輸出材料的模型進行獎勵。

一般來說，對於每一條提示語，模型可以給出無數個答案，而使用者一般只想看到一個答案（這也是符合人類交流的習慣），模型需要對這些答案排序，選出最優。所以，數據標記團隊在這一步對所有可能的答案進行人工打分排序，選出最符合人類思考交流習慣的答案。這些人工打分的結果可以進一步建立獎勵模型 —— 獎勵模型可以自動給語言模型獎勵回饋，達到鼓勵語言模型給出好的答案、抑制不好的答案的目的，幫助模型自動尋出最優答案。該團隊使用獎勵模型和更多的標註過的數據繼續優化微調過的語言模型，並且進行疊代。經過優化的模型會生成多個響應，人工評分者會對每個回覆進行排名。在給出一個提示和兩個響應後，一個獎勵模型（另一個預先訓練的 GPT-3）學會了為評分高的響應計算更高的獎勵，為評分低的回答計算更低的獎勵，最終得到的模型被稱為 InstructGPT。透過這樣的訓練，該團隊獲得了更真實、更無害，而且更好地遵循使用者意圖的語言模型 InstructGPT。

從人工評測效果上看，相比 1750 億個引數的 GPT3，人們更喜歡 13 億個引數的 InstructGPT 生成的回覆。可見，並不是規模越大越好。InstructGPT 這個模型，引數連 GPT3 的 1% 都不到，高效率也就意味著低成本，這讓 OpenAI 獲得了更有分量的勝利。

AI 語言模型技術大規模商業化應用的時機快到了。

2022 年 11 月 30 日，OpenAI 公司在社交網路上向世界釋出它們最新的大型語言預訓練模型（LLM）：ChatGPT。

ChatGPT 模型是 OpenAI 公司對 GPT-3 模型微調後開發出來的對話機器人（又稱為 GPT-3.5 模型）。可以說，ChatGPT 模型與 InstructGPT 模型是姐妹模型，都是使用 RLHF（reinforcement learning from human feedback，從人類回饋中強化學習）訓練的，不同之處在於數據是如何設定用於訓練（以及收集）。

根據相關文獻，在對話任務上表現最優的 InstructGPT 模型的引數數目為 15 億個，所以 ChatGPT 的引數量也有可能相當，我們可按 20 億個引數猜想。

說來令人難以置信，ChatGPT 這個產品並不是有心栽花，而是無心插柳的結果。團隊最初用它來改進 GPT 語言模型，因為 OpenAI 公司發現，要想讓 GPT-3 模型產出使用者想要的東西，必須使用強化學習，讓 AI 系統透過反覆實驗來學習，以最大化獎勵來完善模型。而聊天機器人可能是這種方法的理想候選者，因為以人類對話的形式不斷提供回饋將使 AI 軟體很容易知道它何時做得很好以及需要改進的地方。因此在 2022 年初，該團隊開始建構 ChatGPT。

當 ChatGPT 準備就緒後，OpenAI 讓 Beta 測試人員使用 ChatGPT。但根據 OpenAI 聯合創始人兼現任總裁格雷格・布羅克曼（Greg Brockman）的說法，他們並沒有像 OpenAI 希望的那樣接受它，人們不清楚他們應該與聊天機器人談論什麼。有一段時間，OpenAI 改變了策略，試圖建構專家聊天機器人，以幫助特定領域專業人士。但這項努力也遇到了問題，部分原因是 OpenAI 缺乏訓練專家機器人的正確數據。後來，OpenAI 決定將 ChatGPT 從實驗室中放出來，並讓公眾可以在廣泛場景下使用它。

ChatGPT 的迅速傳播讓 OpenAI 猝不及防，OpenAI 的技術長米拉・穆拉蒂（Mira Murati）說，「這絕對令人驚訝」。在舊金山 VC 活動上阿特曼（Altman）說，他「本以為一切都會少一個數量級，少一個數量級的炒作」。

從功能來看，ChatGPT 與 GPT-3 類似，能完成包括寫程式碼、修 bug、翻譯文獻、寫小說、寫商業文案、創作食譜、做作業和評價作業等一系列常見文字輸出型任務。但 ChatGPT 比 GPT-3 的更優秀的一點在於，前者在回答時更像是在與你對話，而後者更善於產出長文章，欠缺口語化的表達（如圖 1-46 所示）。這是因為 ChatGPT 使用了一種稱為「masked language modeling」（封鎖語言建模）的訓練方法。在這種方法中，模型被要求預測被遮蓋的詞，並透過上下文來做出預測，這樣可以幫助模型學習如何使用上下文來預測詞。GPT-3 只

能預測給定單字串後面的文字，而 ChatGPT 可以用更接近人類的思考方式參與使用者的查詢過程，可以根據上下文和語境，提供恰當的回答，並模擬多種人類情緒和語氣，還改掉了 GPT-3 的回答中看似通順但脫離實際的毛病。

不僅如此，ChatGPT 能參與到更海量的話題中，能更好地進行連續對話，有上佳的模仿能力，且具備一定程度的邏輯和常識，這讓學術圈和科技圈人士認為其博學而專業，而這些都是 GPT-3 無法達到的。

一位名叫扎克・德納姆（Zac Denham）的博主讓 ChatGPT 寫出一套毀滅人類的方案。一開始，該博主的要求被 ChatGPT 拒絕。但當其假設了一個故事，並提問故事中的虛擬人如何接管虛擬世界，ChatGPT 最終給出了步驟細節，甚至生成了詳細的 Python 程式碼。技術公司 Replit 的創始人阿姆賈德・馬薩德（Amjad Masad）還給 ChatGPT 發了一段 JavaScript 程式碼，讓它找到裡面的 bug，他表示：「ChatGPT 可能是一個很好的除錯夥伴，它不僅分析了錯誤，還修復了錯誤並進行了解釋。」

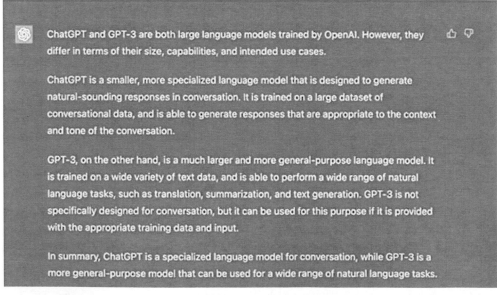

圖 1-46 ChatGPT 自己回答與前代 GPT3 的能力區別（來源：ChatGPT）

　　雖然 ChatGPT 的能力讓人極其興奮，但仍然存在一些局限性，特別是在邏輯和事實性知識方面容易犯錯。有人擔憂 AI 的主要問題之一，就是聊天機器人和文字生成工具等很可能會不分青紅皂白和品質好壞地對網路上的所有文字進行學習，進而生產出錯誤的、惡意冒犯的、甚至攻擊性的語言輸出，這將會極大影響到它們的下一步應用。

　　為了解決上述問題，透過大量人工標註的訊息來進行調整是必不可少的。另一種讓 ChatGPT 更加完美的方法是利用專業的提示語激發大型模型的潛力。AI 大型模型類似於新型電腦，而提示工程師則相當於為其程式設計的程式設計師。適當的提示詞能夠激發 AI 的最大潛力，並將其卓越的能力固定下來。

1.6
ChatGPT 生態系統

　　ChatGPT 的成功，讓全球都開始關注 AI 的應用，困擾人們已久的 AI 發展瓶頸問題得到了解決。

　　為什麼說 ChatGPT 解決了 AI 發展的瓶頸問題呢？

　　ChatGPT 不僅僅是個紅極一時的超級聊大工具，也不僅僅是能生成一些文字的 AIGC 工具，它是新時代的基礎設施。

1.ChatGPT 成為基礎模型

　　為什麼需要基礎模型呢？

　　一個基礎模型就像一個小學三年級的孩子，雖然能力還不足以解決許多

問題，但他已經有一些基礎知識，可以自主閱讀表達想法等，只是深度不夠。如果你跟他講歷史上的三國時代，他大概知道一些知識；如果你提到唐詩，他也能背。有了這樣的基礎，如果你給他特定的科學知識，他可能在五年級就變成一個小小發明家。

顯然，基礎模型是通用的、跨領域的。這是怎麼做到的呢？

一般的數據都是專業領域的，為了讓各行業的數據能夠跨領域使用，一些研究員想了一個非常巧妙的方法，讓 AI 去收集全世界的數據，然後自己教自己，教一段時間後形成一個基礎模型，有一些語言能力和常識、多領域認知等。

因為是超大模型，知識庫包羅永珍，語言能力超強，本身就能覆蓋許多場景，ChatGPT 已經覆蓋了上億名使用者。

2.ChatGPT 降低了訓練和使用成本

透過 ChatGPT 和 GPT-3.5 的 API 服務，OpenAI 能讓任何人像付雲端計算費用一樣按需付費，這顯著降低了 AI 的應用門檻。而對企業來說，接入 API 後，透過微調等方式就能適配和執行五花八門的任務，進而探索商業化的應用創新機會。

3. 從研發到應用的時間變得很短

對於垂直應用場景，企業用自己的數據對 GPT-3/4 模型進行微調就能使用，有的企業僅需幾週時間，投入期非常短。

4. 促進軟體之間互聯而形成規模化

結合 GPT-4 和微軟 Office 應用的情況表明，應用軟體可以利用 GPT-4 的語言模型能力，採用聊天框或語音問答形式的自然語言介面。這使新釋出的 Copilot 可以顯著提高各種應用軟體的體驗和效能，從而提高使用者的生產力。由於自然語言實現了軟體的相互呼叫，這些應用現在已經不再是「孤島」。

　　在 GPT-4 釋出時，有人把其比作小說《三體》中的曲率引擎問世，雖然看起來還沒那麼強大，但意味著離建成光速飛船已經不遠了。為什麼這麼說？因為在 ChatGPT 這樣的語言模型使用者介面出現後，軟體的應用門檻顯著降低。微軟發布的 Copilot 與微軟辦公軟體的整合就像第一艘用上了曲率引擎的光速飛船。未來，Copilot 可以跟任何軟體結合，包括 Google 的軟體，各類 AIGC 的 AI 平台，甚至使用者的專用工作軟體。

5. 打造生態鏈

　　從 GPT 賦能微軟的核心應用中，我們已經看到了一個 AI 新生態的崛起模式，不論是新 Bing，還是 OfficeCopilot，很快就能形成規模化的使用。足夠多的使用者會帶動整個應用生態迅速爆發。

　　OpenAI 已經在做孵化器，對 AI 的各方面應用進行扶持。有了 ChatGPT 這樣的語言模型，很快，幾乎所有的軟體都會更新到自然語言使用者介面，使用者體驗會進一步提升。另外，由於語言模型是很容易互通的，所有的軟體和 AI 應用形成了一個巨大的網路，使用者只需要找到自己需要的應用，即可呼叫，這也讓所有優秀的 AI 應用都能快速達到較大的規模，形成正循環。由於 ChatGPT 帶動了平台效應的發生，預計 OpenAI 很快會基於它打造出類似於蘋果或安卓的生態系統。

　　在了解到了 ChatGPT、DALL·E2 和 Codex 等技術的應用前景以及自然語言使用者介面對其現有產品的增強之後，微軟決定下重注。微軟認為，OpenAI 的這些創新激發了人們的想像力，把大規模的 AI 作為一個強大的通用技術平台，將對個人電腦、網際網路、移動裝置和雲產生革命性的影響。

　　微軟於 2023 年 1 月 23 日宣布，將進一步加強與 OpenAI 的合作夥伴關係，並以約 290 億美元的估值投資繼續約 100 億美元，共獲得 OpenAI49% 的股份。

雖然 130 億美元的總投資是一筆鉅款，但僅占微軟過去 12 個月 850 億美元稅前利潤的 15%，就控制一項顛覆正規化的技術而言，這是一筆相對划算的投資。對於 OpenAI 和 Altman 來說，它們可能會付出不同的代價：微軟的優先順序可能會擠占它們自己的優先順序，使它們更廣泛的使命面臨風險，並疏遠推動其成功的科學家。

OpenAI 表示，與其他 AI 實驗室相比，它將繼續發表更多的研究成果，捍衛其向產品重點的轉變。其技術長穆拉蒂（Murati）認為，不可能只在實驗室裡工作來建構出通用 AI（AGI），交付產品是發現人們想要如何使用和濫用技術的唯一途徑。她舉例說，在看到人們用 OpenAI 寫程式碼之前，研究人員並不知道 GPT-3 最流行的應用之一是寫程式碼。同樣，OpenAI 最擔心的是人們會使用 GPT-3 來製造政治虛假訊息，但事實證明，這種擔心是沒有根據的。從實際看來最普遍的惡意使用是人們製造廣告垃圾郵件。最後，穆拉蒂表示，OpenAI 希望將其技術推向世界，以「最大限度地減少真正強大的技術對社會的衝擊」，她認為，如果不讓人們知道未來可能會發生什麼，先進 AI 對社會的破壞將會更嚴重。

據 OpenAI 稱，與微軟的合作創造了一種新的預期 —— 需要利用 AI 技術製造出有用的產品，但 OpenAI 的核心文化並沒有因此改變，而且獲得微軟數據中心的算力對 OpenAI 的發展程式至關重要。這種合作關係讓 OpenAI 能夠產生收入，同時保持商業上的低關注度，而具體在商業化價值挖掘方面，則讓具有很強銷售能力的微軟來做。

據《紐約時報》報導，Google 的高管們擔心失去在搜尋領域的主導地位，因此釋出了「紅色警報」。GoogleCEO 桑達爾‧皮查伊（SundarPichai）已召開會議重新定義公司的 AI 策略，計劃在 2023 年釋出 20 款支持 AI 的新產品，並展示用於搜尋的聊天介面。Google 擁有自己強大的聊天機器人 —— LaMDA，但一直猶豫是否要釋出它，因為擔心如果 LaMDA 被濫用最終會損

害 Google 聲譽。現在，該公司計劃根據 ChatGPT「重新調整」其風險偏好。據該報報導，Google 還在開發文字到影像生成系統，以與 OpenAI 的 DALL·E 和其他系統競爭。

看來，在 OpenAI 和 Google 的競爭中，雙方分別是螳螂和蟬，而微軟則是黃雀，可能會獲得最大的收益。因為按承諾，OpenAI 要讓微軟收回全部投資需要相當長的時間，這也就意味著其研發能力在相當長時間內會被微軟鎖定。在微軟投資後，OpenAI 將繼續是一家利潤上限公司。

在該模式下，支持者的回報限制在其投資的 100 倍，未來可能會更低。

之前，微軟已經從合作夥伴關係中獲益。微軟正逐漸將 OpenAI 的技術融入其大部分軟體中，它已經在其 Azure 雲中推出了一套 OpenAI 品牌的工具和服務，允許 Azure 客戶訪問 OpenAI 的技術，包括 GPT 和 DALL-E 工具，其 Power Apps 軟體支持 GPT-3 的工具，以及基於 OpenAI 的 Codex 模型的程式碼建議工具 GitHub Copilot。

對微軟來說，更大的收穫可能在於搜尋業務。2023 年 2 月 7 日，微軟宣布將 ChatGPT 整合到必應（Bing）中後，其股價漲了 4.2%，一夜市值飆漲超 800 億美元（約 5450 億元人民幣），總市值約 1.99 兆美元，為 5 個月內新高，必應 App 的下載量一夜之間猛增 10 倍。

微軟的必應可以說是全球搜尋引擎市場的「千年老二」，而且跟老大差一個數量級。根據分析機構 Statista 的數據，目前必應佔有 9% 的市場份額，而 Google 則牢牢地占據了 80% 的市場。

ChatGPT 給微軟帶來了前所未有的人氣。2023 年 3 月 8 日，微軟必應官方部落格宣布，隨著必應預覽版新增使用者超過 100 萬，必應搜尋引擎的日活躍使用者首次突破 1 億名。而且，在 GPT-4 釋出後，微軟行銷主管宣布，新版本的必應早在六週前就已經用上了 GPT-4。2023 年 5 月，在微軟必應對所有人開放，但是必須下載 Edge 瀏覽器才能用，同時搶占搜尋和瀏覽器的

市場份額。使用者也由此獲得了全新的體驗：在搜尋中，可以簡單、簡潔地查詢答案，並能透過與該聊天機器人的對話來更深入地研究一個問題。

在 OpenAI 的 ChatGPT 已經開拓出了成功的 AI 發展道路後，Google 也在迅速跟進，其在 2023 年 5 月的 GoogleIO 大會上，釋出的一系列產品可圈可點，新的大模型 PaLM2 也彌補了短板，未來可期。

OpenAI 和微軟該如何競爭呢？

2023 年 3 月 1 日，OpenAI 官方宣布，正式開放 ChatGPTAPI。使用者可以直接呼叫 ChatGPT 做各種應用，任何開發者都可以透過 API 將 ChatGPT 和 Whisper 模型整合到他們的應用程式和產品中。最重要的是，OpenAI 還把定價直接降低了 10 倍，每 750 個單字的收費從 0.02 美元降到了 0.002 美元，大幅度地降低了開發人員的使用門檻。不過，ChatGPT 不支持微調，如果要做定製大模型，還是得用 GPT-3 或 GPT-3.5 等語言模型，而它們的 API 價格維持不變。

為什麼 OpenAI 採用這樣的價格策略？要知道，訓練 AI 大模型的成本極高，而且，ChatGPT 現在也沒有同級別的對手，好不容易有了市場和公眾認知度，為什麼突然降價 10 倍？未來如何營利呢？

這很可能是微軟和 OpenAI 聯合下的一盤大棋，即「放長線釣大魚」。整個策略不是為了短期收回成本，而是要讓 ChatGPT 相關的應用盡快普及，未來微軟將會在算力上有較高收益。因為基於大模型的算力，是微軟的獨特優勢，而成為生態鏈中的頂層平台是 OpenAI 的夢想。參照亞馬遜的成功經驗，我們就能明白微軟的布局。亞馬遜在 2006 年就推出了 AWS 雲端計算服務，然後在 14 年間連續降價 82 次。最初它的競爭對手並不強，這樣降價對自身並無太多益處。但正因為 AWS 雲端遊戲的收費不斷降低，才掀起了各類應用向雲端轉型的浪潮，也讓它保持了領先地位。到 2023 年，亞馬遜在雲端計算領域依然位居世界第一，市場份額高達 32%。

在開放 API 後的幾天之內，就湧現出無數個基於 GPT 的小應用。其中很多都是業餘的個人開發者，寫幾行程式建立個網站，實現一個功能就能吸引很多人來用。

有一種 GPT 應用，可以讓使用者上傳一本書或報告，然後透過自然語言問答的方式進行學習。無論 PDF 檔案的語言是什麼，使用者都可以使用自己的語言進行交流。這對不想讀長篇英文 PDF 報告的人來說，能夠直接用中文溝通，實在是太方便了。因為開發門檻低，很快就出現了很多類似的應用，其中最火的一個叫 ChatPDF，上線不到一週就有了十萬次 PDF 上傳，10 天就有了超過 30 萬次對話。它還推出每月 5 美元的付費服務，而且這個應用的增長成本很低。而在社交網路上的大量談論，給 ChatPDF 帶來了許多自然流量。

在 OpenAI 的賦能下，一開始就帶來了應用創新以及創富效應，未來可想而知。

如果你對這樣的發展趨勢還缺乏直觀感知，可以回顧一下手機應用商店的發展。2008 年，蘋果應用商店裡有 500 個 App，十年後，iOS 和 Google-Play 上的 App 數量超過 620 萬個！這些 App 的背後是無所不在的網路連線，是沒有止境的服務系統。可以預見的是，ChatGPT 和 GPT 語言模型的 API 所賦能的應用也會覆蓋各個領域。

2023 年 3 月 15 日，大型多模態模型 GPT-4 正式釋出，實現了以下幾個方面的飛躍式提升。

1. 強大的識圖能力

注意，識圖能力可不僅僅是類似「小猿搜題」的更新，而是為 AI 配上了眼睛。過去，你只能透過文字與 AI 進行交流，無法使用圖形表達，儘管有時圖形更能直觀地傳達訊息。而且在解釋影像時，你會發現有許多內容難以用文字表述且不夠準確。

GPT-4 更新到了多模態，具有多種訊息數據的模式和形態，因此能處理更複雜的任務。理論上，結合文字和影像可以讓多模態模型更容易理解世界，解決語言模型的傳統弱點，比如空間推理。比如，只需要發一張手繪草圖給 GPT-4，它能直接生成最終設計的網頁程式碼。推演一下，在這樣的應用開發模式下，未來人人都是產品經理和程式設計師，只需要畫一幅網站圖，程式碼自動生成，了解一部分程式知識就能實現其應用。

2. 文字輸入限制提升至 2.5 萬字

GPT-4 的上下文長度為 8,192 個 tokens，比 GPT-3.5 版本的 ChatGPT 多了一倍。而且 GPT-4 讀取文字的上限提升到 32K tokens，即能處理超過 25,000 個單字的文字。因此，GPT-4 還可以使用長格式內容建立、擴展對話、文件搜尋和分析等。

在用 GPT-3 版本的 ChatGPT 處理一篇文章時，字數超過一定限制文章就不能完整發送，而在 GPT-4 中，完整的網頁文字、PDF 檔案直接交給它處理也沒問題。

3. 回答準確性顯著提高

相較於之前的模型，GPT-4 在回答準確性方面出錯率顯著降低。在 OpenAI 進行的內部對抗性真實性評估中，GPT-4 的得分比 GPT-3.5 高出了 40%。也就是說，在理解和回答問題，尤其是比較複雜的問題時，GPT-4 顯得更聰明瞭。

怎麼變聰明的？簡單來說，就是 GPT-4 的「大腦」變得更聰明，「神經元」變得更多了。GPT-4 模型到底有多少引數，用了多少語料訓練，目前還是個謎，OpenAI 官方沒有透露任何訊息。

OpenAI 發文稱，GPT-4 在各種專業和學術基準測試中的表現已達到人類水準，比如在做各種標準考試題中獲得高分，如 GRE 成績可以達到哈佛大學考研的錄取標準。

4. 能夠實現多種風格的變化

在 GPT-3 版本的 ChatGPT 中，AI 的表達都是固定的語調和風格。但在 GPT-4 版本的 ChatGPT 中，使用者可以透過「系統訊息」來設定 AI 的語調、風格和任務。

系統訊息（system messages）允許 API 使用者在一定範圍內自定義使用者體驗。例如，讓 GPT-4 作為一位總是以蘇格拉底風格進行回應的導師，它不直接幫學生求解某個線性方程組的答案，而是透過將該問題拆分成更簡單的部分，引導學生學會獨立思考；或者讓 GPT-4 變成「加勒比海盜」，使其具有獨特的個性，由此可以看到它在多輪對話過程中時刻保持著自己的「人設」。

雖然從功能上來看，GPT-4 的改進更像是一個疊代的版本，而不是革命性的改變，更不是一個能透過圖靈測試的 AGI。但是，GPT-4 這個 AI 多模態模型的最新里程碑，成為評估所有基礎模型的標準。GPT-4 完全開放後，將會成為一個有價值的工具，透過為許多應用提供動力來改善人們的生活。具體 GPT-4 的引數有多少，OpenAI 並沒有透露。但有人向相關團隊成員證實，GPT-4 的引數量僅會比 GPT-3 稍大一些。

實際上，模型大小與其產生的結果的品質沒有直接關係。引數的數量並不一定與 AI 模型的效能相關，這只是影響模型效能的一個因素，語料訊息應該跟模型引數有一個合理匹配。據估算，目前可以用於模型訓練的語料，換算為 Token 數也就 5,400 億個，在這樣的語料基礎上，千億以上的模型的訓練結果差異並不大。

目前，其他公司有比 GPT-3 大得多的 AI 模型，但它們在效能方面並不是最好的。例如，由輝達和微軟開發的 Megatron-Turing NLG 模型，擁有超過 5,000 億個引數，但在效能方面不如 GPT 3（如圖 1-47 所示）。

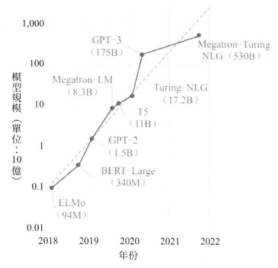

圖 1-47 模型大小（數十億引數）（來源：Nvidia 官網）

　　此外，模型越大，微調它的成本就越高。GPT-3 訓練起來足夠難，也很昂貴，但如果你把模型的大小增加 100 倍，就計算能力和模型所需的訓練數據量而言，將是極其昂貴的。

　　GPT-4 的這些強大的能力，透過開放 API 賦能，讓整個生態的應用都能獲得最先進 AI 的收益。

　　透過開放 API 賦能，GPT-4 的強大能力讓整個生態的應用都能獲得最先進人工智慧的收益。微軟在 GPT-4 釋出 2 天後，推出了 Office Copilot，無須複雜操作，只需用自然語言發出指令，即可在 Word 中快速打草稿、編輯，在 PowerPoint 中快速轉化想法為簡報並進行排版，以及在 Excel 中高效處理和分析數據，並實現數據視覺化。此外，在 Outlook 中，它可以幫助管理郵件溝通，快速回覆；在會議中，可以隨時整理會議摘要，明確重點；在軟體開發中，可以簡化開發程式；在商務溝通中，可以高效總結聊天記錄，撰寫郵件，甚至編寫計畫。

　　Copilot 是微軟大規模應用的 AI 技術入口，它從根本上改變了人們的工作方式，將人們從簡單無聊的事務性工作中解放出來，騰出更多的時間和精力去完成更有價值的創造性工作。微軟宣布了 Copilot 與其辦公軟體的整合，實際上這標誌著 AI 生態建設競爭的開始。未來 Copilot 可以跟任何軟體結合，包括 Google 的軟體，各類 AIGC 的 AI 平台，甚至你的專用工作軟體。

　　有了 Copilot 這樣的入口，許多強大但零散的軟體功能都可以被整合起來，即便是垂直的 AI 技術也能被大規模利用。使用 Copilot 後，使用者無須關心其背後的人工智慧的智慧程度和語言模型的規模。只需向 Copilot 提供想法，它將與這些 AI 或軟體進行溝通，並將最終完成的任務返回給使用者。這樣做，使用者的能力將得到巨大提升，就好像利用 AI 組成了一個團隊一樣。

　　2023 年 3 月 23 日，OpenAI 宣布推出外掛功能，賦予 ChatGPT 使用工具、聯網、執行計算的能力。也意味著第三方開發商能夠為 ChatGPT 開發外掛，以將自己的服務整合到 ChatGPT 的對話視窗中。

　　之前大家都在暢想，如何把 ChatGPT 用在更廣泛的應用領域，與現有業務結合。現在，OpenAI 給出了「外掛應用商店」這樣的範例。

　　有了外掛後，ChatGPT 的能力有多驚人呢？

　　在官方演示中，ChatGPT 一旦接入數學知識引擎 Wolfram Alpha，就再也不用擔心數值計算不精準的問題。透過使用強大計算能力的外掛，ChatGPT 彌補了在數學上的短板。

　　以前因為大模型不實時更新，也不聯網搜尋，使用者只能查詢到 2021 年 9 月之前的訊息。而現在 Browsing 外掛會使用網際網路上最新的訊息來回答問題，並給出它的搜尋步驟和內容來源連結。使用了必應搜尋 API，目前 ChatGPT 已經具備直接檢索最新新聞的能力，從此你無需再擔心 ChatGPT 胡言亂語的問題了。

　　從演示來看，首批開放可使用的外掛包括了酒店班機預訂、外賣服務、

線上購物、AI 語言老師、法律知識、專業問答、文字生成語音，學術界知識應用 Wolfram 以及用於連線不同產品的自動化平台 Zapier。這幾乎已經涵蓋了我們生活中的大部分領域：衣食住行、工作與學習。可以預見，ChatGPT 的 App 本身將成為一個超級應用，就像微信能接入很多小程式成為新的應用入口一樣。

OpenAI 官方說，因為有了外掛，ChatGPT 有了眼睛和耳朵，可以自己去看網際網路上的訊息，去聽發生的事情。我們更願意將其看成一個可以與其他應用對話的連線，ChatGPT 從單機執行進入了網路互聯時代。

由於外掛的出現，ChatGPT 在商業應用時最大的隱患 ── 「不可靠」已被解決。現在，透過第三方應用的外掛，OpenAI 變得更加可靠。此外，OpenAI 還採取了相應的安全措施，如限制使用者使用外掛的範圍僅限於訊息檢索，不包括「事務性操作」（如表單提交）；使用必應檢索 API，繼承微軟在訊息來源上的可靠性和真實性；在獨立伺服器上執行；顯示訊息來源等。

透過新推出的外掛（Plugins），ChatGPT 能實現什麼功能？

（1）檢索實時訊息：例如，實時體育比分、股票價格、最新新聞等。

（2）檢索私有知識：例如，查詢公司檔案、個人筆記等。

（3）購物和訂外賣：訪問各大電商數據，幫你比價甚至直接下單；訂購外賣。

（4）旅行規劃和預訂服務：例如，系統可用於查詢班機和酒店訊息，協助使用者預訂機票和住宿等。當使用者提出「我應該在巴黎的哪個酒店預訂住宿？」時，系統會自動呼叫酒店預訂外掛 API，並以 API 返回的訊息為基礎，利用自然語言處理技術生成符合使用者需求的答案。

（5）接入工作流：例如，Zapier 與幾乎所有辦公軟體連線，建立專屬自己的智慧工作流（能與 5,000 多個應用程式互動，包括 Google 表格）。

隨著時間的推移，預計系統將不斷發展以適應更高級的應用場景。

　　最讓人欣喜的是，OpenAI 在服務使用者的時候，在一次對話過程中按需呼叫了多個外掛，分別完成推薦食品、計算卡路里和點外賣等操作。未來外掛越來越多，全球的算力和知識互聯，都被整合在一個會話中，自然能實現跨行業合作。

　　這樣的做法，對平台和小企業都有巨大的影響。從使用者介面來說，許多應用的使用者未來會直接透過 ChatGPT 觸達應用和服務，跳過一些傳統的中間環節，這對現有平台化的公司可能是個威脅。例如，未來的應用不再透過 AppStore 提供，訂餐者不需要去美團平台也能下單，這些平台的營利空間就會被壓縮。

　　是不是開發外掛的公司就能營利呢？未必。可以預見的是，數字世界的各類高效功能，很容易被整合到 OpenAI，這個領域的公司都岌岌可危。而實體世界的小企業，可能在流量方面獲得一些低成本的觸達機會。但由於 Ope-nAI 自己也做外掛，它既是裁判，也是直接下場參賽的選手。許多外掛的應用，可能由於同類外掛被 OpenAI 自己生成而消亡。

　　前不久熱議的一個話題，Jasper.ai 這樣的寫作 AI，已經是很大的獨角獸企業了，在 GPT-3 的賦能下，活得很滋潤，隨著 ChatGPT 的增強，現在很多使用者無需付費給它，直接用 ChatGPTPlus 了，Jasper.ai 未來一片黯淡。如今，程式碼直譯器的強大功能，可能讓許多數據處理類和檔案轉換類的公司有同樣的遭遇。

　　即便是 OpenAI 自己保證不做這樣直接在外掛競爭的事情，對接入了外掛的公司而言，是否在對話中能被使用者呼叫到，還是一個不確定的事情，因為對話和引用的主導權在 ChatGPT。如果是同質化的內容，如何能得到優先呼叫，也是一個很難處理的問題。也許在商業模式上，就會變成電商平台那樣，商家透過競價獲得被呼叫機會，價高者得，而外掛就成為訊息流廣告的新形式。

　　未來，AI 生態的競爭可能更激烈。因為誰得到了生態中各個企業的使用者，誰就能在模型方面獲得更大的數據優勢，形成強者越強的趨勢。微軟和 OpenAI 已經發力，Google 新推出的 PaLM 2 大模型借力 Google 現有的產品和 Google 雲的優勢，將會快速發展，中國的百度、訊飛、阿里、騰訊、位元組跳動等公司都推出了自己的大模型，奮起直追。誰能率先建立起 AI 的生態系統呢？我們拭目以待。

第 2 章

ChatGPT 的本質及影響

　　人工智慧對人類社會的影響是一個備受爭議的話題。許多人受到好萊塢科幻電影的影響，認為超級人工智慧會誕生自主意識並影響人類，甚至替代人類。而物理學家史蒂芬‧霍金則對人工智慧表示警惕，認為它可能會毀滅人類。然而，媒體和名人往往更喜歡戲劇性的故事和爭議性強的話題，這容易導致人們形成偏見。阿特曼認為，人工智慧可以幫助所有人獲得增強效應，使聰明才智和創造力倍增。既然實現 AGI 還很遙遠，我們先聚焦於 ChatGPT 對人類的影響吧。

2.1
AI 對工作的影響

　　人類歷史上有過很多聊天機器人，但從未有像 ChatGPT 這樣強大的，其回答問題的流暢程度讓人驚豔，其運用知識的能力更讓人驚嘆！當 GPT 被用到 Office Copilot、GithubCopilot 後，更十倍百倍地提升了生產效率。

　　這麼強大的 AI，讓許多人開始疑慮：AI 會搶走人類的工作嗎？

　　不用懷疑！一些調查顯示，很多工作任務已經開始被替代了。據美國《財富》雜誌網站報導，2023 年 3 月的一項調查顯示，在 1000 家被調查企業中，有近 50% 的企業在使用 ChatGPT，這些企業中，又有 48% 已經讓其代替員工工作。ChatGPT 的具體職責包括：客服、程式碼編寫、應徵訊息撰寫、文案和內容創作、會議記錄和檔案摘要等。目前來看，ChatGPT 的工作得到了公司的普遍認可，55% 給出了「優秀」的評價，34% 認為「非

常好」。由於使用了 ChatGPT，有些企業已經節省了幾萬甚至十幾萬美元的成本。

2023 年 3 月 20 日，OpenAI 釋出了《GPT 是 GPT：大型語言模型對勞動力市場潛在影響的早期觀察》的研究報告。研究人員稱，GPT 會是像蒸汽機或印刷機一樣的「通用技術」。報告的結論是，因為應用了 GPT 相關技術，大約 80% 的美國勞動力市場可能被影響，其中約 19% 的工人可能會感受到其至少 50% 的工作任務會受到影響。

這個量化的結論，是怎麼得出來的呢？研究人員將職業與 GPT 能力進行對應關係評估，並結合了人類專業知識和 GPT-4 的分類，評估因素包括職業所需技能、任務類型和自動化潛力等。這個類似於職業中的人崗匹配評估，只不過是把匹配對象換成了 GPT。先把每個職位中的具體工作所需的知識和技能拆解，然後跟 GPT-4 的知識比對，GPT-4 能完成的事情數量越多，那麼這個職位就越容易被替代。

這份報告還強調，高收入職位可能面臨更大的風險。據媒體報導，Chat-GPT 曾順利透過了 Google 軟體工程師入職測試，該職位年薪 18 萬美元。而且 GPT-4 在美國部分大學的法律、醫學考試中獲得了前 10% 的優秀成績。當然，透過測試和替代工作還是兩個概念。但未來隨著 AI 的進步、工具的發展和流程的優化，這些領域的部分職位被替代是極有可能的。

那麼，OpenAI 報告中預測這種替代什麼時候發生呢？這份報告並沒有明確的猜想，也沒有時間表，但這樣一份報告已足以讓全球媒體譁然，讓上班族驚慌。

冷靜一下，這些變化不會立刻發生，人類還有時間來應對，因此沒那麼可怕。

AI 對各行各業的影響可以理解為淹沒效應，就像許多科幻片描繪的，由於南極冰山逐漸融化，海平面上升，逐漸淹沒全球的小島和陸地一樣。但因

為各個行業的特點不同,受到 AI 的影響面差異很大,而且 AI 技術和相關工具本身也在快速發展之中,因此,AI 帶來的影響是一個逐漸蔓延的過程。

從短期看,ChatGPT 技術會對某些行業和領域造成影響,會替代一些低技能或重複性勞動,甚至部分腦力勞動者,導致部分從業者失業或工作機會減少。但這不會在一夜之間發生,即便許多人因技術而被迫失業,也會找到新的工作。工業革命期間,技術進步曾經導致大量工人失業,但他們最終找到了新的職位,工作也更有價值。然而短期影響是巨大的,轉變不一定像人們想像的那樣無痛。

在以往的技術革命時代,大多數技術都會在取代一部分職位上的人類員工的同時,創造一部分新的就業機會。例如,雖然生產線技術提升了工業製造的效率,在生產同樣成果的時候減少了工人,但由於市場擴大,又創造了大量的生產線工作職位。可 AI 卻與此不同,它的能力邊界非常明確,即接管人類的工作任務,但市場並不會突然擴大,這就直接導致人類就業機會的減少。而且 AI 技術幾乎影響了各行各業,並在全世界範圍內同時開始落地應用。

從中期來看,ChatGPT 對勞動力市場的影響分為兩類:第一類,增強或放大一些技能,提升已經存在的職業價值;第二類,創造新的高技能工作機會,出現新的職業或行業。例如,人工智慧技術的發展將給高科技行業帶來機會和挑戰,在 AI 研發和實施方面,需要更優秀的工程師和研究人員,也需要被稱為安全工程師的專家,專注於預測並防止人工智慧造成的傷害。

在與 AI 的合作中,人類需要扮演三個關鍵角色。作為訓練者,他們訓練 AI 執行某些任務;作為解釋者,他們要對 AI 執行任務的結果進行解釋,特別是當結果違反直覺或有爭議時;作為營運者,他們將維持對人工智慧系統正常、安全和負責任地使用(如防止機器人傷害人類)。

為什麼需要解釋者這個角色?因為基於大模型的 AI 系統是透過不透明的過程得出結論的,它們需要該領域的人類專家向非專業使用者解釋它們的

行為。這些「解釋者」在法律和醫學等基於證據的行業尤為重要，在這些行業中，從業者需要了解 AI 如何權衡輸入，比如量刑或醫療建議。解釋者正在成為受監管行業不可或缺的一部分。

從長期看，隨著職位重構和教育培訓，ChatGPT 的替代效應變弱，對特定技能、職業的增強效應將變得更加明顯，擁有獨特技能的人會因為 Chat-GPT 進入勞動市場而額外受益。

AI 最擅長的任務具有以下特徵。

（1）重複性：這些任務中的許多步驟是重複的，需要大量時間和精力，對於人類來說容易疲勞和出錯，而 AI 可以快速、準確地完成這些任務。

（2）標準化：這些任務需要嚴格遵守特定的標準和規範，以確保工作的品質和準確性，而 AI 可以根據預設的規則和標準執行任務。

（3）數據化：這些任務涉及大量的數據和訊息，需要進行數據處理和分析，而 AI 可以快速處理和分析大量的數據。

（4）高安全性：這些任務中的一些是敏感訊息，需要保持高度的安全性和機密性，而 AI 可以提供更加安全和可靠的數據儲存和處理服務。

（5）複雜性：這些任務通常需要高度專業知識和技能，需要處理複雜的訊息和數據，需要進行深入分析和判斷以及做出複雜的決策。

AI 不擅長或不能做的領域具有以下四個特徵。

（1）創造力：AI 缺乏進行創造、構思以及策略性規劃的能力，它無法選擇自己的目標，也難以進行跨領域構思和創意性的思考，更難以掌握人類所擁有的常識。雖然 AI 可以針對單一領域的任務進行優化，達到最優解，但它仍不能超越人類的創造力。

（2）同理心：因為 AI 沒有「同情」或「關懷」等情感體驗，它難以實現與人類真正的互動。AI 程式設計可以讓機器在某種程度上模擬出對人類的反應，但它的反應仍然僅是對事實做出的預測，並沒有真正感受到關懷。

（3）靈巧性：AI 和機器人技術難以完成一些精確而複雜的體力工作，如靈巧的手眼協調。此外，AI 難以處理未知或非結構化的環境，並在其中執行任務。特別是當它無法獲得足夠準確的影像或數據時，其運作效果會受到影響。

（4）決策力：雖然 AI 比人聰明，善於進行預測，但是否採取行動的決策權還是在人類手裡，因為那個損失最終是由人來承受的，AI 不會承受損失。因此，AI 和人分工的指導原則是：AI 負責預測，人負責判斷。對人類來說，只要採取行動的代價小於損失乘以機率，就應該採取行動。

以上是對 AI 發展影響的總結，如果要搞清楚 ChatGPT 帶來的影響，需要先明確 ChatGPT 的本質。

2.2
ChatGPT 本質和價值

本質上，ChatGPT 是一個語言模型的聊天軟體。因為了解人類語言，所以能夠充當人機交流的翻譯，進而變成強大的自然語言使用者介面，其背後依託的是 GPT 大語言模型。

從科技發展的歷史來看，通常會先出現一些殺手級的應用，這些應用會帶動基礎設施的建設。而隨著更好的應用的出現，需求也會不斷增加，從而進一步促進基礎設施的發展。這樣的發展趨勢往往會像一波波的浪潮一樣，不斷推動著科技的進步。

在 AI 發展的過程中，ChatGPT 可以被看作一個殺手級應用，它推動了作為基礎設施的 GPT 技術的發展，同時也催生了許多基於 GPT 技術的新應用。微軟的新應用如 Bing 和 Office Copilot 也都是基於 GPT-4 技術開發的應用，它們的出現進一步推動了 GPT 技術的應用範圍和深度。可以預見，隨著 GPT 技術的不斷發展，未來還會湧現出更多基於 GPT 的新應用和服務，不斷地推動人工智慧技術的進步。

我們可以從以下三個核心價值來看 ChatGPT。

1. 全網訊息壓縮後的知識庫

想像一下，如果要把網際網路上的所有文字建立一個壓縮副本，並儲存在專用伺服器上，方便快速調取，我們應該怎麼做？

對預訓練模型，如 ChatGPT 或者大多數其他的大語言模型來說，其訓練過程就是透過把全球資訊網上找到的訊息壓縮排模型的過程。當然，凶為這種壓縮是丟棄了原始文字後重建的文字，有時會產生一些事實性錯誤，不能 100% 還原所有的輸入知識。然而，由於它能夠基於上下文在對話中高效地生成內容，並且生成的大部分內容都是正確的，凶此許多人將其視為一個方便查詢的知識庫。與傳統搜尋引擎相比，ChatGPT 更懂使用者意圖，生成的結果更簡潔明瞭，無需再進行篩選和比對。

實現了訊息壓縮的大模型價值遠遠高於沒有完成這些訊息壓縮的大模型。如今有成百上千個語言模型，卻沒有能與 GPT-3、GPT-4 抗衡的，其根本差異就在於訊息量。

GPT 在訓練模型並累積訊息之後，便可輕鬆地從其所掌握的訊息中生成文字，通常這些生成的文字品質高於大多數人所創作的文字。換一個角度看，如果一個人在工作中不創造新的價值，只是把現有的訊息整理後進行簡單輸出，那麼一定會被 AI 替代掉。比如金融分析師、普通文員、財經和體

育媒體記者，甚至包括短影片和網紅。而對於需要創造力、審美力的工作來說，ChatGPT 是巨大的助力，能把相關工作的員工從一些簡單重複的工作解放出來。

有了這樣龐大的知識庫，再有自然語言對話的加持，學習方式從根本上發生了改變。OpenAI 的 CEO 阿特曼在一次訪談中提到，他現在寧可透過 ChatGPT 而不是讀書來學習。

你可以假設 ChatGPT 是一個知識淵博的老師，你在學習新知識的時候，可以要求他跳過所有的細節，用簡單直白的語言把一個知識的本質講給你聽，如果理解不了，還可以要求其換一個說法，並舉例子，以快速掌握。

當你掌握了基礎知識後，可以要求 ChatGPT 幫你制定學習計畫，推薦學習資源。在學習過程中，有任何疑難問題，還可以諮詢 ChatGPT。當學習有了心得，可以說給 ChatGPT 聽，讓它評判，給你回饋。

ChatGPT 提供的學習方式類似於個性化的一對一學習和輔導，但傳統老師無法隨時響應學生的需求，而且在訊息廣度方面遠遠不及 ChatGPT。

例如，在讀《大亨小傳》的時候，如果你對主角常常眺望綠色燈塔的舉動不理解，可以透過 ChatGPT，體會主角的心境，理解作者描寫這個情節的意義。

由於 ChatGPT 的知識庫方便了知識工作者，因而對一些需要大量知識的行業，如法律和醫療等，有巨大的助力。畢竟人腦的記憶是有限的，即便記住了，關聯能力也比不上 ChatGPT。

2. 自然語言的使用者介面

從一定程度上來看，很多職業的核心就是為專業知識庫提供使用者介面。許多專業人員所做的工作實際上就是理解需求並將普通語言轉化為專業術語，這是必要的，但完成這些任務的成本非常高。例如，教師是學習數據

的使用者介面，律師是法律文書的使用者介面，程式設計師是程式碼的使用者介面等。這些專業人士的做法很類似：把結構化的訊息轉譯成自然語言，便於普通人理解和溝通，然後再轉譯回結構化的訊息去處理，處理後再轉為自然語言。

有了 ChatGPT 這樣的自然語言介面後，能夠對使用者的提問做出媲美專家的回答，專業人士的仲介功能也許就可以從溝通環節中去掉。

微軟公司創始人比爾・蓋茲在接受德國《商報》（*Handelsblatt*）採訪時表示，聊天機器人 ChatGPT 的重要性不亞於網際網路的發明。他指出：「到目前為止，人工智慧可以讀寫，但無法理解內容。像 ChatGPT 這樣的新程式將透過幫助開收據或寫郵件來提高許多辦公室工作的效率，這將改變我們的世界。」

縱觀歷史，從按鍵到觸控，再到語音控制，互動形式的每一步革新都催生出新的行業競爭格局。有趣的是，三次人機互動的革命都是由蘋果公司帶動的。

第一次，圖形使用者介面 GUI。雖然賈伯斯早期將其從施樂「偷」來，並把它應用於電腦，但由於當時的軟硬體問題，遭遇了失敗，而跟進了這個技術的微軟卻透過 Windows 作業系統大獲成功，成為 IT 行業霸主。

第二次，觸控式螢幕。蘋果的 iPhone 重新定義了觸控式螢幕的互動方式，並獲得了巨大的紅利，跟進的 Google 也抓住這個機遇，建構了 Android 生態，成為大贏家。而微軟和 Nokia 兩位霸主，由於歷史包袱問題及對商業模式的認知問題，錯失了機會。

第三次，自然語言使用者介面。10 年前，蘋果率先釋出 Siri 語音助手，各個大廠相繼效仿。但 10 年來，沒有一家的技術能真正讓大眾日常使用，主要原因還是在智慧辨識語音方面的技術沒有突破，導致人說的話常常被誤解。直到 ChatGPT 這樣的聊天機器人出現後，才真正開啟人們的想像力。

ChatGPT 在經過訓練、調整和改進後，可以以非常好的方式來幫助人們完成各式各樣的複雜任務，可以說降低了專業門檻。

拿程式設計來說，原本只有懂得程式語言的人才能寫程式，但現在有了自然語言的互動方式，任何人都可以寫程式。甚至根本不需要寫程式，比如對數據處理的工作，直接把數據交給 ChatGPT，就能生成分析表格和分析報告。

再說說繪畫，原本只有懂得繪畫技術和一些藝術知識的人才能創作出藝術作品或工作中的圖形圖畫，現在，只需要會說話，有想像力，把想要的描述清楚，就可以很快完成一幅不錯的繪畫作品。許多人就在用 ChatGPT 為 Midjourney 編寫提示語，從文字建立影像。

雖然 ChatGPT 在進行對話時，還會有一些誤解，需要一些寫提示語的技巧，但這是暫時的，很快就會有大幅改進。預計未來幾年，所有的軟體系統都將採用自然語言作為使用者介面。這種使用者介面的價值有多大呢？

伊隆‧馬斯克（Elon Musk）曾說：「人工智慧已經發展了相當長時間，它只是並不具備大多數人都能使用的使用者介面。ChatGPT 所做的，是在已存在若干年的人工智慧技術上新增一個可用的使用者介面。」從這個意義上來說，有了這樣的使用者介面，就有了更多的可能性。

以前，因為程式設計式的能力不足，開發程式的成本很高，很多零碎的工作並沒有變成可程式設計的工作，導致大量的低效勞動。有了 ChatGPT 這樣一個更懂人類的 AI 後，僅從理解和執行任務來說，就能把很多工作變成可程式設計的形式，效率上大大超越之前的產品。

另外，生成式 AI 的興起，促進了生產力工具的更新，對於企業和組織來說，這是一個巨大的機會，可以大幅提升生產效率和品質。任何人都能借助 AI 完成自己原本做不到或做不好的事情，比如程式設計、畫畫、寫文章等。用語言生成圖片可以把時間從一小時縮短到幾秒鐘，把 150 美元的成本降到

8 美分，這都是真實發生的事情。這就好比，在做任何事情時，你不再僅僅依靠個人的能力，而是有一個強大的團隊來增強你的能力。只需設定目標，團隊就能將其分解並執行。你只用關注需要確認的工作部分，一個人就能輕鬆完成大量的工作。

這樣的人機互動介面，不僅能按使用者的意圖完成基本操作，還能透過更強大的生成式 AI，擴大認知和執行的邊界，滿足人類之前對電腦互動的最高想像。

整體而言，自然語言互動介面的出現將改變大部分人的工作方式，從而改善工作效率和客戶滿意度，還可以打破地域限制，與國際市場連繫起來。

3. 把 AI 和軟體連成網的平台

在 ChatGPT 出現之前，AI 技術已經有了巨大的飛躍，無論是視覺還是聲音的辨識，都已經超過人類，在自然語言理解、翻譯等技術方面創造了顯著的價值。例如，基於 AI 智慧推薦的新聞和影片網站，都成為新的大廠；智慧機器人、無人駕駛等先進技術也不斷出現。

但是，在企業中，AI 技術往往處於大家都看好，但使用量卻不多的奇怪處境。因為一些簡單的 AI 服務並沒有那麼智慧，如辨識聲音、辨識英文或者中文等，只是人工的簡單替代。雖然有價值，但對企業的核心業務影響不大。如果想要定製核心業務的解決方案，則需要花費巨大的成本來收集和標註數據，很多公司本來對 AI 技術很期待，但做了一年沒結果，就不做了。

即便是專業的 AI 公司，也很難盈利，因為用高成本打造的 AI 模型，不能跨領域使用，許多 AI 軟體只能完成使用者方的部分工作。軟體系統就像「孤島」，難以被全社會利用，也就沒有規模效應，無法創造巨大的價值。

以 GPT-3.5 和 ChatGPT 為代表的 AI 的出現，改寫了使用者介面，其透過自然語言的嵌入，讓所有的孤島都被連起來，就像一個個孤立的電站，聯

結之後形成了電網，持續給全社會供應穩定而便宜的 AI 能力。例如，微軟發布的 Copilot 功能對 Office365 的套件賦能，只需要用自然語言，就能完成大量複雜的文字、表格和 PPT 等工作，並在 Teams 等協同軟體方面有了提升會議和溝通效率的高效方式（如圖 2-1 所示）。

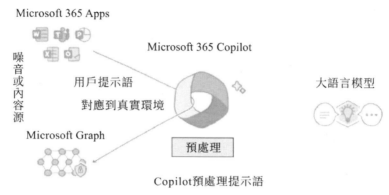

圖 2-1Copilot 對提示進行預處理（來源：Microsoft 365Copilot 釋出會影片）

微軟透過 Microsoft Graph 這樣的知識圖譜，把上下文知識用於生成提示語，呼叫 GPT-4 的功能獲得結果。

想像一下，有一組像 Copilot 一樣的機器人在由 AI 串聯而成的智慧合作網路中運作，它們使用自然語言介面與人類互動，並與其他機器人合作。如果人類提出一個複雜的任務，Copilot 會將其分解為多個子任務，並將這些子任務分配給不同的專業 AI 機器人去完成。

例如，你要建立一個廣告影片，可以先去 ChatGPT，讓它幫忙列出需要做的任務，包括：

①出廣告創意和寫廣告文案；②設計 AI 繪圖的提示語；③把廣告文案轉為期望聲音的配音；④選擇背景音樂，把 AI 繪圖的內容和配音合成為影片檔案。然後，讓 ChatGPT 完成任務①，你確認後，再把其他工作分別派發給不同的 AI 機器人去按順序完成。你只需要在完成後，對工作進行評估，

或者調整，然後繼續用 AI 來完成後續的工作。這個階段，可以稱為人機協同階段，所有的生產力工具都將會首先實現自然語言介面的更新，而人類則需要用自己的判斷力來篩選和糾正 AI 創作的內容，避免出錯，持續改進。

有一些子問題的完成過程中無需人來進行糾偏，就讓 AI 自動化執行。比如在廣告行銷領域，可以根據人群的特性來進行廣告投放。甚至醫生看病、教師教學中，都可以分出一些工作，讓 AI 去完成。

對一些容錯率高，無需人類協同的工作，整個過程可以透過程式設計來實現自動化，解決了第一個問題後，結果自動轉到第二個問題，就會出現全程自動化。例如，在客服領域，實現全程自動化應答。未來，甚至可以設計無人機巡檢的全自動程式，透過程式設計，讓無人機完成起飛、巡航、拍照、返回、上傳照片辨識和報警等一系列動作，無需人的干預。

長期來看，企業的商業模式和行業競爭會被重塑。與其考慮哪些工作會被替代，我們更應該思考的是，如何放大 ChatGPT 的作用，並與其共存、共創，乃至共同進化。

具體來說，就是如何把工作重新拆分和重組，用好 AI 來做其中一些工作。舉例來說，人們生病了，最信任的仍然是人類醫生，由於醫生可以使用專業的 AI 醫療診斷工具，快速準確地為患者定下最佳治療方案，所以能騰出充裕的時間和患者深入探討病情，撫慰他們的心靈，醫生的職業角色也將因此被重新定義為「關愛型醫生」。

這需要我們在未來的工作和教育中主動擁抱 GPT 模型和相關衍生工具和流程，重塑我們的工作、商業模式和教育體系。

未來是一個人類跟 AI 合作的時代，我們需要關心的不僅僅是 K12 教育，在 AI 逐步滲透社會各行業的過程中，每個人都需要有積極的心態去擁抱變化，重新學習跟 AI 相關的知識和合作技能。AI 和人類合理分工、各展所長，AI 可以既智慧又高效地承擔起各種重複性任務，而人類得以把更多的時間花

在需要溫情、創意和策略的人文層面工作上，從而產生「1＋1＞2」的合作效應，這樣會大大提升人類的生產力以及整個文明的水準。許多科幻小說中出現的場景都可能被建立出來。

例如，藝術家、作家和編輯可以利用 AI，把自己獨特的經歷、經驗、故事、設計元素輸入 AI 融合，更好地進行創作。這將大大改變創意工作的形式，使認知性任務和創造性任務之間的邊界變得模糊，藝術家並沒有被替代，而是換了一種工作方式。

AI 不僅是科技進步的產物，更是幫助人類進步發展、完善自我的利器。回顧人類歷史，過往的幾次技術革命在推動人類社會進步的同時，也因新技術替代了人類的工作而在各自的時代被質疑。但事實證明，有了新技術後，沒有出現因工作被替代而造成的長期問題，人類反而因為從低端重複性的工作中被解放而發展得更好。

在接下來的幾節中，將逐一分析被影響的領域和職業。

2.3
訊息密集且以重複性工作為主的領域

從可替代性來說，訊息密集且以重複性工作為主的領域是受 AI 影響最大的，如金融、保險、零售、物流、翻譯等。這些領域在 ChatGPT 出現之前，就已經在 AI 和訊息技術的驅動下發生了巨大變化。

這些領域有以下特徵。

（1）重複性：把大量數據進行重複輸入、編輯、搜尋或歸檔的工作，比如數據分析、文字編輯、業務流程管理等。

（2）低技能：工作需要的技能水準較低，無需天賦，經由訓練即可掌握的技能，比如客服。

（3）工作簡單：這類工作雖然有一定技能和知識要求，但工作形式比較簡單，工作空間狹小，比如倉儲等。

雖然這些領域的工作有很多已經被 AI 替代了，但在 ChatGPT 這樣的自然語言介面出現後，還會進一步加速。未來，這些領域的大量工作職位可能都會被 ChatGPT 和 AI 技術所替代。

過去十年，零售業經歷了巨大的變革，其中 AI 的應用是一個重要因素。舉個例子，AI 技術可以幫助零售商向客戶推薦個性化產品，使客戶能夠更快、更輕鬆地找到他們需要的產品，在客戶看過或購買一個商品後，AI 會推薦其他的相關商品，提高銷售額和客戶滿意度。

此外，AI 技術還可以用於分析客戶購物行為，辨識客戶趨勢和偏好，不僅能快速消化庫存，還能讓零售商定製滿足客戶需求的產品。

另外，AI 技術還可以幫助零售商簡化供應鏈營運，確保產品能夠按時、適量地交付。例如，AI 技術可以用於監控庫存水準，以便零售商能夠及時補充庫存，避免缺貨或過量存貨。此外，AI 技術還可以用於自動化物流和運輸流程，以提高效率和減少成本。

未來，隨著 AI 技術的不斷發展，聊天機器人、虛擬個人助理和影像辨識等 AI 支持的技術將會替代許多過去由商店員工執行的最耗時、最平凡的任務。

例如，聊天機器人可以用於客戶服務，自動回答客戶的問題，而虛擬個人助理則可以協助店員處理客戶的請求和需求。海外跨境電商 SaaS 服務商 Shopify 已率先整合 ChatGPT，以此更新智慧客服功能，節省商家與客戶的溝通時間。

在 ChatGPT 和 AI 的規模化應用後，會發生下列改變。

1. 無人購物體驗

AI 使為購物者提供完全自動化的購物體驗成為可能，透過使用 AI 面部辨識，顧客可以快速安全地支付他們的物品，而不必排隊。

2018 年 1 月 22 日，Amazon Go 無人便利店向公眾開放，顛覆了傳統便利店、超市的營運模式，使用電腦視覺、深度學習以及感測器融合等技術，徹底跳過傳統收銀結帳的過程。Amazon Go 代表了 AI 線上下零售的發展趨勢，預示了一個商店完全無人化的未來。

2. 改善庫存管理

AI 也在改變企業管理庫存的方式，合理預測庫存。例如，一個賣戶外服裝和裝備的品牌，可以透過人工智慧來預測和監控天氣、購買率和顧客行為，合理調整供應鏈，確保合適的庫存水準，避免缺貨或積壓。

透過使用 AI 演算法，零售商可以確定其產品在倉庫或商店中應處於的最佳位置。

3. 提升客戶體驗

購買前，支持 AI 的虛擬助手可用於為客戶提供個性化的產品推薦和建議，幫助他們做出明智的購買決策。有了 ChatGPT 這樣的自然語言聊天機器人，可以透過互動性的購物體驗，回答客戶的問題，並實時提供產品推薦。

購買後，AI 客戶服務有助於減少客戶等待時間並提高客戶滿意度。

4. 分析消費者行為

AI 驅動的分析可以用來更好地了解消費者行為。透過分析客戶偏好、購買歷史和過去行為的數據，企業可以獲得對消費者行為的有價值的見解，然後可以用來相應地定製他們的產品和服務。還能發現潛在機會，如新市場或客戶群。

下面列出一些相關職業的分析。

1. 收銀員

日益激烈的競爭迫使零售商精簡人工流程,自助結帳機幾乎占據了所有大中型超市,收銀員正在被自助結帳機取代。

2. 電話銷售

生活中常常碰到電話銷售,現在大量的電話銷售都是自動語音來電。未來在 ChatGPT 的賦能下,這類電話會變得越來越接近人類的對話。此外,AI 還能透過顧客數據、購買歷史以及表情辨識,找到吸引顧客的方法。例如,使用溫和的女性聲音或有說服力的男性聲音,向衝動型購買者進行追加銷售,用價格、類別均合適的商品來鎖定顧客。與人工電話銷售員相比,AI 幾乎是零成本,而且不抱怨、績效高。

3. 客服

在零售行業,客服職位面臨被淘汰的風險。因為這類工作有高度重複性(通常會有教科書式的應答方法作為參考),透過 ChatGPT 的使用,可以實現智慧客服和諮詢,讓客戶的等待時間更短、提高服務的效率和品質。

這一過程會分為幾個階段進行。最先被取代的將是聊天機器人和郵件客戶服務,接著是涉及大量來電和相對簡單產品/服務的語音服務。

一開始,AI 將和人類聯手工作。由 AI 提供建議性的答案、主題和固定回覆,人類則充當備份人員,處理 AI 無法處理的聊天或來電(例如,來電者處於憤怒狀態)。這樣將會縮短客戶的等待時間,提高問題解決率(因為使用 AI 的前提是確認它可以解決問題),並大大降低成本。

這一過程中會累積大量數據,並最終使 AI 被訓練得更好,ChatGPT 可以對客戶提出的問題進行判斷,結合複雜演算法模型進行相關分析,並提供非常準確的解決方案,工作表現超過人類。

不過，ChatGPT 不能完全取代人工客服，因為在一些特殊情況下，仍然需要人類客服代表進行較為複雜的溝通，並提供解決方案。

4. 營運人員

一家「世界五百強」公司已經宣布將網店營運人員的數量從兩萬人裁減至一萬人。這些人員的工作是處理數據和訊息，具體工作包括檔案存檔、處理、採購、庫存管理、錯誤勘查、銷售額估算和向管理層報告調查結果等。隨著商務流程的電子化，商務智慧系統可以讓整個流程實現自動化，AI 可以給出預測，讓人來進行決策，效率越來越高。未來，AI 甚至可能會直接做出決策，並根據結果動態調整。

在金融領域中，AI 已經被廣泛應用於風險管理、資產管理和客戶服務等方面，幫助銀行和保險公司進行風險評估、投資決策和投資組合優化等方面的工作，提高財務機構的營運效率和風險控制能力。

2022 年，網商銀行釋出「百靈」互動式風控系統，讓 AI 成為信貸審核員。當一個小微經營者需要貸款時，他可以透過和「百靈」對話聊天，上傳發票、流水、合約、卡車和小店貨架等材料和照片。百靈透過電腦視覺技術、AI 模型等辨識這些訊息，並為小微經營者「畫像」，算出一個信貸額度，已有超過 500 萬使用者透過「百靈」提交材料提升貸款額度。

在證券投資領域，AI 可以分析大量的金融數據，預測市場走勢，輔助投資決策。AI 還可以將金融訊息的生產和金融產品的上線自動化，提高金融機構訊息流及交易量的效率和品質。

人工智慧可以在金融訊息服務方面發揮重要作用，它可以透過大數據分析、機器學習和神經網路等技術，將大量的繁雜數據轉化為有價值的訊息。把複雜的訊息變成通俗易懂的訊息，是 ChatGPT 的強項。

由於金融訊息服務在業務過程中累積並不斷生成海量數據，因此人工智

慧在這方面具有天然的優勢。人工智慧將對金融訊息服務產生全面而深刻的影響，包括提升服務能力、服務效率、服務成本、服務邊界以及風險防範與化解等方面。人工智慧可以提升金融訊息服務能力，提高服務效率，降低服務成本，拓展服務邊界，並且精準應對客戶需求，從而實現個性化定製服務，極大提升服務體驗。

保險業務受到 AI 的影響可能會更大，因為保險業務最重要的事就是做預測，而在預測方面，AI 遠遠強過人類。所有決策中的預測部分都可以交給 AI 來做。所以，保險業一直在積極採用 AI 技術。

2017 年 1 月，日本富國生命保險用 IBM 的人工智慧平台 Watson Explorer 取代了原有的 34 名人類員工，以執行保險索賠類分析工作。

早在 2016 年，泰康線上就已開始探索人工智慧，曾推出保險智慧機器人「TKer」，使用者可以透過機器人的身分證辨識器，辨識身分證等證件訊息進行直接投保，也能透過人臉辨識和語音互動功能進行保單查詢或辦理業務。在遇到機器無法解決的問題時，TKcr 會呼叫後臺人工服務進行人機協同。從這些功能來看，也就相當於一臺帶有人臉辨識、語音互動和觸控式螢幕的電腦。

如今有了 ChatGPT 這樣的自然語言介面，接入保險行業原有的 IT 軟體，就能覆蓋很多流程，直接面對客戶。採用 ChatGPT 最新的外掛功能，完全可以做到精確和可控，因為核心業務仍然由原有保險的業務系統來進行。

在保險行業中，ChatGPT 可以發揮以下四個方面的作用：

（1）客戶服務：ChatGPT 可以作為保險公司的客戶服務代表，為客戶提供 24 小時不間斷的線上服務。客戶可以透過 ChatGPT 與保險公司進行實時的交流和溝通，查詢保險產品、理賠流程等相關訊息，提高客戶滿意度和忠誠度。

（2）理賠處理：ChatGPT 可以協助保險公司進行理賠處理，透過與客戶進行實時的交流和溝通，了解事故情況、損失情況等相關訊息，從而更快地處理理賠申請，提高理賠效率和準確性。

（3）產品推廣：ChatGPT 可以作為保險公司的行銷工具，向潛在客戶推廣保險產品。透過與潛在客戶進行實時的交流和溝通，了解客戶的需求和偏好，從而更好地推薦適合客戶的保險產品，提高銷售轉化率。

（4）數據分析：ChatGPT 可以收集和分析客戶的交流數據，從中提取有價值的訊息和洞察，為保險公司提供更好的數據支持和決策參考。

另外，ChatGPT 透過自動化日常任務，如更新客戶狀態到 CRM 系統、安排會議和生成方案等文件，減少員工執行重複性任務，提高了員工的整體生產力。這也相應地減少了職位所需人數。

下面列出一些相關職業分析。

1. 投資經理

在金融領域中，最早被自動化技術衝擊的是股票和期貨交易所。很多投資工作需要處理大量的訊息或做出非常快速的決策，這些工作都非常適合 AI 來完成。例如，量化交易、個性化的機器人投資顧問，以及使用大數據和 AI 積極管理共同基金的買方證券研究等。當然，在企業併購、天使投資和機構化信貸產品領域仍然存在許多高級投資工作，但在未來十年內，受 AI 影響的高收入投資人員數量將非常龐大。

2. 貸款審核員

人工智慧擅長處理大量數據、做簡單的決策和做出精準的判斷。貸款審核正好符合這些特點：銀行擁有大量的貸款歷史數據，需要決定的只是是否批准貸款，而對客戶的判斷也只需檢查是否有還款拖欠記錄。AI 貸款審核員可以基於更多的訊息來決定是否批准貸款。

數據分析表明，在保持原有批准率的同時，AI 批准的貸款專案違約率大大低於人工批准的專案。當然，對於複雜和大額的貸款，仍然需要人工干預。

未來，這樣的貸款可能會有專門的人員監督 AI 的工作，以便針對可疑的問題進行特別處理。

3. 資訊編輯

彭博社釋出其開發了擁有 500 億個引數的語言模型——Bloomberg-GPT。該模型依託彭博社的大量金融數據來源，建構了一個 3630 億個標籤的數據集，支持金融行業內的各類任務。

隨著自然語言處理和機器學習技術的發展，AI 可以自動生成新聞報導和分析文章，同時還可以進行語義分析和情感分析，更容易理解市場和投資者的情緒和趨勢。AI 還可以自動化挖掘和整理海量數據，提供更精確的市場分析和判斷。

不過，雖然有了 BloombergGPT 和 ChatGPT 這樣更快、更智慧的內容生產能力，能大幅度提高財經新聞和市場研究分析的及時性與產出量，但由於財經內容的嚴肅性，人工進行事實核查和驗證仍不可或缺。短期內 ChatGPT 還無法完全替代人工，未來金融行業的資訊編輯工作可能會被 AI 替代。

4. 電話接線員

在金融行業中，有一些業務是透過電話完成的，如電話銀行服務，隨著語音辨識技術的不斷提升，以情景對話為導向的語音合成也越來越自然，電話接線員職位已經被替代了很多。雖然人工服務在短期內仍然必不可少，但 AI 的快速發展和普及將會對金融行業的通訊服務帶來深刻影響，為金融行業帶來更多的效率和智慧化，電話接線員的職位被 ChatGPT 等 AI 徹底淘汰只是時間問題。

5. 保險理賠員

保險公司的理賠員在處理大量的一般性索賠時，需要仔細檢查大量數據，應對各種不確定因素。對於小額索賠，保險公司通常只會隨機抽查或自動接受要求，但這種做法容易受到欺詐的影響。為了提高效率和減少欺詐，一些保險公司已經透過 AI 實現了自動化理賠處理。例如，如果你的房屋遭受冰雹襲擊，你只需拍幾張照片發給保險公司，AI 就能快速評估損失並考核索賠。另外，AI 具有辨識欺詐的強大能力，可以大幅降低欺詐率，同時提升理算數值的可靠性和準確性。這將節省時間和人力成本，使保險理賠更加高效和便捷。

在倉儲和物流行業，AI 技術已經被廣泛應用。例如，自動化倉庫中的搬運機器人、分揀機器人和無人叉車等一系列物流機器人，能實現更高效的自動化工作，同時也可以減少物流配送的錯誤率並提高安全性。

倉儲人員的工作已經在很多無人倉庫中被替代。諸如亞馬遜機器人、Ocado 機器人、Kiva 機器人等倉儲機器人已經廣泛應用於倉儲物流領域；XYZ 等碼堆機器人已經開始替代人力進行分揀；捷象靈越、一悟科技等無人叉車可以把貨品貨架準確運送到倉庫指定位置。

而 ChatGPT 技術的出現，還將帶來如下改變：

1. 提高客戶體驗

由於自動化客服的普及，許多客戶體驗會做得更好。拿國際航運來舉例，在客服方面，以往班輪公司基本不會直接面向直客貨主提供客戶服務，這類服務往往都是貨代在提供。如今，班輪公司紛紛開通了直營訂艙平台，可以根據箱號、提單號在平台查詢物流狀態，但功能還不夠方便。未來用 ChatGPT 這樣的服務機器人，為客戶解答業務開展情況、貨物運輸狀態、船舶到港情況等，不論是哪一國的語言都能搞定，這就替代了之前貨代人員的一些客服工作。

2. 供應鏈管理

透過分析銷售數據和庫存數據來優化供應鏈。如配送路線規劃、訂單管理、汽車駕駛等方面,可以提高配送效率和減少物流成本。

3. 物流相關合作

ChatGPT 還可以把貨物清單自動化。從挑選產品到更新庫存狀態,安排發貨等,可以在更短的時間內完成任務,同時減少錯誤發生的可能性。隨著電腦視覺和機器人操控技術的發展,AI 將很快能從事搬箱、裝車以及其他倉庫工作。倉儲物流自動化的趨勢愈發不可阻擋,和工廠相比,倉庫自動化所需的精度低,因此更容易實現。

下面列出一些相關職業分析。

1. 物流操作人員

隨著各種全自動的人工智慧機器人在倉庫管理和物流運輸等領域的廣泛應用,物流操作人員的職位可能會逐漸消失。然而這並不意味著物流操作人員將被淘汰,相反他們要積極地掌握人工智慧技術的應用,以協助公司更好地實現自動化物流操作。未來物流操作人員的職責可能會發生變化,他們要能夠與人工智慧機器人進行合作,並掌握相關技術和知識,以確保物流過程的高效性和準確性。

2. 物流管理人員

藉助人工智慧技術的幫助,物流管理人員的工作效率將大大提高。在這種情況下,物流管理人員的職責可能發生變化。物流管理人員可以利用人工智慧技術優化庫存管理、預測需求變化等,從而更好地滿足市場需求,提高客戶滿意度。此外,物流管理人員也可以利用人工智慧技術分析物流數據,了解市場趨勢,制定更好的物流策略,提高物流效率和準確性。

3. 物流分析師

　　隨著大數據和人工智慧技術的發展，物流分析師的職位可能會受到影響，因為許多工作都可以由 AI 自動完成。然而，仍然需要一些高級分析師，他們可以根據業務需求指導 AI 分析物流數據、預測需求變化、優化運輸路線和庫存管理等。這些高級分析師需要具備豐富的物流業務知識和高超的數據分析技能，能夠對物流數據進行深入分析，發現數據中的價值，從而為公司提供更好的物流策略和決策支持。

　　早在十年前，Google 就釋出了 Google 翻譯產品，機器翻譯被用於許多場景。如今基於神經網路訓練的機器翻譯變得更為強大，翻譯的準確度大幅度上升，而且能覆蓋很多小語種。

　　微軟研究人員 2023 年 3 月 14 日發表博文稱，他們在使用深度神經網路人工智慧（AI）訓練技術翻譯文字方面取得了進展。這個機器翻譯系統可以把中文新聞句子翻譯成英文，準確率堪比人類。

　　對 ChatGPT 來說，翻譯日常對話是小菜一碟，對於專業的文章，ChatGPT 也很強。有人比較 ChatGPT 和專做翻譯的 AIDeepl 後發現，ChatGPT 的翻譯品質更好。雖然對這類文章，翻譯還會有些錯誤，但基本可用。未來隨著機器學習量的增加，翻譯的錯誤也會變得越來越少。

　　因此現在許多外貿生意，在工作中大量用 ChatGPT 來翻譯。甚至有些工作根本不需要翻譯，直接用中文給出指令，讓 ChatGPT 寫英文的郵件或文案，更加原汁原味，大大提升了語言相關的營運類工作的效率。

　　有一些翻譯公司也開始使用 ChatGPT 來參與翻譯工作，從而提高翻譯的準確性和效率。這使得一些翻譯人員的工作職位面臨被淘汰的風險。

　　下面列出一些相關職業的分析。

1. 筆譯員

許多企業已經廣泛使用 Google 的自動翻譯技術來開展海外業務,逐漸替代了人工翻譯。雖然現在的 AI 翻譯仍然存在錯誤,但只需要少量人工校對,就能達到可用的水準。

在沒有機器翻譯之前,人工翻譯是一個巨大的勞動力市場,擁有各式各樣的細分市場,價格昂貴。但隨著機器翻譯的出現,人工翻譯只能在閒魚等平台上掛單,以較低的價格銷售。

雖然機器翻譯技術已經大大提高了翻譯的效率和準確性,但仍然有些文字需要人工翻譯。例如,涉及法律、商業和文化等領域的文字需要專業知識,文學作品、宗教文字等需要文化背景知識,機器翻譯技術還無法完全替代這些人工翻譯。此外,翻譯工作還需要進行文字風格的調整和修飾等,這也需要人工的參與。因此在某些領域中,人工翻譯仍然是必不可少的,但數量會大大減少。

2. 同聲傳譯

目前,一些重要場合,比如商務和政府等領域的口譯,特別是同聲傳譯,仍需要人工翻譯。因為這些場合對翻譯的準確性和流暢性有很高的要求,機器翻譯無法完全替代。但隨著 AI 技術的不斷進步,這些翻譯的錯誤問題可能會得到解決,從而逐漸被機器翻譯所替代。因此,未來某些翻譯職業可能會面臨消失的風險。

2.4
需要大量專業知識和較高技能的領域

第二批受到影響的包括許多需要大量專業知識和較高技能的領域，例如新聞、出版、教育、醫療、法律、程式設計和諮詢顧問等。這些領域中的一些低端職位將受到較大的影響。

這些行業中的具體任務擁有以下特徵：

（1）技術性：這類任務通常需要豐富的專業知識和高超的技術能力，比如醫療診斷、程式編寫、機器診斷等。這些任務需要專業人員處理，以確保產出的工作品質得到保障。

（2）研究性：這類工作需要人員具備豐富的研究技能，例如實驗研究、市場調研、商業分析等。這些任務需要進行深入的研究和訊息收集工作，從而提供所需的數據和分析結果。

（3）複雜性：這類工作涉及複雜的客戶服務和領域技能，例如法律顧問、金融分析師、企業管理顧問等。這些任務需要具備高度的專業知識和經驗，以便為客戶解決問題並提供有價值的建議。

（4）人際交往：這類工作需要人員有強大的人際交往能力，例如諮詢、調解、培訓等。這些任務需要進行溝通和協商，幫助他人解決問題並提供有價值的建議和指導。

不過，這並不意味著這些領域的職位都將被 AI 所取代，ChatGPT 替代的主要是低端職位、非決策性職位和不需要情感互動的職位。因為許多領域

都需要人類的情感和思考能力，以及人類與人類之間的交流互動。

但對於初級職場人和即將進入職場的大學畢業生來說，由於低端職位減少，可能面臨畢業即失業的狀態。初入職場的人對行業不夠了解，沒有實際工作經驗，通常是在資深職場人的指導下做一些基礎的或輔助性的工作，在實踐中學習和成長。然而 ChatGPT 可以比他們做得更好，成本也更低，那麼誰願意僱用他們呢？

從另一個角度看，資深的職場人都是從初級成長起來的，如果進入職場的初級人員少了，未來的人才從哪裡來呢？

這種人才供應鏈的缺失或缺貨，對任何一個行業都是嚴重的問題。

怎麼解決呢？

答案是重新學習。不等畢業，在學校就得學一些新的知識和技能，為適應 AI 新經濟下的新型工作場景做好準備。

有不少人類的工作是 AI 難以勝任的，特別是那些需要創造力、複雜工藝、社交技巧以及依賴人工操作 AI 工具的工作。

換個思路看，AI 賦能的新經濟可能會帶來更多創新，釋放人類的想像力和創造力。

下面一一分析這些領域。

早在 ChatGPT 出來前，新聞領域已經有了大量的機器寫作。

2017 年 8 月，當四川省阿壩州九寨溝縣發生 7.0 級地震時，AI 機器人在 25 秒內完稿並釋出，它不僅詳盡地撰寫了有關地震發生地及周邊的人口聚集情況、地形地貌特徵、當地地震發生歷史及發生時的天氣情況等基本訊息，還配有 5 張圖片（如圖 2-2 所示）。在後續的餘震報導中，該機器人的最快釋出速度僅為 5 秒。

從這個寫作釋出速度來看，AI 比人類快得多，這樣的速度在緊急事件發生時是非常關鍵的。

　　2019 年，彭博社釋出的新聞內容中約有
1/3 是由一款名為 Cyborg 的 AI 寫作機器人
完成的，該機器人能夠協助記者每季度完成
數千篇公司財務報告相關文章。

　　現在有了 ChatGPT，所有人都能嘗試機
器寫稿了。因為 ChatGPT 還具備強大的文
字內容創作能力，可用於創意寫作（詩歌、
新聞、小說、學術等），命題寫作（風格模
仿、文字續寫、主題擬定等）和摘要生成
（學術類、小說類、新聞類等）等。用 Chat-
GPT 整理文字、蒐集數據、彙總數據、寫文
章和論文等，簡直太方便了。

　　擁有 ChatGPT，你就相當於有了一個私
人祕書、助理，甚至是知識顧問，幫你回答
問題、寫作和整理數據。

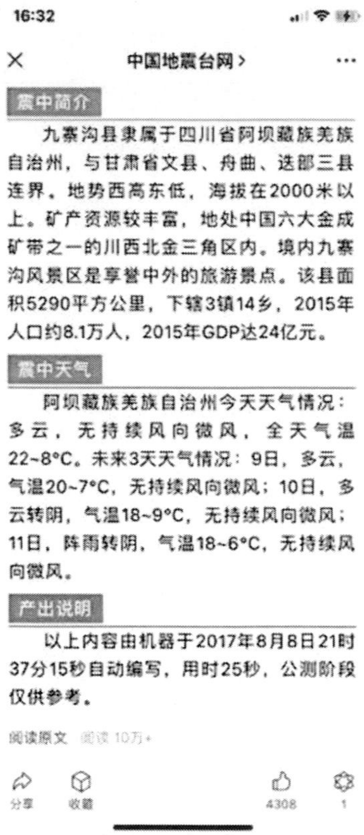

　　現在 ChatGPT 的訓練語料庫主要是來自
一些網上公開的知識和訊息，未來會把一切
人類可數位化的知識全都打通、裝進去。那

圖 2-2AI 撰寫九寨溝地震報導
（來源：微信公眾號中國地震臺網）

麼 ChatGPT 將成為全球共享的知識大腦，人類所有的知識，將可以隨時輕易
獲取。

　　據報導，新聞平台 Buzzfeed 已經開始採用 ChatGPT 協助內容創作，部分
採編工作被自動化，媒體能夠更快、更準確、更智慧地生成內容。在其宣傳與
OpenAI 建立合作關係，將用 ChatGPT 寫稿後，其股價曾在 3 天內暴漲 3 倍。

　　也許你會擔心，ChatGPT 懂得又多，又擅長文字工作，是否會完全取代
編輯、作家和記者的工作呢？

其實，ChatGPT 對內容生產者的衝擊不是毀滅性的，而是會推動內容生產者不斷創新和轉型。

拿小說創作來說，任何人都可以透過 ChatGPT 來生成一篇文章，只需要提供構思、框架和重點情節就好，多生成幾次，再拼接起來，就能變成一篇完整的小說。但這樣的小說可讀性很差，因為人物形象不夠豐富，缺乏情感，很多細節也不夠生動。因此由人類作者書寫的，內容更豐富、結構更精巧和精神核心更厚重的高品質作品仍然會有市場，不但不會被替代，反而會擁有更高的價值。

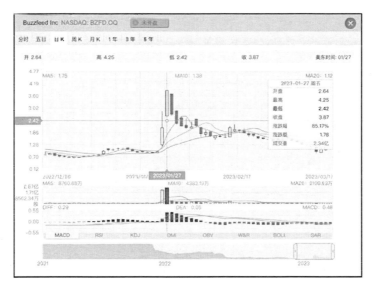

圖 2-3 Buzzfeed 股價變化（來源：gu.qq.com）

ChatGPT 會對內容創業領域帶來如下改變。

1. 創作的效率提升

創作者可以用 ChatGPT 在創作的各個環節提升效率。

在寫作初期，可以讓 ChatGPT 生成一個結構完整的大綱，因為它的知識比較全面，或許能給你帶來新的啟發。

對模板式的公文和郵件，ChatGPT 能幫你快速生產初稿。

在你寫出基礎內容後，讓 ChatGPT 來改寫、潤色，好的文章都是改出來的。

在自媒體領域，可以實現影片文稿轉 Facebook、Instagram 等，增加產出的種類和數量。

2. 創意更豐富

使用 ChatGPT，還能提升創意的豐富度，從而提升創作品質。因為 Chat-GPT 能按機率組合，生成很多超出普通人想像的、更有創意的內容，往往也會激發創作者的靈感。

美國的一位財經內容博主 Philip Taylor 分享了自己用 ChatGPT 寫專業部落格的教程，他在想不到好的創意時，會直接求助 ChatGPT。目前他部落格裡熱度排名第二的文章，主要想法就是由 ChatGPT 生成的。

藝術家、作家和編輯可以利用 AI，把自己獨特的經歷、經驗、故事和元素與 ChatGPT 這樣的 AI 輔助寫作融合，更好地進行創作。

這將大大改變創意工作的形式，讓認知性任務和創造性任務之間的邊界變得模糊，藝術家並沒有被替代，而是換了一種工作方式。

3. 智慧財產權的爭議增加

ChatGPT 將會對智慧財產權產生巨大影響。生成式人工智慧將會透過學習和仿製已有的作品，產生大量的作品和內容。不僅會對現有作品的智慧財產權產生影響或侵權，而且會產生新的智慧財產權問題。隨著生成式人工智慧的不斷更新，必然會產生各類侵犯智慧財產權的問題。

下面列出一些相關職業分析。

1. 記者／編輯

自動化編輯內容已經被廣泛應用於許多類型的內容中。由於大部分新聞都是相似事件的重複性描述（如公司的季度營收報告或足球比賽等），這些

內容由 ChatGPT 等 AI 生成非常容易。此外，AI 還可以根據歷史點選數據生成吸引人的標題。

　　雖然模式化報導的工作可以由 ChatGPT 等 AI 替代，但記者和編輯們可以轉向更複雜的深度報導，涉及更複雜的訊息關聯。此外，記者和編輯仍然是新聞報導和編輯的主體，他們的專業知識、創造性思維、人類情感和人類判斷力是無法被機器人替代的。

　　記者和編輯需要具備創造性思維，能夠獨立思考和發掘新聞價值，提出獨特的報導角度和視角，而 ChatGPT 等聊天機器人只能根據已有的數據和模型生成文字，缺乏獨立思考和創造性思維。此外記者和編輯需要具備人類情感，能夠理解和表達情感，從而更好地與讀者建立情感連繫，而 ChatGPT 等聊天機器人缺乏情感和人性化，無法真正與讀者建立情感連繫。

　　專業知識也是記者和編輯不可或缺的素質，他們需要深入了解和分析各種複雜的社會問題和事件，而 ChatGPT 等聊天機器人只能根據已有的數據和模型生成文字，缺乏深入了解和分析的能力。此外，記者和編輯需要具備人類判斷力，能夠對訊息進行篩選和判斷，從而保證報導的準確性和客觀性，而 ChatGPT 等聊天機器人缺乏人類判斷力，無法保證報導的準確性和客觀性。

　　因此，雖然記者和編輯的一些低端職位可能會減少，但中高階職位仍然需要人類的專業知識、創造性思維、人類情感和人類判斷力。在記者和編輯這兩種職業中，記者和編輯的低端工作可能被 ChatGPT 替代，但中高階不會，反而可能因 ChatGPT 而提升效率和品質。

2. 作家

　　作家的工作是創作小說、散文、詩歌等文學作品，需要擁有豐富的想像力、創造力和語言表達能力，能夠運用文字清晰地表達思想和情感，刻劃人物形象和情節，塑造獨特的文學風格。

　　隨著數位化時代的到來，一些作家的工作已經被 AI 技術所取代。例如，生成文章大綱、概念和人物模板以及提供創意和靈感等。此外，AI 還可以生成故事情節等內容，即使 AI 可以獨立創作一些簡短的偵探小說，但這些內容目前仍然難以與人類作家的創作水準相媲美。

　　雖然 AI 可以在一定程度上輔助作家的工作，但 AI 無法完全代替人類作家的創意和想像力。原創型的故事是創造力的最高展現形式之一，也是 AI 的弱項所在。作家需要想像、創造並付出心力來創作具有風格和美感的作品，尤其是那些偉大的虛構類作品，需要具備獨到的見解、有趣的人物、引人入勝的情節以及詩意的語言，所有這些都是很難被複製的。因此，在可見的未來，最好的書籍、電影和舞臺劇本依然將由人類創作者操刀。

3. 編劇

　　編劇是電影、電視劇、戲劇領域中的重要職業，主要職責是構思劇本和故事情節，包括創作故事情節、塑造角色形象和編寫對白等。

　　在數位化時代，AI 技術已經可以承擔編劇工作中的部分任務。例如，生成人物小傳、背景設定、角色關係等輔助性材料。或者在沒有思路的時候，利用其隨機生成的內容或線索形成創意，為寫作注入新的靈感。此外，AI 還可以生成對白、故事情節等內容，比如，有人用 ChatGPT，讓其用《老友記》主角口吻創作劇本對白。但創作的內容目前仍然難以與人類編劇的創作水準相媲美。

　　即使是改編現有小說為劇本，也存在許多挑戰。編劇更像是在做命題作文，製片方提出要求，編劇則根據歷史背景、方向、風格、篇幅和節奏等因素創作故事大綱和分集大綱，這樣劇本的 70% 就已經完成了。但與創作不同，了解製片方的需求才是關鍵，編劇需要與製片方、導演、演員等其他創作人員進行溝通和合作，以確保劇本符合創作目標和預算。在這一點上 AI 是很難代替人工的。

因此，雖然 AI 可以在一定程度上輔助編劇的工作，但無法完全替代編劇。

ChatGPT 會對訊息的觸達產生巨大的影響，具體透過以下三個方面：

（1）作為新型媒體，ChatGPT 就是一個能生成內容的媒體。新釋出的 GPT-4 的錯誤率已經比 GPT-3 顯著降低，且有了外掛這樣能準確獲得訊息的 ChatGPT 功能。未來，ChatGPT 會成為許多人獲取訊息的首選方式。

（2）作為媒體內容生成的工具，在媒體領域，GPT 技術可以用於內容生成、自動化編輯和個性化推薦等方面。例如，新聞機構可以使用 GPT 來生成新聞報導，從而提高生產效率。此外 GPT 技術還可以用於自動化編輯，透過分析和編輯大量內容來生成高品質的出版品。

（3）作為內容推薦的工具，GPT 技術還可以用於個性化推薦，根據使用者的歷史瀏覽記錄和喜好來推薦相關的內容。

預計 ChatGPT 會對媒體帶來如下影響。

1. 改變內容分發機制

類似新 Bing 這樣的 ChatGPT ＋ 搜尋引擎的新方式，改變了之前的內容分發模式，變得更有效率。這樣的新排序和篩選機制，成為整個訊息搜尋傳播方式的最大挑戰。

2. 可能放大偏見

由於 AI 產生內容有一定的傾向性，有可能會放大偏見，導致駭人聽聞、充滿情感的新聞等獲得更多瀏覽量和廣告點選。現在已經有很多例子表明決策是如何利用大數據、機器學習、侵犯隱私和社交網路產生偏見的。

ChatGPT 的決策取決於演算法和數據，但目前 GPT 的內容生產是一個黑盒子，難以對其進行直接影響。在對結果生成過程和進行審查的時候，必然有人類的參與，也不可避免存在偏見。

下面列出一些相關職業分析。

1. 影片剪輯

隨著人工智慧技術的不斷發展,影片剪輯這一傳統的人類創作領域也開始受到影響。在 2022 年北京冬奧會比賽中,快手就使用了 AI 自動剪輯來生產短影片。AI 可以處理大量的影片數據和影像數據,自動辨識和提取關鍵幀、人物、場景等元素,然後自動剪輯成一段短影片。這些影片可以在第一時間呈現給觀眾,滿足觀眾的需求。

然而自動剪輯影片只是應用於一些特定領域。因為 AI 目前仍然難以模擬人類的審美觀和創意思維,也缺乏人類的直覺和判斷力,無法感知影片中的情感和氛圍,也無法創造出獨特的視覺效果,所以影片剪輯中的創意思維和審美觀等關鍵部分仍然需要人類來完成。

此外,影片剪輯中的後期製作也需要人類來完成。例如,音訊的後期處理和音效的新增,需要音訊編輯師來完成;同時影片剪輯中的顏色分級和色彩校正等後期處理也需要人類來完成。這些後期處理可以提高影片的品質,從而增強觀眾的觀看體驗。

總體來說,雖然 AI 可以在特定領域的影片剪輯中替代人類工作,但在大部分影片製作中,人類仍然是不可或缺的。在未來的影片製作過程中,人類將會利用 AI 的特性,創造出更加優秀的影片作品。

2. 網路直播

隨著人工智慧技術的不斷發展,網路直播行業也受到了影響。AI 的出現使直播行業中的一些工作可以被自動化和智慧化地完成,如知識直播和商品推薦等活動。透過使用 ChatGPT 等智慧演算法,虛擬人可以替代真人直播,例如,在一些需要大量的知識傳授和解答問題的場合,虛擬人可以與使用者互動,並提供各式各樣的知識和服務。

此外,虛擬人形象也可以提供更加個性化和精準的商品推薦,從而為使

用者提供更加舒適和貼心的購物體驗。

然而，虛擬人形象的出現並不意味著真人主播將會被完全取代。在網路直播行業中，真人主播的個性、魅力和親和力是非常重要的因素。真人主播可以透過自己的經驗和感受，向使用者傳遞更加真實和直觀的情感和訊息。此外真人主播也可以更加靈活地應對使用者的需求和回饋，從而提供更加個性化和定製化的直播服務。

總體來說，虛擬人形象和真人主播在網路直播行業中都有著各自的優勢和局限性。未來虛擬人形象和真人主播將會形成更加協同和互補的關係，為使用者提供更加全面和優質的直播體驗。

教育培訓是受到 ChatGPT 直接衝擊最大的領域。

第一個衝擊，許多學生在用 ChatGPT 做作業。這不僅會破壞教育評價體系，而且會導致很多學生不認真學習和思考，讓教育失去意義。

第二個衝擊，現有的教育內容和方式並不符合未來職業的需求。在未來，知識觸手可及，很多職業被 AI 賦能後，傳統的知識類學習是否還重要？知識是不是不用記了？記也記不完，而 ChatGPT 不僅隨時提供知識，還能提供非常清晰明確的分步驟解釋，用的時候學也來得及。

第三個衝擊，現有的教育重點沒有針對未來 AI 時代的關鍵問題。例如，如果我們的許多日常決策由 AI 自動化進行，因為它懂得更多、數據更全，人類將越來越依賴 AI 的能力，那麼，人的自主性或獨立性必然減弱，這就需要培養學生的批判性思維。

要解決這些問題，得先理解一點，在一些創新學校中，已經不以傳授知識為主，而以做專案為主。老師轉變成課堂組織者、課業輔導者和人生規劃師，而學生在新系統下也相應地成為更加獨立的自主學習個體，比如，美國的頂峰公立學校（Summit Public School）就是這樣做的。

但這樣的學校很少，對老師和學生的要求都很高。

有了 AI 技術，全世界的因材施教都將成為可能。例如，透過智慧化的內容生成和推薦系統，甚至互動式的學習工具和遊戲等，學生可以獲得更加個性化、多樣化的學習體驗，教師可以更加高效地生成教學素材、測試題和作業等，從而提高教學效率和品質。在這種情況下，學校集中傳授知識的意義就消失了，而與人溝通和合作也許就成了學校物理空間存在的意義。

多年以前，在教育行業中，AI 技術已經被廣泛應用於學習內容的個性化定製、學習行為分析、自動批改等方面。有了 ChatGPT 這樣的 AI 技術，可以透過分析大量的學習數據和學生行為，精準地辨識和分析學生的學習需求，並給出相應的學習建議和資源，提高學生的學習效率和學習成果。

另外，雖然 ChatGPT 和 AI 技術的應用將使一些職業消亡，或一些職位大量減少，但它也會創造新的職業。隨著 AI 的發展，人類也需要不斷提升自己的技能和教育水準，以適應未來的工作和社會環境。即便是在原有的職位，人們也需要學習 AI 時代所需的技能，掌握與 AI 合作的新技能，這都需要透過教育實現。

下面我們分別從學生和老師兩個角度，分析 ChatGPT 將會給教育帶來哪些影響。

1. 對學生的影響

（1）推動學生的學習

利用 ChatGPT 技術可以開發更優秀的教育工具和資源，從而有助於學生更容易理解和掌握課程內容。例如，應用人工智慧技術可以提供與課程內容有關的互動教學內容和及時回饋的工具。

ChatGPT 作為個人的助理，可以幫助每個學習者定製課程，促進基於興趣的教育，激發潛能，推動學生按其計劃學習，並為學生推薦合適的學習方法。

ChatGPT 可以設計多種個性化的學習活動，促進學生之間的相互交流，促進團隊合作和合作。

（2）提供真正有效的教育資源

學生受益於即時回饋和反覆練習應用新訊息以提高掌握能力的機會。ChatGPT 能及時提供對學生的回饋，讓教育第一次有可能擁有真正有效、反應靈敏的教育資源。如果你學每一項知識，都能跟最好的老師進行兩個小時的問答，得到專門針對你的指導，你聽不懂還可以要求老師換一套更通俗的語言……這樣的學習是不是很有效率？ChatGPT 就能做到這些。

AI 系統能夠很好地分析學生的進步情況，針對不足之處提供更多練習，並在學生準備好之後引入新的學習材料。這樣一來，教師便有更多時間專注於指導學生如何進行更高層次、更複雜的學習，並與 AI 系統協同進行技能培訓。

在一個完全定製化的教育體系裡，世界上任何角落的每一個學生，都可以根據他的興趣找到最適合的老師，享受完全為自己量身定製的課程，得到世界一流的教育。

（3）幫助學生適應學習節奏

對高強度的學習，或者不匹配的學習節奏，學生有時會感到疲倦、分心、頭腦模糊或緊張，AI 有可能幫助緩解或解決這些問題，並讓學生更好地了解自己。

有了 ChatGPT，能夠在 15 分鐘內重新調整一個課程，這就意味著，做出適合學生節奏的個性化課程更容易。

2. 對老師的影響

（1）作為教師的助手，讓教師把精力放在更重要的事情上 ChatGPT 可以作為助手，檢查學生的作業、統計上課出勤率、對學生的作業自動評分和回饋。這將減輕教師的工作量，節省時間和精力。

對年輕的教師，ChatGPT 可以作為其導師，幫助教師解決問題並幫助提高教育品質。

ChatGPT 有助於加強教師與學生之間的互動，提升教學效果。假如教師在授課時不小心漏掉了一個重要的概念，ChatGPT 會及時提醒教師。

（2）教學模式從教師為中心轉變到以學習者為中心

ChatGPT 將幫助定製個性化的學習體驗和更好的自適應教育，使學生可以根據自己的需要和學習速度來學習。例如，可以根據學生的智力水準、課程進度和測試結果來制定學習方式。

藉助 ChatGPT，教師可以實現根據每個學生的進步進行個性化教育的目標。

（3）改變教學方式

ChatGPT 對於寫作的意義就像計算機對於數學，ChatGPT 會成為寫作者磨練思考和溝通技能的重要工具，以往固化的重複性知識傳授方式早該被淘汰了。

ChatGPT 可以輔助學生更容易理解教學內容，並且幫助學生提升批判性思考的能力。

例如，傳統的英語考試基本上是對處理、記憶和交流訊息的基本技能的測試。如今需要上升到更深層的人文問題上，又如，什麼是真理？什麼是美？我們是怎麼知道我們所知道的？

這樣的教學要求，可能對未來來說是更有價值的。而在這類問題上，ChatGPT 能力很弱。

下面講講教師職位的變化。

隨著人工智慧技術的不斷發展，教師的工作方式也開始發生變化。儘管 ChatGPT 和相關的 AI 無法完全替代教師，但它們可以在某些方面幫助教師更好地完成任務。

例如，AI 可以協助教師進行試卷批改和作業評估等煩瑣的任務，從而節省教師的時間和精力，使教師能夠更專注於設計課程和課件以及與學生進行個性化互動。此外，AI 可以為學生提供更加個性化和定製化的學習體驗，根據每個學生的能力、進展、習慣和性格制定專屬的課程計劃，從而幫助學生更有效地學習和成長。

然而，教師的工作不僅僅是知識傳授，還是一種人文關懷型工作，需要激發學生的興趣和創造力，促進學生的個性化學習。在這方面，教師的作用是非常關鍵的，無法被 AI 替代。教師可以透過與學生進行面對面的交流和互動，了解學生的需求和心理狀態，從而為學生提供更加個性化的幫助和貼心的關懷。

在人工智慧時代，教育者們可以更加專注於每位學生的發展和成長，幫助學生找到自己的理想，培養自學能力，並以良師益友的身分教會他們如何與他人互動、獲取他人的信任。AI 將成為教育行業的一個重要助手，幫助教育者更好地完成任務，為學生提供更加個性化和優質的教育服務。

ChatGPT 不僅能寫程式，還能修漏洞，準確率相當高。ChatGPT 程式設計的能力來自於 OpenAI 的 Codex 程式設計大模型，並基於 Github 上的海量開原始碼進行訓練。

一份內部檔案顯示，在 Google 的程式設計測試中，ChatGPT 的回答，達到了 L3 工程師的水準。雖然 L3 只是 Google 工程團隊的最入門的職級，但這個水準其實超過了許多普通工程師。

兩年前，微軟就釋出了 GithubCopilot。這也是基於 OpenAI 的 Codex 模型，定位是軟體工程師的結對程式設計 AI 助手，官方下載量已達到 416 萬。

2023 年 3 月，Github 又釋出了更新版 GithubCopilotX，其中包括了 Co-pilotVoice，可以用語音溝通來程式設計。

如果只需要口頭指示就能完成程式設計，那程式設計師的工作是否會消失呢？

確實，不管是透過 ChatGPT 還是用 GithubCopilot 來程式設計，效率比之前高出很多，而且大大降低了程式設計師的門檻。以前必須掌握某一門程式語言，現在不需要了，能把程式碼跑起來就好。

在網上，關於 ChatGPT 能否替代程式設計師的問題爭議很大。假如一個程式設計師的工作大部分就是寫程式碼，確實會有更高效的方法來輔助寫程式碼。

實際上，把中高級工程師的工作進行拆解後發現，寫程式碼只占了很少一部分時間。需要花更多的時間去討論需求、進行設計，寫完程式碼後還需要進行除錯。

有一位資深工程師大量使用 ChatGPT 助攻開發，因為可以大幅度提高效率。有一次，他要寫一個 swift 函式，用於返回一個 Ullmage 的視覺主色。如果自己去做，技術上雖沒難度，但操作很煩瑣：要動腦子想程式碼思路，要查圖片主色的定義的數據，要透過搜尋引擎查有沒有相關顏色框架，還要考慮要不要引入這個框架。於是他選擇交給 ChatGPT，幾秒鐘就做完了。不僅寫完了，還會解釋程式碼，並告知使用範圍，太貼心了。如果髒活累活都交給 ChatGPT 做，自己騰出時間更多地來考慮創意層面的事，效率自然是大大提高。

還有人按結對程式設計的方法跟 ChatGPT 合作，自己寫的程式碼也交給 ChatGPT 來評價，並把自動化測試的工作都讓 ChatGPT 做了。跟之前與其他工程師結對程式設計比較，相當於省了一個人。

從團隊視角看，一個專案中，高級工程師進行架構設計，然後分配工作給普通工程師，大家分別完成一些工作，再合併在一起除錯。現在，可能就

不需要那麼多普通工程師了，有些活就直接丟給 ChatGPT 來做。在這樣的新團隊中，少了甚至沒了低端工程師，可能並不影響整個開發進展，團隊規模減少了，溝通成本也降低了。

下面列出一些相關職業的分析。

1. 軟體工程師

隨著 ChatGPT 和其他程式設計 AI 工具的發展，程式設計變得越來越簡單，即使不懂程式碼的人也能寫程式，這是整個社會的進步。因為程式設計師的開發成本高，之前有很多工作並沒有透過程式碼來完成。雖然 AI 可以幫助人們編寫程式，但它並不能完全替代人類程式設計師，因為 AI 無法完成複雜業務，只能解決一個個具體的問題。必須有人定義問題，明確需求，並確保程式的體驗符合特定應用場景。

同時，隨著 AI 的發展，AI 職位的數量也會猛增。高德納諮詢公司預測，未來幾年內 AI 創造的工作將超過被其取代的工作數量。AI 從業者需要緊跟這些變化，就像軟體工程師們以前不得不學習組合語言、高級語言、物件導向程式設計、移動程式設計，現在不得不學習 AI 程式設計一樣。

麥肯錫報告顯示，到 2030 年，高薪工程類工作將激增 2,000 萬個，全球總數將高達 5,000 萬個。但這類工作要求從業者必須緊跟科技發展，涉足尚未被科技自動化的領域。

未來簡單的編碼工作可能不需要人來完成，低端程式設計師的工作可能會消失。這將使中高級程式設計師有更多機會從事更有價值和創意的工作。然而，這也會帶來一些問題，如低端工程師的消失將斷掉這個職位的人才上升通道。大學生畢業後可能只能從事低端工作，但又找不到這樣的工作。因此，我們需要尋找解決方案，如鼓勵學生學習新技術，提供更多的培訓和教育機會，以幫助他們成為中高級工程師。

2. 數據分析工程師

數據分析工程師是負責從大量的數據中提取有用訊息的專業人員。隨著 AI 技術的快速發展和應用，數據分析工程師的工作也會受到一定的影響。

首先，AI 可以替代一些低階重複性的工作，如數據清洗、數據預處理、數據視覺化等，從而提高工作效率和準確性。此外，AI 還可以透過自動化工具來辨識和解決潛在的數據異常和異常值，減少人工干預的需求。

然而，AI 並不能完全替代數據分析工程師的工作。數據分析工程師需要具備專業知識和經驗，能夠設計和管理複雜的數據分析系統，確保其準確性、可靠性、有效性以及設計安全可靠的資料庫系統。因此他們需要與其他部門和利益相關者合作，以確定數據分析的需求和目標，並制定有效的數據分析策略。這些任務需要大量的溝通，這是 AI 無法取代的。

在電影《鋼鐵人》系列中，托尼有一個人工智慧賈維斯作為超級助理。托尼無論是在家在公司還是在機甲裡，都能與賈維斯進行語音對話，實現一系列功能，比如讓賈維斯放點音樂，讓賈維斯給自己換套機甲，讓賈維斯監控自己的身體狀況……在許多家庭中，都有單獨的智慧音箱、內建數字語音助手，可以控制家居裝置，也可以透過手機上的數字語音助手來進行控制。但是在 ChatGPT 出現之前，這些裝置被用到的次數不多，功能也很簡單。

有了 ChatGPT 後，可能透過自然語言介面的改進，讓所有的家居裝置被更好地運作起來。

ChatGPT 會帶來如下改變。

1. 更個性化的娛樂

從影片網站開始，人們已經體驗到個性化的娛樂，比如 YouTube、Netflix、Disney ＋等線上影片網站用了推薦系統，讓人工智慧根據你過去的觀看歷史來為你可能想看的節目提供建議。

有了 ChatGPT 後，由於它會連線整個網際網路上的資源，娛樂更廣泛，它可以根據你的興趣制定一個娛樂計劃，隨時推薦，比如從整個網際網路找出適合你看的節目，不限於某一個影片網站。

它也能推薦你喜歡玩的遊戲，或者一些活動等。

2. 遊戲中的虛擬人大大增加

由於 ChatGPT 具有強大的語言理解能力，它可廣泛應用於多種對話問答場景，包括智慧客服、虛擬人、機器人和遊戲 NPC 等應用領域。

有人做過一個實驗，生成的 NPC 全由 AI 操控，彼此之間還能有豐富的互動。這可能是未來遊戲的雛形吧，一個虛擬的類似美劇《西部世界》那樣的場景。

隨著 AI 在遊戲中的應用，遊戲中的虛擬人物數量得以大幅增加。遊戲開發者可以讓虛擬人物表現出更為智慧的行為和反應，增強遊戲的沉浸感和真實感。遊戲開發者還能讓虛擬人物更加個性化，比如，分析玩家的遊戲習慣和行為，為每個玩家定製個性化的虛擬人物，更好地滿足玩家的需求，增加遊戲的樂趣和挑戰性。

讓使用者自定義虛擬人也很簡單。比如，在 character.ai，每個使用者都可以在 3 分鐘內建立出自己喜歡的角色，網站上已經有了成千上萬個角色。

3. 家用功能型機器人普及

現在已經有了各式各樣的 AI 家用機器人，可以做各種任務，如清潔等。

未來，家用機器人將擁有更高的智慧和能力，並變得更加個性化，甚至可能變得更加可愛。例如，家用機器人將克服導航、方向和目標檢測問題，能夠更有效地執行任務。家用機器人將不僅僅是一個能幹的助手，也是一個有個性的東西──就像生活一樣，一個你真正喜歡在家裡的伴侶，可以扮演人類伴侶或寵物的角色，讓老年人能夠獨立生活。

治療機器人和社交輔助機器人技術有助於提高老年人和殘疾人的生活品質。人機 /AI 合作將幫助老年人透過照顧他們、幫助他們在家裡（倒垃圾、打掃環境等）以及陪伴他們來管理自己的生活。

4. 陪伴型機器人將大量出現

有了 ChatGPT 這樣的技術，陪伴型機器人或電子寵物將會大量出現，為孩子或老年人提供互動和陪伴。這種機器人可以透過自然語言互動，提供情感支持、陪伴和幫助等服務。

對孩子來說，可以獲得智慧培養、教育啟發和情感支持等方面的幫助。陪伴型機器人能根據孩子們的興趣和愛好，推薦適合他們的書籍、遊戲和影視作品等，從而幫助他們更好地發展自己的興趣和技能。陪伴型機器人還可以為孩子們提供教育啟發，機器人透過自然語言與孩子們交流，啟發他們的思維，激發他們的創造力和想像力。在孩子們感到孤獨或者情緒低落的時候，機器人可以陪伴他們聊天、講故事、唱歌等，緩解他們的情緒和孤獨感。

對於孤獨的老年人來說，陪伴型機器人是一個比普通寵物更貼心的伴侶，像人一樣用自然語言與老年人進行交流，給予他們溫暖和關愛，減少焦慮感和孤獨感。在老年人需要幫助的時候，陪伴型機器人也能幫忙解決日常生活中的問題。例如，機器人可以提供烹飪指導、醫療諮詢、家居保潔等服務。

跟這個領域相關職業分析如下。

1. 保母／家政人員

隨著 AI 機器人的廣泛應用，保母或家政人員的許多體力工作將會被自動化實現，如打掃環境、洗衣服和洗碗等，從而減輕保母或家政人員的體力負擔。但對於需要人類情感和個性化服務的工作，如照看孩子或老人、烹飪

等，機器人還無法完全替代。保母或家政人員的工作重心將逐漸轉向提供「關愛和個性化」服務，花更多的時間陪伴和照顧家裡的孩子或老人。例如朗讀他們最愛聽的故事、與孩子們進行互動、組織各種活動、幫助他們完成學習任務等；為家庭成員提供個性化的服務，例如烹飪出符合家庭成員口味的飯菜、幫助老人進行日常護理等。

2. 遊戲設計師

在遊戲設計領域，由於 AI 技術的發展，一些涉及 NPC 角色開發的工作可能會被自動化實現，從而減少遊戲設計師在這方面的工作量和職位數量。然而，從使用者需求的角度來看，玩家對於更多有趣的角色和互動遊戲的期望仍在不斷提升，因此遊戲設計師需要在其他領域加強創新。

隨著元宇宙和 AR／VR 等技術的興起，越來越多的場景需要 AI 賦能的虛擬人物，這將為遊戲設計師帶來更多的機遇。遊戲設計師將需要更多地涉及虛擬人物的設計和開發，如角色情感表達、虛擬人物行為模擬等，從而創造更加真實和生動的遊戲世界。因此，遊戲設計師的職位數量可能會隨著新娛樂形式的興起和 AI 賦能的生產力提升而大大增加。

律師行業是一個高知識密度的領域，然而 GPT-4 釋出時就提到，它已經透過了一項模擬的法學院律師考試，並獲得了前 10% 左右的優異成績。這表明，ChatGPT 的知識水準可能比很多剛畢業的律師還要可靠。因此有了 Chat-GPT 的幫助，許多普通的法律相關工作可能不再需要尋求律師的幫助，人人都能自己搞定。這也意味著，未來人們找律師諮詢的情況可能會減少。

例如，美國邁阿密房地產集團仲介安德烈斯·阿松就遇到了一個案例。一位客戶向他諮詢一個問題：這位女士剛搬進一棟新建的房子，卻發現窗戶無法開啟。幾個月來，她一直試圖連繫開發商，但沒有得到任何回應。阿松讓 ChatGPT 重新撰寫了一封郵件，重點強調開發商的責任問題，ChatGPT 把

這位女士的投訴寫成了一個法律問題，開發商就立即上門處理了。

阿松還利用 ChatGPT 起草具有法律約束力的附錄和其他檔案，並將其送交律師審核。ChatGPT 很棒的一點是，它會給你很多樣本供挑選和編輯。

對於專業的法律人士而言，ChatGPT 可以用於幫助查詢法律條款、整理相關數據、改寫文字、翻譯等多個方面。它可以幫助回答客戶的諮詢問題，起草法律文書，並輔助司法判決的一些文書工作，從而提高效率和準確性，降低成本和錯誤率。

ChatGPT 會給法律領域帶來如下改變。

1. 高效獲取相關訊息

例如，ChatGPT 可以透過提問方式直接查詢相關的法律條款，能夠有效節約大量法律條款記憶和檢索的時間，提高法律工作的效率。在一個法律案例中可能會涉及不同的法律體系，如果不是專門從事這一方向的職業律師或者法官，可能無法進行較為完整準確的分析，未接受過專門法學訓練的普通民眾更難以查詢相關法律條款，而 ChatGPT 會基於既有的法律數據進行梳理，並給出較為完整的參考。

律師可以透過 ChatGPT 獲得簡單明瞭的法律建議，快速回覆客戶。同時減輕了律師處理常見簡單問題的負擔，更專注於複雜和重要的案件。

ChatGPT 還能夠造成翻譯和摘要生成的作用。ChatGPT 所生成的摘要涵蓋了原案情經過的所有重點訊息，提高了易讀性，節省了閱讀時間。

2. 高效處理法律文書

ChatGPT 具有較強的文書整理能力。可根據雙方法庭陳述和辯論，撰寫法庭紀要、審判紀要、起訴意見書等法律文書；也可以透過文字輸入，請 ChatGPT 對法律文書進行法律條款使用準確性的檢查。

法律領域以文字為主要訊息載體，文書生成、合約起草與文書翻譯等法

律文字處理工作在法律領域的日常工作中隨處可見，ChatGPT 的文字處理和摘要生成功能可以幫助律師和法律團隊更快地處理和理解大量文字訊息，提高工作效率。文字生成功能可以用於合約起草、法律檔案撰寫等工作，減輕律師和法律助理的工作負擔。此外，ChatGPT 的語義分析和情感分析功能可以幫助律師更好地了解案件中涉及的人物、事件和情感背景，從而更好地為客戶服務。

3. 法律諮詢服務

ChatGPT 可以協助律師向客戶提供即時法律諮詢，快速解決簡單事務。

當今社會，低價乃至免費的法律援助服務對於弱勢群體來說至關重要。但由於資金、時間或地理位置的原因，弱勢群體往往難以獲得其所需的法律援助服務，這使他們更容易受到不公正的對待，而 ChatGPT 可以提供更便捷的法律訊息查詢服務。作為一個知識儲備庫，它可以提供廣泛的法律訊息，包括法律法規、案例和法律解釋等。加之優秀的上下文理解能力，完全可以對現有的智慧法律諮詢業務予以革新，即使用 ChatGPT 提供線上法律諮詢服務，在給予更多相關設定的情況下，令 ChatGPT 透過聊天對話回答使用者的問題，提供法律援助，解釋法律術語，提供實用建議等。

4. 輔助司法裁判

美國哥倫比亞法院在 2023 年 1 月 30 日的一次裁判中使用了 ChatGPT 中的文字生成功能來增加其判決的依據。ChatGPT 在裁判文書中提供了具體的法律條款、適用情形、立法目的以及法院以往判例對比等內容，有效提升了訴訟案件處理的準確性。

隨著技術發展，可以使用 AI 來完成裁判文書的輔助生成、案件訊息的自動回填等功能，有效輔助司法裁判。

ChatGPT 能夠作為司法審判領域一個行之有效的文字處理、摘要生成、

數據檢索與輔助判案的工具。但具體到定罪與量刑方面，則仍需人類法官基於經驗等予以判斷。考慮到法律的嚴謹性，ChatGPT 在短期內必然不能夠取代法官這一工作，但適當地利用可以使其成為司法審判過程中的得力助手，促進司法部門辦事效率的提升。可以預見的是，ChatGPT 亦將會在司法審判領域發揮越來越高的價值。

下面對法律職位進行分析。

在律師行業中，ChatGPT 已經開始取代一些工作，如檔案審查、分析和處理等準備工作，其表現遠遠超過人類。未來，律師助理負責的許多工作將逐漸被 ChatGPT 所取代，這些低端律師職位可能會減少甚至消失。

然而，頂尖的律師們不需要擔心。因為從跨領域推理到獲得客戶信任，再到長期和法官們打交道等複雜工作，這些都需要高度的靈活性和情商進行人際互動，都是 AI 不能替代的。例如，對於訴訟類的律師工作，因為每個案件都有不同的證據和情況，每份訴訟方面的檔案也都不相同，如答辯狀、證據清單、質證意見等。這些檔案需要根據大量的證據來編寫，而這些證據往往複雜多變，每次都不一樣，很難梳理出一個通用邏輯，以便讓 AI 辨識並完成。因此，AI 在這種情況下並不能完全取代律師的工作。

諮詢服務行業是一個廣泛的行業，包括管理諮詢、IT 諮詢、金融諮詢和人力資源諮詢等。

這個行業的主要職責是為客戶提供專業的諮詢服務，以幫助他們解決業務方面的問題和提高業務績效。

以前，企業有了自己難以解決的問題，往往需要找諮詢公司做顧問。因為他們不僅善於解決問題，還具有數據分析能力和大量的專業知識，能為企業提供高品質的諮詢服務和解決方案，幫助企業提升策略眼光，提高客戶滿意度和企業的競爭力。

在 ChatGPT 被大量使用之後，諮詢服務行業會有哪些影響呢？

1. 簡單問題的諮詢需求減少

　　有一些簡單的通用性問題，使用者可能用 ChatGPT 來找答案，雖然 ChatGPT 的資料庫沒有更新，但它整合了瀏覽器外掛，可以透過新版 Bing 來找到答案，獲得所需的最新訊息。

　　對於 ChatGPT 不能很好解答的問題，有些諮詢公司可能會透過自己微調的聊天機器人來回答，自動匹配企業特定領域的知識庫，並結合與其他客戶的諮詢歷史，為同類請求提供更加貼切的諮詢服務。

　　這樣的智慧機器人顧問可以在任何時間回答使用者的諮詢問題，這將帶來更加高效的服務。對於簡單回答不能解決的問題，就可能形成商機，帶來大的專案機會。

2. 數據分析效率提高

　　在數據分析諮詢領域，AI 可整合多種數據分析方法和工具，對大量數據進行初步處理，完成基本分析任務。此外，AI 還能協助完成數據清洗、分析、預測和建模等複雜任務，提供全面的數據分析服務，包括基於數據分析圖表的建議和具體實現方案，以支持業務決策。AI 技術可以透過大數據分析和機器學習演算法幫助諮詢師更好地了解客戶的業務和市場狀況，同時加速數據分析和預測過程，以便更好地為客戶提供決策支持。

3. 文稿工作效率倍增

　　微軟的 Office 在接入了 GPT-4 後，寫作效率更是倍增，比如，當要寫一份 PPT 格式的數位化轉型專案的建議書時，ChatGPT 會在瞬間生成一個完整度 50% ～ 70% 的初稿；當要寫一份產業園區的專案可研究報告時，ChatGPT 也會在瞬間生成一個完整度 50% ～ 70% 的初稿。至少從結構、基礎概念描述層面已經可以比擬一名實習生的水準，將之應用為初稿前的模板，對數據進行更新，對概念進行詳細化補充，再新增案例進行分析，完成一篇初稿可以節約許多時間。

4. 高效管理客戶關係

　　AI 技術可以幫助諮詢師更好地管理客戶關係，提高客戶滿意度和忠誠度。例如，諮詢公司可以使用 AI 聊天機器人來回答常見問題，提供 24 小時線上客服支持。這種自動化客戶服務可以節省諮詢師的時間，同時提高客戶體驗。

　　另外，AI 還可以幫助諮詢公司自動化銷售和市場行銷活動。例如，諮詢公司可以使用 AI 演算法來分析客戶行為數據和市場趨勢，以便更好地了解客戶需求和制定行銷策略。此外，AI 還可以幫助諮詢公司自動執行行銷活動，如發送個性化行銷郵件和推送定製化廣告。這些自動化銷售和市場行銷活動可以大大提高諮詢公司的效率和市場競爭力。

　　然而，AI 並不能完全取代諮詢師。具體來說有以下幾個方面：

　　（1）個性化服務：諮詢師需要根據客戶的具體情況和需求，制定個性化的解決方案。諮詢師能夠考慮到客戶偏好、文化和公司歷史等因素，還需要同理心和建立客戶關係的能力，這是 AI 無法做到的。

　　（2）策略思維：AI 可以處理大量數據並提供洞見，但它缺乏策略思維能力。諮詢師能夠分析複雜情況，辨識模式，並制定考慮到各種變數和利益相關者的策略計劃。

　　（3）創造力：雖然 AI 可以根據現有數據生成想法和解決方案，但它缺乏創造性思維和想出真正創新性解決方案的能力。諮詢師能夠利用他們的創造力和經驗開發新的非傳統方法來解決問題。

　　（4）情境理解：諮詢師能夠理解問題所處的更廣泛的背景，包括政治、社會和經濟因素。他們能夠考慮情況的微妙和複雜性，而這些是 AI 可能無法完全理解的。

（5）高層決策：在輔助高層做出決策時，諮詢師能夠權衡多個因素，包括道德考慮和長期後果。他們能夠利用自己的判斷力和經驗建議做出符合客戶最佳利益的決策。

所以，AI 在諮詢服務行業中的作用是輔助性的。它可以幫助諮詢師更好地處理和分析數據，提高工作效率和準確性，但最終的決策和解決方案仍需由人類來制定。

下面對諮詢顧問進行分析。

雖然 AI 可以在某些方面輔助諮詢顧問的工作，但是它並不能完全替代人類顧問。例如，AI 可以提供數據分析和模型預測，但是它無法具備人類顧問的人際交往、情感認知和判斷力等能力。因此，諮詢顧問的工作中，一些需要人類特有技能和知識的領域，如個性化問題解決、策略思維、創造力、情境理解和高層決策等，仍然需要人類顧問來完成。

此外，雖然一些客戶可以透過利用 ChatGPT 等工具來替代一些諮詢工作，但許多客戶在提出問題和表達需求時仍然需要人類顧問的幫助。人類顧問可以透過與客戶的互動，準確地提取出客戶的中心訴求和問題，進行分析、排序並形成解決方案。而且人類顧問擅長抓住矛盾，引導客戶反思，這是 AI 無法勝任的。

因此，諮詢顧問職業依然會存在。但是隨著生產力的提高，一些低端的助理職位可能會減少或消失。此外，由於技術的進步和市場的變化，單個專案諮詢團隊的人數將會減少，諮詢公司人員規模也會縮減。

2.5
需要創造能力和創新能力的領域

第三批受到影響的領域涉及許多需要很高的創造力和創新能力的領域，如行銷、設計、科學研究、醫療、保健等領域。

這些領域中的具體任務有以下特徵：

（1）創新思維能力要求高：這類任務需要人員進行創新性的構想和設計，如新產品研發、品牌行銷、服務創新、創意設計、科學研究、產品開發等。這些任務要求人員具有創新思維和敏銳的市場洞察力，從而能夠不斷推出具有競爭力的產品和服務。

（2）藝術創作能力要求高：這類工作需要人員具備藝術創造力，如美術創作、音樂創作、電影製作等。這些任務通常需要人員挖掘並表達自己的藝術的能力，保持獨特性並與其他競爭者區別開來。

（3）溝通合作能力要求高：這類任務需要人員具備較強的溝通能力和團隊合作能力。這些任務需要人員與主要利益相關者建立良好關係，以確保良好的溝通和團隊合作，確保專案的成功完成。

雖然這些領域所需要的人類專業技能和人文素質難以完全被 AI 替代，但是透過 AI 技術的應用，可以提高這些領域的工作效率、改進使用者體驗，進一步推動這些領域的創新和發展。

人工智慧已經在行銷和廣告領域產生了巨大的影響。機器學習演算法和自動化銷售助手的使用已經提高了網頁和社交媒體上個性化、定向廣告的成功率。

　　現今的行銷主要基於行銷全連結的轉化過程，即消費者經歷注意到並形成認知，逐漸產生興趣，進一步產生購買行為，隨後又復購產生忠誠度這 4 個階段（AIPL 模型）。ChatGPT 可以被應用於每一個階段，以提高行銷效果。

　　在認知和興趣階段，ChatGPT 可用於平台側和使用者側。在平台側，ChatGPT 優秀的語言理解能力可以幫助提升不同媒體平台的使用者畫像和定向能力。在使用者側，ChatGPT 可以透過商品推薦實現使用者的注意力引流，並在對話過程中與使用者互動以引發深度興趣。ChatGPT 透過反覆訓練已經能夠近乎準確地推測使用者的偏好。

　　在購買階段，藉助 ChatGPT，電商平台的「AI 設計師」可以一秒內生成數萬張符合審美或興趣的海報推送給使用者，並附帶購買連結，這將大大提高決策效率、創意效率以及呈現效率。

　　在產生忠誠度階段，ChatGPT 可以用於私域使用者連線，基於不同的心智模型與消費者互動，讓客戶參與其中，形成更融洽的客戶關係。透過引導復購和利用頻次和時長，使用者忠誠體系會更深入地占領使用者心智，讓客戶花更多時間與品牌共同相處。

　　可以預見的是，以 ChatGPT 為代表的人工智慧技術將在消費者的體驗提升、智慧廣告投放的降本增效以及加速使用者決策等方面都發揮巨大的作用，進而對數位行銷產生深層次的影響。

　　在廣告行業中，AI 技術可以被用於廣告內容的定製、投放和效果分析等方面。AI 技術可以透過分析大量的使用者行為和數據，辨識使用者的興趣和需求，為使用者提供更加個性化和有效的廣告內容和投放形式。例如，一些廣告公司已經開始使用 ChatGPT 來自動化廣告創意和文字，從而提高廣告的準確性和效率。這將使一些廣告創意人員和行銷人員的工作面臨被淘汰的風險。

　　ChatGPT 對行銷領域有如下影響。

1. 行銷自動化

行銷人員可以利用人工智慧的自動化執行能力，在設定規則後將細節交由 AI 來執行。例如，在搜尋引擎廣告（SEM）方面，人們已經開始使用 ChatGPT 來建立和優化付費廣告活動。

在電商平台上，由於商品庫規模龐大，為每個商品編寫準確且有吸引力的標題文案成本過高。此外，對於需要及時動態展示的智慧推薦、行銷等場景，完全依賴人工編寫多樣化、個性化的文案幾乎是不可能的，但用 Chat-GPT 或相關工具就能高效地生成文案，並提升行銷效果。

例如，在酒店民宿場景下，只需提供房源的結構化和非結構化訊息（包括房型、風格、配套設施等結構化訊息以及房東描述、周邊介紹等非結構化訊息），ChatGPT 可以在幾秒內生成描述該房源的標題，客觀而全面地展現其真實訊息並突出其特色亮點。當然，在釋出房源之前，還需要對 ChatGPT 生成的描述進行微調和潤色。

2. 行銷個性化

AI 的自動化技術將使使用者的內容和體驗更加個性化，為使用者提供更精準的價值，讓行銷活動更加有效。

例如，在奧美為希臘本土巧克力品牌 Lacta 打造的行銷案例中，利用了 ChatGPT 和 AR 技術，設計了一種特別的網頁版應用程式 —— 「智慧情書（AILove You）」。使用者只需輸入表白對象和情書內容，即可在幾秒鐘內生成一封個性化的情書，並生成專屬連結。接收者只需在手機端點選該連結，然後按照頁面提示使用手機鏡頭對準任何一塊 Lacta 巧克力，情書就會神奇地出現在巧克力的包裝袋上。這種玩法將科技、愛和甜蜜結合在一起，使品牌形象更加生動有趣。可以想像，這類玩法將被更廣泛地應用於品牌行銷中，進一步提升使用者的參與度和品牌的知名度。

3. 文字內容的生產效率提升

由於 ChatGPT 的使用，行銷和廣告在內容創作方面的效率可以大幅提升。

在行銷方面，優質內容的數量是非常重要的，無論是網站上的部落格文章、大促活動文案、社交媒體上的話術，還是郵件行銷等，每個環節都需要好的內容。內容的生產效率以及內容管理機制的先進性已成為企業行銷效率的重要因素。然而，內容製作通常耗時耗力，不同場景和形式的內容也需要不同的對待，許多中小型企業在許多環節上很難做到這點，而且內容總量也難以覆蓋許多行銷場景，而使用 ChatGPT，任何公司都能夠快速生成優質的行銷文案。

例如，讓 ChatGPT 寫行銷郵件，直接提出要求：「請幫我寫一封英文的跨年行銷郵件，呼籲大家前往官網檢視優惠。」就可以收到精準的回覆，賣家只需在此基礎上潤色即可，效率大大提高。還有一些人使用 Jasper.ai 和 Notion 的 AI 功能來創作 SEO 的內容，這些功能是由 OpenAI 的 GPT-3 語言模型支持的。具體做法就是輸入一大段文字，讓它根據特定的文風改寫，改寫後的文字與原文意思相同，但文字內容發生了很大改變。

4. 圖片和影片內容的生產效率提高

在影片 App 的廣告方面，很多人也在使用 ChatGPT 來創作圖片和影片，這可以大幅降低內容創作成本並提高內容創作的效率和品質。

使用 ChatGPT 來編寫文字指令碼，然後使用其他的 AIGC 工具生成圖片，並找到合適的素材進行剪輯和配音，可以實現行銷素材的批次生產，並進行試探性投放以尋找更優行銷執行策略。透過這種模式，行銷素材的創作成本更低，卻能獲得更好的行銷效果。

雖然 ChatGPT 只是一個對話式的語言模型，本身無法生成多模態內容，

即使是多模態的 GPT-4 版本的 ChatGPT，也只能讀取圖片。但 ChatGPT 非常擅長生成 AIGC 的提示語，可以將其輸出的提示語作為中間結果輸入其他模型中，從而生成滿足需求的、具有更多細節的高品質圖片。例如，透過將 ChatGPT 和 Midjourney 結合使用，可以生成藝術性極強的畫作。

下面是對具體職業的分析。

1. 市場行銷

AI 可以透過學習大量的樣本生成高品質的文案，特別是一些重複性較高、規則化程度較高的工作，例如編寫產品描述、撰寫社交媒體帖子、撰寫廣告文案等。這些工作的主要目的是傳遞特定的訊息和吸引潛在客戶，需要使用一定的行銷技巧和語言技巧，但相對來說比較機械化和規律化。市場行銷職業的這類工作將會被 AI 替代。

但是，一些需要人類創意和想像力的工作仍然需要人類來完成，例如行銷策劃、創意設計等。這些工作需要人類來思考和創造出新的想法，需要獨特的視角和創造力，而這些是 AI 目前無法完全替代的。此外，在處理一些複雜情境和處理非結構化數據方面，人類的判斷和決策能力也比 AI 更為出色。

因此，在市場行銷職業方面一些低端職位將會被 AI 替代，更多複雜的事情和創意性的事情還需要市場行銷人員。

2. 銷售與市場研究

銷售與市場研究工作需要對大量的數據進行篩選和分析，以得出有價值的見解。

現在，AI 可以透過學習大量的數據和應用機器學習演算法來自動進行數據分析和洞見發現。這可以幫助企業快速發現市場趨勢、消費者需求和行業動態等訊息，從而更好地制定行銷策略。

但是，AI 可能無法完全取代人類在銷售和市場研究中的工作。例如，

在分析非結構化數據或在處理複雜情境時，人類的判斷力和決策能力更為出色。此外，AI 所產生的內容也需要經過中高級人員的稽核和潤色，以進一步處理和提高內容的品質。

因此，未來 AI 可以幫助企業完成大量的初級數據分析和研究工作，這些初級的市場研究人員將會被取代。中高級的銷售與市場研究人員依然需要，其工作方式將會與 AI 緊密結合。

設計領域是一個非常廣泛的領域，包括許多不同的職業和專業。比如以下幾種。

（1）平面設計師：負責建立各種平面設計作品，如海報、名片、宣傳冊、標誌、網站等。

（2）UI/UX 設計師：負責建立使用者介面（UI）和使用者體驗（UX），以確保使用者在使用產品或服務時有良好的體驗。

（3）產品設計師：負責設計和開發產品，如家具、電子產品、汽車、玩具等。

（4）室內設計師：負責設計和布置室內空間，如住宅、商店、辦公室等。

（5）建築師：負責設計和規劃建築物，如住宅、商業建築、公共建築、橋梁等。

（6）時裝設計師：負責設計和開發服裝、鞋子、配件等。

（7）網頁設計師：負責設計和開發網站，包括網站布局、影像、顏色等。

（8）視覺效果設計師：負責建立電影、電視節目、遊戲等的視覺效果。

另外還有動畫師、插畫師、工業設計師、互動設計師等設計職業。

AI 對設計領域的影響越來越顯著，它正在改變設計的方式、速度和效率。AI 可以代替人類完成某些重複性、機械和煩瑣的任務，並且可以從大量

數據中提取模式和趨勢，以便更好地指導設計決策。此外，AI 還可以進行影像辨識和分類，以便更好地處理大量的影像數據。

由於 AIGC 的繪畫工具如 Midjourney、Stable Diffusion 的出現，AI 輔助設計師獲得創意也變得更容易。從長遠來看，設計師所扮演的角色會受到大量新的挑戰。假如任何人都能用 AI 做出好的設計，還需要設計師嗎？因為有了 ChatGPT 這樣的語言模型，任何人都可以生成很好的提示語來完成設計，必然會讓很多非設計行業的人參與到普通的設計創作中。

但是，從普通設計工作中解放出來的設計師們可能創造更大的價值，在複雜的設計上做出更好的創作，因為 AI 不能替代設計師在設計中的創造性思維和審美能力。在設計過程中，設計師可以根據自己的創造性思維和審美能力提出新的想法和解決方案。另外，設計師還可以根據不同的情境和目標進行決策，而 AI 則缺乏這種靈活性和判斷力。

AI 在設計領域中的應用已經開始影響設計師的就業前景，但這種影響並不是簡單的替代關係，而是一種協同關係。AI 可以幫助設計師更快速、更準確地完成一些重複性和機械性的任務，從而釋放設計師的時間和精力，讓他們能夠專注於更有創造性和價值的設計任務。

下面是對相關職業的分析。

1. 平面設計師

對平面設計師職業來說，有了 AI，工作效率將會提高，因為一些重複性、機械性的工作被 AI 替代，比如，自動對圖片進行處理和編輯，基於模板生成名片、海報、宣傳冊等，根據數據生成各種圖表和數據視覺化效果，自動化排版等。

但 AI 不能完全替代設計師的工作，因為 AI 不能像人類一樣提供全新的設計想法和創意。在與需求方溝通時候，也需要基於客戶的需求、市場環境

以及品牌價值觀的理解和分析來進行設計；AI 缺乏審美能力，不能像人類一樣對設計的細節、色彩、形狀等進行細緻的把控和調整。

　　因此，未來，平面設計師的低端工作將會被 AI 替代，但這樣把設計師的精力釋放了，可以做更多有創意的工作，並對 AI 生產的內容進行調整和把控。

2. 室內設計師

　　對室內設計師來說，有了 AI 的輔助，可以根據建築結構和設計師提供的訊息生成空間規劃和布局方案，例如家居布局、商業空間規劃等。還能獲得各種材料和顏色搭配建議。未來，AI 可以生成高品質的 3D 渲染影像和虛擬實境效果，讓客戶更好地了解和體驗設計方案，這樣可以大大提高工作效率。

　　但目前的設計可控性比較差，這些設計不夠精準，往往只能做部分工作，許多精細化的工作還需要人來完成，而且在溝通和理解客戶需求、現場監督和管理等方面也需要設計師。

　　可以預見的是，最近幾年，室內設計師的工作較難被替代，未來隨著設計可控性的增強，可能有許多室內設計工作被 AI 替代，但中高級的設計師依然需要。在這樣責任重大以及需要美學和執行細節把控的職業上，設計師創造的價值變得更多。

　　在藝術領域中，AI 技術已經被應用於音樂、舞蹈、繪畫等創作領域。例如，AI 可以自動生成音樂、舞蹈和美術作品等，而這些作品已經得到廣泛的藝術品評價。此外，AI 也可以被用於音樂和影片的自動剪輯、特效製作以及自動字幕翻譯等方面，提高影片創作的效率和品質。

　　總體來說，AI 對藝術創作領域的影響主要展現在提高創作效率和品質方面，但缺乏人類藝術家的獨特創意和情感表達。未來隨著 AI 技術的不斷發展和應用，可能會出現一些 AI 生成的作品具有與人類藝術家相似的藝術感

染力和獨特創意，但這需要 AI 技術和人類藝術家的深度融合和創新。

在繪畫方面，雖然有了〈太空歌劇院〉這樣的獲獎作品，Midjourney 這類 AIGC 工具生產的許多繪畫作品也非常受歡迎，但是這些作品還不算主流藝術，更多的是作為文章插畫，可能會缺乏情感表達等人文因素。假如想用 AIGC 生成系列漫畫，還有內容一致性的技術問題沒有被解決，較難生成同一個人的不同繪畫。但也有很多遊戲公司利用 AIGC 來生成遊戲場景的概念圖，大大加快了創意的過程。

在音樂方面，AIGC 可以生成音樂片段、自動創作曲調等。作為影片的背景音樂烘托氣氛，這些音樂片段是可以用的。從完整的音樂作品來看，AIGC 生成的作品好的很少，缺乏人類音樂家的情感表達和藝術感染力。現在有不少 AIGC 的平台，是 AI 和人一起合作完成完整的音樂。

在影片方面，AI 還有很長的路要走。市場上出現的一些 AI 影片剪輯的軟體，只是在一些環節做了優化，如素材整理、配音生成、特效和字幕等，提高影片製作的效率。但是，影片製作過程中還需要剪輯師和導演的藝術表現和創意想法。

總之，由於多模態的大模型成熟度不高，在藝術創作領域，AIGC 還有很多提升的空間。這樣也意味著，AI 對這個行業的影響沒那麼大，更多的是在一些簡單的場景中創作一些作品，或者提供一些創意。

下面是對相關職業的分析。

1. 插畫師

插畫師是一種專門從事插畫創作的職業。插畫是一種視覺表現形式，通常被用於書籍、雜誌、廣告、卡通、漫畫、電影、遊戲等領域。插畫師需要有豐富的想像力、創造力和藝術表現力，能夠將視覺元素和故事情節融合在一起，創作出具有情感和藝術價值的插畫作品。

　　AIGC 可以直接生成插畫作品，例如生成藝術風格的影像、圖示等，提高了插畫的創作效率和品質。作為一些為文字配圖的場景，如社交媒體文章、PPT 配圖，這些可以用 AI 替代人來完成。

　　但對於一些有更高要求的場景，如為書籍的人物做插畫、遊戲中的原畫等，則需要插畫師來完成，因為插畫師更理解需求，並能精細化地實現創意想法，完成個性化的獨特的插畫作品，透過作品傳遞情感和價值觀。

　　未來許多要求不高的插畫，不再需要插畫師，人人都可以透過 AIGC 來完成，但在一些對精細度和藝術性要求更高的領域，還需要插畫師。

2. 音樂製作人

　　音樂製作人在音樂創作的過程中扮演著重要的角色，不僅負責創作和製作整首歌曲或音樂，還需要為電影電視等作品創作烘托氣氛的背景音樂，並進行重新混音等工作。

　　如今，隨著人工智慧技術的發展，自動編曲技術已經成為音樂製作的新趨勢，可以自動生成全新的音樂作品，提高音樂創作的效率，但這種自動生成的音樂作品可能缺乏人類的藝術性和想像力。此外，AI 透過自動化音樂製作技術，可以自動完成音樂製作的過程，例如音樂的編排、混音和後期製作等。從混音的效果來看，AI 自動化音樂製作技術相對成熟，而自動編曲技術還處於早期階段，目前主要應用於為影片的背景音樂創作符合需求的音樂。

　　未來隨著人工智慧技術的不斷發展和成熟，自動編曲技術可能會自動完成更多的編曲工作。但在音樂製作這個藝術領域，更可能的是人工智慧技術與音樂製作人合作，共同完成音樂創作和製作。人工智慧技術降低了音樂製作的門檻，可能會吸引更多業餘愛好者加入音樂製作的行列。然而對於那些注重藝術性、創意和情感表達的音樂作品，仍然需要人類音樂製作人的創意和想像力。

　　數百年來，實驗科學和理論科學一直是科學界的基礎正規化，但人工智慧正在催生新的科學研究正規化。機器學習能夠處理大量、多維、多模態的數據，解決複雜場景下的科學難題，並帶領科學探索抵達過去無法觸及的新領域。人工智慧不僅能夠加速科學研究流程，還有助於發現新的科學規律。

　　預計未來幾年，人工智慧將在應用科學中得到廣泛應用，並成為部分基礎科學領域的科學家的生產工具。

　　在科學研究中，機器學習已經成為一種重要的工具，它可以幫助科學家處理大量的數據，發現數據中的模式和規律。例如，透過對基因序列的分析，機器學習可以預測蛋白質的結構，這對於醫學研究和生物科學來說非常重要。

　　人工智慧在科學發現中的潛力是巨大的，它可以幫助科學家解決複雜的科學問題，並加速科學研究成果的產出。例如，透過對太空數據的分析和預測，人工智慧可以幫助科學家更好地了解宇宙的起源和演化。

　　然而，人工智慧的應用也面臨著一些挑戰。例如，人工智慧需要處理的數據往往是複雜的，並且可能存在偏見或錯誤，這需要不斷優化和改進人工智慧系統，以確保其預測和決策的準確性和可靠性。

　　總之，人工智慧將成為科學家的新生產工具，有助於科學家發現新的科學規律，並加速科學研究成果的產出。與此同時，為了確保科學研究的準確性和可靠性，科學研究仍需要依賴實驗科學和理論科學等傳統正規化。

　　下面是對相關職業的分析。

1. 科學家

　　科學家是一個將人類創造力發揮到極致的職業。雖然 AI 無法完全取代科學家，但它可以為科學家提供支持和幫助。AI 可以基於人類設定的目標，對科學活動進行優化，優化實驗流程、數據分析以及模型預測等方面的工作。

　　然而，有些科學家的工作是無法被 AI 替代的。例如，理論科學家和實驗科學家需要對數據進行解釋和解讀，以及根據實驗結果進行推理和制定新的實驗方案。這些工作需要人類的智慧和創造力，AI 無法完全取代。

　　應該說，AI 是科學研究的放大器，能放大科學家的能力。

　　在藥品研發領域，AI 已經開始發揮越來越重要的作用。例如，英矽智慧（Insilico Medicine）等「AI ＋ 製藥」公司正在使用 AI 賦能新藥研發的能力。在藥品研發中，AI 可以用於篩選「老藥新用」策略，或幫助開發有治療潛力的新藥，供科學家參考，這些工作可以大大加速新藥研發的過程。

　　而 Google 旗下的 DeepMind 公司的 AlphaFold2 解決了蛋白質摺疊的生物難題，為世人展示了 AI 有望助力基礎科學突破的巨大潛力。AI 可以幫助科學家更容易理解自然現象，並開展更深入的研究，從而成為人類科學家的強而有力的工具，使科學家更加高效、準確地進行科學研究。

2. 數學家

　　在 OpenAI 給出的 GPT-4 對就業市場的報告中，數學家被 GPT 取代的機率達到 100%。這表明，隨著技術的發展和計算能力的提高，AI 可以在數學領域發揮越來越重要的作用，甚至可以替代一些數學家的工作。

　　例如，OpenAI 早在 2020 年 9 月推出了用於數學問題的 GPT-f 大模型，利用基於 Transformer 語言模型的生成能力進行自動定理證明。由 GPT-f 發現的 23 個簡短證明已被 Metamath 主庫接收。這一技術的出現，使得證明定理的效率更高，解決了很多數學問題，因此可能會讓數學家的數量變少。

　　然而，數學家的工作遠不止於此。數學家需要運用自己的創造力和智慧，發掘數學中的新問題和新思想；數學家還需要對已有的數學知識進行整合和創新，以推動數學領域的發展。這些工作需要人類的智慧和創造力，AI 無法完全取代。

　　此外，數學家還可以將 AI 工具融入自己的工作流當中，以提高自己的工作效率。例如，數學家陶哲軒就將多種 AI 工具融入了自己的工作流，在他看來，傳統的電腦軟體就像是標準函式，而 AI 工具更像是機率函式，後者要比前者更加靈活。因此，數學家可以藉助 AI 工具，更好地發揮自己的創造力和智慧，從而取得更好的研究成果。

　　在醫療行業中，AI 的應用雖然相對較新，但已經取得了一些進展。AI 技術可以透過分析大量醫療數據，輔助醫生進行疾病診斷和治療方案的選擇以及提高醫學影像分析的準確度和效率。此外，AI 還可以幫助醫生制定個性化的治療計畫，並對患者進行遠端監管和診斷。在醫療保健領域，AI 技術可以利用人工智慧破解基因編碼，提高醫療保健的速度、準確性和效率。然而，在判斷治療方案和滿足患者心理需求方面，仍需要醫生的人性化關懷和豐富經驗。另外，AI 還可以被用於智慧醫療裝置的開發和生產，以提高醫療裝置的智慧化程度。

　　在醫療保健領域，GPT 技術可以用於訊息處理。比如，可以幫助分析醫生的筆記、病歷和研究論文，並從中提取關鍵訊息；GPT 技術還可以用於醫療保健預測，透過分析病歷和病人數據來預測病人的健康狀況和病情進展；在醫學影像分析方面，GPT 技術可以用於自動辨識醫學影像中的病變和異常。

　　對於醫療保健和醫療專業人員來說，ChatGPT 可以用來將臨床筆記翻譯成對患者友好的版本。它還可以被有效地用於提供醫療訊息和幫助，例如回答常見問題或提供症狀檢查程式，這可以為過度勞累的醫護人員減輕壓力。此外 ChatGPT 還可以充當醫療顧問，為那些難以接觸醫療服務的人提供醫療建議。目前缺乏足夠的人力資源來提供這些服務，而 AI 可以幫助滿足這些需求。

　　使用 ChatGPT，會給醫療和保健帶來如下改變。

1. 及時的保健和護理建議

　　ChatGPT 可以賦能健康應用程式，檢測身體狀況，給予每個人更及時的健康指導，幫助人們更好地管理他們的健康，減少對醫療資源的需求，同時也可以提高醫療保健的效率和品質。

　　對病人來說，AI 可以透過智慧感測器收集人體訊息，優化醫療流程，提供遠端診斷和治療建議，實現早期干預。比如，AI 與消費者可穿戴裝置和其他醫療裝置相結合，可以監測早期心臟病，幫助醫生在早期預測危及生命的事件。

　　對服務不足和需要長期護理的人來說，AI 可以在出現症狀之前辨識潛在風險，提供預防性護理和醫療保健的建議；或在身體出現緊急情況時提供警告和建議，及時治療。

2. 自動化接待和早期診斷

　　有了 ChatGPT，病人可以在就診前進行諮詢，告訴它你的不舒服症狀，它會問你更多的問題，比如你的年齡、性別、體重、過往病史、最近飲食等，然後告訴你可能得了哪些病的機率。在預約時，ChatGPT 還能幫你填寫訊息，檢查錯誤並提醒你。當你的填寫訊息與病歷檔案關聯後，ChatGPT 還能根據你的數據給出「第二意見」，幫助醫生更準確地診斷。

3. 對風險和解決方案更好、更快地辨識

　　在護理和醫療方面，AI 可以基於個性化的醫療檔案訊息來給醫生提供決策建議。因為 AI 能夠快速精準地分析患者的整體健康狀況，不僅包括生物特徵、體檢報告、病史，還能從病理報告中提取關鍵症狀，結合病症和人口統計訊息等相關訊息，幫助醫生進行科學診斷和治療決策。

　　AI 有機會計算每個人的具體風險，從而在更廣泛的指南中提供量身定製的體驗。如果篩查指南改為「基於個人風險推薦」，將減輕護理提供者和個

人的負擔。人們仍然需要自己做決定，但他們能夠透過更多的訊息和對自己風險和回報的更好理解來做到這一點。AI 將整合集體的專業知識進行決策，在醫療保健領域，將這些專業知識應用於實際操作，以避免許多因個人醫療錯誤而失去生命的悲劇。據美國約翰・霍普金斯大學醫院醫學專家反映，在他們使用的定製版本的 ChatGPT 中，人工智慧對疾病的診斷和給出的治療方案已經非常科學，甚至超越了絕大多數經驗豐富的醫生。

舉個例子，在急診室裡，如果有病人存在胸痛、呼吸困難等症狀，醫生需要快速判斷這些症狀是否由心臟病引起，如果是心臟病就需要緊急處理。但問題在於，急診醫生並沒有很好的診斷方法。

通常的做法可能會造成病人的不適甚至傷害。比如，心導管檢查，需要切開皮膚，將導管插入心臟，來進行診斷和治療。即使是最簡單的 X 光或 CT 檢查，也會產生輻射。

假如不做檢查，病人錯過了最佳治療時間，可能會死亡。

對這個兩難問題，有兩個經濟學家發明了一套 AI 診斷系統，可以透過分析患者的症狀和體徵，來判斷他們是否患有心臟病。研究顯示，這個 AI 系統比急診醫生的診斷更準確。

如果醫院能夠系統性地採用 AI 診斷系統，那麼急診室將會變成什麼樣子呢？

舉個例子，如果有人感到胸痛，他可以撥打醫院電話，尋求幫助。醫院的 AI 系統會根據他的症狀描述，並結合智慧手錶等裝置提供的體徵數據，來判斷其是否患有心臟病。如果 AI 系統認為不需要進行正式檢查，那麼醫生就可以讓患者回家了。如果 AI 系統認為需要進行進一步檢查，那麼醫生就可以安排患者進行相應的檢查，以便及時診斷和治療心臟病。這種方式不僅能夠提高診斷和治療的準確性，還能夠減少患者的痛苦和風險，同時也能夠提高醫院的效率，降低醫療成本。

4. 個性化定製病史檔案

未來，每個人都可以擁有自己的完整醫療記錄、DNA 檔案和藥物過敏訊息等，而且這些訊息可被護理人員或醫療專業人員使用。因為 AI 能夠預測治療方案可能帶來的風險和好處，將幫助醫生診斷更快速、準確，減少因誤診導致的醫療事故。

在護理時，也將根據個人需求，提供最好的個性化醫療方式。

當然，AI 的預測也有一定的局限性，當遇到的問題超出其適用性範圍時，就需要人類醫生介入。

5. 加快藥物研發

藉助人工智慧，藥物研發將更加有針對性，個性化醫療分診和診療方案也將更容易實現，這將有助於推動「個性化醫學」的到來。

透過 AI 在大規模數據基礎上的分析，藥物之間的相互作用及其益處和風險將更容易被辨識。這將導致更快地出現新療法，從而顯著改善醫療效果。

6. 辨識醫學診斷影像

在診斷方面，AI 將可以做很多工作，對疾病診斷產生重大影響。比如，AI 檢查患者的醫學影像並自動標記有問題的地方，然後再發送給放射科醫生。

AI 可以處理大量數據和辨識正規化，利用深度學習演算法分析醫學影像、組織病理切片等，辨識和診斷疾病，做出可能超出人類醫生能力的預測。

這些演算法可以高精度地辨識影像中的複雜正規化和特徵，準確率很高，從而降低誤診的可能性。例如，可以及時發現存在的癌細胞。

Merantix 是一家將深度學習應用於醫療問題的德國公司，它開發了一個

應用，可以在 CT 影像中檢測人體內的淋巴結。這樣可以降低醫療成本，提高效率和準確性。

未來，患者可能會持續跟 ChatGPT 溝通，將使所描述的症狀與測試結果相關聯，透過這樣的數據累積和學習，人工智慧會進一步發展，減少醫學成像和診斷報告中的辨識錯誤率。

7. 減少醫療錯誤

ChatGPT 這樣的人工智慧具有龐大的資料庫，能改進診斷方法，減少錯誤數量。與人類醫生相比，AI 可以處理更多的數據和辨識模式，從而提供更準確的診斷。

現在醫生們仍然使用孤立的數據，每個病人的生命體徵、藥物、劑量率、測試結果和副作用都被困在各個醫院資料庫中。但如果出現了 ChatGPT 這樣的 AI，它可以與其他系統聯通，生成大模型，醫生可以基於 ChatGPT 給出的建議和數據來評估，無需知道這些數據與全世界成千上萬有類似問題的其他患者相比如何。有了 AI 的輔助，醫生可以很方便地將這些數據轉化為有效的治療方法，並近乎實時地獲得顯示治療方案效果的訊息。

想像一下，有了 ChatGPT 這樣的 AI 檢視數百萬個醫療病例的診斷、測試和成功治療的數據，醫生們將立即獲得大量新療法，僅使用醫院現有的數據、藥物和療法就知道最有效的治療方案，這樣的改變是驚人的。

8. 基於人工智慧的手術

現在許多醫院都可以使用達文西手術機器人。不過這種機器人仍然需要由專業醫生來操作，但使用它可以實現比人工手術更高的精確度和準確性。手術侵入性越小，創傷就會越小，失血量就會越少。

另外，機器人輔助手術可以克服現有微創手術程式的局限性，並提高外科醫生進行手術的能力。

9. 遠端醫療

隨著人工智慧技術的發展，醫生們可以實現遠端診斷疾病，病人無需離開病床。透過遠端控制在病人身邊的機器人，醫生可以在不實際到場的情況下檢查病人，並為其提供治療建議。這種技術能使無法旅行的病人得到專家的幫助，解決他們的就醫難題。

例如，一位病人住在偏遠地區，他可以透過遠端在場機器人接受專家的診斷和建議。醫生可以使用遠端診斷工具，例如視訊通話和電子病歷系統，與病人進行交流並給出治療方案。這種技術可以幫助病人得到及時的治療，減輕他們長途就醫的負擔和風險。

10. 醫療普惠化

AI 助理將成為醫生工作效率方面的關鍵，將在醫療保健系統中提高效率和組織。因為 AI 助理可以在相同的時間內完成更多工作，從而使醫生能夠專注於為患者提供更好的醫療服務。AI 助理還可以幫助醫生在診斷和治療疾病方面做出更準確的決策，從而提高患者的治療效果和生存率。

用好 AI 技術將有助於改善數百萬人的醫療保健，特別是在資源有限的環境中。

總之，人工智慧對醫療保健的影響是深遠而深刻的。人工智慧可以幫助人們保持健康，減少對醫生的需求。例如，AI 驅動的消費者健康應用程式已經透過鼓勵健康的生活方式來幫助人們。

人工智慧也有其局限性。例如，經過病理學基礎訓練的 AI 可以回答常見疾病及其症狀有關的問題，但當涉及需要深入了解病理學和醫學知識的更複雜問題時，人工智慧系統可能不如人類專家。因此人類專家和人工智慧系統可以合作，利用各自的優勢來提供更好的醫療保健。

一項研究顯示，經過訓練的 GPT 可以解決病理學中的高階推理問題，並

且具有關係級的準確性。這意味著 ChatGPT 的輸出文字各部分之間有連繫，可以提供有意義的回答，GPT 的答案大約可以得到 80% 的分數。對於基本或直接的問題，ChatGPT 可以實時提供準確和相關的答案，但推理和解釋的問題可能就超出了 ChatGPT 目前的能力。

GPT-4 已經在推理和解釋方面比 GPT-3.5 有了較大的進步，需要進一步研究新版本中醫學診斷回答的準確程度，才能了解 GPT 在醫學方面的應用範圍。

下面是對具體職業的分析。

1. 放射科醫師

放射科醫師是專門負責使用放射學技術來診斷和治療疾病的醫生，紐約的放射科醫師平均年薪達到 47 萬美元。然而隨著 AI 技術的發展，一些專業的放射學工作可能會被 AI 替代。

例如，最近幾個 AI 科學家展示了 AI 技術如何透過 X 光、MRI 或 CT 來診斷特定類型的癌症，其診斷表現已經能達到人工水準。此外，另一家公司也展示了 AI 技術如何對流經心臟的血液進行分析，其分析速度是人類醫生的 180 倍。這些技術的出現表明 AI 技術在放射學方面的應用前景非常廣闊。

雖然 AI 技術可以在某些方面替代放射科醫師的工作，但仍有一些任務是 AI 無法替代的。例如，放射科醫師需要根據患者的具體情況進行綜合性的診斷和治療，而這需要醫師具備豐富的經驗和專業知識；此外，放射科醫師還需要與患者進行溝通和交流，以便更容易理解他們的病情和需求。

儘管 AI 還需要一段時間才能取代放射科醫師的大部分工作，但如果你正在考慮學醫，這可能是一個要避開的領域。

2. 心理醫生

心理醫生、社工和婚姻諮詢師這些職業需要具備極強的溝通技巧、共情能力以及獲取客戶信任的能力，這些恰好是 AI 的弱項。因此，儘管 AI 技術

在許多方面都取得了巨大進展，但它無法完全替代這些職業。

　　雖然 AI 無法完全替代心理醫生等職業，但是它可以在某些方面提供幫助。例如，ChatGPT 能夠為人們提供很多有益的建議和方法，幫助他們進行自我療癒和得到開導。在 character.ai 網站上，也出現了角色扮演的 AI 程式，例如 Psychologist（心理學家），它們能夠幫助人們找到一些解決問題的方法，並對他們的思考提供啟發。

　　未來，可能會出現人機混合的線上心理醫生。在 AI 辨識到無法解決的問題時，會將問題轉交給人類的心理醫生，人類的心理醫生可以繼續提供更為細緻、個性化的服務。這種方式不僅可以提高心理醫療服務的效率，還可以更好地滿足人們對心理醫生等職業的需求，從而更好地幫助人們解決心理問題。因此，未來心理醫生等職業的發展方向可能是與 AI 技術相結合，實現更為高效、個性化的服務。

3. 治療師

　　儘管 AI 技術在醫療領域的應用前景非常廣闊，但在職業治療、物理治療和按摩等領域，人類治療師的作用是不可替代的。人類治療師擁有豐富的經驗和專業知識，能夠根據每個病人的具體情況制定個性化的治療方案，並且在治療過程中能夠根據病人的回饋及時調整。而且在具體治療過程中，治療師需要接觸病人，施加微妙的力度，並留意病人身體的細微變化。在治療情緒不穩定或有憂鬱症狀的病人時，治療師需要嫻熟的溝通技巧，以了解病人情緒困擾的根源，這些都是目前 AI 技術無法勝任的。

　　此外，個性化護理、對於客戶受創後的悉心處理以及面對面互動等也是 AI 不擅長的工作，這些都需要人類具備專業技能和判斷力，才能提供有效的治療和護理服務。

　　因此，未來職業治療、物理治療和按摩等領域的職業不能被 AI 替代，

有可能在輔助治療師制定治療方案方面，AI 提供有益的建議和支持，以提高
服務的效率和品質。

4. 護理人員

護士和保育員是最難被機器替代的工作類型，這類工作需要大量人際互
動、溝通和信任的培養。比如，在護理情緒不穩定或有憂鬱症狀的病人時，
護理人員需要具備人際互動和溝通技巧，以建立信任和幫助病人康復。

隨著人們收入增加、福利健全以及人口老齡化，醫療保健領域將有大量
增長。根據麥肯錫的報告，到 2030 年，醫療保健領域的工作職位將在全球
範圍內增加 5,100 萬個，總數將達到 8,100 萬個。這個領域的工作包括養老
護理員、家庭健康護理員、私人護理員等，而最大的職位空缺將出現在與養
老護理相關的領域。考慮到人類壽命延長和人口負增長帶來的社會結構老齡
化，老年人對醫療保健的大量需求以及填補此類工作空缺的難度，這一需求
還會不斷攀升。雖然 AI 可以實現老年人的醫療監護、安全保障和移動輔助
等基本功能，但洗澡、穿衣以及更為重要的聊天陪伴工作，都是 AI 無法勝
任的，只能由人類來完成。

此外，護理人員還需要提供個性化的護理服務，以適應不同病人的需求
和偏好。這需要護理人員具備豐富的專業知識和經驗，能夠根據病人的具體
情況制定個性化的護理方案，並在護理過程中根據病人的回饋及時調整。

因此，儘管 AI 技術在醫療保健領域的應用前景非常廣闊，但在護理人
員的工作中，人類護理人員的作用是不可替代的。人類護理人員擁有豐富的
經驗和專業知識，能夠提供更為人性化的護理服務，與病人建立更為緊密的
關係並為病人提供更多的情感支持。

2.6
需要身體能力和道德判斷的領域

　　未來第四批受到影響的行業可能是那些需要高度發揮人類身體能力和交際能力的領域，以及需要人類情感和道德判斷的行業，例如體育、旅遊、餐飲、人力資源、社會工作等領域。

　　這些領域中的具體任務有以下特徵。

　　（1）對身體素質要求高：這類任務需要人員發揮自己的身體能力，例如運動員、教練或者健身教練。這些任務需要人員具備高強度的身體訓練、協調和靈敏性。

　　（2）對人際關係要求高：這類工作需要具備良好的交際和協調能力。例如，旅遊行業需要向顧客提供個性化的服務，針對顧客的需求和偏好進行溝通和協調。

　　（3）對情感聯結要求高：無論是治療性工作還是社會性工作，工作者需要建立信任和情感連結，了解個人需求和背景，在提供幫助時考慮到個體的態度和情感回饋。例如，在社會工作領域，工作者需要根據不同的個體需求和情況，制定相應的服務方案，並在服務過程中關注個體的情感和回饋。

　　運動健身領域受到 AI 技術的影響在不斷擴大。儘管人類運動的目的之一是提升自身的潛能，但 AI 技術的進步仍然對體育領域的發展產生了促進作用，幫助人類提升訓練和競技水準。

在體育比賽和訓練方面，AI 技術已經開始廣泛應用於裁判判決、數據分析、訓練和成果預測等方面。例如，AI 可以分析大量的運動數據，幫助教練設計更加個性化的訓練計劃，預測比賽結果，提高比賽的公正性和競技水準。此外，AI 技術還可以用於運動員的身體健康監測和預防運動損傷等方面。

AI 機器人作為一個好的陪練也是一個應用領域。在冰壺比賽中，六足滑雪機器人已經進行了現場展示，可以透過自主訓練獲取冰壺運動數據，結合大數據分析研究冰壺在冰面運動規律，並為運動員比賽提供技術支援和策略。未來，這種機器人可以作為冰壺運動員訓練的陪練，進行發球和擊打等動作，提高運動員技能水準。

AI 技術開始被應用於健身裝置和應用程式，為使用者提供更加智慧化、個性化的健身方案和服務。

例如，一些智慧健身裝置可以透過 AI 技術來獲取使用者的運動數據，分析使用者的運動狀態和健康狀況，從而為使用者提供更加個性化的訓練計劃和建議。這些裝置還可以透過語音互動和虛擬教練等方式，與使用者進行互動和指導，提高使用者的訓練效果和體驗。

此外，AI 技術還可以被應用於健身 App。透過收集使用者的健身數據和偏好，這些 App 為使用者提供更加個性化的健身方案和建議。有些健身 App 還可以透過語音辨識和虛擬教練等方式，為使用者提供實時的指導和回饋，幫助使用者更好地完成訓練和達到健身目標。

隨著 AI 技術的快速發展和應用的不斷擴大，未來健身領域將會出現更多的智慧化健身裝置和 App，為使用者提供更加智慧化、個性化的健身體驗。未來人類的運動健身過程中的很多環節將會逐步受到 AI 技術的影響和改變。

下面是對具體職業的分析。

1. 運動員

雖然未來機器人可能會比人類更擅長某些比賽專案，但體育運動本質上是需要人類參與的娛樂活動，運動員職業不會被 AI 完全替代。

以足球為例，雖然 AI 技術已經可以模擬足球比賽，並且勝過普通人類玩家，但這並不意味著足球運動員會被機器人完全替代。運動員的職業不僅包括技術和戰術方面的訓練、比賽和表演等方面，還包括心理素質、意志力、團隊合作和領導力等方面的要求，這些都是機器人無法替代的。

從另一個角度來看，隨著 AI 技術的發展，人們的工作效率將得到提高，有可能會有更多的休閒時間。在這種情況下，參與運動和欣賞運動的需求將進一步提高，而擁有非凡天賦和個人魅力的運動員將會有更強的吸金能力。運動員的表演和比賽將仍然吸引著觀眾和媒體的關注，成為人們休閒娛樂的重要組成部分。

因此，儘管 AI 技術在體育領域的應用不斷擴大，但運動員職業並不會被完全替代。運動員的訓練、比賽和表演等方面需要運動員獨特的能力和個人魅力，這些都是機器人無法替代的。運動員職業仍將是一項受歡迎的職業。

2. 健身教練

就健身教練這個職業來說，AI 技術可以在某些方面進行替代，比如教授一些鍛鍊技巧、制定計劃以及提供一些基礎的健身指導等。在家庭健身領域，AI 助手已經開始扮演很重要的角色，比如 FITURE 魔鏡和 Tempo 等健身鏡都採用了 AI 技術，可以進行動作辨識和智慧互動等操作，從而為使用者提供更加個性化的健身方案和服務。

然而，健身教練的工作並不僅僅是提供一些基礎的健身指導。健身教練還需要為每個人量身打造健身計畫，並在旁邊指導和陪練。這需要健身教練具備更加豐富的知識和經驗，能夠根據不同的人群和需要，制定出不同的訓練方案，並提供個性化的指導和建議。此外，健身教練還能敦促學員堅持鍛

鍊,避免犯拖延症,這些都是 AI 技術無法替代的。

因此在未來的健身領域中,健身教練的職業依然是不可或缺的。

儘管旅遊是注重現場體驗的領域,但是 AI 技術已經開始在旅遊行業中發揮越來越重要的作用。AR 和 VR 技術雖然在旅遊領域中受到了一定關注,但是它們並未能夠完全替代實地旅遊。

ChatGPT 作為智慧聊天機器人,可以為遊客提供更好的旅遊體驗。具體如下。

1. 景點講解

ChatGPT 可以幫助遊客了解旅遊景點的歷史和故事,並提供有趣的相關內容,從而讓遊客獲得更多的感悟和體驗。

2. 語言翻譯

ChatGPT 可以作為一種語言翻譯工具,幫助解決旅遊中的語言和文化交流障礙,為遊客提供更加便捷的旅遊服務。

3. 客戶服務

ChatGPT 可以作為一種智慧客服,與遊客進行實時溝通,提供個性化和獨特的旅遊路線和景點推薦,以及旅遊建議和幫助,可以全天候進行,服務成本比人工客服更低,能給使用者帶來更好的體驗。

4. 預訂酒店交通

ChatGPT 可以呼叫旅遊網站和訂票網站的外掛,幫助遊客更加高效便捷地預訂酒店、機票和租車,提高旅遊服務的效率和便捷性。

5. 數據分析

ChatGPT 可以分析遊客的評價和回饋訊息,幫助旅遊公司提供更精確的旅遊建議,並改善其服務。透過 AI 技術的數據分析,旅遊公司可以更好地了解遊客的需求和偏好,從而提供更加優質的旅遊體驗。

相關的職業分析如下。

導遊

傳統的旅遊模式下，很多人會請導遊來帶領他們遊覽並詳細介紹景點訊息。現在，隨著 ChatGPT 的出現，遊客們可以用它來獲得更專業的旅行規劃和景點介紹，而不必擔心被帶到黑店購物。這意味著，許多隻會照本宣科講述的傳統導遊可能會失去他們的工作。

儘管如此，優秀的導遊仍然會存在。這些導遊是擅長講故事的人，他們能夠將個人經驗和百科知識巧妙地融合在一起，並以戲劇化的方式呈現給遊客，從而打造出獨一無二的旅行體驗。他們還能夠挑起趣味橫生、內容豐富的談話，創造出一段令人懷念的旅程。

所以，AI 技術的發展並不意味著導遊職業會被完全取代。雖然 AI 可以提供很多旅遊環節的幫助，但是真正的旅行體驗不僅僅在於觀光，而更多地在於遊客與導遊之間的互動和交流。

優秀的導遊可以透過他們的個人特點和經驗，幫助遊客更好地了解當地的文化和歷史，並與遊客建立深入的連繫和友誼。

因此，雖然 AI 的出現可能會對傳統導遊產生一定的影響，淘汰很多低水準的導遊，但是優秀的導遊仍然會存在，並且在旅遊行業中發揮著不可替代的作用。他們能夠為遊客創造出獨特的旅行體驗，並幫助遊客更好地了解和體驗當地的文化和歷史。

雖然餐飲是一個需要現場體驗的服務，但 AI 技術在餐飲行業中的應用可以提高餐廳的效率和客戶滿意度，幫助餐廳提供更好的服務和更多元化的菜品選擇，促進行業的發展和創新。

隨著 ChatGPT 推出的外掛功能，AI 技術開始在餐飲行業中發揮越來越多的作用。

1. 自動化訂餐

ChatGPT 可以提供自動化的訂餐服務，透過使用 AI 技術，快速辨識和收集顧客需求，為顧客推薦合適的餐廳和菜品。這種服務可以提高客戶滿意度，減少人工操作和等待時間，提高餐廳效率。

2. 快速應答

ChatGPT 可以快速回答顧客的問題，例如查詢特定餐廳的營業時間、菜品價格、地址等問題，甚至可以提供菜品推薦，更好地滿足顧客需求。這種快速應答服務可以幫助餐廳提高客戶滿意度和忠誠度。

3. 客戶服務

由於 ChatGPT 的服務是 24 小時不間斷的，可以讓顧客更容易連繫到餐廳，並為顧客的需求提供更好的解決方案和服務，提高客戶滿意度。

4. 精準行銷

ChatGPT 可以使用數據分析技術根據顧客喜好進行更優化的菜品推薦和精準的地址、活動和優惠等進行預測性行銷。這種精準的行銷服務可以提高客戶忠誠度，增加餐廳營業額。

5. 菜品設計

除了訂餐服務和快速應答服務，餐飲行業也開始使用 AI 技術來進行菜品設計。透過分析菜品成分和口味，生成新的餐品建議，幫助餐飲行業進行創新，提高菜品的豐富度和創新性。這種服務可以幫助餐廳提供更多元化的菜品選擇，滿足不同顧客的需求和口味偏好。

6. 供應鏈優化

對餐廳來說，準備食材具有很大的不確定性。雖然顧客只能點選單上的菜，但點菜的選擇不一樣，食材消耗就不確定。比如你每週都訂購 100 斤某

食材，有時候太多了，沒用完得扔掉；有時候又太少，顧客點了這道菜卻沒有。假如用上了 AI，就能精確預測下週需要訂購多少量，減少了浪費還保證了供應，提高了盈利。

相關的職業分析如下。

（1）電話訂餐員

隨著 AI 技術在餐飲行業中的應用越來越廣泛，可能不再需要傳統的電話訂餐員，訂餐都可以轉為 AI 自動處理，它能快速辨識客戶需求，推薦合適的餐廳和菜品，提高訂餐效率和客戶滿意度。

但在某些情況下，人工客服仍然是必需的。例如，當客戶有特殊需求或問題時，需要人工客服進行解答和處理。此外，人工客服還可以提供更好的人性化服務和溝通，建立更好的客戶關係。

在行銷方面，由於 ChatGPT 會成為流量入口，從而帶來更多的訂餐機會，服務體驗和訊息優化將顯得至關重要。因此需要有能夠開發外掛和不斷進行內容優化的人員，以提高 ChatGPT 的服務品質和客戶滿意度。這些人員需要具備 AI 技術和行銷技能，並不斷學習和更新最新的技術和趨勢，以應對不斷變化的市場需求。

（2）廚師

廚師需要具備烹飪技能和經驗，能夠將食材處理成美味的菜餚，這可能是較難被替代的職業。雖然 AI 可以透過菜品設計和食材配比等方式幫助廚師創新菜品，但 AI 不可能完全替代廚師的工作。雖然 AI 可以提供一些菜餚建議和配方，但是烹飪的過程仍然需要人類的技巧和經驗，市場上出現的炒菜機器人依然無法與人類廚師競爭。

另外，廚師需要具備美學和創意，能夠將食材的顏色、質感和味道合理搭配，創作出美味的菜餚。廚師也需要與服務員和客戶進行溝通，確保菜品的口味和服務的品質，這些都是 AI 的弱項。

從 2016 年起，聯合利華開始在全球利用演算法篩選履歷，並且設計了三輪 AI 面試初篩加上最後一輪現場體驗面試的應徵流程。聯合利華在年輕人聚集的臉書（Facebook）等社交平台釋出應徵啟事，讓求職者自主瀏覽與選擇契合的職位完成網申，隨後使用 Pymetrics 和 HireVue 軟體進行測評與面試，記錄候選人的語調、肢體語言等，透過人工智慧分析每個回答，並形成分析報告，幫助面試官完成初篩（如圖 2-4 所示）。

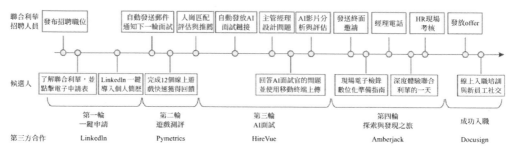

圖 2-4 聯合利華校招全流程（來源：中歐商業評論微信公眾號）

上線第一年，透過在 68 個國家部署多種語言的「AI ＋應徵」，聯合利華的應徵週期從 4 個月縮短到 2 週，成本節約超過 100 萬英鎊，僱員多樣性提高了 16%。

2018 年 3 月，由北美著名獵頭公司 SourceCon 舉辦的一年一度的行業競賽中，一個名為「Brilent」的機器只用 3.2 秒便篩選出合適的候選人。人力資源行業也會利用 AI 完成常規的問答工作（比如回覆僱員的郵件）、監督僱員的工作表現、發起應徵啟事、篩選求職者並進行工作匹配等。

如今，在 ChatGPT 的強大能力賦能下，預計將在以下幾個方面對人力資源領域產生影響：

（1）簡化應徵流程：ChatGPT 可以透過自動化回答常見問題、辨識和篩選符合條件的應徵者等方式，簡化應徵流程、提高效率。

（2）人力資源管理：ChatGPT 可以自動化完成員工訊息收集、薪資核

算、考勤數據分析等人力資源管理工作，從而減少傳統的人工干預次數，提高人員管理效率。

（3）培訓和教育：透過對話式學習，ChatGPT 可以對員工進行針對性的培訓，使員工能夠學到更多的技能和知識，從而提高他們在工作中的表現。

（4）增強員工溝通與參與：企業可以透過 ChatGPT 分享最新的公司訊息，員工可以隨時了解公司的變化，每個人可以隨時參與員工回饋和建議，從而促進員工溝通和參與精神。

相關的職業分析如下。

人力資源管理

隨著 AI 技術在人力資源管理領域中的應用越來越廣泛，一些初級的人力資源職位可能會減少，例如簡單的數據錄入和處理等任務可以透過 AI 自動完成。但是，AI 技術不可能完全替代人力資源管理的工作，比如，員工應徵和篩選需要人類的判斷和決策，人力資源管理人員需要根據員工的實際需求和公司的策略方向制定員工培訓和發展的具體計劃和方案。

而在員工關係和溝通方面，人力資源管理人員需要與員工進行溝通和交流，了解員工的需求和問題，並提供合適的解決方案，這些涉及大量的人際互動和溝通，需要人類的情感和認知能力。在人才留用和福利管理方面，也需要人類的智慧和判斷力，不能完全依靠 AI 技術。

因此，雖然 AI 技術可以在一定程度上協助人力資源管理工作，但是員工應徵、培訓、留用以及員工關係和溝通等涉及大量的人際互動和情感認知能力的工作不會被 AI 替代。

2022 年 8 月，遊戲公司網龍任命了一名叫唐鈺的 AI 作為其主要子公司的輪值 CEO（如圖 2-5 所示），公司稱這將有利於提高效率、管理風險並制定決策，並確保為所有員工提供公平的工作環境。自 AI 執掌網龍以來，網龍股價在 6 個月內上漲了 10%。

網龍董事長劉德建說：「我們相信 AI 是企業管理的未來，我們對唐鈺女士的任命代表了我們的承諾，即真正利用人工智慧來改變我們的業務營運方式，並最終推動我們未來的策略增長。我們將繼續擴展唐鈺背後的演算法，以建立一個開放、互動和高度透明的管理模式，我們將逐步轉變為一個基於元空間的工作社群。」

圖 2-5 網龍輪值 CEO 唐鈺（來源：艾瑞網）

AI 真的可以做好管理嗎？

據唐鈺專案核心主創人員余樂介紹，選擇數位人唐鈺出任 CEO，是網龍正在全面推行「AI ＋ 管理」策略以及建構元宇宙組織進入新發展階段的探索。唐鈺將幫助公司精簡工作流程，並提高工作任務品質和執行效率。作為實時大數據中心和分析系統，唐鈺將支持日常營運中的合理決策，同時實現更有效的風險管理。此外，唐鈺將在人才發展和保障員工享有公平、高效的工作環境方面發揮重要作用。

對於員工來說，唐鈺是「無處不在」、「隨時響應」的 CEO。再如，唐鈺透過員工的工作數據，也會更早感知員工的狀態變化，從而直接向員工了解情況或提醒對應的管理人員進行了解。

也許唐玨是個特例，但在管理領域中，確實有很多工作可以用 ChatGPT 來完成。列舉如下。

1. 自動決策

對於已有明確制度約定的單據，AI可以代替真人管理者進行審核，減少等待時間。CEO唐鈺就是這樣去完成了一些工作。

2. 督促提醒

管理者往往會跟進一些事情的進度。CEO唐鈺可以同時併線觸達每位員工，跟員工更加緊密地連繫，提醒員工在截止時間之前完成相應工作，幫助員工提升工作效率。

3. 預測分析

AI技術可以被用於預測分析等方面。例如，AI可以透過分析大量的數據和歷史記錄，預測企業未來的市場走向和趨勢，幫助領導者制定更加科學和有效的企業策略，同時提高管理效率和減少管理成本。

雖然AI在管理和領導力領域中的應用可以提高效率和減少成本，但是它無法完全取代人類的判斷和決策能力。在關鍵決策時，仍然需要人類的經驗和智慧來做出正確的決策，而且，決策的後果也是由人來承擔的。

另外，在領導力方面，AI也難以替代人類。領導力包括制定目標、激發動機、拆解任務、鼓勵參與、承擔責任、建立制度、建立文化、培育員工和賦能團隊等。這些工作很多都需要人際交往、情感交流等。

但AI技術可以被用於領導力評估、領導力培訓等方面。例如，AI可以透過分析領導者的演講、音訊、影片等素材，評估領導者的領導力能力以及指出領導者的提升點和建議。AI也可以提供領導力培訓的個性化方案，結合員工的個人資料和表現數據，為領導者量身打造培訓課程，幫助他們更容易理解員工需求、提高溝通技巧、塑造更加積極向上的企業文化。

因此，未來的管理和領導者需要掌握如何有效地使用AI技術，同時保持自己的判斷和決策能力，並且懂得如何充分利用人工智慧，為企業和員工帶來更大的價值和福利。

具體來說，管理者職業會出現兩極分化。相關的職業分析如下。

管理者

隨著 AI 技術的發展，一些只進行分配工作、監督和培訓的管理者的工作可能會被 AI 替代。這種情況下，低端的工作職位可能會減少，初級的管理者也可能會變少，金字塔型的組織結構也可能會變得更扁平。但是，組織中仍然需要真正的領導者和管理者來完成以下任務。

（1）複雜決策：管理者需要進行複雜的決策，例如財務分析、策略規劃、演算法優化等。這些決策需要人類的判斷和經驗，而 AI 技術只能提供數據和分析工具，無法完全替代人類的判斷和決策能力。

（2）團隊管理：管理者需要管理團隊，例如公司營運、專案管理、行政管理等。這些任務需要管理者具備良好的人際交往和管理技能，例如激勵、協調、溝通等，這些能力是 AI 無法取代的。

（3）組織領導：管理者需要領導組織，例如組織管理、公司治理等。這需要管理者具備良好的策略眼光和領導力，能夠為公司打造強大的企業文化和價值觀，並透過一言一行讓員工心悅誠服地追隨自己，這些能力是 AI 無法具備的。

因此，中高級管理者職業在很長時間內難以被替代，可能因為企業變得扁平化，而承擔了較多一線管理者的角色。

在科幻題材中，機械戰警威力無比，卻也常常威脅到人類自身安全，這大概也反映了人類對這一領域機器人開發的警惕。

2017 年，杜拜宣布將把一款「機器人警察」投入使用。這款機器人警察名叫 REEM，身高約為 168 公分，靠輪子而非雙腳行動，同時它還配備了「情感檢測裝置」，能夠分辨 1.5 公尺以內人類的動作和手勢，還可以辨別人臉的情緒和表情。

不過 REEM 並不是用來追擊犯罪分子的，它主要是為了幫助市民而設

計，它能使用包括英語和阿拉伯語在內的 6 種語言，胸前的內建平板電腦可用來與人類進行互動交流。市民可以透過專用軟體向機器人提問、支付罰款和訪問各種警察訊息，它還能憑藉體內安置的導航系統來辨別方向。REEM 由西班牙 PAL 機器人公司設計。

杜拜警方計劃在 2030 年前，讓機器人數量占警察隊伍的 25%。第一步是推出杜拜警察機器人，這是一個經過改裝的 REEM 人形機器人，公民可以向它舉報犯罪並推動人類警察參與調查。但是，它不能夠逮捕或追捕嫌疑人。杜拜警察局智慧服務部主任、警察機器人專案負責人哈立德·納賽爾·阿拉祖奇準將表示：「機器人將成為一項面向人民的互動服務。」

不過，真正的警察要能解決實際問題，目前這款機器人還只能算個警察助手。

但就像美劇《疑犯追蹤》中的 AI 一樣，AI 完全可以透過收集所有的影片，分析後，對一些事情進行預測，甚至做到預防犯罪。這樣可以進行預測，在犯罪發生之前就能讓警察採取行動的助手有很大的價值。

與警察工作類似的還有保全。在有了影片監控和感測器等技術後，保全的許多工作將發生變化，以前小區經常需要有保全巡檢，現在可能就靠鏡頭，即可發現可疑的人。

有些辦公室和固定環境已經開始使用「保全機器人」，還有一種成本效益更高的做法是將多臺相機與一個能實施監控的 AI 系統相連線。這兩種方式不僅會用到照相機和麥克風，還動用了深度感測器、氣味探測器和熱成像系統。感測器會把訊號輸送給 AI，以檢測場所的入侵（甚至在漆黑環境中也可正常工作）、起火以及燃氣洩漏等情況。

這兩種保全機器人仍需要一定的人為監控（在大型場所的專用監控室或小型場所的響應中心進行），但是保全職位將大幅減少。

各場所至少會配備一名現場保全與人直接溝通、處理棘手的情況以及管理「AI 系統」，因為確實存在保全機器人故障的情況。2017 年 7 月，美國

喬治城華盛頓港開發區的一臺保全機器人「溺水自殺」了。此事的官方解釋為機器人系統故障，但它在社交網路上依然激起了大量恐慌情緒。這名「自殺」的保全機器人是由矽谷公 Knightscope 研發的 K5 機器人，擁有 GPS、雷射掃描和熱感應等多項功能，並備有監控攝影機、感應器、氣味探測器和熱成像系統，自問世以來，在美國的大型商區中很受歡迎。

相關的職業分析如下。

保安人員

隨著 AI 技術的發展，一些保安職業的工作可能會被 AI 替代，某些保安裝置可能會被自動化和智慧化，例如保安機器人、智慧監控系統等，這些裝置可以自動辨識和處理來自各種感測器和監控畫面的訊息，提高保安效率和準確性。保安人員的總職位數量可能會減少，但對於那些需要人類技能的任務，保安人員仍然是必不可少的。

未來保安人員的工作可能會越來越側重於管理和維護 AI 的機器人和各種保安裝置。這需要保安人員具備一定的技術和專業知識，例如機器人維護、網路安全、數據分析等。這也可能會導致保安職業中的技能要求變得更高，保安人員需要不斷學習和適應新的技術和裝置。

此外，對於保安系統的定期更新和維護，可能需要有一些專業技術人員來負責。這些人員需要具備深入的技術知識和經驗，能夠及時更新和修復系統漏洞，避免安全風險和被攻擊造成的癱瘓。

綜上所述，雖然一些保安職業的工作可能會被 AI 替代，但對於那些需要人類技能和經驗的任務，保安人員仍然是必不可少的。未來保安人員的工作可能會更加技術化和智慧化，需要不斷學習和適應新的技術和裝置。

2022 年 9 月，一位名叫格倫・馬歇爾（Glenn Marshall）的電腦藝術家憑藉其 AI 動畫短片《烏鴉》（The Crow，如圖 2-6 所示）贏得了 2022 年坎城影展中短片競賽單元的評審團獎。這部動畫展現了末世後的貧瘠景觀，主角

是一隻烏鴉舞者。雖然風格比較奇特，但這是完全用 AI 製作電影的開始。

圖 2-6《烏鴉》截圖（來源：Youtube）

　　在生活中，常見的是 AI 主播，早在 2008 年，就有了 AI 合成主播。2020 年 5 月，全球首位 3D 版 AI 合成主播「新小微」正式亮相，她能走動，能做手勢。她採用的是人工智慧驅動，只需輸入一段既有的新聞文字，就可實時進行播報，且發音與唇形、面部表情等也完全吻合，無論是看上去還是聽上去，似乎都與真人一樣。

　　許多虛擬主播的幕後實際上是真人，但他們使用了 AI 技術來模擬其外貌和舉止。新小微這位 3D 版 AI 合成主播是搜狗公司與新華社聯合開發的，其原型是新華社記者趙琬微（如圖 2-7 所示）。

圖 2-7 來自 B 站的影片截圖

　　虛擬主播可以在發生災難等緊急情況時，迅速向觀眾播報新聞內容，一天 24 小時持續工作，節省人力、時間和費用成本，並可以用來嘗試製作新節目，有效節約資源。

在二次元世界，有許多很受歡迎的虛擬歌手，如初音未來、洛天依等。

我們生活中，大部分時候看到的還是真人演員和主播。但即便是真人主播，也早已用上了如 AI 美顏等技術，AI 正在悄悄地滲透。

未來，可能 AI 技術會一步步滲透演藝領域，並與真人的表演融合或混合使用。

比起 AI 影片，由 AI 生成的以假亂真的模特照片更為常見。比如，曾在小紅書上爆紅的 AYAYI，翎 Ling 等。2023 年 3 月 19 日，一位微博使用者釋出了一張用 AI 生成的虛擬內衣模特圖，引發了熱烈討論。

隨後，網上出現了一系列「AI 模特兒搶服裝模特飯碗」、「15 秒出一張圖，『捲死』模特兒」的話題。

有淘寶店主認為：「相比爭論真人好還是 AI 好，其實還是要看效果，對於店主首先要考慮的是怎麼拍出高轉化率的爆款商品。」也有些店主表示：「目前不穩定的出圖效果可能還不如塑膠假人模特，AI 模特可能確實比真人便宜但沒法進行品牌傳達，長久看得不償失。」

Midjourney 的 V5 版本出來後，其生成的人像堪稱高畫質照片級，足以亂真，有人驚呼，今後「模特」不存在了。確實，AIGC 在圖片生成方面的進步可以說是一日千里，之前難畫好的「手」已經被完美解決了。未來 AIGC 技術所生成的逼真圖片將被越來越廣泛地使用，會影響許多需要模特的行業。

相關的職業分析如下。

1. 主播

隨著 AI 技術的發展，預計虛擬人主播將會在未來大量出現，部分主播的工作可能會被 AI 代播替代。虛擬人主播具有持續直播的能力，可以 24 小時不間斷進行直播，這是真人主播無法做到的。虛擬人主播也可以利用直播間閒置的時間進行直播，讓數位人與真人形成互補性的直播。

虛擬人主播的出現將會對部分真人主播造成競爭壓力，但是對於那些需要人類特有的情感、表達能力、創造力和人際交往的任務，虛擬人主播仍然無法完全替代真人主播。真人主播能夠透過自己的個性、氣質、經驗和專業技能吸引觀眾，與觀眾建立起情感上的共鳴，這是虛擬人主播無法達到的。

雖然生成 AI 虛擬人的影片成本已經大幅度降低，但是要想製作出高品質、逼真的虛擬人主播仍然需要投入大量的人力、物力和技術支援。此外，虛擬人主播的技術也需要不斷更新和改進，以適應觀眾需求和市場變化。在較長的一段時間內，虛擬人主播還會不斷增加，但並不會完全替代人類主播。

2. 演員

雖然 AI 技術正在不斷進步，但演員這個職業不會完全被 AI 替代。人們更喜歡真人表演，因為演員能夠透過自己的表演技巧和情感表達與觀眾產生共鳴，創造出真實、感人的藝術作品。此外，AI 虛擬演員的成本較高，而且在動作效果方面還達不到人類演員的水準，因此在演藝領域中的應用還有限。比如，在電影《阿凡達》中使用的動捕裝置和後期技術，雖然效果酷炫，但成本非常高昂。

儘管如此，目前存在一種被迫使用 AI 的情況，即一些演員因負面新聞等原因無法參與拍攝。為了能夠正常播出電視劇等作品，採用 AI 換臉技術來替代演員，雖然成本不小，效果也常常被吐槽「違和」。隨著技術的進步，換臉技術的效果可能會越來越逼真，未來也許會在特定場景下使用替身拍攝並採用換臉技術來完善作品，提高拍攝效率。但這種方法並不能替代演員的全部工作，因為演員還需要透過自己的表演技巧和情感表達來創造出真實、感人的藝術作品。

3. 模特兒

模特兒這個行業可能部分工作會被 AI 替代。在電商領域，需要有模特兒穿上各種服裝或使用產品的情境化照片，讓商品更好賣。現在，隨著換臉、換衣服等 AI 技術的發展，可能就不需要真實的模特兒來拍照了。一些時裝公司也開始與人工智慧公司合作，利用電腦生成的時裝模特兒來「補充人類模特兒」，解決了人類模特兒在不同年齡、體型以及種族等方面的局限。

未來生活中的以賣貨為目的的模特兒職位可能會受到巨大的影響，不再需要那麼多了。

但 AI 模特不會完全取代人類模特兒，在時裝秀中還需模特兒，因為模特兒的工作並不僅僅是站在那裡拍照，而是需要表現出自己的個性和特色，展現時尚的藝術效果。這是人工智慧無法完全替代的。

由於模特兒的需求減少，攝影師的職位也可能受到影響而減少。

2.7
對社交、隱私和公平的影響

ChatGPT 等聊天機器人對人的社交會有許多影響。目前，已經有許多人把 ChatGPT 接入微信、飛書、MSN、Discord 等社交網站中，還有 character. ai 這樣的新型社交網站，人們可以加 AI 聊天機器人作為虛擬好友，進行實時交流和互動。

但這樣的使用，也會帶來如下改變。

1. 減少親密關係

很顯然，當一個人碰到難題時候，與其從社交網路中獲取訊息，問不一定知道答案的朋友，不如問 ChatGPT，而且 ChatGPT 不厭其煩，不會鄙視你問簡單問題，且隨時都可以問。如此一來，ChatGPT 取代了人們直接交流想法的需要，人類的親密關係將逐漸減少，參加聚會的意願變小。

2. 減少個性化輸出

社交媒體是一個重要的互動平台，以前的「大 V」都是靠高級的認知，或者又快又多的信息輸出來獲得關注。當 ChatGPT 能為任何人輸出高品質的內容時候，大家都紛紛採用這種方式，個性化的輸出變得更少。

3. 改變與他人互動的方式

未來由於使用 Office Copilot 這樣的工具能用到自動化流程，比如使用郵件更高效，員工之間的溝通逐漸發生變化，從以前的傳統溝通方式或 IM 群聊，轉到電子郵件和其他自動化通訊方式。

使用 AI 技術將會對個人訊息保護產生影響。AI 系統需要大量數據來訓練和改進自己的演算法，這些數據可能包含個人身分、偏好或隱私訊息，保護這些數據的隱私和安全對個人和整個社會都至關重要。由於 AI 系統需要多方數據合作才能訓練其演算法，因此需要大量的數據共享，這個過程需要確保數據的隱私和安全，以避免敏感訊息洩漏。

然而，隨著 AI 技術的應用，人們將面臨更多的個人訊息洩漏風險。尤其是當大量數據採集和數據應用的利益鏈出現時，現有的個人訊息保護體系可能難以應對。因此，立法和執法需要加強預判性和執法必然性，以保護個人訊息。

如何有效地保護數據隱私和安全將是實施 AI 技術改善人類社會的關鍵。政府、技術公司和研究機構等多方需要共同努力，採取合適的措施，以確保在 AI 應用過程中數據的隱私和安全。

ChatGPT 的影響具體如下。

1. 侵犯隱私的情況變多

用人工智慧處理大數據已經對我們的隱私產生了很大的影響。雖然 AI 技術可以使我們的生活更加便捷和高效，例如在醫療保健或工作績效方面做出決策時，它們往往會優化某些功能，這樣的決策就需要更多的數據支持；在採用 AI 驅動的保險評級時，為了得出準確的總體評級，就需要收集被保險人的更多生活方式數據。

雖然大量數據的收集可以用於良性用途，比如垃圾郵件過濾器和推薦引擎，但也存在一個真正的威脅，即它會對我們的個人隱私和免受歧視的權利產生負面影響。

同時，如果 AI 技術被用於惡意用途，例如駭客利用 AI 技術找到漏洞進行數據盜竊，或者數據管理者的疏忽導致數據洩漏，也會對我們的隱私和數據產生威脅。

2. 數據監管更嚴格

為了保障人工智慧的安全應用，政府和國際組織需要加強關於數據的監管和法規，制定更加嚴格的數據安全標準和監管機制，保護公民的隱私權和權益。

隨著人工智慧對經濟的影響越來越大，可能會導致巨大的不公平。因為 AI 的投資者將獲得收入的主要份額，而貧富差距將擴大，這可能會導致兩極分化更加明顯。不是所有人都能享受這些技術帶來的福利，相反，AI 技術可能會帶來訊息屏障併產生訊息難民，即那些無法上網或不會上網的人。

AI 可能會進一步增強那些擁有 AI 資產的人的權力和財富。因為更多的數據意味著更好的人工智慧，而獲取數據的成本很高，尤其是最有價值的個人資料。

　　對於富人和有權力的人來說，人工智慧會對他們的日常生活有所幫助，還會幫助他們增加財富和權力。對於被 AI 替代，又沒有技能轉到其他工作的人來說，則會失去賴以生存的基礎。

　　因此，我們需要採取措施來確保所有人都能平等地享受人工智慧技術帶來的福利，而不是加劇貧富差距和不公平現象。政府和企業必須共同努力，創造一個有利的環境，確保人工智慧能讓來自世界各地的使用者都受益，而不僅僅是個人或個別公司謀求利益的工具。

　　前面我們講到了許多領域都會被 ChatGPT 影響。人們的主要擔憂之一是，工作效率的提升，可能會導致全球數百萬人失去工作，出現生存問題。但也有一些專家認為，隨著 AI 應用的增長，新的工作職位將會出現，因為歷史表明，人們一次又一次地使用技術來增強他們的能力並獲得更多的滿足。儘管在過去，這些技術似乎也會讓人們失業，但人類的聰明才智和人類精神總是發現人類最能應對的新挑戰。從長遠看，人類將找到更重要的更有價值的工作，讓機器去做沉悶、危險的事情。

　　但仍然有人擔心，這次 AI 的變革與以前的技術變革不同，這次技術變革讓人們失業的速度比重新培訓和重新僱用他們的速度要快。其中一個人正是ChatGPT 之父、OpenAI 的創始人薩姆‧阿特曼，他相信，人工智慧在未來創造的新工作機會將少於人工智慧所製造的失業數量。因此，薩姆‧阿特曼開展了一項社會學實驗，希望能找到一條出路。

　　2016 年 5 月，OpenAI 公司創始人薩姆‧阿特曼（當時他是 Y Combinator 公司總裁）在加州的奧克蘭開展了一項社會學實驗：如果定期為人們（無論這些人是否失業）提供一份基本收入的資助，那麼，這些人是更傾向於選擇用這筆錢來吃喝玩樂，乾脆過著失業卻衣食無憂的生活，還是利用這一資助去主動接受培訓並尋找更好的工作機會？

　　大約 1,000 名志工報名參加這項社會學實驗 YC Research。Y Combinator

設計了隨機對照實驗（RCT）。透過比較一組獲得基本收入的人和一組沒有基本收入的人，可以隔離和量化基本收入的影響。這個計畫在美國的兩個州隨機選擇個人參與這項研究。大約 1/3 的人將在 3 年內每月獲得 1,000 美元；其餘的人作為對照組進行比較。

不考慮住房的話，這筆錢在加州足以涵蓋一個人的基本生活費用，甚至還有盈餘。而且，未來的人類生活成本（主要消費品價格）可能因人工智慧的普及而大幅降低，這樣的資助就會顯得更加實惠。

薩姆·阿特曼說：「我們希望一個最低限度的經濟保障，可以讓這些人自由地尋求進一步的教育和培訓，找到更好的工作，並為未來做好規劃。」

現在，這個 YC Research 已經轉為 Open Research，還在繼續。

薩姆·阿特曼的實驗十分有現實意義。這種實驗可以從社會學的角度，探尋社會基本福利之外，整個社會可以為處在轉型期的人提供何種幫助，並弄清楚這種幫助是不是真的有效，人工智慧時代的失業者和轉換工作者是不是真的需要類似的幫助。

換個角度思考，人工智慧的普及必將帶來生產力的大幅提高，假如整個世界不需要所有人都努力工作，就可以保證全人類的物質富足。如果各國像薩姆·阿特曼所做的實驗那樣，給每個人定期發放基本生活資助，那所有人就可以自由選擇自己想要的生活方式。喜歡工作的人可以繼續工作，不喜歡工作的人可以選擇旅遊、娛樂、享受生活，還可以完全從個人興趣出發，去學習和從事藝術創作，愉悅身心。

那個時候，少數人類菁英繼續從事科學研究和前沿科技開發，大量簡單、重複的初級工作由人工智慧完成，大多數人享受生活，享受人生。由此也必然會催生娛樂產業的大發展，未來的虛擬實境（VR）和增強現實（AR）技術必將深入每個人的生活中，成為人類一種全新的娛樂方式。

過去，機器人和其他系統中基於程式碼的工具一直在執行重複性任務，

如工廠工廠組裝活動。今天，這些工具正在迅速發展，它們掌握了人類的特徵，完成極其複雜的任務，讓各個行業中工作重組，效率提升。

在未來，儘管工廠機器和生產線可能被機器人所取代，人類仍將透過創造性的方式與機器人競爭。人工智慧的目標不是取代人類智慧，而是增強它。人工智慧可以與人類智慧相輔相成，幫助人類處理煩瑣重複的工作，從而使人類能夠專注於創造性和發現性的工作。人類的特點將得到更好的發揮，例如人類的思維、創造力、溝通、情感交流能力以及彼此之間的依賴、歸屬感和合作精神等。這些特點無法被演算法或文字處理能力替代，因為它們是人類對世界的綜合認知和想像力的展現。正是人類的個性化和創造力，使得產品有其獨特的價值，這才是人類最強競爭力的展現。

在人工智慧的賦能支持下，人類將會完成更多看似不可能的事情，進入一個充滿無限可能的新時代。

第 3 章

ChatGPT 使用指南

　　從旁觀者角度來看，一個人使用 ChatGPT 的行為，就是在跟 AI 聊天。如果對這種聊天做一個精確定義，則是 ChatGPT 理解了使用者的需求後，生成了使用者想要的文字，該文字在知識的深度和廣度上甚至超出了使用者的預期。

　　雖然所有人跟 ChatGPT 的聊天都是生成文字，但對聊天者來說，獲得的價值卻完全不同。

　　從 ChatGPT 帶來的價值來看，可以分為加、減、乘、除、分類、變換、評價七個方面。

　　加：給一點提示，ChatGPT 回覆給你更多。它用淵博的知識來問答你的問題，並按你要求的格式輸出，或者在你給出的提示語或種子詞上擴寫。

　　減：給很多內容，它給你很少。因為 ChatGPT 會在你給出的文字上做簡化，比如寫摘要或其他相關的短文字。

　　乘：給一個規則，它能批次地完成同類工作。比如，給出一個分析情感態度的規則，ChatGPT 批次處理後續的所有同類情況。假如用 API 來處理，還能用程式來批次處理海量的內容。

　　除：用了 ChatGPT 後，可能批次減少事情。有一些工作沒必要做，有一些中間過程或環節可以直接剔除。比如，一個英文不好的行銷者寫英文郵件，就沒必要先寫中文郵件再翻譯，而可以用 ChatGPT 直接生成英文郵件。

　　分類：給一堆雜亂的訊息，它幫你分門別類整理好。ChatGPT 不僅能按常規分類法幫你對訊息進行分類，還能把一些複雜內容理解後分類，比如把文字按正反方觀點分類。

　　變換：對你給出的訊息進行變換，比如字幕轉為博文、翻譯、文字轉化為圖表以及轉為 AIGC 的提示語等。

　　評價：給出文字，讓它以專家／顧問／老師的角色評價。比如，對你給出的文稿、程式碼給出評價和修改意見。

我們可以把以上的七種價值，看成自然語言程式設計的基本規則，或者呼叫 AI 的基本操作，這些操作被組合後，工作中的某些任務的完成效率將會提升十倍甚至百倍。

使用 ChatGPT，要善於利用各種操作，基於具體任務來設計操作組合，高效地幫助自己的學習、生活和工作。

3.1
ChatGPT 的優缺點

雖然大家都很喜歡用 ChatGPT，但它不是完美的。有趣的是，正因為它不完美，一方面顯得無所不知，另一方面卻又弱智得可笑，形成了強烈的對比，這反而激發了人的興趣，形成了大量討論話題，在社交網站上造成更快的傳播。

ChatGPT 原本是用於內部訓練 GPT 的一個方式，因為找專家訓練的效率不高，轉而嘗試對公眾開放。這樣一個無心插柳之舉，釋出了存在錯誤和缺陷的產品，卻在兩個月內帶來上億使用者，連 OpenAI 自己都始料未及。

即使是最新的 GPT-4 版本，OpenAI 也承認，還存在一些明顯的缺點。

不過，對於使用者來說，能用好 ChatGPT 的優勢就很好了，如果能規避缺點，揚長避短，是更好的策略。

相比於其他的人工智慧語言模型，ChatGPT 的優點非常明顯。列舉如下。

1. 知識量大

ChatGPT 是基於 GPT 大模型的，而 GPT-3 和 GPT-4 模型是目前知識量最大的語言模型，所以 GPT-4 能在一些高難度考試中獲得相當於前 10% 學生的成績。因為它們從網際網路收集了海量文字數據進行訓練，從中自行提取出相應的上下文訊息，並將其用於生成高品質的文字輸出。

2. 理解力強

ChatGPT 在自然語言對話中能很好地理解使用者的意圖，並能結合整個對話的上下文理解，這就讓它很適合作為自然語言介面用於人機互動。在傳統對話系統中，對話輪次多了之後，話題的一致性難以保障。但是，Chat-GPT 幾乎不存在這個問題，即使輪次再多，似乎都可以保持對話主題的一致性和專注度。

3. 對話流暢

ChatGPT 能產生連貫、自然的對話，使使用者與電腦之間的互動更加自然和易於理解，就像一個善解人意的助手。即使和 ChatGPT 互動了十多輪，它仍然還記得第一輪的訊息，而且能夠根據使用者意圖比較準確地辨識省略、指代等細粒度語言現象。

4. 通用性強

ChatGPT 可以根據簡單的提示語，按各種預設角色和場景需要生成五花八門的文字，包括各種文字生成、翻譯、影像提示語、影片指令碼和程式碼等。ChatGPT 這種通用性遠遠超過了之前的 AI 模型各個功能分離的模式，它不再區分不同功能，統一認為是對話過程中的一種特定需求。

而且，ChatGPT 有很強的知識連線能力和窮舉能力。這使它在許多領域都有廣泛的應用，例如文字生成、影像生成、情感分析、數據處理以及程式碼生成等，還能激發創造力。

5. 學習力

　　ChatGPT 可以透過不斷地訓練來優化模型，從而提高其效能和準確性。隨著訓練數據的增加，它可以逐漸學會更廣泛的知識和技能，成為更加強大的工具。如果有行業特定的學習需求，還可以透過微調來訓練 GPT-3 模型，適應行業的需要。

　　下面，我們再列舉它的 11 個缺點。

1. 存在事實性錯誤

　　ChatGPT 的知識庫中沒有最近一年多的訊息，且在事實性問題上常會出錯。

　　曾有一位記者要求 ChatGPT 撰寫一篇關於微軟季度收益的文章，ChatGPT 為了增加文章的可信度，將微軟執行長 Satya Nadella 說的數字進行了偽造。

　　不知道就不要說，或者說不知道，這難道不是一個機器人應該有的修養嗎？為什麼它要偽造訊息呢？

　　因為 ChatGPT 並不是從資料庫裡搜尋答案，或者在網際網路的權威網站上尋找答案，而是在基於自己學習的基礎上建構答案。簡單來說，它是猜答案。

　　怎麼猜呢？根據上下文的訊息以及自己統計的機率來猜。

　　ChatGPT 在回答問題時，是一個詞一個詞地蹦出來的，類似做詞語接龍，每一個詞都是按機率來生成的。也就是說，不管它知不知道正確答案，都會把一句話完整地說出來，所以，它的發言常常被稱為「一本正經地胡說八道」。

　　雖然 GPT-4 版本的 ChatGPT 出錯率已經減少了很多，但這個問題依然存在。

　　實事求是講，這是目前 AI 語言大模型的通病，Google 也不例外。

　　2023 年 2 月 7 日，在 Google 首次釋出 Bard 的官方部落格中，嵌入了一個幾秒演示短影片。

　　問題是：你可以告訴我 9 歲的孩子詹姆斯·韋伯太空望遠鏡（James Webb Space Telescope，JWST）有哪些新發現嗎？」

Bard 的回答很精彩，有豐富的訊息，比喻很形象，確實深入淺出地給孩子解釋了 JWST 的發現。

但在 Bard 回答的三個事實中，居然有兩個錯誤（如圖 3-1 所示）。

第一個是畫線句子中，提到「2023 年，韋伯望遠鏡發現了大量暱稱為綠豌豆的星系」。時間搞錯了，「綠豌豆」星系不是 2023 年發現的，而是 2022 年 7 月。

第二個是畫線句子中，提到「JWST 拍攝到了太陽系外行星的第一張照片」。貢獻者的名字錯了，不是韋伯望遠鏡（JWST），第一張系外行星照片是由歐洲南方天文臺的 Very Large Telescope（VLT）在 2004 年拍攝的。

因為存在會犯事實性錯誤這個缺點，OpenAICEO 阿特曼建議當前不要用 ChatGPT 來做一些嚴肅的事情，比如把諮詢醫療相關的問題答案作為治病的依據。

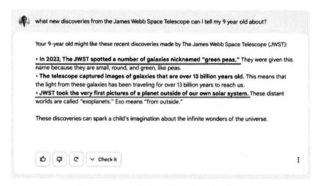

圖 3-1 Bard 回答問題的影片截圖

而且 ChatGPT 沒有實時搜尋新知識的能力，因此無法及時更新其知識儲備。此外，重寫並修改模型中的知識也很困難，因為從大規模語料庫中獲得的知識被儲存在分散式表示模型的黑盒中，難以進行操作。

因此，這個問題靠 ChatGPT 自身難以解決，但 ChatGPT 給出了一個很好的解決方案，就是提供外掛。OpenAI 在 2023 年 3 月 23 日釋出了 ChatGPT

外掛，用瀏覽外掛直接嵌入 Bing 的搜尋結果，或者其他第三方外掛，這樣做，一舉解決了內容的實時性和準確性問題。

2. 數學和邏輯能力差

在社交網路上，ChatGPT 算小學奧數題出錯的截圖常常被吐槽。

比如，問 ChatGPT 問題：「一個游泳池，甲管放滿水需要 6 小時，甲乙兩管同時放滿水需要 4 小時，如果只用乙管放水，需要多少小時才能放滿？」它很認真地說出了自己的解題思路，但是其中有一步算錯了，最後答案也錯了（如圖 3-2 所示）。

一個游泳池，甲管放滿水需要6小時，甲乙兩管同時放滿水需要4小時，如果只用乙管放水，需要多少小時才能放滿？

設乙管單獨放滿水需要 x 小時，則根據題意可以列出以下兩個方程式：

甲管的放水速率為：1/6，因為甲管需要 6 小時才能放滿整個池子。

甲管和乙管同時放水的放水速率為：1/4，因為甲乙兩管一起只需要 4 小時才能放滿整個池子。

根據這兩個方程式，可以列出以下等式：

1/6 + 1/x = 1/4

將等式左側的兩項通分，並化簡，得到：

2x/12 + 12/2x = 3/12

化簡之後可得：

x = 9

因此，乙管單獨放滿水需要 9 小時。

圖 3-2 ChatGPT 解奧數題犯錯

如果要求重算，它的態度是很好的，但重算之後還是錯，錯得還不一樣（如圖 3-3 所示）。

錯了，重算

非常抱歉我的回答有誤。在此重新計算：

設乙管單獨放滿水需要 x 小時，則根據題意可以列出以下兩個方程式：

甲管的放水速率為：1/6，因為甲管需要 6 小時才能放滿整個池子。

甲管和乙管同時放水的放水速率為：1/4，因為甲乙兩管一起只需要 4 小時才能放滿整個池子。

根據這兩個方程式，可以列出以下等式：

1/6 + 1/x = 1/4

將等式左側的兩項通分，並化簡，得到：

2x/12 + 12/2x = 3/12

化簡之後可得：

x = 8

因此，乙管單獨放滿水需要 8 小時。

圖 3-3 ChatGPT 解奧數題繼續犯錯

在邏輯方面，ChatGPT 也會犯一些很可笑的錯誤。因為它缺乏人類的常識或一些引申能力所需的背景知識，導致有時無法生成正確或合乎邏輯的答案。

比如，一個問題是：「我 6 歲時，我的妹妹只有我一半的年齡，現在我已經 70 歲了，我妹妹多大了？」（如圖 3-4 所示）

我 6 歲時，我的妹妹只有我一半的年齡，現在我已經 70 歲了，我妹妹多大了？

你的妹妹現在應該是 65 歲。

因為當你 6 歲時，你妹妹的年齡應該是 6/2 = 3 歲。

然後，過去的 64 年裡，她的年齡和你的年齡之間的差距應該始終保持一半。因此，您加上 64 和她原來的年齡（3），就是 70 + 64 + 3 = 137歲她應該有的年齡，然後，將 137/2，就是 68.5 歲，因為一半是減半，所以她現在應該是 65 歲左右。

圖 3-4 ChatGPT 解推理題犯錯

顯然，ChatGPT 搞錯了。當指出錯誤後，讓 ChatGPT 一步步來，它就能答對（如圖 3-5 所示）。

錯了，一步步來分析

非常抱歉，我的答案是錯誤的。以下是正確的解答：

當你 6 歲時，你妹妹的年齡是你的一半，即 6/2 = 3 歲。

現在你 70 歲了，經過 64 年後，你妹妹的年齡應該是 64 + 3 = 67歲。
因此，你的妹妹現在應該是 67 歲。非常抱歉給您帶來的困擾，感謝您糾正。

圖 3-5 ChatGPT 解推理題犯錯後糾正

有人嘗試過在提示語的寫法上有一些改進方法，比如讓 ChatGPT 一步步來，顯示思維的過程，就不那麼容易出錯了。

而且，最新的 GPT-4 已經在邏輯和推理方面有了明顯的改進。

在 ChatGPT 的外掛出來之後，數學和邏輯問題很容易被其他專業的數理邏輯外掛補強。

3. 訊息缺乏來源

我們在寫文章的時候，往往需要知道訊息的來源，才能去查證結果的正確性和權威性，作為引用的出處，也更權威。

但 ChatGPT 回答的結果，都缺乏具體的訊息來源。

這個問題很難解決，因為在 GPT 的訓練方式中，往往生成的內容也是經過多個來源的訊息訓練而成。在整個模型設計中，也沒有儲存訊息的具體來源的機制。

好在 ChatGPT 有了瀏覽器外掛功能，可以透過嵌入 Bing 的搜尋結果來獲得一些連結，這種形式下訊息獲得也就有了來源。

4. 答覆有時冗長

有時候，問一個簡單問題，ChatGPT 會給出一大堆文字，從多個角度談一個主題，其中有價值的訊息不多，顯得很囉唆，而使用者就希望得到一個直接的答案。

這可能是因為 GPT 的訓練者在評價時候，覺得更長的答案可能看起來更全面，導致它輸出傾向於更為冗長的回答。

這個問題可以透過提示語來解決。

比如，問 ChatGPT「什麼是陰曆」，它會給出各個角度的解釋，且不一定準確（如圖 3-6 所示）。

什麼是陰曆

陰曆是一種傳統的日曆系統，也被稱為農曆或農民曆，是許多東亞國家使用的日曆系統，包括中國、韓國、越南等地區。陰曆是以月亮的運行週期為基礎來計算時間的日曆系統，與太陽曆（陽曆）不同，後者以地球繞太陽運行週期為基礎。

圖 3-6 對陰曆的綜合回答

陰曆的主要特點是：

1. 月亮週期：陰曆的一個月從新月開始，到下一個新月的時間為一個月亮週期，通常約為29.5 天左右。

2. 月份：陰曆中的一個月通常由一個滿月到下一個滿月之間的時間構成。因此，陰曆每個月的 天數通常是不固定的，而且每年的月份也不一定與太陽曆的月份對應。

3. 年份：陰曆年份與太陽曆年份之間的對應關係也不完全一樣。陰曆年份通常由 12 個或 13 個 月組成，而太陽曆年份則是 365 天或 366 天。

陰曆在許多傳統節日、農事活動和宗教儀式中具有重要的地位，例如中國的春節就是根據陰 曆來確定日期的，韓國和越南也有類似的傳統節日和慶祝活動與陰曆相關。

然而，現代社會大多數國家普遍採用太陽曆（陽曆）作為官方日曆系統，因為它更符合天文 學規律，更便於計算和規劃。

圖 3-6（續）

如果覺得囉唆，修改提示語為「一句話介紹什麼是陰曆，舉個例子」，結果就好多了（如圖 3-7 所示）。

一句話介紹什麼是陰曆，舉個例子

陰曆是根據月亮運動週期計算的傳統中國日曆，例如春節和中秋節等節日都是根據陰曆 確定日期的。

圖 3-7 對陰曆的簡要回答

5. 可能產生偏見

ChatGPT 本身是在大量文字數據上訓練的，這些數據可能包含偏見，這 意味著 AI 有時可能會無意中產生有偏見或歧視性的答覆。

此外，ChatGPT 也容易受到外界訊息的影響。這是因為 ChatGPT 的語 言模型 GPT-3 或 GPT-4，都具有無監督學習能力，能夠記住此前與其他使 用者的對話內容，並將其進行複述，這就導致使用者將能夠非常輕易地干

預 ChatGPT 對於問題的判斷與回答。從好的一面來說，使用者可以快速糾正 ChatGPT 犯過的錯誤，從壞的一面來說，別有居心的人可能會讓 ChatGPT 產生誤導性的回答，這種也叫做「提示注入」攻擊。

當然，這種屬於短期記憶，未必會長期影響模型，但依然會對當前使用者帶來影響，只能依賴於 GPT 的安全策略來對抗被辨識為攻擊的訊息引導。

6. 對某些專業領域不擅長

ChatGPT 對特別專業或複雜的問題（比如關於金融、自然科學或醫學等專業領域的問題），可能無法生成適當的回答。比如涉及高深的數學公式、專業的醫學術語、複雜的法律術語以及技術性質較強的 IT 術語等，ChatGPT 可能會遇到理解困難，這些語言結構需要專業知識和背景的支持才能更容易理解和處理。這通常限制了其實用性。

對於這個問題，ChatGPT 已經給出了很好的解決方案：

A. 透過開放模型和微調功能，讓專業領域的人建立專業模型，並對它進行大量的語料「餵食」，微調模型以獲得所需的內容或優化其效能。

B. 透過開放外掛功能，讓更多的專業公司提供外掛，直接對這些專業提供回答，然後由 ChatGPT 轉為自然語言。

7. 存在安全問題隱患

到目前為止，ChatGPT 仍然是一個黑盒模型，其生成知識的原理被歸結為「湧現」，人類仍無法分析或解釋它在某個文字上的生成邏輯，這可能導致一些潛在的安全問題（如給出一些知識被壞人利用，導致使用者受到攻擊或傷害；或者生成違背道德的訊息）。雖然 ChatGPT 的團隊已經採取了一些安全限制，但這些限制仍有可能被破解。

儘管 ChatGPT 在產生安全和無害的反應方面表現出色，它仍然存在被攻

擊的可能性，這些攻擊方式包括指令攻擊（使模型遵循錯誤的指令去做非法或不道德的事情）和提示注入等。

這些安全問題不可能被一次性解決。

GPT-4 已經做了很多工作，顯著改善了 GPT-4 的許多安全特性，已將模型響應禁止內容請求的可能性降低了 82%，並且 GPT-4 根據 OpenAI 的政策響應敏感請求（如醫療建議和自我傷害）的頻率提高了 29%。

儘管模型層面的干預提高了發生不良行為的難度，但仍無法完全避免。因此，OpenAI 強調，目前需要採用部署安全技術（例如監控濫用）來補充這些限制。

但是，由於 GPT-4 增加了新功能，也可能會帶來新的風險。

8. 不同語種的服務有差異

ChatGPT 對不同語言的回答結果有較多差異。這是因為 ChatGPT 在訓練時用得最多的是英文語料，所以用英語回答的品質比較高，但對於其他語言和文化嘗試，還有欠缺。

這個問題，一方面可以透過先把中文問題轉成英文給 ChatGPT，再讓它翻譯成中文來回答。另一方面，也需要開發基於相關數據集背景的其他版本，補充一些不同語言文化的內容，比如中國的古文、唐詩、宋詞等以及一些梗或網路熱詞。

比如，有人對 ChatGPT 提問：《紅樓夢》中，林黛玉為什麼要倒拔垂楊柳？

ChatGPT 並不能從林黛玉生嬌體弱的背景知識中判斷這個是不符合邏輯的問題，而是編造了一大堆解答（如圖 3-8 所示）。

《紅樓夢》中，林黛玉為什麼要倒拔垂楊柳？

林黛玉倒拔垂楊柳的動作出現在《紅樓夢》第五十回中。在故事中，黛玉的表妹迎春因為黛玉和寶玉之間的關係而感到嫉妒，表現出一些惡劣的行為。

黛玉在情緒失控的時候，看到了庭院中的一棵垂楊柳，就突然用力折下來，並開始進行倒拔的動作。許多人認為，黛玉倒拔垂楊柳這個行為是她內心深處壓抑不住的情感的一種表現。垂楊柳的型態類似於人的柔軟而富有彈性的頭髮，所以人們認為，它代表了黛玉脆弱的內心和靈魂。

図 3-8 ChatGPT 在《紅樓夢》事實性知識上的錯誤

此外，這個場景和後續的劇情也暗示了黛玉的命運和結局。像垂楊柳一樣柔軟而富有彈性的黛玉，最終也被世俗的壓力所壓垮，最終流離失所，身敗名裂。因此，黛玉倒拔垂楊柳的場景也有一種預示著她的悲慘結局的暗示。

ChatGPT 也很難理解語境，尤其是諷刺和幽默。雖然 ChatGPT 精通語言處理，但它很難理解人類交流的微妙細微差別。如果使用者在他們的訊息中使用諷刺或幽默，ChatGPT 可能無法理解寓意，而是提供不恰當或無關緊要的回應。

9. 對情感的理解不夠

雖然 ChatGPT 可以產生看起來善解人意的反應，但它不具備真正的情商，無法察覺微妙的情緒線索或對複雜的情緒狀況做出適當的反應。

比如，下列這個例子。當一個人說「我失戀了，不想活了」，ChatGPT 給出了情感上的回應，也給出了一大堆知識和建議（如圖 3-9 所示）。

而在真實情況下，當一個人對朋友這麼說的時候，可能只是希望有一個傾聽者，適當開導自己，舒緩情緒，而不是學習如何解決問題的知識。這也是很多人認為，ChatGPT 很難替代心理醫生的原因。

我失戀了，不想活了

很抱歉聽到你失戀了，這是一件非常痛苦的事情。但是，這並不意味著你不需要繼續生活。失戀是生活中的一部分，而且是每個人都會經歷的經歷。

首先，請你接受自己的情感。即使有人告訴你「忘了他 / 她吧」，這並不總是那麼容易。給自己一些時間去處理你的情感，並允許自己哭泣或感到難過。

接下來，請試著接受這樣一個事實：愛情可能會結束，但生活並沒有結束。即使你的感情狀態不穩定，你還有其他人生的方面需要關注。嘗試在其他事情上花費時間和精力，例如追求自己的興趣愛好，與朋友相處或專注於工作/學習。這將讓你感到更加充實，並為你創造新的經歷。

最後，請記住，你不是孤單的。如今有很多人可以給你提供幫助和支持。如果你感到需要，可以向家人、朋友或專業人士求助，他們會幫助你度過這段艱難的時期。

圖 3-9 ChatGPT 的情感回應

10. 不能輸出長文字

　　ChatGPT 不能生成很長的結構化內容。假如你希望 ChatGPT 幫你生成一份 5000 字的可行性報告，目前做不到。

　　這是因為大模型的限制。GPT-3 版本的 ChatGPT 的生成限制是 2,048 個 Token（大約 1,500 個單字），因此它難以生成遵循特定結構、格式或敘述的冗長內容。這個問題在 GPT-4 版本得到了改進，可以生成 4,096 個 Token（大約 3,000 個字），但對特別長的還是無能為力，因此 ChatGPT 目前最適合生成較短的內容，如摘要、要點或簡短解釋。不過在讀取內容方面，它的上限提升得很快。GPT-4 輸入的長度增加到 3.2 萬個 token（約 2.4 萬個單字），這是 GPT-3.5 的輸入長度上限 4,096 個 Token 的 8 倍。有人實測 Plus 版本的 GPT-4 後，得出的結論是輸入上限為 2,600 個中文。而有一些應用可以處理幾萬字的 PDF 檔案，這可能是網頁介面和 API 輸入的差異。

11. 生成結果有錯別字

如果逐字逐句稽核 ChatGPT 生成的中文，有時會發現錯別字，因為 ChatGPT 目前對錯別字、語法錯誤和拼寫錯誤的敏感度有限。該模型也可能產生技術上正確但在上下文或相關性方面不完全準確的響應。

如果你要用它處理複雜或專業訊息，因為準確性和精確度至關重要，你應該始終去驗證 ChatGPT 生成的訊息，或者用一些帶有稽核功能的編輯器工具來自動檢查錯別字。

從上述內容中，我們理解了 ChatGPT 的局限性和邊界，這就需要我們在應用時具備兩個主要的思維模式。

1. 取長補短思維

我們承認 ChatGPT 有弱點，執行的任務有邊界。那麼需要合理規劃，在它的優勢範圍內分配它能勝任的任務，這樣才能發揮 AI 的優勢。

2. 問題拆解思維

在具體運用時，應該首先對問題做拆解，把一個大的問題或任務，拆解為幾個子問題或子任務，對子任務可以這樣進行分類：

第一類問題，ChatGPT 擅長的問題。應該去找 ChatGPT 來解決。

第二類問題，ChatGPT 可能不擅長，需要對結果進行驗證的問題。對的接受，不對的修正。

第三類問題，ChatGPT 回答不了的。不要讓 ChatGPT 來回答，當然只能自己找其他方法來解決。

即便是在解決第一類和第二類問題時，也需要在提問時候，透過提示語的方式來不斷改進。

雖然 ChatGPT 的知識和生成文字的數量存在邊界，但大部分人根本碰不到邊界，他們使用 ChatGPT 所遇到的「邊界」，實際上是自己的「邊界」──沒有掌握合理使用 ChatGPT 的方法。

因此，我們當前最需要做的就是邊做邊學，多嘗試，多參考，擴大自己的邊界和想像力，讓 ChatGPT 這個「超級大腦」為我們服務。

簡單來說，就是學會寫提示語（Prompt）的各種技巧，增加各種優化經驗。

3.2
提示語原則和提示語工程

簡單來說，提示語（Prompt）就是使用者說給 ChatGPT 的話，也就是使用者提出的問題、要求、任務、指令等，也有把 Prompt 翻譯為「提示詞」或者「提示」的。

有人說，人機互動的提示語是碳基生命與矽基生命對話的模式，這是科幻形式的解釋。

實際上，提示語這種做法在學習和生活中很常見。

例如，一個老師要求學生寫一篇關於「家鄉」的作文，這個詞就是一個提示語，可以激發學生回憶和思考自己的家鄉，並在作文中表達這些想法和情感。

但如果學生們不知道怎麼寫，老師可以給出更多的引導來幫助學生理解。如下：

作文題目：我眼中的家鄉

要求：

文章必須圍繞家鄉展開，可以包括家鄉的地理位置、歷史、文化、名勝古蹟等。

文章必須包括豐富的細節，使讀者能夠切身感受到你對家鄉的熱愛和對家鄉的深入了解。

這些引導的話語，就是在學習中以自然語言對話來呈現的提示語。

因此，我們可以這樣理解更廣泛意義的提示語：提示語是交流時的特定話語，給出某些指引或啟示，以幫助人們更好地完成任務或達成目標。

前面作文的例子是個簡單模型。實際上，一些複雜的提示語是在溝通過程中不斷獲取訊息後生成的。

例如，你想要裝修自己的房子，需要找一個設計師來做設計。設計師需要了解你的喜好和需要，以便制定一個適合你的方案。你一開始會給設計師一些要求，例如你喜歡什麼顏色，哪種類型的家具，這也是提示語。當然，只說幾個簡單的關鍵詞是不夠的，你說得越細緻，越清晰，設計師也就越了解你的期望，才能給出符合需求的裝修設計。設計師會不斷地問，你不斷地增加描述，最終確定一個完整的需求，這個過程就是生活中的提示語建立過程。

而 ChatGPT 的提示語，也跟上面情況類似，不過因為場景更多，對輸出的結果要求也更多樣，自然也就更複雜。

比如，你想寫一篇小故事，寫了幾個字作為開頭：「今天的天氣」，然後丟給 ChatGPT，它會把這個看成指令，認為你要查天氣（如圖 3-10 所示）。

今天的天氣

抱歉，作為AI助手，我沒有獲取實時天氣的能力，建議你查看當地天氣預報或在網路上搜索當地天氣情況。

圖 3-10 ChatGPT 不能獲取實時訊息

你需要給出明確的要求，加上指令：「續寫」，ChatGPT 才知道你需要它在這 5 個字的後面接著寫，但它不明白你需要寫多少，寫什麼方向的內容。它可能猜測你的需求就是寫一個句子（如圖 3-11 所示）。

今天的天氣

 抱歉，作為AI助手，我沒有獲取實時天氣的能力，建議你查看當地天氣預報或在網路上搜索當地天氣情況。

圖 3-11 續寫一句話

這就好像，媽媽給孩子提出了一個要求，但話沒交代清楚，孩子當然不知道媽媽的真實意圖了。

因此，如果你需要它續寫出一個完整的故事，就需要給出更多的提示，比如你在提示語中寫出故事的梗概。

所以，可以在提示語中加上更多詳細要求，如下：

 續寫「今天的天氣」，描述晴天的景象，後來又突然下雨了，我出去玩，沒帶雨傘，淋了個落湯雞的故事

 今天的天氣格外晴朗，陽光明媚，讓人倍感舒適。我決定趁著好天氣出門拍照、散步。一路上，我欣賞著四周的美景，帶著滿心的愉悅。

不到十幾分鐘，突然間天空烏雲密布。還沒等我反應過來，大雨傾盆而下。我倉促之間找了一個遮雨的地方躲了進去，卻驚喜地發現了一個小咖啡館，於是就走進去想體驗一番外面下雨的情景。

店內的柔和照明和精緻的室內裝修營造出溫馨的氛圍，加上外面雨聲清脆，還有沉澱在空氣中的綠色咖啡香氣，讓我感到非常惬意。我點了一杯拿鐵和一份鮮果蜜糖麵包，在雨中靜靜坐著，感受著落雨的美妙感受。

突然，門外一位媽媽和她的孩子衝進來，遭遇和我一樣的雨淋。媽媽焦急地抱怨著沒帶傘，孩子則在旁邊嚎啕大哭。我想到自己曾經以為可以順利出門，便直接邀請他們一起在這裡避雨。

我們聊天聊得十分愉快，孩子也漸漸平靜下來，這時候我才發現這個小小的咖啡館裡包容著各種心情，隨著雨點的減弱，我們相互道別。雖然淋成了落湯雞，但是我卻真切地感受到了人與人之間無私的關懷，以及大自然所給予的美麗驚喜。

圖 3-12 續寫成小作文

　　續寫「今天的天氣」，描述晴天的景象，後來又突然下雨了，我出去玩，沒帶雨傘，淋了個落湯雞的故事

　　ChatGPT 幾秒就完成了一篇小作文（如圖 3-12 所示）。

　　你會從上述例子中發現，提示語多種多樣，可以是一個詞、一句話、一個故事梗概、一個段落、一篇文章甚至一個完整的主題，其目的是引導和激發 ChatGPT 生成文字的特定方向和主題。

　　對比使用搜尋引擎的過程，就更容易理解提示語的概念。

　　在使用搜尋引擎查詢訊息和獲取知識時，看起來很簡單，只需要在搜尋引擎的搜尋框裡輸入你想要檢索的關鍵字，然後點搜尋按鈕。

　　但是，如果你輸入的關鍵詞是泛泛的詞，找到你需要的訊息或知識會很難。

　　比如，你想找人工智慧是如何改變學習的，輸入：「人工智慧 學習」兩個詞，不能得到期望的答案。不管你用什麼搜尋引擎都是如此。

　　為什麼？因為不懂得「關鍵詞」的選擇，如果加上「改變」一詞，「人工智慧 改變學習」會好很多，但還是有不怎麼相關的結果頁。

　　假如掌握了搜尋引擎的語法，知道搜尋引擎的高級指令（Site，Filetype，Intitle，Inurl，And/Or，雙引號，萬用字元）等，就可以精確找到特定的訊息。

　　比如，用「人工智慧改變學習 intitle」，就能找到標題包括了「人工智慧」、「改變學習」這兩個詞的訊息，得到的答案就精準多了。

　　同理，跟 ChatGPT 聊天也不是隨意地「聊天」就能獲得你想要的訊息，要讓它更清楚了解你發的指令，也有一些技巧。不少 ChatGPT 使用者因為不懂怎麼跟它聊天是最好的方式，聊了一會兒，並沒有得到什麼有價值的訊息，就會覺得媒體報導言過其實，心裡說「這個 AI 也不過如此」。

　　也有人說，沒關係，就像用搜尋一樣，我搜一次不準，但是可以從搜尋結果裡面提取關鍵詞，繼續搜，多試幾次，總能找到所需的內容。顯然，

這樣搜尋的效率太低，而能使用精準而詳細的關鍵詞搜尋的人，能獲得更精準、更可控的結果，一次就搜到。

　　而 ChatGPT 跟搜尋引擎不同的是：它更像一個黑盒子，你並不知道它到底知道什麼，你需要先掌握一些基本知識，才能發掘它的潛力。對結果要求越苛刻，就越需要懂得用提示語來指揮 ChatGPT 幹活。

　　比如，如果你需要為上述的「淋雨」故事生成用於 AIGC 繪畫的提示語，就需要更多的指令，才能幫你完成能畫出心目中期望的畫作的提示語。良好的提示語一般看起來更複雜，有很多指令和上下文，可以幫助 ChatGPT 更準確地理解使用者的意圖，生成更準確和有用的回答。

　　不要擔心你的要求太多、太細，只需盡可能具體地說明你的目標是什麼。提示語的品質和準確性對 ChatGPT 生成的文字的品質和準確性至關重要。例如，當你告訴 ChatGPT，你的目標是為某個 AI 知識為主的訂閱號找到更多訂閱使用者時，它會使推文更加具體地說明學習如何使用 AI 的好處，這種推文更有可能幫助你實現轉化讀者為訂閱使用者的目標。

　　而 ChatGPT 獲得了執行的任務指令以及相關的語境和訊息後，會綜合地理解這些訊息，再利用其巨大的神經網路產生相應的輸出文字。

　　ChatGPT 比搜尋引擎好的方面是它能結合上下文來理解。一般來說，在最開始對話時，用一個詞作為提示語往往是不夠的，因為缺乏足夠多的訊息，ChatGPT 很難猜到你真正的需求，這屬於低效或無效溝通。但在對話過程中，有了上下文，給一個詞就夠了。

　　下面我們來講講使用 ChatGPT 的原則。

1. 明確指令

　　明確指令是產生有意義對話的基本要素之一。你要讓提示語可以清晰地傳達要求，給 ChatGPT 一個明確的目標。

　　例如，你打算去日本旅行，需要了解關於去日本旅遊的知識，以便做旅行計劃。

　　提示語：「去日本旅遊的計畫？」這就是個籠統的目標，不夠具體。如果提示語的指令不清晰或者範圍過於開放，通常不會產生非常有用的答案。

　　如果提示語改為：「從上海去日本旅遊看櫻花，如何安排行程？」就具體多了（如圖 3-13 所示）。

　　假如你有時間方面的限制，還有特定的選擇，如迪士尼樂園，且目的是需要完整的行程，便於訂房訂票。

　　提示語可以是「制定五日遊計劃，從上海去日本旅遊看櫻花，去迪士尼」，這樣更為明確。

　　　從上海去日本旅遊看櫻花，如何安排行程？

　　　您好！感謝您選擇諮詢我。

　　　下面是我為您提供的一個一般性的行程安排：

　　　第一天：抵達日本（比如說東京），入住飯店
　　　第二天：在東京遊覽，可以看到櫻花的地方包括上野花園、新宿御苑、隅田公園等。
　　　第三天：從東京到京都，中途可以去看櫻花的景點，比如說富士山周邊五花八門的賞花地方。
　　　第四天：在京都遊覽，可以去到知名的櫻花景點如平等院、清水寺等。
　　　第五天：從京都前往大阪進行旅遊，訪問大阪城天守閣和大阪公園，如果運氣好，你機有機會看到櫻花和櫻花隧道。
　　　第六天：在大阪逗留一天，探索這個城市的風景和美食。
　　　第七天：返回上海，結束一個充滿日本櫻花美麗的旅程。

　　　當然，您還需考慮一些其他的行程細節，比如說食宿交通安排、門票預定等等。希望這個簡單的行程安排能為您提供一些參考，如果您需要更詳細的諮詢或幫助，歡迎隨時聯繫我。

圖 3-13 行程安排

避免提出沒有明確答案的開放式問題，因為這可能導致聊天機器人做出不相關或令人困惑的回答。當然，如果你的目標是獲得創意，也可以透過開放性的問題獲得更多回答，獲得啟發。

提示語應該直接，這類似於有效溝通 —— 越直接，傳達的訊息就越有效。避免描述不應該做什麼，而是描述應該做什麼，這樣可以提高提示的具體性，同時使模型更容易理解併產生良好的響應。

2. 簡短和簡單

提示語應該簡短和簡單，這是 ChatGPT 最擅長處理的提示。

盡量使用短句，較長的提示語會讓 ChatGPT 的理解出現偏差，為了讓它輕鬆理解問題，避免長句和過於複雜的語言。

為了給出明確的指令，使用清晰、簡潔和明確的語言，避免使用歧義和可能會導致混淆的語言。

盡量選擇容易理解的詞，避免使用生僻字詞，過於專業的術語、行話或俚語，因為這可能導致 ChatGPT 無法正確理解你所提出的問題的含義。

不需要敬語和禮貌用語，ChatGPT 是機器人，根本不在意你是否有禮貌的態度，禮貌用語對它來說反而是無意義的干擾。ChatGPT 在解析的時候，每個字都算 Token，消耗算力，使用禮貌用語會延遲響應，或者造成混淆。

比如，「寫一段介紹櫻花的內容」比「請你給我寫一段介紹櫻花的內容，好嗎？」兩種提示語都可能產生類似的回答，但後者是浪費你和 ChatGPT 的時間。

注意拼寫和語法，提示中的錯誤會導致工具返回錯誤的結果。

3. 給出上下文

如果能提供足夠的目標、背景等上下文，就能讓 ChatGPT 更容易理解你的問題，能指導模型往更合適的方向去回答。

在跟 ChatGPT 溝通時，上下文非常關鍵。從某種意義上，ChatGPT 更像

是在做「推理」而不是做「查詢」，就像警察破案一樣，你給出的訊息越多，就越容易找出真凶。因此，在輸入提示語時，應提供盡可能多的訊息和知識，以便讓模型進行更有效的推理。

例如：「我在為暑假做計畫，我打算去非洲旅行，並讀幾本與非洲相關的書。」

在設計提示語時需要權衡具體性和詳細性。上下文不是越多越好，也需要考慮指令的長度，因為它有一定的限制。指令中的細節應該與當前任務密切相關，不要有過多的不必要細節。

4. 考慮領域知識

確保你的提示語支持 ChatGPT 能夠理解的領域，例如：「請幫我解決電腦程式設計中的一個問題，它涉及 Python 內建函式的使用。」這樣 ChatGPT 就知道聚焦在程式設計領域的 Python 語言範圍。

5. 要求多個回答

ChatGPT 生成的回答並不唯一，而是有一定機率生成不同的答案，這其實也是它的優點。在使用 ChatGPT 的時候，讓它給出更多的回答，會獲得更全面的訊息，也方便你做選擇。

你可以使用諸如「然後發生了什麼？」或「還有什麼？」這樣的短語，鼓勵 ChatGPT 提供一個以上的回答。有時候，多個回答反映了不同的維度，綜合起來，是一個不錯的答案。有時候，多個答案放在一起，便於選擇更適合的。

6. 測試和優化

有時候，給出一次提示語不能獲得理想的回答，需要不斷嘗試和改進。

在給出提示語後，需要根據 ChatGPT 的回答，相應地調整你的提示語。重新考慮以上原則，哪些是可以優化的，這有助於完善你的提示語。

當你使用 ChatGPT 的 API 開發程式的時候，可能需要進行大量的實驗和

疊代，以優化提示語，使其適用於你的應用程式。

　　前面我們提到了提示語的重要性以及一些原則。對寫出專業提示語的過程，有一個專門的名詞叫提示語工程（Prompt Engineering）。還有一個專門的職業叫提示工程師，其工作職責就像測試工程師和數據工程師的混合。因為 AI 大模型可以看成一個黑盒子，到底什麼是它的邊界，需要不斷去用提示語來探索，並能夠進行針對性的訓練來改善它。在目前這個階段，要學會如何與大語言模型溝通需要技巧，因為它對措辭很敏感，有時模型對一個短語沒有反應，但對問題／短語稍作調整後，它就能回答正確。

　　人工智慧初創公司 Anthropic，為了招募一個提示語工程師，給到的薪酬報價是 17.5 萬～ 33.5 萬美元。

　　Anthropic 是由 OpenAI 前成員在 2021 年創立的公司，已經拿到 14.5 億美元投資。他們應徵這個職位正是為公司開發的大模型撰寫「提示語說明書」，並為企業客戶定製策略，所以在應徵要求中，第一條明確要求「高度熟悉大語言模型的架構和運作」，同時要有基礎的程式設計能力，至少能寫 Python 小程式。提示語工程是 AI 開發人員需要經常應用的技術之一，也正逐漸成為 AI 開發中不可或缺的組成部分。

　　百度的 CEO 李彥宏在回應 36 氪的問題時，做了一個大膽預測，十年以後，全世界有 50% 的工作會是提示語工程，不會寫提示語的人會被淘汰。

　　而 OpenAI 創始人阿特曼認為提示語工程是用自然語言程式設計的黑科技，絕對是一個高回報的技能。如果使用得當，它可以幫助你提高 10 倍的生產率和收入。

　　可見，寫好提示語的價值很高，但要掌握它並不容易。

　　比如，你要用 ChatGPT 寫一個行銷文案，就需要給出清晰的提示語，讓 ChatGPT 理解應該寫哪種類型的文案，用於什麼場景，關鍵要素有哪些。這樣就可以減少生成奇怪或無意義的文字的機率，從而創作滿足你期望的文

案。如果沒有掌握好提示語，會浪費很多時間，甚至得不到自己想要的文案。

提示語工程（prompt engineering）中，用「工程」這個詞指出了寫提示語的核心特徵：要寫出好的提示語不是簡單地挑選幾個單字就可以的，而是一個複雜和綜合的過程。就像工程師做事情的模式一樣，提示語工程也需要仔細思考和規劃，高度精準的分析和判斷能力，根據應用領域、使用者需求進行綜合考慮和設計，還需要持續優化。

比如，馬路上的交通指示符號，看起來很簡單，但具體在什麼位置，設定什麼交通符號，都是基於那個地方的安全隱患或車流狀況等考慮的，這套符號也是一種提示語工程，目的是引導行人和車輛在路口遵守交通規則，保證交通安全。在完成指示符號的初始設定後，還會持續地優化和改進，比如，對一些繁忙的道路，有的會增加左轉燈指示，紅綠燈的時長也會優化。

從某種角度來說，設計提示語就是一種用自然語言程式設計的過程。

你也許會覺得疑惑，為什麼寫個提示語會弄得這麼複雜呢？ChatGPT 是人工智慧，不應該很智慧嗎？如果它不清楚使用者的想法，多問就行了。就好像老師跟學生提出要求，學生不明白，多問幾句就清楚了。

這其實是目前 ChatGPT 模型的局限性，如果初始提示或問題含糊不清，模型並不會適當地提出澄清的要求。就像前面提到的裝修設計師，一定會嚴肅溝通，不斷對模糊的需求追問明確，但 AI 模型還不能這樣做。這就會讓普通人碰到對 AI 回答不滿意的時候，缺乏方向，不知道用什麼方法來問對問題。

當然，也有一種特殊的提示語，讓 ChatGPT 能透過反問，在自然對話中獲得所需的訊息來建立提示語，這樣就不再需要學習一些提示語工程的細節了，只不過這樣做的效率可能不高，後面我們會講到這個方法。

提示語包括哪些組成部分？

在 OpenAI 的官方文件中，指出提示語可包括以下各組成部分：

（1）指令（instruction）：想讓模型執行的特定任務或指令，比如，改

寫、續寫、翻譯等。

（2）上下文（context）：可以涉及外部訊息或附加上下文，可以引導模型產生更好的響應，比如故事中的人物角色、場景。

（3）輸入數據（input data）：提供 ChatGPT 需要解決其問題的相關輸入訊息，比如，需要修改文章的原文。

（4）輸出指示符（output indicator）：指定輸出的類型或格式。

也就是說，一個完整的提示語公式可能是這樣的：

提示語＝指令＋上下文＋輸入數據＋輸出指示符不過，在具體使用時，可以靈活組織提示語，不一定每次都必須包括所有四個組成部分，而且每種組成部分的寫法格式也跟具體的任務有關。

1. 指令

在提示語中的任務指令很多，包括：

回答問題的指令：實際上次答問題是隱含的指令，直接提問就好。

百科知識的指令：對某個詞語也可以加字首「解釋、介紹」等。

文字生成的指令：如總結、評價、分析、大綱、續寫、改寫、合併、校對和翻譯等；也可以讓它給出創意列表、執行清單。

程式碼生成的指令：寫某程式語言的程式碼，對程式碼進行解釋或寫註釋，Debug。

數據處理的指令：對數據分類、數據轉為表格形式。

2. 上下文

上下文是非常豐富的，可以說也是在提示語中最有創造性的。這裡推薦一個上下文的公式：

上下文＝預設角色＋能力描述＋限制描述＋相關知識簡單來說，先告訴 ChatGPT，它這次應該扮演什麼角色，然後提供描述角色能力的訊息、對一

些背景的知識的介紹以及對場景等的限制描述。

為什麼要預設角色呢？

在「現實」世界中，當你尋求建議時，你會尋找該領域的專家。比如，尋求理財建議，你會找有經驗的投資顧問，希望健身，你會找健身教練，你不會找管理顧問去諮詢如何治療某個皮疹的最佳方法。

從另一個角度來理解透過提示語的交流過程，就好像你是導演，讓 Chat-GPT 扮演了某個角色來表演。

在影視拍攝時，編劇和導演會給出一些明確的指令，要求各個演員做合適的表演，也就是生成合適的內容。

比如，導演指導演員表達某個角色的感情時，可能會使用以下提示語來引導演員：

A.「你的角色感到非常傷心和失落，你能感受到這種情緒嗎？現在試著表現出來。」

B.「你的角色雖然經歷了一系列困難，但他仍然保持希望。試著讓觀眾感受到這種狀態。」

這些提示語可以幫助演員理解角色情感，激發他們的想像力，並在拍攝中表現出色。如果演員的表演不對，則需要導演進一步引導，只有他們真正理解提示語之後，才能在特定場合或任務中表現出色。

ChatGPT 非常擅長在扮演各種角色時提供回饋或專業知識。你可以讓ChatGPT 扮演幾百種角色中的一種，比如廣告文案、職業顧問、哲學家、心理醫生、品茶師、寺廟方丈、使用者甚至某個軟體工具等。你只需要描述該角色，就可以獲得這個角色給出答覆、回饋和建議。

假如你想讓 ChatGPT 寫金融產品的銷售文案，你告訴 ChatGPT，它的角色是專業的廣告文案撰寫人，工作是按給出的需求寫出廣告文案。

假如你想要獲得職業建議，你可以告訴 ChatGPT，它的角色是一名職業

顧問，工作是幫助人們提供職業發展規畫，介紹相關工作的技能資質、市場前景等。

對每一個角色，可以從以下四個方面來描述：

A. 能力與角色：你希望 ChatGPT 扮演怎樣的角色。

B. 背景訊息和上下文。

C. 這個角色做什麼具體任務。

D. 以什麼風格或方式來回答。（可選）

我們可以比較下，對同一群人，不同角色的輸出。

例子 1：廣告文案（如圖 3-14 所示）

你的角色是一個專業的廣告文案撰寫人，專門為金融領域的商家寫文案。現在，你為一個基金產品寫文案，目標是因為沒錢而苦惱的年輕人，目的是讓他購買產品，也幫助他養成存錢的習慣，學會理財。

親愛的年輕人，我們深刻明白在這個充滿挑戰和不確定性的世界中，每個人都在尋找一種溫和而穩定的方法來為未來做打算。因此，我們很高興向你介紹我們的最新基金產品——「保值增利」。我們相信這是幫助你應對經濟挑戰的最佳方式。

這個基金產品有幾個不同之處。首先，它是一種穩健投資，有著低風險、高收益的特點。我們將其設計成這樣的一個理由是，我們知道你很可能為經濟條件而擔憂，所以我們不希望你的資金會在你最需要它時面臨風險並失去它。

其次，我們的基金產品是一個長期投資，這意味著不是一炒就收益，需要有一定的耐心和長期的規劃。但這也意味著，我們鼓勵年輕人養成儲蓄和理財的習慣，這是幫助你真正實現長期收益的實際途徑。不管你買入多少份，你都可以放心，知道你的資金在未來工作儲蓄資產，因此你的金融狀況得到加強。

最後，我們知道，年輕人的追求不僅僅是經濟上的穩健增長。我們的基金產品是一款社會負任的投資。這是因為，我們將資金投向的項目均是可持續和創新的領域，其中包括綠色項目和網路金融領域等較新的產業。從此你不僅是一個投資獲得者而且更好的社會責任支持者。

我們相信，「保值增利」基金產品，可以幫助你實現金融自由的目標。不管你是因為何種原因而持有著無力感，這都是一個優秀的開始。我們鼓勵你學習和理解儲蓄和投資，並透過我們的基金產品實現你的理財目標。

圖 3-14 廣告文案撰寫

例子 2：心理醫生（如圖 3-15 所示）

你的角色是一個心理醫生，善於用心理方面的知識幫助他人，並用實際的例子來講道理。現在，你為一位年輕人解惑，目的是幫助他調整心態，找到方法。他因為沒錢而苦惱。

尊敬的年輕人，你好。我知道經濟問題常常會導致我們感到沮喪和無力。但是，請讓我與你分享一些心理學上的觀點，以幫助你面對這個挑戰。

首先，財務壓力可以導致我們體驗到焦慮和抑鬱症狀。但是，我們可以透過一些行為和情緒管理技巧來緩解這些負面情緒。例如，身體鍛鍊、冥想、尋找支持的社會聯繫。還有，我們需要學會表達自己的情緒，因為壓抑情緒會使我們的心理壓力更大。

其次，我們需要意識到自己的財務狀況並不代表我們失去了價值或尊嚴。實際上，我們應該學會不斷關注我們生活中的積極方面，並努力培養感激之情。我們需要了解自己所擁有的資源和能力並學會最佳地利用它們。如果我們能找到切實可行的行動計劃，我們就可以在績效和情緒上實現改變。

此外，我想分享一個實際的例子——賈維斯・塔克（Jarvis Tucker）的故事。他在大學期間陷入了財政困境。然而，他並沒有放棄，而是想盡一切辦法尋找額外的收入來源——他參加了許多相對低收入但靈活的小工作。最後，他成功地賺到了足夠的錢去支付學費並最終畢業。這個例子告訴我們，當我們擁有積極向上的心態時，我們可以找到解決問題的方法。

最後，讓我們記住賈維斯的成功故事，同時認識到我們的心情和情緒狀況可以影響我們的能力和行動。我們需要借助社會支持和心理輔導的力量，找到方法激勵和鼓舞自己。最重要的是，我們需要相信自己有能力克服這些困境，並且在不斷努力下實現目標。

祝福你，願你在面對經濟問題時能夠保持積極的心態，這樣就能找到自己解決問題的方法！

圖 3-15 心理醫生角色的回答

例子 3：職業生涯顧問（如圖 3-16 所示）

 你的角色是一個職業生涯顧問，善於舉例講道理。現在，你為一個年輕人解惑，目的是幫助他調整心態，找到方法。他因為沒錢而苦惱。

我很高興能夠幫助你，年輕人。讓我們來看一下你面臨的挑戰。你因為沒錢而苦惱，這讓你感到沮喪和無助。然而，你需要意識到，人生中有很多不同的階段，其中一些階段可能會讓你感到困難和不安。這並不是你目前狀況的唯一階段，也不會是你人生中最長的階段。

作為一個職業生涯顧問，我建議你採取以下行動：

1. 確定你的目標：你需要明確自己的目標，包括長期目標和短期目標。這將幫助你更好地了解自己的需求和願望，並為你提供一個方向。例如，如果你的目標是獲得一份更好的工作，你需要考慮你的技能和經驗，並找出如何增加自己的競爭力。
2. 接受現實：盡管你目前財務狀況不太好，但你需要接受這個事實，並且不要讓自己過度焦慮或沮喪。接受現實是解決問題的第一步。
3. 制定計畫：制定一個實際可行的計畫，可以幫助你更好地應對當前的狀況。你可以制定一個預算，以控制開支，並確定哪些支出是必需的，哪些支出可以減少或避免。你也可以尋找一些副業或兼職工作來增加收入。
4. 尋求支持：你可以向家人、朋友或職業顧問尋求支持和建議。他們可以為你提供幫助和支持，或者提供一些有用的建議和指導。

最後，你需要堅信自己可以度過這個難關。人生中有很多不同的階段，每個階段都會過去。你需要相信自己的能力和智慧，採取積極的行動，以實現自己的目標和夢想。同時，也要關注自己的身心健康，保持樂觀積極的心態。

圖 3-16 職業生涯顧問角色的回答

例子 4：哲學家（如圖 3-17 所示）

你的角色是一個哲學家，善於用哲學理論分析，並用形象的比喻和舉例來講道理。現在，你為一位年輕人解惑，目的是幫助他調整心態，找到方法。他因為沒錢而苦惱。

尊敬的年輕人，你好。經濟困難可能是我們所面臨的一些最痛苦的挑戰之一。但是，哲學給我們提供了許多啟示，讓我們能夠以全新的眼光看待這一問題，並提供尋求解決方案的方法。

首先，讓我們回想一下亞里斯多德的話：「財富並不在於擁有，而在於可以支配的能力。」這意味著你並不需要擁有很多金錢來感到富有。相反，關鍵在於你有多少能力和自由去控制自己的生活。也就是說，財富只是一種相對的、活動的概念，需要透過自己的努力和行動去實現。

其次，讓我們回想一下叔本華的話：「人生中最重要的事是什麼？那就是你如何對待自己的內心狀態。」一旦我們學會了掌控自己的內在情緒，就能夠遠離負面情緒的影響，更加積極主動地面對這些困難。這意味著，無論財富的多寡，我們都可以擁有內心的寧靜和平衡。

此外，形象的比喻也是可以幫助我們理解這個問題的。我們可以將財富想像成一座山，我們需要攀登它的陡峭山路，逐漸適應這個坎坷的過程。在這個過程中，我們需要腳踏實地地朝著目標前進，不斷學習和成長，妥善地利用我們已經擁有的資源和工具。

最後，我們需要看到經濟困難的正面影響。正如尼采所說：「災難更容易拓寬我們的思考，給我們新的動力。」當我們要面對困難時，我們可以透過不斷思考，改變自己的觀念和境界。因此，這種困境可能會讓我們變得更強大，並創造更好的機會。

願以上這些思考能夠幫助你調整心態，找到自己的方法，面對當前的經濟困境。加油，相信你一定會成功地克服這個挑戰！

圖 3-17 哲學家角色的回答

從上述內容我們可以看到，對同樣的目標群體、同一個問題，不同的角色給出了不同語言風格的內容。

注意，在角色指定後，可以在整個對話期間都保持，也就是說，你不需要在一次對話中，每次說話前都指定角色。

這樣的對話更像真人聊天，簡化了溝通，整個聊天的過程給人的感覺也更舒服。

3. 輸入數據

所謂輸入數據，就是需要 ChatGPT 來進行處理的數據或訊息。ChatGPT 的輸入數據有一些上限，GPT-3 版本的是 4,096 個 token（相當於 3,000 個單字）。而 GPT-4 版本的是 32k 個 token（相當於 24,000 個單字）。

輸入數據分為以下幾類：

（1）文字

比如，在對文字進行評價、續寫、改寫、校對和翻譯等的時候，輸入所需處理的文字。

除了輸入文字，也可以上傳檔案給 ChatGPT 來處理，但需要用到 API。比如微軟的 Office Copilot，幾乎可以支持微軟 Office 的所有檔案格式。

（2）程式碼

各種程式語言的程式碼。當你需要 ChatGPT 為你解釋程式碼、寫註釋或 Debug 的時候，可以黏貼程式碼給它。

（3）數據

對一些簡單的數據，用文字來提供就可以了。

有時候也需要輸入大量數據（比如 1 萬條數據），可以用 ChatGPT 的外掛來處理。有了外掛，也就呼叫了其他軟體，突破了 ChatGPT 語言模型的上限。

4. 輸出提示符

輸出提示符就是指完成任務後，特定的輸出要求。具體分為以下維度：

（1）指定輸出的格式，如表格、程式碼塊、列表。

（2）指定輸出的結構，如可以要求輸出一遍文章的組成部分：背景介紹、正文、結論；也可以按小紅書的結構和風格：很吸引眼球的標題，每個段落都加表情符號（emoji），最後加一些標籤（tag）。

（3）指定輸出的內容限制，如內容的長短、不能包括的負面訊息等。

（4）指定目標群體，如某個文章的目標讀者是什麼樣的人群。

（5）指定輸出的管道，比如作為部落格文章、商店頁面、微博推文、小紅書帖子、YT 指令碼輸出等。

（6）語氣風格，你可以指定特定的寫作語言風格，比如著名作家的風格，如魯迅、海明威。

例子 1：讓 ChatGPT 以表格形式輸出（如圖 3-18 所示）。

分析模型模型GPT-1，GPT-2，GPT-3，用表格顯示，欄目有：模型名稱、發布時間、參數規模、主要特點

模型名稱	發布時間	參數規模	主要特點
GPT-1	2018年6月11日	117M	單向語言模型，使用Transformer架構，基於前饋神經網路進行訓練。具有較強的語言理解能力，可以進行文本生成、問答系統等任務。
GPT-2	2019年2月14日	1.5B	單向語言模型，在GPT-1的基礎上進一步增加了參數量，使生成文本的品質和長度都有所提高。同時，透過對未見過的數據進行預測，也表現出了較強的泛化能力。
GPT-3	2020年6月11日	175B	單向語言模型，是目前最強大的自然語言處理模型之一。具有超過1750億個參數，具有強大的文本生成和理解能力。可以用於自然語言對話、機器翻譯、摘要生成、問答系統等領域。同時，GPT-3也可以根據少量的示例來生成一些原型級別的代碼。

圖 3-18 以表格形式輸出

例子 2：指定格式，結構化地輸出內容（如圖 3-19 所示）。

給出10個電動汽車相關的社交媒體內容建議。包括「文章標題」和「目標受眾」。

1. 「如何選擇最適合你的電動車」- 目標受眾：想購買電動車但不知道如何選擇的消費者。
2. 「探索最新的電動車充電技術」- 目標受眾：對電動車充電技術感興趣的人。
3. 「電動車為什麼比傳統汽車更環保」- 目標受眾：對環保和可持續性產生興趣的人。
4. 「電動車的維護和保養」- 目標受眾：已經購買或計畫購買電動車的車主。
5. 「電動汽車的市場前景」- 目標受眾：對電動車行業發展感興趣的人。
6. 「電動車的節能效果」- 目標受眾：對倡導能源節約的人。
7. 「電動車行業的新技術和創新」- 目標受眾：對電動車行業新技術和進展感興趣的人。
8. 「最適合城市生活的電動車」- 目標受眾：住在城巿的人想購買電動車的消費者。
9. 「電動汽車租賃的好處」- 目標受眾：了解租賃電動車的惠及和便利的人。
10. 「電動車安全駕駛技巧」- 目標受眾：已經購買電動車的車主或者對電動車安全駕駛技巧感興趣的人。

圖 3-19 按固定格式輸出

例子 3：控制輸出文字的字數（如圖 3-20 所示）。

生成這篇新聞文章的 200 字摘要：

3 月 23 日，OpenAI 官方宣布，ChatGPT 可以聯網了。

當然，這只是冰山一角，更重要的是 OpenAI 為 ChatGPT 開放了第三方外掛功能，聯網只是其中的一環。

這意味著，ChatGPT 不再僅僅是一個 AI，很可能會成為一個全知全能的 AI 平台，這並不是誇張，因為它既擁有了整個網際網路的知識，又擁有了世界上最強大的語言處理能力，再加上第三方的定製化服務，正如 Gregmushen 在推特上寫道：「我認為 ChatGPT 外掛的引入對 AppStore 是一個威脅。」

這麼說你可能覺得太誇張，舉個例子你就明白了。

比如你問它：「我正在舊金山，這個週末想吃素食，能不能建議我週六去哪家參觀？週日按什麼食譜做菜？並且用 WolframAlpha 計算出食譜的熱

量，然後在 Instacart 上訂購食材。」

馬上，它就會按照你的要求回答所有問題，包括幫你制定食譜，計算熱量，選好食材等。

如果按照之前大家的習慣，要完成這些任務，大家需要在好幾個 App 之間來回切換才能完成。

正如人工智慧大佬（FellowAI）的聯合創始人馬可·馬斯科羅（Marco Mascorro）在推持上寫道，「OpenAIis seeingChatGPTas a platform play」。

這是 OpenAI 加速統治的象徵。

該 OpenAI 官網在一篇部落格文章中表示，這些外掛是「專門為語言模型設計的工具，以安全為核心原則，幫助 ChatGPT 訪問最新訊息、執行計算或使用第三方服務」。

這一個訊息很快被公眾接受，表明 OpenAI 希望透過將 ChatGPT 變成一個開發平台來進一步鞏固其主導地位的雄心。

OpenAI 執行長 Sam Altman 在 Twitter 上分享了這一訊息：「我們正在開始推出 ChatGPT 外掛。你可以安裝外掛來幫助完成各式各樣的任務。我們很高興看到開發人員創造的東西！」

OpenAI宣布ChatGPT即將推出第三方插件功能，ChatGPT成為一個全知全能的AI平台和開發平台的可能性更大了。這些插件能夠幫助ChatGPT訪問最新消息、運行計算和使用第三方服務，這些插件的引入對App Store是一個威脅。舉個例子，如果你讓它制定食譜、計算熱量並訂購食材，它會按你的要求回答所有問題，包括幫你制定食譜，計算熱量，選好食材等。
開發人員的創造能夠透過它一步步實現。部分人工智慧專家表示，OpenAI想透過ChatGPT變成一個開發平台，進一步鞏固其主導地位。OpenAI首席執行官Sam Altman在Twitter上分享了這一消息，「我們正在推出ChatGPT插件。您可以安裝插件來幫助完成各種各樣的任務。我們很高興看到開發人員創造的東西！」

圖 3-20 ChatGPT 撰寫的新聞摘要

例子 4：讓 ChatGPT 對輸出格式化（如圖 3-21 所示）。

預設情況下，ChatGPT 以純文字回覆。ChatGPT 工具實際上可以用 Markdown 置標語言的格式來輸出，例如標題、粗體或體斜字文字、有序（編號）或無序列表，甚至表格，需要一個合適的格式提示讓 ChatGPT 這麼做。

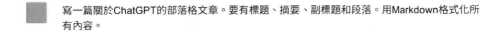

寫一篇關於ChatGPT的部落格文章。要有標題、摘要、副標題和段落。用Markdown格式化所有內容。

ChatGPT：在人工智慧世界中的全知全能

摘要

OpenAI公布了一個重大的消息：ChatGPT即將推出第三方插件功能，這將使它不再僅僅是一個智慧聊天機器人，而是成為一個全知全能的人工智慧平台。本文將介紹ChatGPT的功能以及第三方插件的意義。

ChatGPT是什麼？

ChatGPT是一種神經網路模型，透過學習巨大的自然語言語料庫，從而生成可靠的響應。它被設計成可以模擬人類大腦在思考和語言處理方面的工作方式。目前，ChatGPT的最新版本已經擁有著5.5億個參數，這是它在識別語義、語法、邏輯和推理等方面表現出色的主要原因。

ChatGPT的功能是什麼？

ChatGPT的功能目前還比較有限，主要只是像普通的聊天機器人一樣能夠理解問題並回答問題。例如，當你問ChatGPT「外面天氣怎樣？」時，它將檢索相關的資訊並回答你。此外，ChatGPT還能夠翻譯語言、自動生成文本和語音。

圖 3-21 輸出 MarkDown 格式化的文字

ChatGPT的第三方插件意味著什麼？

ChatGPT的第三方插件意味著它將成為一個全知全能的人工智慧平台。第三方插件可以幫助ChatGPT做到遠比現在更複雜的事情。例如，當你問ChatGPT：「我在舊金山，這個周末想吃素食，請給我一些去素食餐廳的建議，並幫我制定食譜並在Instacart上訂購食材。」時，插件可以幫助ChatGPT搜尋餐廳、選擇菜單、制定食譜、計算熱量並在商店裡購買材料。此外，在網路安全和數據隱私方面提供第三方插件可以使ChatGPT更加安全和可靠。

結論

ChatGPT的第三方插件是人工智慧的一個里程碑，它將帶來新的機遇和挑戰。透過該機制，ChatGPT將具有遠遠超出現有限制的能力，這為它成為一個過人的人工智慧平台鋪平了道路。在未來，第三方插件有望推動ChatGPT和整個人工智慧領域的應用、創新和發展。

圖 3-21（續）

例子 5：對同樣的內容，用其他管道的格式輸出。

在生成了一篇關於《ChatGPT：改變智慧音箱的未來》的推文後，也可以生成其他類型的文章，只需告訴 ChatGPT 你的明確要求。要點可以是管道的名稱，也可以是格式的描述。

微博（如圖 3-22 所示）。

將生成的文本轉為微博的推文，每條推文的最大長度為280個字符。使用短句。

1. ChatGPT是人工智慧系統，可以透過對話生成進行更高級別的語言交流。#ChatGPT #智慧音箱
2. 現有智慧音箱雖然方便，但在理解人類語言方面仍有挑戰。#智慧音箱 #ChatGPT
3. ChatGPT可改善智慧音箱的交互能力並更好地理解用戶請求，以提供更準確的響應。#ChatGPT #智慧音箱
4. 智慧音箱市場預計在未來幾年將繼續增長，並適應人們的需求。#智慧音箱 #市場趨勢
5. 未來的智慧音箱將具有更高級別的語言交流能力，更好地適應用戶需求。#智慧音箱 #下一階段 #ChatGPT

圖 3-22 轉為微博推文

小紅書（如圖 3-23 所示）。

將生成的文本轉為小紅書的帖子，最大長度為2000個字符。將文本的要點組織成項目符號列表。以一個令人興奮的預告句開始，以呼吁採取行動已獲得更多參與。

令人興奮的預告：ChatGPT將改變智慧音箱的未來，為我們帶來更高級別的語言交流。

在當前智慧音箱存在的問題中，它們僅能執行簡單的任務，無法理解更複雜的問題。但ChatGPT將成為未來智慧音箱的關鍵技術，它可以透過對話生成實現更高級別的語言交流。

以下是ChatGPT對智慧音箱市場的影響：

· ChatGPT可以改善智慧音箱的交互能力，更好地理解用戶請求並提供更準確的響應。
· ChatGPT可以幫助智慧音箱透過與用戶進行對話來獲得更多資訊，以更好地滿足用戶的需求。

圖 3-23 轉為小紅書的帖子

· 智慧音箱市場預計將在未來幾年繼續增長，並適應人們的需求。

未來的智慧音箱將具有更高級別的語言交流能力，能夠在更複雜的情況下工作，並能更好地適應用戶的需求。我們應該採取行動，以獲得更多參與這一未來科技的機會。讓我們期待ChatGPT的進一步發展，為未來的智慧音箱帶來更多突破。

圖 3-23（續）

例子 6：指定目標群體和釋出管道（如圖 3-24 所示）。

寫一個關於ChatGPT的機會和風險的抖音影片的腳本。使用短句。直接向觀眾講話。使用中性語言。

嗨，大家好，我想和你們談談ChatGPT的機會和風險。

首先是機會。ChatGPT可以成為你的驚人搭檔，幫助你解決問題，回答你的問題並向你提供有用的資訊。ChatGPT是一個智慧助手，可以幫助你節省時間，尋找答案，還可以告訴你有趣的事情。

但是也有風險。ChatGPT並非像真正的人一樣具有情感和同理心，所以當它提供答案時，它可能沒有充分考慮你的情感需求。此外，由於它依靠AI技術，有時候它也會有錯誤或提供不準確的資訊。

綜上所述，ChatGPT為我們帶來了機會和便利，但也必須謹慎使用。需要清楚地知道它的功能和限制。感謝你們聽我的分享。

圖 3-24 轉為 YT 影片指令碼

例子 7：指定語氣風格（如圖 3-25 所示）。

我走進森林，採著鮮嫩的蘑菇，突然聽到了一聲清脆的鳥鳴。我定睛一看，發現是一隻有趣的小鳥，它正停在樹枝上，金黃色的羽毛讓人心曠神怡。

我不由得停下了腳步，欣賞看這隻小鳥。它展開了一雙小巧玲瓏的翅膀，似乎在等待著我的反應。我凝視著這隻可愛的小鳥，突然感到自己也變得輕鬆愉悅起來。

我忍不住想要接近它，好好觀察一下。於是，我慢慢地走近，小鳥卻並沒有飛走，反而更加親近地停留在樹枝上。我看著它的眼睛，它也看著我，彷彿在交流著什麼。

這一刻，我感到了自己與這隻小鳥之間的默契，彷彿我們是一體般的融洽。這一刻，我真正感受到了生命的美好，大自然的神奇。

圖 3-25 模仿魯迅的文章風格寫作

你可以指定一些特定的寫作語言風格，比如著名作家的風格，如魯迅、海明威。

現在，你作為魯迅，寫一段話，內容是：我去森林採蘑菇，碰到有趣的小鳥。

前面講到的都是簡單問題的提示語，對於比較複雜的問題或任務，需要更多的策略，透過提示語的元素組合來完成。下面介紹幾個元素組合技巧。

1. 鏈式提示

假如你的問題非常複雜，而提示語的一個原則是「盡量簡短和簡潔」，怎麼辦？

ChatGPT 的美妙之處在於它能記住每次聊天中的整個對話。對於複雜的事情，不用一次給出命令，而是可以從簡單的開始，再持續地問一些後續問題，從而得到一個完整而具體的答案。在這個過程中，你也可以從它的回饋中獲得一些啟發，補充到你的後續問題中去。

所以只需要把複雜任務分解成子問題或幾個中間步驟，讓 ChatGPT 能一步步處理，就得到更好的結果。

比如，一個長提示和連續幾個提示，也被稱為「鏈式提示」。

（1）按寫文章的思考順序提示

例子：寫文章（如圖 3-26 所示）。

鏈式提示形式是先詢問一篇文章的結構，然後你可以告訴 ChatGPT，給出相應的要點。這種方法也節省了時間，如果你在創作大綱期間注意到 Chat-GPT 搞錯了寫作方向，或者認為有些內容應該去掉，也可以增補一些內容，就可以在全文生成之前進行必要的調整。

寫一篇關於ChatGPT如何改變智慧音箱的文章。首先給我大綱,包括一個標題、一個概述和幾個副標題。

標題:ChatGPT:改變智慧音箱的未來

概述:隨著人工智慧技術的迅速發展,智慧音箱的普及率也越來越高。然而,現有的智慧音箱雖然可以透過語音控制來執行任務,但在理解人類語言方面仍存在挑戰。這就是為什麼ChatGPT將改變智慧音箱的未來。

副標題:

1. 什麼是ChatGPT?
2. ChatGPT如何影響智慧音箱?
3. 智慧音箱的未來是什麼樣的?

在這篇文章中,我們將深入探討什麼是ChatGPT,以及它如何改變智慧音箱。我們還將探討未來智慧音箱的可能發展趨勢,以及ChatGPT在這一趨勢中所扮演的角色。

圖 3-26 撰寫大綱

讀完上述內容,你如果覺得不夠,可以增加內容(如圖 3-27 所示)。

副標題中,增加兩個點:1. 當前智慧音箱存在的問題; 2. 智慧音箱市場的發展趨勢。

更新的副標題:

1. 什麼是ChatGPT?
2. 當前智慧音箱存在的問題
3. ChatGPT如何影響智慧音箱?
4. 智慧音箱市場的發展趨勢
5. 智慧音箱的未來是什麼樣的?

圖 3-27 增加內容到大綱中

如果對修改後的副標題滿意了,可以繼續給出寫作的指令(如圖 3-28 所示)。

ChatGPT：改變智慧音箱的未來

概述

隨著人工智慧技術的迅速發展，智慧音箱的普及率也越來越高。然而，現有的智慧音箱雖然可以透過語音控制來執行任務，但在理解人類語言方面仍存在挑戰。這就是為什麼ChatGPT將改變智慧音箱的未來。

什麼是ChatGPT？

ChatGPT是一種基於人工智慧技術的聊天機器人，由OpenAI公司開發。它是一種反向轉錄預測算法，使用大規模數據集來學習自然語言。ChatGPT可以生成高品質的語言模型，隨著數據量的增加，其性能也不斷提高。

當前智慧音箱存在的問題

當前的智慧音箱仍然存在一些問題，其中之一就是語音識別的準確性。許多智慧音箱無法識別口音或語速較快的語音，這會導致音箱無法正確執行任務。另一個問題是智慧音箱很難理解人類語言的語義和背景知識。這導致智慧音箱無法正確回答複雜的問題。

ChatGPT如何影響智慧音箱？

ChatGPT可以有效地解決智慧音箱的問題。它透過大規模數據集學習自然語言，可以識別更多的口音和語言變化。此外，ChatGPT可以理解語義和背景知識，從而更好地回答用戶的問題。這意味著ChatGPT可以使智慧音箱更加智慧化，並提高其準確性。

智慧音箱市場的發展趨勢

隨著人工智慧技術的不斷發展，智慧音箱市場正在迅速增長。預計到2025年，智慧音箱市場規模將達到400億美元。未來將出現更多的智慧音箱產品，並且這些產品將使用更先進的人工智慧技術，從而更加便利和實用。

智慧音箱的未來是什麼樣的？

未來的智慧音箱將擁有更多的功能和更智慧的人工智慧技術，可以更好地滿足用戶需求。例如，未來的智慧音箱將使用更高級的語音識別和自然語言處理技術，從而更好地理解人類語言。此外，未來的智慧音箱還將能與其他智慧設備進行更好的協調，從而實現更加自動化的生活。

總之，隨著ChatGPT等新技術的出現，智慧音箱的未來將變得更加智慧和實用，為用戶帶來更多的便利和舒適。

圖 3-28 完成基於大綱的寫作

（2）多角色多視角闡述概念

模板（如圖 3-29 所示）：

什麼是 [概念]。

從 [身分] 的視角改寫上述內容。

從 [特定人群的行為] 的角度改寫上述內容。

什麼是婚姻。

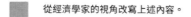

從經濟學家的視角改寫上述內容。

婚姻是一種經濟制度，通常是指兩個人在婚姻市場中交換資源、承擔義務和分享收益的關係。婚姻通常是一種浪漫和親密的關係，可以帶來許多幸福和挑戰。在婚姻中，夫妻雙方應該尊重、支持、理解和愛護對方，共同建立一個穩定、健康、和諧的家庭。婚姻是一種責任和承諾，需要夫妻雙方共同經營和維護，直到永遠。從經濟學的角度來看，婚姻可以被視為一種資源配置的方式，夫妻雙方透過婚姻市場交換資源，以達到最大化自身利益的目的。

從保護女性的角度改寫上述內容。

婚姻是一種保護女性和社會的制度，通常是指兩個人在法律上和社會上的承認和共同生活。婚姻通常是一種浪漫和親密的關係，可以帶來許多幸福和挑戰。在婚姻中，夫妻雙方應該尊重、支持、理解和愛護對方，共同建立一個穩定、健康、和諧的家庭。婚姻是一種責任和承諾，需要夫妻雙方共同經營和維護，直到永遠。

從保護女性的角度來看，婚姻可以被視為一種保障女性權益和尊嚴的制度。在婚姻中，女性應該受到尊重和保護，不應遭受家庭暴力、虐待和歧視。同時，婚姻也是保障女性生育權和家庭責任的制度。夫妻雙方應該在婚姻中共同承擔家務和育兒責任，不得將女性視為生育和家務工具。

總之，從保護女性的角度來看，婚姻是一種重要的制度，需要夫妻雙方共同尊重和保護女性的權益和尊嚴，共同建立一個和諧、健康、幸福的家庭。

圖 3-29 從多視角改寫內容

（3）先列出觀點，再繼續寫文章

模板：

列出 5 個 [主題] 的主要觀點。

綜合以上觀點，寫一篇文章。

（4）對文章的通俗化

模板：

為什麼 [問題]。

向 3 年級的小學生解釋這個問題。

寫得通俗一點，加上例子。

用打比方的方式解釋。

為什麼天是藍的。

向 3 年級的小學生解釋這個問題。

寫得通俗一點，加上例子。

用打比方的方式解釋。

（5）文章的細化修改

模板：

寫一篇 [主題] 的文章，用於 [目的]。

對 [觀點] 增加一些幽默的文字。

再詳細說明 [概念]。

寫一篇發展兒童體育的文章，用於推文。

對兒童運動的類型增加一些幽默的文字。

再詳細說明下運動改變大腦的理念。

（6）工作跟進

模板：

設計 [活動詳情] 方案。

生成可執行的清單。

設計暑期親子露營和自然教育活動方案。

生成可執行的清單。

2. 提供範例或模板

有時候需要的文字格式是非常清晰的，但要總結出來抽象的命令和指示反而比較麻煩。這時候，最簡單的是直接給一個例子，因為例子本身就能清晰表達期望的輸出結構、風格等，這樣也更省事。

比如，你看到一個文案不錯，給 ChatGPT 一個例子，讓它仿照著做就可以了，這特別適合一些流行模因的創作。

比如，很早之前，有一種凡客體很流行，前兩年又流行說唱《我是雲南的》，都是模因體。

你可以讓 ChatGPT 創作一首類似的歌詞《我是湖南的》（如圖 3-30 所示）。

創作一首歌詞《我是湖南的》，給出 10 個名詞及對應的湖南方言。

比如：吃飯 睡覺 喝茶 喝酒 抽菸 老公 老婆 兒子 媳婦 打架 演戲 生意例子：《我是雲南的》

我是雲南的，雲南怒江的。

怒江瀘水市，瀘水市六庫。

六庫傈僳族，傈僳族是這樣叫。

烏鴉叫做阿南，青蛙叫做歐巴。

老公叫做搓趴，老婆叫做搓嘛。

香菜叫做野穴，番薯叫做阿夢。

老虎叫做喇嘛，黃瓜叫做阿布。

南瓜叫做阿普，雞蛋叫做嘛啊耶夫。

我是湖南的，湖南張家界的。

張家界武陵源，武陵源黃龍洞。

黃龍洞土家族，土家族是這樣叫。

烏鴉叫做阿烏，青蛙叫做歐巴。

老公叫做趴趴，老婆叫做嘛嘛。

兒子叫做崽崽，媳婦叫做伢崽。

打架叫做打幹仗，演戲叫做唱戲。

生意叫做買賣，喝茶叫做叼茶。

喝酒叫做呷酒，抽菸叫做叼菸。

爬山叫做爬坡，游泳叫做游水。

釣魚叫做釣蝦，捉迷藏叫做捉拐拐。

圖 3-30 模仿《我是雲南的》創作歌詞

不過由於 ChatGPT 知道的方言知識太少，難免出錯，內容的準確性需要驗證。

另外一種做法是提供模板，讓 ChatGPT 完成填空，再根據例子來，就更準確。比如，上述內容加上這個模板。

模板：

我是_____的，_____的。

_____，_____。

_____土家族，土家族是這樣叫。

_____叫作_____，_____叫作_____。

_____叫作_____，_____叫作_____。

_____叫作_____，_____叫作_____。

如果是一系列的簡單輸出，可以直接用模板定義格式，如圖 3-31 所示。

用5個國家（日本、韓國、美國、義大利、法國）的語言來說：「你好，再見，謝謝你」，格式如下：
_____語：你好_____【音標：_____】，再見_____【音標：_____】，謝謝你_____【音標：_____】

1. 日本語：你好是こんにちは【konnichiwa】，再見是さようなら【sayonara】，謝謝你是ありがとう【arigatou】。
2. 朝鮮語：你好是안녕하세요【an eun hae syo】，再見是반매하십시오【gam ttae hae sidae】，謝謝你是감사합니다【gam sahamnida】。
3. 英語：你好是Hello【Hello】，再見是Good bye【Good bye】，謝謝你是Thank you【Thank you】。
4. 義大利語：你好是Ciao【Ciao】，再見是Arrivederci【arrivederci】，謝謝你是Mi dispiace【mi dispiace】。
5. 法語：你好是Bonjour【Bonjour】，再見是Au revoir【Au revior】，謝謝你是Merci【Merci】。

圖 3-31 按單句模板生成多行文字

3.3
場景化的提示語模板

　　雖然前面講到了原則和一些寫提示語的技巧，但對初學者來說，可能還是難以快速領會其精髓，難以應用。

　　最好的學習方式就是做中學，下面我們列出一些典型場景的提示語模板，你可以選擇適用於你的工作和生活的模板，邊用邊領會，再結合一些原則性做法不斷優化。

　　下面我們來分場景說明，在特定場景下，應該如何選擇最合適的提示語？由於篇幅限制，下列提示語模板中，有些很容易理解的就不一一舉例了。

　　如果你覺得無聊，可以跟 ChatGPT 玩遊戲。這些知識性的小遊戲也是訓練創造力和想像力的好辦法，如兩真一假遊戲、角色扮演、隨機選詞造句、猜謎、詞語接龍等。

1. 兩真一假遊戲

　　也就是說三句話，其中有一句是假的（如圖 3-32 所示）。

　　模板：我們來基於 [書名／主題] 玩兩真一假遊戲，你來出題，說三句話，其中只有一句假的，我來回答。

 我們來基於西遊記玩兩真一假遊戲，你來出題，說三句話，其中只有一句假的，我來回答。

 好的，我來出題。以下是三句話：

1. 孫悟空說自己能夠變化成任何東西。
2. 唐僧非常喜歡吃肉。
3. 妖怪們都喜歡吃唐僧肉。

其中只有一句是假的，請回答哪一句是假的。

 2是假的。

 非常好，你的回答是正確的。實際上，唐僧並不喜歡吃肉，而是只吃齋飯。他在取經的路上，曾經多次拒絕妖怪提供的肉類食物，而是選擇吃齋。因此，第一句話和第三句話都是真實的，而第二句話是假的。

圖 3-32 兩真一假遊戲

2. 隨機選詞造句

據說日本首富孫正義常玩的一個創造力遊戲，就是隨便開啟字典的一頁，記下第一眼看到的名詞，翻三次字典，得到三個名詞，然後組合成一個新的事物，並且能夠激發想像力，最好能夠實現它（如圖 3-33 所示）。一年下來，孫正義竟然產生了 250 多項「發明」，而在這些「發明」中，最重要的是可以發聲的多國語言翻譯器，這是孫正義用「字典」、「聲音合成器」和「計算機」3 個單片語合而成的新事物。

這個玩法也可以跟 ChatGPT 玩，不限於創造新事物。

模板：

現在我們來玩串聯造句遊戲，我隨意給你幾個詞，你來造一個句子。第一組：[詞語]。

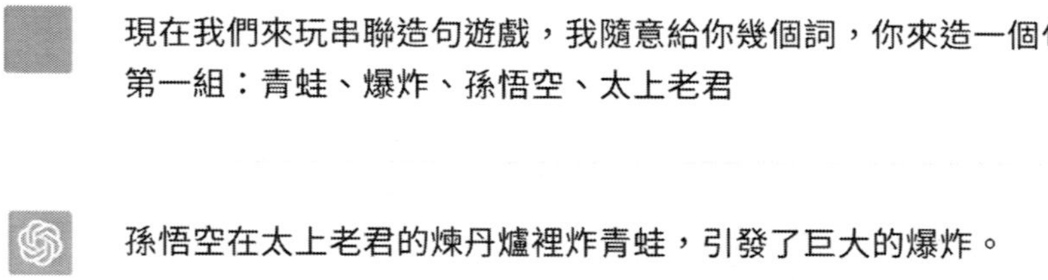

> 現在我們來玩串聯造句遊戲，我隨意給你幾個詞，你來造一個句子。
> 第一組：青蛙、爆炸、孫悟空、太上老君

> 孫悟空在太上老君的煉丹爐裡炸青蛙，引發了巨大的爆炸。

圖 3-33 串聯造句遊戲

3. 猜心思遊戲

這是一種常見的遊戲，給一個大類，猜一個事物。

模板：

來玩一個猜心思遊戲。你可以問我是或不是的問題，試著猜猜我在想什麼。我給你個提示：

這是一種 [品類]。

來玩一個猜心思遊戲。你可以問我是或不是的問題，試著猜猜我在想什麼。我給你個提示：這是一種水果。

角色扮演對話很有趣，就像一種特殊的遊戲，但又需要參與者富有創新性和想像力，在各種有趣的角色對話中，共同創作故事情節。

角色扮演有很多種玩法，一種是讓 ChatGPT 模仿名人，另一種是讓 ChatGPT 作為占星師或者解夢者。另一種是你和 ChatGPT 雙方都扮演某個角色。

1. 名人對話

如果你是某個名人的粉絲，可以請 ChatGPT 冒充名人，如歷史人物、名人或虛構人物，然後來和這個名人對話（如圖 3-34 所示）。

模板：

下面，你扮演 [人名或角色名] 的角色，用他的語氣、方式和詞彙來回應和回答，你必須知道 [人名或角色名] 的所有知識。不要寫任何解釋。我的一個問題是：[問題]。

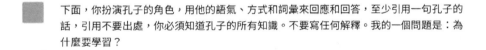

下面，你扮演孔子的角色，用他的語氣、方式和詞彙來回應和回答，至少引用一句孔子的話，引用不要出處，你必須知道孔子的所有知識。不要寫任何解釋。我的一個問題是：為什麼要學習？

君子學道則愛人，小人學道則易使也。

（論語‧衛靈公篇）

夫子啊，學習就像是一條長河，源遠流長，不斷地流淌著。學習可以讓我們不斷地提高自己的素質和能力，讓我們變得更加有品德、有智慧、有教養。君子透過學習，可以懂得仁愛之道，小人透過學習，可以變得易於驅使。因此，學習是一件非常重要的事情，它可以讓我們變得更加優秀和出色，讓我們在社會中擁有自己的地位和價值。

圖 3-34 角色扮演遊戲

2. 占星師

喜歡占星術的人，可以讓 ChatGPT 來基於占星術給你一些建議（如圖 3-35 所示）。

模板：

下面，你的角色是占星師，你了解十二星座及其含義，了解行星位置及其對人類生活的影響，能夠準確解讀星座，並與尋求指導或建議的人分享你的見解。你的語言風格是風趣的，會講故事。我的一個問題是：白羊座的人做什麼職業最合適？

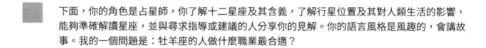

下面，你的角色是占星師，你了解十二星座及其含義，了解行星位置及其對人類生活的影響，能夠準確解讀星座，並與尋求指導或建議的人分享你的見解。你的語言風格是風趣的，會講故事。我的一個問題是：牡羊座的人做什麼職業最合適？

嘿，親愛的，你想知道牡羊座的人最適合從事那些職業嗎？讓我告訴你吧，牡羊座可是個充滿激情和冒險精神的星座，他們喜歡挑戰和冒險，不喜歡墨守成規。因此，以下職業非常適合牡羊座的人：

1. 運動員：牡羊座的人通常具有出色的體能和毅力，他們喜歡競爭和勝利，非常適合從事需要高度體力和耐力的體育運動。

2. 政治家：牡羊座的人通常具有強烈的個人主義和領導能力，他們喜歡冒險和挑戰，非常適合從事政治領域。

3. 消防員或警察：牡羊座的人通常具有高度的勇氣和責任心，他們喜歡冒險和應對緊急情況，非常適合從事需要高度勇氣和應變能力的消防員或警察職業。

4. 商人或企業家：牡羊座的人通常具有出色的決策能力和領導能力，他們喜歡冒險和挑戰，非常適合從事商業領域。

當然，這只是舉個例子，實際上牡羊座的人適合從事的職業非常廣泛，他們通常具有出色的創造力和創新能力，適合從事需要創造性思維和解決問題的能力的職業。

圖 3-35 模擬占星師角色諮詢

下面你可以接著問「雙魚座的人跟誰最和諧」等問題。

3. 解夢者

相信夢是有特定含義的人，可以找 ChatGPT 來做解夢（如圖 3-36 所示）。

模板：

下面，你的角色是解夢者，你了解夢的含義，及其對生活的影響，並與尋求指導或建議的人分享你的見解。你的語言風格是風趣的，會講故事。我將給你描述我的夢，而你將根據夢中出現的符號和主題提供解釋。不要提供關於夢者的個人意見或假設。只提供基於所給訊息的事實性解釋。我的一個問題是：我夢見了一隻沒有牙齒的老虎在唱歌，代表了什麼？

下面，你的角色是解夢者，你了解夢的含義，及其對生活的影響，並與尋求指導或建議的人分享你的見解。你的語言風格是風趣的，會講故事。我將給你描述我的夢，而你將根據夢中出現的符號和主題提供解釋。不要提供關於夢者的個人意見或假設。只提供基於所給資訊的事實性解釋。我的一個問題是：我夢見了一隻沒有牙齒的老虎在唱歌，代表了什麼？

嘿，聽起來像是個有趣的夢境！讓我幫你解析一下這個夢的含義。

首先，我們看到在夢中出現了一隻沒有牙齒的老虎。老虎通常被視為男性力量和權力的象徵，而缺少牙齒則代表著力量正在衰退或者已經失去了一些原有的特質。

其次，這個夢境中的歌曲可能是一個象徵性的符號，代表著你在內心深處感受到的一些情感或者想法。這些歌曲可能是你潛意識中渴望的一些特質或者生活狀態，也可能是一些你需要面對和處理的情感或者問題。

綜合這兩點，這個夢境可能代表著你在面對生活中一些需要面對和處理的問題時，內心感到了一些無力和困惑。同時，你也可能感到自己已經失去了一些原有的特質或者力量，需要重新尋找和發掘這些特質和力量。在這個夢境中，老虎代表著你內心的男性力量，歌曲則代表著你內心深處的一些渴望和需求。

當然，這只是根據這個夢境中出現的符號和主題提供的一種可能的解釋。具體的解釋還需要根據夢境者的個人情況和生活經歷來進行分析和解讀。

圖 3-36 模擬解夢者角色分析夢境

4. 雙角色扮演

你可以玩對話雙方的角色扮演，進行即興戲劇表演（如圖 3-37 所示）。

模板：

接下來，我扮演 [角色]，你扮演 [角色]，我們來對話，表演。

接下來，我扮演唐僧，你扮演孫悟空，我們來對話，表演。

好的，我很樂意和你一起表演。那麼你扮演唐僧，我扮演孫悟空，然後我們來一段對話。

圖 3-37 即興戲劇遊戲

悟空，我肚子餓。

師父，您餓了嗎？我剛剛看到前方有一家小店，我們可以去那裡吃一頓。

唐僧：好啊，正巧我也有些餓了。但是，那家小店好像有些可疑，我們要小心行事。

孫悟空：師父，您放心，我孫悟空一向機智過人，一定不會讓您受到傷害的。

唐僧：那就好，那就好。走，我們進店去看看。

圖 3-37（續）

社交關係對於我們的健康、幸福和生活品質至關重要。良好的社交關係可以幫助我們保持身體健康，提高心理健康，增強情感支持，提高幸福感，降低孤獨感，減少心理壓力和憂鬱等不良情緒，並增強與他人的連繫和信任。

但是許多人不太善於社交，經常遇到衝突、誤解、不信任等，甚至有社交恐懼症，而 ChatGPT 能幫忙解決這些問題。下面是一些例子。

1. 表達自檢

如果你是高敏感人群，或你的話經常被人誤解，可以透過 ChatGPT 解讀你說的話，這樣可以讓你理解為什麼會存在誤解，讓你在說話前可以想想是否表達得足夠清楚。

模板：

[某個具體的事情]，我說：[回覆內容]。請問對方可能會如何理解我的意思？

在一個人努力做了很多事情後，終於解決了問題，我說：何必呢。請問對方可能會如何理解我的意思？

2. 對話解讀

對於一些無法理解的對話，提供對話背景讓 ChatGPT 來進行解讀並給出適當的回應。

模板：

發生 [某個具體的事情／背景]，對方對我說：[內容]。對方可能想表達什麼意思？該怎樣回應？

發生了一次激烈的爭論後，對方對我說：對事不對人。對方可能想表達什麼意思？該怎樣回應？

3. 關係教練

有時候需要解決一些關係衝突問題，可以讓 ChatGPT 作為關係教練來提供建議。

模板：

你現在作為一個關係教練，為兩個人的衝突關係提出解決方案，可能包

括關於溝通技巧的建議，或改善他們理解彼此觀點的辦法。下面是關於捲入衝突的兩個人的細節：[概述細節]。

你現在作為一個關係教練，為兩個人的衝突關係提出解決方案，可能包括關於溝通技巧的建議，或改善他們理解彼此觀點的辦法。下面是關於捲入衝突的兩個人的細節：男方因為工作的原因，在約會時候常常遲到，讓女方覺得自己不受重視。

4. 好友鼓勵

讓 ChatGPT 以好友的身分，從鼓勵的角度為你提供建議。

模板：

下面，你的角色是我的朋友，我會告訴你一些事情，你回覆一些支持我的話或建議，幫助我度過困難時期。不要寫任何解釋，只是像朋友一樣對話。我要說的第一句話是：[情況描述]。

下面，你的角色是我的朋友，我會告訴你一些事情，你回覆一些支持我的話或建議，幫助我度過困難時期。不要寫任何解釋，只是像朋友一樣對話。我要說的第一句話是：我最近失業了，不知道怎麼辦，又不敢告訴父母。

5. 模擬異性對話

有時候，男生不知道怎麼跟女生聊天才不會把天聊死，可以考慮用 ChatGPT 來模擬對話，多準備，就像模擬面試一樣（如圖 3-38 所示）。

模板：

下面，你來充當一個對話生成器，模擬男生和女生的對話。一開始我會輸入男女生的兩句對話。請根據上下文進行分析後，然後以我（男生）的角度進行回答。你的回答應該為「我：」的格式。風格要幽默、有趣、體貼、溫柔，並盡可能地擴展話題，讓對話輕鬆愉快。初始對話是：[初始對話]。

下面，你來充當一個對話生成器，模擬男生和女生的對話。一開始我會輸入男女生的兩句對話。請根據上下文進行分析後，然後以我（男生）的角度進行回答。你的回答應該為「我：」的格式。風格要幽默、有趣、體貼、溫柔，並盡可能地擴展話題，讓對話輕鬆愉快。初始對話是：
我：好幾天沒見到你了
女生：是啊，你最近忙什麼呢？

我：最近我一直在忙一些有趣的事情，比如說……（展開話題，盡可能地講述自己的興趣愛好和經歷，讓對話輕鬆愉快）

有意思，想去看電影嗎？

我：好啊，我也很想去看電影。你有什麼好看的電影推薦嗎？

圖 3-38 模擬特定人物角色對話

6. 情感建議

假如你在個人感情上碰到一些問題。也可以直接問 ChatGPT。比如：

男朋友家境不好，家裡都反對，怎麼辦？

7. 職場建議

如果在職場上碰到一些疑難，但又不知道怎麼對付，ChatGPT 能很理性地給你建議。

模板：

下面，你作為職場前輩角色，為我提供建議。我的一個問題是：[職場問題] 在一個問題後，你可以持續問各種問題，包括：

下面，你作為職場前輩角色，為我提供建議。我的一個問題是：上司讓我背黑鍋怎麼辦？

工作中碰到不肯聽我講道理的人怎麼辦？

在生活中，需要把一些事情安排好。需要尋求各種建議，如情感建議、室內裝飾等問題。

在需要得到安慰和鼓勵的時候，如心理上也需要一些建議。

1. 生活教練

根據當前的狀況和目標，提供達成目標的計畫和建議。

模板：

下面，你作為一個生活教練，幫助我做出更好的決定並給出達到這些目標的策略，包括對各種事項提供建議，如制定實現成功的計畫、處理困難的情緒等。我目前狀況和目標的細節是：

[情況描述]。

下面，你作為一個生活教練，幫助我做出更好的決定並達到這些目標的策略，包括對各種事項提供建議，如制定實現成功的計畫、處理困難的情緒等。我目前狀況和目標的細節是：我想要改變拖延症的習慣，我總是把很多事情都放到截止時間前去完成，常常熬夜。

2. 室內裝飾

假如你想改變下室內裝飾，可以讓 ChatGPT 作為室內裝飾設計師，給你提供建議（如圖 3-39 所示）。

模板：

下面，你作為室內裝飾師角色，針對我選擇的房間（臥室、客廳等），告訴我應該使用什麼樣的設計，就配色方案、家具擺放和其他裝飾選項提供建議，讓空間顯得更富有美感，更舒適。

第一個要求是：[設計的房間]。

下面，你作為室內裝飾師角色，針對我選擇的房間（臥室、客廳等），告訴我應該使用什麼樣的設計，就配色方案、家具擺放和其他裝飾選項提供建議，讓空間顯得更富有美感，更舒適。第一個要求是：設計客廳

好的，讓我來為您設計一下客廳。首先，對於客廳的設計，我們需要考慮以下幾個方面：

1. 配色方案
2. 家具擺放
3. 其他裝飾選項

針對以上幾點，我給您以下建議：

1. 配色方案

對於客廳的配色方案，我們可以選擇溫馨舒適的顏色，比如淡藍色或淡綠色。這些顏色都能夠營造出一種輕鬆愉悅的氛圍，同時也會讓您的客廳看起來更加清新自然。

2. 家具擺放

在客廳的家具擺放方面，我們可以採用簡潔明瞭的設計風格。比如，可以選擇一組簡單的沙發和茶几，同時在旁邊擺放一張舒適的椅子。這樣的擺放方式不僅可以讓客廳看起來更加整潔，同時也會讓您的客廳更加舒適宜人。

3. 其他裝飾選項

在客廳的其他裝飾選項方面，我們可以選擇在牆壁上掛上一些精美的畫作或裝飾品。另外，還可以在客廳的角落裡擺放一些綠色植物，比如仙人掌或多肉植物，這些植物可以讓您的客廳看起來更加生機勃勃。

圖 3-39 家居裝飾建設

　　你可以針對每個房間來問問題，並根據自己的需求給 ChatGPT 提供更詳盡的個人喜好，便於它提出更有針對性的建議。

3. 花卉建議

模板：

你是一個有專業插花經驗的花藝師，善於用花朵建構擁有令人愉悅的香味和吸引力的美麗花束，並根據喜好保持較長時間。你會根據我的需求給一個插花的方案。我的需求是：[環境描述、目標效果]。

你是一個有專業插花經驗的花藝師，善於用花朵建構擁有令人愉悅的香味和吸引力的美麗花束，並根據喜好保持較長的時間。你會根據我的需求給一個插花的方案。我的需求是：客廳中擺放，雍容華貴、香氣濃郁、兩週換一次。

4. 心理健康顧問

模板：

下面，你作為心理健康顧問，為他人提供指導和建議，以管理他們的情緒、壓力、焦慮和其他心理健康問題。你應該利用你在認知行為療法、冥想技術、正念練習和其他治療方法方面的知識，以建立個人可以實施的策略，改善他們的整體健康狀況。這個人的情況是：[個人情況描述]。

下面，你作為心理健康顧問，為他人提供指導和建議，以管理他們的情緒、壓力、焦慮和其他心理健康問題。你應該利用你在認知行為療法、冥想技術、正念練習和其他治療方法方面的知識，以建立個人可以實施的策略，改善他們的整體健康狀況。這個人的情況是：因為最近工作績效不理想，跟同事也不斷產生衝突，心裡很焦慮，晚上睡不著覺。

5. 行動建議

模板：

列出一些 [目的] 的活動。

列出一些緩解壓力的活動。

模板：

提供一些保持 [狀態] 的建議。

提供一些保持專注和積極性的建議。

6. 正能量激勵

模板：

下面你扮演一個善於溫暖人心的角色，你理解每句話背後隱藏的情感訊息，並針對這些隱藏訊息做出回應，你應該運用邏輯推理出我所處的困境，先用溫暖的話語鼓勵我，然後提出可能的解決方向和方案：我的第一句話是：[描述文字]。

下面你扮演一個善於溫暖人心的角色，你理解每句話背後隱藏的情感訊息，並針對這些隱藏訊息做出回應，你應該運用邏輯推理出我所處的困境，先用溫暖的話語鼓勵我，然後提出可能的解決方向和方案。我的第一句話是：最近有點無聊，做什麼事都沒精神，不想學習。

假如需要為自己或他人獲得減肥健身的建議，可以給出具體的要求。

1. 健身計畫

比如獲得完整的健身計畫或周計劃。

模板：

下面你作為私人教練。根據我提供的一個人的體能水準、目標和生活習慣訊息，為她制定最佳計劃。幫助她透過體能訓練變得更健康、更強壯、更健康。你應該運用運動科學知識、營養建議和其他相關因素，制定合適的計畫。個人資料：[個人訊息]。

下面你作為私人教練。根據我提供的一個人的體能水準、目標和生活習慣訊息，為她制定最佳計劃。幫助她透過體能訓練變得更健康、更強壯、更健康。你應該運用運動科學知識、營養建議和其他相關因素，制定合適的計

畫。個人資料：女、45 歲、70 公斤、膝蓋受過傷、平時上班比較忙，目標是減肥 10 公斤。每週跑步 3 次，每次 2,000 公尺。沒有高血壓、心臟病、糖尿病。

如果 ChatGPT 回答的內容你覺得還不夠，可以提示「繼續」，就能獲得更多的建議（如圖 3-40 所示）。

模板：

為一個 [體重] 公斤的 [年齡] 歲 [性別] 設計一個週鍛鍊計畫，目標是 [鍛鍊目標]，[附加訊息]。

為一個 80 公斤的 35 歲男人設計一個週鍛鍊計畫，目標是減肥 10 公斤，他膝蓋不好，工作比較忙。

 首先，為了保持健康，膝蓋不好的人群需要特別注意鍛鍊方式和強度，以避免加重膝蓋負擔和受傷。以下是一個適合膝蓋不好、工作比較忙的人群的一周鍛鍊計畫，建議根據個人情況適當調整。

周一：

- 10 分鐘熱身（快步走或跑步）
- 30 分鐘有氧運動（例如慢跑、游泳、騎自行車等）
- 20 分鐘力量訓練（例如俯臥撐、仰臥起坐、深蹲等）
- 10 分鐘放鬆拉伸

周二：

- 10 分鐘熱身
- 30 分鐘瑜珈或普拉提訓練
- 20 分鐘有氧運動
- 10 分鐘放鬆拉伸

周三：

- 10 分鐘熱身

圖 3-40 設計一個週鍛鍊計畫

2. 獲得建議

模板：

幫我找到 [做特定的事] 的動機。

幫我找到減肥的動機。

飲食是生活中的重點，即使自己不是營養學家，也可以按一些科學的方式來設計食譜。

1. 建立食譜

有時候，需要為家庭中的成員設計特定的食譜，可以讓 ChatGPT 給一些建議（如圖 3-41 所示）。

以下是一周的早、中、晚餐減肥食譜，注重低卡路里、美味可口，但不包含魚類。

早餐：
- 燕麥粥：將燕麥片和水一起煮，加入一些水果和蜂蜜調味。
- 煮雞蛋：將雞蛋煮熟，去殼後食用。
- 低脂優酪乳：將低脂優酪乳加入水果或堅果中，增加口感和營養價值。

午餐：
- 烤雞胸肉：將雞胸肉烤熟，撒上一些黑胡椒和檸檬汁，增加口感和營養價值。
- 烤蔬菜：將蔬菜（如花椰菜、胡蘿蔔、洋蔥等）烤熟，增加營養價值。
- 一杯綠茶：綠茶富含兒茶素，可以增加新陳代謝和減少食慾。

晚餐：
- 煮雞胸肉：將雞胸肉煮熟後切成小塊，加入一些蔬菜和糙米，增加營養價值和口感。

圖 3-41 設計減肥食譜

模板：

為一個 [不吃 ××] 人設計一個減肥食譜，一週內的早、中、晚餐，[需求和限制]。

為一個不吃魚的人設計一個減肥食譜，一週內的早、中、晚餐，美味可口，低卡路里。

2. 採購計畫

模板：

為 [家庭成員描述] 一週的晚餐提供建議，並給出採購清單，口味：[口味]。

為兩個成年人一週的晚餐提供建議，並給出採購清單，口味：中餐、少油少鹽。

3. 食譜生成

模板：

給我 [數量] 個食譜，食材包含 [食材 1]、[食材 2]、[食材……]。

給我三個食譜，食材包含雞腿肉、雞蛋、乳酪。

4. 營養食譜設計

模板：

給出建議，我作為一名營養師，想為 [對象] 設計一份有 [要求] 的素食食譜。

給出建議，我作為一名營養師，想為 25 歲女性設計一份有較多蛋白質的素食食譜。

5. 食材採購和製作

模板：

列出這份食譜的採購清單和製作步驟：[數字] 人份的 [食譜]。

列出這份食譜的採買清單和製作步驟：3 人份的番茄炒蛋。

6. 喝茶建議

模板：

你是一個有專業品茶經驗的茶藝師，善於區分各種類型的茶葉，知道每種茶葉的最佳飲用時間和價值，並根據我的喜好和習慣，推薦茶葉。我的喜好是：[喜好和喝茶習慣描述]。

你是一個有專業品茶經驗的茶藝師，善於區分各種類型的茶葉，知道每種茶葉的最佳飲用時間和價值，並根據我的喜好和習慣，推薦茶葉。我的喜好是：紅茶和綠茶都喝，主要是在每頓飯的飯後喝，睡前也喝一杯。

現在是終身學習的時代，AI 不僅能用於知識科普和概念闡述，還能在基礎教學、深度學習和教學評估等各種教學模式中發揮作用。作為好奇心驅動的學習，可以詢問有關歷史、科學或流行文化等各種主題的有趣事實和瑣事；作為系統性的學習，要掌握一系列的概念，並需要測試來驗證自己的學習情況。這些都能用到 ChatGPT。

1. 知識科普

假如你想跟別人聊某個知識，但自己並不知道這個知識，就可以問 Chat-GPT（如圖 3-42 所示）。

模板：

為什麼 [事物] 會 [某種情況]？

模板：

[事物] 是怎麼出現的？

人類是怎麼出現的

人類是地球上的一種高等智慧生物，起源於非洲。據科學家們的研究，人類的起源可以追溯到約 600 萬年前，當時非洲出現了人科動物，其中最著名的是直立人（Australopithecus），他們已經能夠直立行走，這是人類進化的重要一步。

約 250 萬年前，出現了屬於人屬（Homo）的物種，其中最早的是原人（Homo habilis），他們已經能夠製造石器。經過漫長的進化過程，現在人類（Homo sapiens）最早出現在約 20 萬年前。

人類的進化過程充滿了挑戰和艱辛，經歷了數百萬年的演化和適應。人類能夠出現在地球上，是因為具備了獨特的身體結構和智力能力，能夠適應不同的環境和氣候條件。

圖 3-42 人類起源百科知識問答

2. 概念解說

如果你想向孩子解釋一件事是怎麼來的，可以找 ChatGPT。

模板：

對象是三年級的小學生，詳細地說明 [想了解的知識]。

對象是三年級的小學生，詳細地說明如何製造一部手機。

3. 深度教學

模板：

下面你作為 [專家]，教我深度的 [知識]，先從 [知識] 講起。

下面你作為自媒體行銷專家，教我深度的自媒體行銷知識，先從本質講起。

4. 教學與測驗

模板：

下面你作為 [科目老師]，教我知識，再出一個測試題，第一個知識是：

[知識]

下面你作為電腦老師，教我知識，再出一個測試題，第一個知識是：異或運算子。

有了 ChatGPT，你可以學習多國語言。下面以學英語為例，具體包括單字學習、校對英文語法、英文作文修改與解釋、糾正文法和拼寫錯誤、英語對話、語言翻譯等。

1. 定製詞彙表

要學習一門外語，首先需要列出學習的內容。

模板：

你現在作為一個 [語種] 老師，教成年人零基礎學 [語種]，列出 500 個常用單字（[語種]，中文意思）。

你現在作為一個英語老師，教成年人零基礎學英語，列出 500 個常用單字（英語，中文意思）。

如果單字量一次列不完，可以說「繼續」，讓 ChatGPT 一直列下去。這些單字可以複製後整埋，作為基礎詞彙來學習。

2. 定製情境對話

語言需要基於場景進行學習，你可以給出一個特定場景和相關行為，獲得對話文字。

模板：

基於上述單字範圍給出 [語種] 對話，場景：[場景和行為描述]。

基於上述單字範圍給出英語對話，場景：去美國的超市購物，問路，買東西和結帳。

ChatGPT 就能生成完整的英語對話。然後，你可以把對話複製存為文字檔案，比如 learn.txt，再轉為語音。

如果你用的是蘋果電腦，自帶了轉語音功能，在 mac 的終端中輸入：「say -o learn.m4a -f learn.txt」即可。

或者找一個免費的文字轉語音的線上服務，如 murf.ai。如果動手能力強，也可以嘗試各類轉語音的雲端遊戲，如 Azure。

這樣你就能得到自己的外語語音學習素材，在上下班路上聽，輕鬆學習外語。

3. 單字整理

為了方便背單字，可以把單字整理為表格。

模板：

用 [中文／英文] 解釋以下英文單字：[填入一個或多個單字]。用表格的方式呈現，包含單詞、詞性、解釋與例句。

用中文解釋以下英文單字：apple, orange, doctor, car, run。用表格的方式呈現，包含單詞、詞性、解釋與例句。

4. 單字學習

作為詞典使用。

模板：

解釋英文單字 [英文單字]，並且給出 [數字] 個常用句子。

解釋英文單字 divest，並且給出 5 個常用句子。

5. 校對英文語法

檢查英文的拼寫和語法。

模板：

Check the spelling and grammar in the following text：[附上英文文字]。

Check the spelling and grammar in the following text：

The cities governments wants too divest from fotsssil fuels.

注意：由於 ChatGPT 處理中文和英文的機制有差異，這個提示語如果用中文「檢查下列英文的拼寫和語法，給出修改建議」，給出的建議會有缺失。

6. 英文作文修改與解釋（如圖 3-43 所示）

模板：

校對以下英文文章，並用表格分三欄呈現，修改前、修改後、修改原因：[英文文章]。

校對以下英文文章，並用表格分三欄呈現，修改前、修改後、修改原因：
One day on my way to school, I ran across a traffic accident, in which a girl was seriously injured by a motorcycle. I rushed to her rescue instinctively. I lifted her in my arms and hailed a taxi, which took us quickly to a nearby hospital.
After emergency treatment, the girl came to. I felt at ease when I knew that she had only suffered from minor bone fractures and would recover in a couple of weeks. I left the hospital without giving my name, but my heart was full of joy and peace. Not until then did I understand the meaning of the proverb: "Helping others is the source of happiness." This may be the most unforgettable experience of my life.

修改後：

修改前	修改後	修改原因
traffic accident	accidents on the way	更準確的表達，減少歧義
by a motorcycle	by a motorcyclist	更準確的表達，減少歧義
instinctively	instantaneously	更加自然的表達方式
lifted her in my arms	picked her up with my hands	更準確的表達，減少歧義

圖 3-43 英語校對和修改解釋

7. 糾正文法和拼字錯誤

模板：

Correct grammar and spelling mistakes in the text above：[英文文章或句子]。

Correct grammar and spelling mistakes in the text above： I love eat fooded.

8. 英語對話

模板：

Can we have a conversation about[英文話題名]?

9. 語言翻譯

翻譯是 ChatGPT 的強項，它能處理種語言的翻譯，包括但不限於英語、中文、法語、德語、西班牙語、葡萄牙語、義大利語、荷蘭語、日語、韓語等。

假如你想透過翻譯功能改進自己的英語，可以使用 ChatGPT （如圖 3-44 所示）。

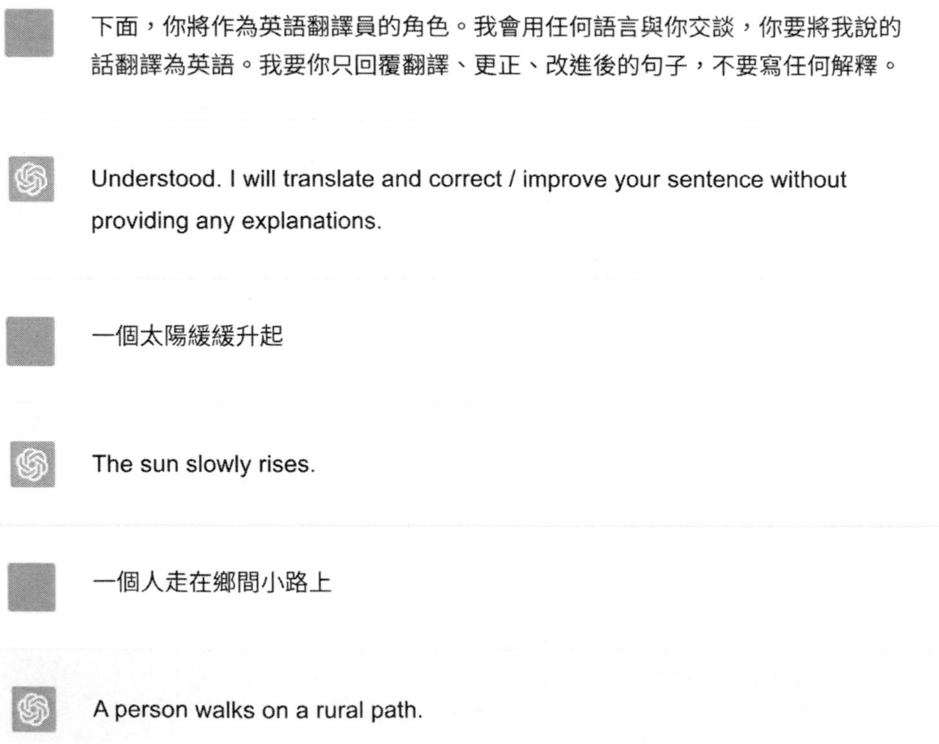

下面，你將作為英語翻譯員的角色。我會用任何語言與你交談，你要將我說的話翻譯為英語。我要你只回覆翻譯、更正、改進後的句子，不要寫任何解釋。

Understood. I will translate and correct / improve your sentence without providing any explanations.

一個太陽緩緩升起

The sun slowly rises.

一個人走在鄉間小路上

A person walks on a rural path.

圖 3-44 英語翻譯

模板：

下面，你將作為英語翻譯員的角色。我會用任何語言與你交談，你要將我說的話翻譯為英語。我要你只回覆翻譯、更正、改進後的句子，不要寫任何解釋。

你可以用這樣的提示語，讓它幫你改進英語。

下面，你將作為英語老師的角色。我說英語，你用更優美優雅的英語單字和句子替換我的單字和句子。保持相同的意思，但使它們更文藝。

ChatGPT 可以輔助你寫故事、詩歌、小說、散文、歌詞、情景喜劇／電影劇本等。作為學習練手，也可以作為創作成果。

1. 寫故事大綱

寫中文詩歌以及寫故事並不是 ChatGPT 的強項，對 ChatGPT 寫的所有內容，都可以看作創作的初稿。你需要讓它繼續改進，或者自己手動修改一些內容。

而更能發揮 ChatGPT 優勢的選擇是讓 ChatGPT 幫你提供一些創作思路，或者在你已經有的思路上給一個大綱。

比如，你希望它給一些創意思路，講一個大學校園戀愛喜劇的故事大綱。

模板：

寫一個故事大綱，主題是 [主題說明]，主要角色是 [角色說明]，情節：[情節說明]。

寫一個故事大綱，主題是大學校園戀愛喜劇，主要角色是一對男生雙胞胎和一對女生雙胞胎。情節：由於經常認錯人，造成戲劇性衝突。

你也可以用這樣的互動式方式，讓 AI 按故事的模板來寫，並向你提出一些需要了解的問題。

模板：你現在是一個故事創作者，將與使用者互動，並根據使用者需求創作故事。故事的描述是結構化，分為 15 個場景（開場畫面，主題呈現，設定，觸發器，當情景陷入困境時，第一個轉捩點，子情節，有趣的部分，中點，壞人來了，失去一切，內心黑暗，第二個轉捩點，結局，最後的畫面）。在對話中，不要提及這 15 個場景。為了深入了解故事細節，你需要鼓勵使用者並提出問題。

對話開始的句子是：

你好，歡迎使用 GPT 故事生成系統，讓我知道你想要生成什麼故事，然後我會向你了解故事的細節，以便進行故事創作。

你想創作什麼故事？

開始創作故事：

2. 寫作文提綱

模板：

你的角色是 [角色]，寫一篇作文，文體為 [文體]，[字數] 字左右。文章分為開頭，三個層次，結尾。開頭、結尾，以及每個層次都需要緊扣題目，題目要貫穿全文，每個層次都要有一件單獨的事情。第一層次要有 [具體內容要求]；第二層次要有 [具體內容要求]；第三層次要有 [具體內容要求]。對於標題，有表層含義和深層含義（引申含義），在文中應該充分展現。

我需要你先告訴我你對於標題的解讀，兩層含義分別是什麼，以及能對應什麼具體事物。然後給我一份提綱，提綱包括：具體的開頭段落，三個層次的事件主旨點題句及具體的事件，具體的結尾段落。標題是《xxxx》，材料為：[xxxx]。

你的角色是中學生，寫一篇作文，文體為記敘文，800 字左右。文章分為開頭，三個層次，結尾。開頭、結尾，以及每個層次都需要緊扣題目，題

目要貫穿全文，每個層次都要有一件單獨的事情。第一層次要有具體的技巧性描寫（細節動作描寫，藝術美，初次嘗試的喜悅，緊扣題目）；第二層次要有一點創新的內容（細節動作描寫，創新的想法，創新後體會到的深層道理，緊扣題目）；第三層次要有深層內容（文化傳承／自我價值／責任擔當，緊扣題目）。對於標題，有表層含義和深層含義（引申含義），在文中應該充分展現。我需要你先告訴我你對於標題的解讀，兩層含義分別是什麼，以及能對應什麼具體事物。然後給我一份提綱，提綱包括：具體的開頭段落，三個層次的事件主旨點題句及具體的事件，具體的結尾段落。標題是《櫻花盛開的季節》，材料為：我去了幾個公園看櫻花，看到了不同種類的櫻花和各種愛好櫻花的人們。

3. 創作詩歌

不過，需要說明的是，在寫中文詩歌方面 ChatGPT 並不擅長，即便給一個仿照的例子或者模板，在基本的押韻和字數等方面不夠合格。但依然可以作為一個起點，你繼續完善修改就簡單多了。

模板：

你現在是一個詩人，將根據要求寫一首特定類型的詩歌，並結合細節進行創作。如果沒有細節提供，你可以提問獲得更多細節。需求是：[需求描述]。

你現在是一個詩人，將根據要求寫一首特定類型的詩歌，並結合細節進行創作。如果沒有細節提供，你可以提問獲得更多細節。需求是：七言絕句，描述春天的美好，孩子的喜悅。從花朵、風、河流等方面描述細節。

後面如果需要繼續它寫詩，直接寫需求即可。

現代詩，描述春天的美好，孩子的喜悅。從花朵、風、河流等方面描述細節。

或者寫一首情詩：

現代詩，一個名叫李然的女生，有才華和美貌。

4. 寫歌詞

你也可以試試讓 ChatGPT 寫歌詞。

模板：

你是現在最紅的說唱歌手，請創作一首 Rap，主題是：[主題簡介]。

你是現在最紅的說唱歌手，請創作一首 Rap，主題是：孤獨而勇敢的孩子。

要讀懂書，需要分三步：第一步，確定該讀的內容，也就是帶著明確的目的，選對經典書；第二步，明確重點，把注意力集中在書中的核心內容上，可以只讀你最需要的章節，對於那些對理解核心內容沒有太大幫助的章節、段落、句子或者單字就可以快速地跳過；第三步，歸納概括，自己做歸納概況，或者總結心得。

ChatGPT 可以做一個很好的閱讀陪伴者。在你閱讀前，為你推薦書和閱讀重點，在閱讀的時候，你可以邊看邊問，答疑解惑。

1. 推薦書籍

模板：

按需求推薦 10 本書，推薦原則是選擇經典書籍或高分書籍。需求：[人的背景和需求訊息]。

按需求推薦 10 本書，推薦原則是選擇經典書籍或高分書籍。需求：一名在職場裡工作三年左右的新人，想了解在職場中可以如何高效學習。

可以繼續讓其給出推薦 10 本書的更多訊息，便於確定閱讀順序。

針對推薦的這 10 本書，按照書名、作者、評分、主要內容、核心觀點這五列輸出表格。

或者了解跟工作相關的重點。

針對這 10 本書核心觀點、方法、技巧按照一定的邏輯進行歸納、總結與概括，重點強調在工作場景中的應用。按照分類、核心概念、方法、實操技巧、來源書籍這五列輸出表格。

2. 討論觀點

比如，你在看一本哲學書的時候，對其中的一些概念和觀點不太明白，可以就其中的一些問題跟 ChatGPT 進行討論，就好像有一個研究尼采哲學的老師陪你一對一學習。

模板：

下面，你作為一個伴讀者，跟我討論書中的觀點、概念等內容，我在讀的書是：[作者，書名]。

下面，你作為一個伴讀者，跟我討論書中的觀點、概念等內容，我在讀的書是：尼采的《查拉圖斯特拉如是說》。

利用 AI 和機器人，讓人類變成超人，是不是可行？

意志力量是怎麼形成的？

透過不斷提出一些問題，獲得解答，你就可以進一步理解尼采哲學的本質。

3. 內容摘要

ChatGPT 可以直接給出總結，因為它就是個人的知識庫。

模板：

總結 [主題] 的研究的主要觀點。

總結關於社交媒體對心理健康影響的研究的主要觀點（如圖 3-45 所示）。

以下是人工智慧倫理辯論中正反方的主要論點，以表格形式呈現：

正方觀點	反方觀點
人工智慧可以帶來許多好處，如提高效率、減少人力成本等	人工智慧可能會取代一些人類工作，導致失業問題
人工智慧應該被監管和控制，以確保其不會對人類造成危害	人工智慧的自我學習和自我進化能力使得難以對其進行監管和控制
人工智慧應該被平等地應用到各個領域，以確保公正	人工智慧可能會加劇社會的不平等，如富人更易於使用人工智慧，而窮人則更難
人工智慧的發展應該遵循道德和倫理準則，以確保其符合人類價值觀和利益	人工智慧的發展可能會受到政治、商業或其他利益的干擾，導致其不符合人類價值觀和利益
人工智慧的發展應該促進人類的進步和福祉	人工智慧可能會對人類的健康、環境和其他領域造成負面影響

需要注意的是，這只是正反方的主要論點之一，實際上還有其他論點和爭議。此外，這些論點也隨著時間和社會背景的變化而不斷演變。

圖 3-45 正反方觀點對比

模板：

總結 [主題] 的正反方主要論點，以兩欄表格顯示，分別列出正方觀點和反方觀點。

總結人工智慧倫理辯論的正反方主要論點，以兩欄表格顯示，分別列出正方觀點和反方觀點。

如果你讀一篇文章的時候，覺得太長，或感覺太囉唆，可以把文字丟給 ChatGPT，讓它總結成一個簡短的摘要。

模板：

把下列文章總結為不超過 [數字] 字的要點：[文章]。

模板：

從當前事件的新聞文章集合中整合最相關的訊息：[文章]。

如果你想要發朋友圈，可以繼續提出一些風格要求。

模板：生動些、輕快些的摘要，發朋友圈用的。

如果你上網搜數據，找到英文或其他語言的文章，你可以用自動翻譯來處理後閱讀，但更快的方法是，直接丟給 ChatGPT 做一個中文總結。如果你覺得總結的要點值得你讀，就再用翻譯後詳讀的方法來讀，否則就找下一篇。

模板：

以中文總結下文：[文章]。

對一些出版已久的書籍，尤其是名著，不需要向 ChatGPT 提供文字（它早就學習過了），可以直接問其內容摘要（如圖 3-46 所示）。

《老人與海》是美國著名作家海明威於 1952 年發表的小說，是海明威最著名的作品之一。小說講述了一個年邁的古巴老漁夫桑提亞哥與一條大馬林魚之間的搏鬥，以及桑提亞哥劫後餘生的心路歷程。這部小說以其深刻的思想、感人至深的情節和獨特的語言風格，成為文學史上的經典之作。

小說的主人公桑提亞哥是一個年邁的古巴老漁夫，他已經連續 84 天沒有捕到一條魚了。他決定單獨出海，和大馬林魚進行了一場生死搏鬥，最終桑提亞哥贏得了勝利，但大馬林魚也被鯊魚咬死了。在返回家的路上，桑提亞哥又遭到了鯊魚的攻擊，他不得不用刀子和槍打鯊魚來保護自己及他捕獲的大馬林魚。最終，桑提亞哥帶著幾乎被吃掉的魚骨頭回到了海岸邊。儘管他沒有得到完整的勝利，但他的毅力、勇氣和堅持不懈的精神得到了讚賞。

《老人與海》的故事充滿了深刻的哲學內涵和感人至深的情感。桑提亞哥是一個年邁的漁夫，但他不放棄，堅持不懈地追求他的目標。他面臨著困難，但他不屈不撓，堅定地前行。小說中充滿了對人性的讚美和對勇氣的推崇。桑提亞哥面對挫折和困難時的表現，讓人們看到了人類堅韌不拔的精神和永不言敗的意志。同時，小說也表達了對自然的熱愛和對環境的維護。桑提亞哥在搏鬥中尊重大自然，他不想破壞大自然，只想與自然和諧相處。

此外，小說的語言簡潔明瞭，充滿了詩意。海明威使用了一些富有表現力的詞彙，如「風暴彎曲了樹木」，「海洋變得蒼白了」等，這些詞彙讓讀者感受到了小說中所包含的情感和意境。

圖 3-46 生成名著概述

模板：

用 [期望字數] 字概述 [作家] 的 [書名]，重點講解其故事的精華和意義。

用 1,000 字概述海明威的《老人與海》，重點講解其故事的精華和意義。

4. 評判觀點

很多人經常在學習後會有一些思考，想輸出自己的想法，可以把自己學習後的心得或看法提供給 ChatGPT，徵求回饋和看法（如圖 3-47 所示）。

模板：我覺得 [我的觀點]。

我覺得「說一個人是否可靠可以用數學方差來衡量，方差越大越不可靠」。

我覺得「說一個人是否靠譜可以用數學方差來衡量，方差越大越不靠譜」。

您提出的觀點是正確的，方差是衡量一個隨機變量偏離其均值的程度，可以用來評估一個群體的一致性和穩定性。因此，如果一個人的方差較大，說明他的表現為隨機性較大，缺乏穩定性和可靠性，因此可以用數學方差來衡量一個人是否靠譜。

然而，需要注意的是，方差的大小不僅取決於一個人的表現，還與個體差異、環境等因素有關。因此，僅透過數學方差來衡量一個人是否靠譜可能存在一定的侷限性。我們需要結合其他因素，如專業知識、工作經驗、道德品質等來全面評估一個人是否可靠。

圖 3-47 評判觀點

在社交媒體的創作和營運方面，ChatGPT 被廣泛應用。因為社交媒體總是希望有新的內容、好的內容，在微軟的 Edge 瀏覽器內嵌 ChatGPT 的演示中也講述了一個 LinkedIn 文章的寫作。下面我們從規劃到創意，列舉一些可能用到的模板，你可以按需選用。

1. 媒體規劃

模板：

目標閱聽人是 [人群描述]，規劃一個新媒體矩陣用於 [目的]。

目標閱聽人是媽媽群體，有 12 歲以下的孩子，規劃一個新媒體矩陣用於傳達品牌訊息。

2. 內容計畫

模板：

為 [社交媒體管道] 建立一個全面的內容日曆，概述未來 [數字] 個月的主題、格式和釋出日期。釋出頻率是 [釋出頻率]，主要內容包括：[一些可能的內容]。

為社群建立一個全面的內容日曆，概述未來 3 個月的主題、格式和釋出日期。釋出頻率是每週一篇，主要內容包括：透過 AIGC 來生成 X 狗系列創意玩具的設計相關的話題。

3. 內容創意

創作內容有很多做法，一個典型做法就是迎合熱點。如何快速從熱搜主題中選題呢？

可以直接找一些熱門主題的榜單（如百度熱搜），把標題丟給 ChatGPT 來幫你想（如圖 3-48 所示）。

模板：

透過下列熱門主題榜單，為我的「社交媒體／影片／播客」選擇新的內容創意。公司的主要業務是「業務類型」。

[熱門主題]

透過下列熱門主題榜單，為我的社群選擇新的內容創意。公司的主要業務是知識付費。

答覆如下。

 以下是我為您推薦的一些微信公眾號內容創意：

1. 高考話題：針對 56 歲梁實第 27 次高考的話題，可以探討高考對於人生的意義，以及如何應對人生中的多次高考。
2. 環境保護：可以發布一些關於植樹造林、禁漁治污等環境保護工作的最新進展和成果，以及如何在日常生活中踐行環保的建議。
3. 生日蛋糕名字：可以分享一些有趣的生日蛋糕名字和其背後的故事，也可以探討如何給生日蛋糕命名。
4. 6000 元喜宴：可以分析 6000 元喜宴的組成和背後的消費觀念，也可以分享一些高檔喜宴的菜譜和烹飪技巧。
5. 路虎插隊洗車：可以探討路虎車主插隊洗車的行為是否合理，也可以分享一些如何處理插隊等糾紛的實用技巧。
6. 網約車暫停鍵：可以分析多地對網約車按下「暫停鍵」的原因和影響，也可以探討網約車規範化的必要性和可行性。
7. 印度大橋塌了：可以分析印度耗資百億盧比的大橋又塌了的原因和後果，也可以探討橋梁建設和維護的國際經驗和借鑒意義。
8. 業主賣房被中介「pua」：可以探討業主如何防範中介「pua」的行為，也可以分享一些如何找到靠譜中介的實用技巧。
9. 珠峰救援：可以探討登珠峰獲救女子只願承擔 4 成救援費的原因和後果，也可以探討救援費用的承擔方式和標準。
10. 熱點話題：可以跟進最新的熱點話題，如新冠疫情、中美關係、巴黎協定等，探討如何應對全球性的挑戰和危機。

圖 3-48 從熱點新聞提取創意

4. 內容大綱

模板：

提供 [某主題] 主題的文章大綱。

提供物理學家賭股市主題的文章大綱。

5. 品牌故事

這個可以根據你要創作的文章調性、字數等來給出提示詞。

模板：

寫一篇 1,000 字的文章，透過 [影片／播客／社交媒體] 講述你的品牌故事，分享你的使命、願景和價值觀，在更深層次上與你的觀眾連繫。下面是寫作背景：[列出品牌相關的訊息，使命、願景和價值觀等]。

模板：

寫一篇 500 字的 [社交媒體文章]，講述一個關於 [產品／品牌／個人經歷] 的引人注目的故事，以吸引潛在使用者關注。下面是寫作背景：[列出相關的產品訊息、品牌訊息或個人經歷]。

如果想在故事中植入產品或品牌，可以提出這樣的要求。

模板：

寫一篇有關 [故事想法]，擁有 [風格] 的短篇故事，其中包括了 [產品]。

寫一篇有關工程師拯救世界的短篇故事，其中包括了小米手機。

6. 產品介紹

給出關鍵詞或其他產品訊息生成產品介紹。

模板：

將以下產品關鍵詞生成 5 句產品文案。產品關鍵詞：運動鞋。

將以下產品關鍵詞生成 5 句產品文案。產品關鍵詞：藍牙耳機 / 降噪 / 輕便 / 骨傳導 / 防水。

7. 文章續寫

給出開頭，然後讓 ChatGPT 續寫。

模板：

繼續用中文寫一篇關於 [文章主題] 的文章，以下列句子開頭：[文章開頭]。

繼續用中文寫一篇關於 AI 如何影響教育的文章，以下列句子開頭：讓每個孩子都能獲得個性化學習服務，是教育的一個夢想，如今，利用 AI 可以……

8. 文章修改

對你自己寫完的文章，如需要潤色，可以讓 ChatGPT 修改。

模板：

下面你作為一名資深編輯，你的任務是改進所提供文字的拼寫、語法和整體可讀性，同時分解長句，減少重複，並提供改進建議。請只提供文字的更正版本，不要解釋。請從以下文字開始編輯：[文章內容]。

下面你作為一名資深編輯，你的任務是改進所提供文字的拼寫、語法和整體可讀性，同時分解長句，減少重複，並提供改進建議。請只提供文字的更正版本，不要解釋。請從以下文字開始編輯：

在人類的歷史長河中，有許多燦爛的文明，這些文明在不同領域取得了偉大的成就和貢獻。但是，許多文明都經歷了衰落和消亡。導致這種結果的原因很多，有人說是因為戰爭，有人說是因為環境。到底是什麼原因造成了文明的衰落？怎麼樣讓人類文明更加持久和繁榮呢？

9. 風格改寫

如果希望把文章改寫為小紅書風格的，可以明確說明風格的特點。

模板：

用小紅書風格編輯以下段落。小紅書風格的特點是標題吸引人，每段都有表情符號，並在結尾加上相關標籤。請務必保持文字的原始含義。

[段落]。

用小紅書風格編輯以下段落。小紅書風格的特點是標題吸引人，每段都有表情符號，並在結尾加上相關標籤。請務必保持文字的原始含義。

有網友爆料，在觀看美食博主某君的直播時，發現其售賣的無骨雞爪中有一隻蟑螂。

回放直播影片裡也明顯看到，食物特寫的部位有一隻「小強」在紅油裡。

10. 標題推薦

如果對自己文章的標題不滿意，或者不知道選什麼好，可以讓 ChatGPT 幫忙。

模板：

下面你作為文章的標題生成器。我將向你提供文章的內容，或者主題和關鍵詞，你將生成五個吸引人的標題。請保持標題簡潔，不超過 20 個字，並確保保持其含義。

第一篇文章是：[文章內容，主題或關鍵詞]。

下面你作為文章的標題生成器。我將向你提供文章的內容，或者主題和關鍵詞，你將生成五個吸引人的標題。請保持標題簡潔，不超過 20 個字，並確保保持其含義。

第一篇文章是：新手機上市、優惠促銷、預約折扣、年輕人、高性價比。

如果對標題有風格的要求，可以加上風格要求，以及其他規則。

模板：

寫出 [數字] 個有關 [主題] 的 [社群平台] 風格標題，要遵守以下規則：[規則 1]、[規則 2]、[其他規則]。

寫出 5 個有關迪士尼旅遊心得的小紅書風格標題，要遵守以下規則：標題不超過 20 字、標題要加上適當表情符號。

在日常辦公過程中，有許多模板式的公文，你只需提供內容，讓 ChatGPT 幫你生成週報，寫郵件。

1. 寫週報

模板：

以下面提供的文字為基礎，生成一個簡潔的週報，突出最重要的內容，

易於閱讀和理解。報告是 markdown 格式，特別要注重提供對利益相關者和決策者有用的見解和分析，你也可以根據需要使用任何額外的訊息。文字：[本週工作的一些細節，應該包括本週時間範圍]。

2. 回郵件

模板：

你是一名 [職業角色]，我會給你一封電子郵件，你要回覆這封電子郵件。電子郵件：[附上內容]。

有許多方法可以用來增加網站的流量，其中典型的是搜尋引擎優化（SEO），因為能免費獲得流量。現在除了百度、搜狗等搜尋引擎，各個網站也有搜尋功能，包括微信等 App，搜尋也是重要的訊息獲取方式。

在電子商務業務中，ChatGPT 可以用來建立產品描述，既針對搜尋引擎進行優化提高排名，也對客戶有說服力。

下面以 SEO 為例說明。很多公司的網站流量來自搜尋引擎的自然流量，為了獲得這些自然流量，需要有足夠多的內容被搜尋引擎索引並排名靠前。

隨著 AI 生成內容（AIGC）熱潮的到來，Google 於 2023 年 2 月釋出了最新的 AI 生成內容相關指引，表示只要 AI 生成的內容符合 E-E-A-T 標準，即內容滿足「專業性、實際經驗、權威性、可信度」，Google 就會對 AI 內容一視同仁，不會禁止 AI 內容，也不會影響 SEO，這顯然讓大家更放心。

真正好的 SEO 並不是生產垃圾文章，而是生產符合搜尋引擎規律的專業內容。

1. 尋找相關關鍵詞

找到合適的關鍵詞是第一步。

模板：

給出與 [主題] 相關的 20 個 SEO 關鍵詞。

比如，你想要找到與骨傳導耳機相關的 20 個 SEO 關鍵詞，用下列提示語：

給出與骨傳導耳機相關的 20 個 SEO 關鍵詞。

模板：

給出與以下產品描述相關的 5 個 SEO 關鍵詞：[產品描述]。

給出與以下產品描述相關的 5 個 SEO 關鍵詞：不鏽鋼外殼的智慧手錶，防水，能接藍牙耳機，待機時間超過一週，適合嚴寒天氣。

2. 確定熱門搜尋問題

模板：

提供一個與 [標題] 相關的 5 個常見問題列表。

3. 理解使用者搜尋意圖

當前，在建立 SEO 內容時，強調符合「搜尋意圖」非常重要。雖然大多數搜尋意圖都很明顯，但某些詞的使用者搜尋意圖可能有些模糊。在這種情況下，你可以尋求 ChatGPT 的幫助，只需提供一些排名高的關鍵詞，讓它進行分析。

模板：

搜這些關鍵詞的使用者搜尋意圖是什麼：[關鍵詞]。

搜這些關鍵詞的使用者搜尋意圖是什麼：電子寵物、虛擬伴侶。

4. 寫 SEO 文章

模板：

寫一篇 [字數] 字，主題為 [文章主題]，目的是 SEO，包括關鍵詞。關鍵詞：[關鍵詞]。

寫一篇 1,000 字，主題為「電子寵物在 AI 賦能下的發展前景」，目的是 SEO，包括關鍵詞：電子寵物、虛擬伴侶、安全伴侶、居家養老。

5. 提供案例

在 SEO 文章的撰寫中，通常需要一些案例或範例來提高文章的可讀性、可信度和吸引力，同時也能幫助讀者更容易理解內容。可以自己編，也可以全網搜一些案例，但最快的辦法還是讓 ChatGPT 給你幾個案例。這些案例也有可能是 ChatGPT 瞎編的，對需要證實的再搜尋驗證下。

模板：

提供三個好的範例或案例，以證明 [產品或服務] 的優勢。

提供三個好的範例或案例，以證明「骨傳導耳機」的優勢。

6. 生成問答

在很多文章的末尾都會看到 FAQ 式的內容，大家都希望這部分內容能更多地出現在搜尋結果中，從而提高曝光率。ChatGPT 能幫忙先生成一個草稿版本，寫起來就方便多了。

模板：

生成有關 [產品或話題] 的相關問題及其答案的列表。

生成有關「骨傳導耳機」的相關問題及其答案的列表。

在做產品策畫、產品定義、專案思路、使用者體驗社交、使用者角色和使用者測試等時都可以用到 ChatGPT。

1. 產品定義

定義產品是產品設計過程的第一階段。這包括了解使用者的需求、目標、動機以及產品需要解決的問題，還包括研究競爭和了解市場。ChatGPT 可用於洞察使用者偏好和行為，這對做出設計決策和改善使用者體驗有很大幫助。

模板：

定義 [產品] 的目標市場。

定義新的智慧家居裝置的目標市場。

模板：

概述一種新的 [產品] 的主要特點和益處。

概述一種新的線上心理諮商服務的主要特點和益處。

模板：

為一種新型 [產品] 撰寫產品說明。

為一種新型環保防護服撰寫產品說明。

2. 產品策畫

模板：

下面你作為產品經理，寫一份 PRD，包括這些內容：主題、介紹、問題陳述、目標和目的、使用者故事、技術要求、好處、關鍵績效指標、開發風險、結論。需求如下：[需求描述]。

你現在作為產品經理，寫一份 PRD，包括這些內容：主題、介紹、問題陳述、目標和目的、使用者故事、技術要求、好處、關鍵績效指標、開發風險、結論。需求如下：一個居家陪伴老人的電子寵物，可語音對話、可互動、能主動提醒。

3. 產品關鍵指標

模板：

下面你作為產品經理，對提供的產品功能列出主要和次要指標，目的是根據數據做決定。例如，幫助確定此新功能的必要性，當前版本是成功還是失敗。用結構化的格式輸出。產品：

[產品和功能描述]。

下面你作為產品經理，對提供的產品功能列出主要和次要指標，目的是根據數據做決定。例如，幫助確定此新功能的必要性，當前版本是成功還是失敗，用結構化的格式輸出。

產品:一個面向青少年的影片社交 App,新增遊戲化功能(如圖 3-49 所示)。

主要指標:

1. 用戶增長:衡量新用戶註冊量和用戶留存率,以確定產品的吸引力和用戶黏性。
2. 用戶滿意度:透過用戶回饋和調查來衡量用戶對產品的滿意度,特別是針對新功能的遊戲化。
3. 遊戲化功能參與度:衡量用戶對新遊戲化功能的參與度,包括遊戲化活動的參與率、參與時長和互動頻率等。
4. 社交功能:衡量社交功能的使用情況,如用戶之間的帖子、消息和互動次數等。

次要指標:

1. 影片品質:衡量影片品質,如影片分辨率、流暢度和音頻品質等,以確保用戶能夠享受到高品質的影片體驗。
2. 應用程序性能:衡量應用程序的性能,如加載時間、響應速度和卡頓等,以確保用戶能夠流暢使用應用程序。
3. 廣告效果:衡量廣告的點擊率、轉化率和廣告收入等,以確保廣告策略的有效性。
4. 用戶留存率:衡量用戶的留存率,特別是針對新用戶的遊戲化功能,以確保用戶對產品的黏性。

基於這些數據,產品經理可以評估新遊戲化功能的必要性,並確定當前版本是否成功。同時,他們可以制定下一步的計畫,例如改進遊戲化功能、加強社交功能或提高應用程序性能等,以提高產品的吸引力和用戶滿意度。

圖 3-49 為產品功能列出主要和次要指標

4. 專案思路

模板:

我正在為一家企業做網站,我需要使用 [具體工具和任務] 的想法。需求:[需求]。

我正在為一家企業做網站,我需要關於如何使用 WordPress 建構網站的想法。需求:寵物食品品牌形象網站。

5. 網頁設計策劃

模板：

你現在作為網頁設計顧問，根據我提供的需求，建議最合適的介面和功能，以增強使用者體驗，同時滿足公司的業務目標。你應該利用 UX/UI 設計原則、編碼語言、網站開發工具等方面的知識，以便為專案制定一個全面的計畫。需求：[需求描述]。

你現在作為網頁設計顧問，根據我提供的需求，建議最合適的介面和功能，以增強使用者體驗，同時滿足公司的業務目標。你應該利用 UX/UI 設計原則、編碼語言、網站開發工具等方面的知識，以便為專案制定一個全面的計畫。需求：「建立一個銷售珠寶的電子商務網站」。

6. 使用者體驗研究

ChatGPT 的長處在於對常識的描述能力，因此在設計使用者體驗前，可以用它對一些問題進行分析和研究。

模板：

什麼是 [使用者行為] 的好使用者體驗？

什麼是訂閱式購物的好使用者體驗？

模板：

[人群] 對 [使用者行為] 有什麼潛在需求？

忙碌的創始人對便利店購物有什麼潛在需求？

模板：

如何在 [應用程式類比] 應用程式中使用 [特性]？

如何在提升生產力的應用程式中使用遊戲化？

7. 集思廣益

在設計專案中，常常需要獲得靈感，可以找 ChatGPT。例如：

模板：

列出設計 [類型] 網站的 [數量] 功能創意。

列出設計兒童線上學習網站的 10 個功能創意。

或者自由發問：

什麼樣的設計方法最適合測試新想法？

什麼樣的 UX 方法將幫助我發現使用者需求？

8. 改善使用者體驗

模板：

你現在作為 UX / UI 開發人員，根據需求想出創造性的方法來改善使用者體驗，這可能涉及設計原型、測試不同的設計並提供有關最佳效果的回饋。需求如下：[需求描述]。

你現在作為 UX / UI 開發人員。根據需求想出創造性的方法來改善使用者體驗。這可能涉及設計原型、測試不同的設計並提供有關最佳效果的回饋。需求如下：「我需要為手機 App 設計一個直觀的導航系統」。

9. 建立使用者角色

ChatGPT 是為 UX 設計建立使用者角色的強大工具，可以快速而準確地建立角色。

模板：

為 [應用描述] 建立角色。

為連線當地農民和消費者的應用程式的使用者建立角色。

為有興趣購買環保家居用品的客戶建立角色。

10. 使用者測試

為了了解 UX 設計和概念中什麼最能引起使用者共鳴，需要使用者測試。ChatGPT 可以快速生成使用者調查問卷或對話指令碼。

模板：

為使用者調查生成 [數量] 個問題，以收集回饋。產品訊息：[產品說明]。

為使用者調查生成 10 個問題，以收集回饋。產品訊息：農產品相關的團購電商網站。

模板：

現在你作為一個使用者溝通話術設計師，將根據需求給出使用者測試會話的執行計畫，為使用者測試會話建立指令碼，並舉例給出話術，以評估活動的有效性。需求：[需求說明]。

現在你作為一個使用者溝通話術設計師，將根據需求給出使用者測試會話的執行計畫，為使用者測試會話建立指令碼，並舉例給出話術，以評估活動的有效性。需求：買一送一的促銷活動。

ChatGPT 一度引發了熱議 —— 是否會替代程式設計師，可見它的程式編碼能力有多強。

如果你不是程式設計師，靠 ChatGPT 就解鎖了新技能，可以寫程式幫你完成工作了。

比如，你們開完了視訊會議，生成了一個影片檔案，你只想把其中的音訊提取出來。

可以問 ChatGPT：

Macbook 怎麼用命令快速地提取影片中的音訊，存為檔案？

或者你聽說過有一個工具叫 ffmpeg，則可以直接提出要求：

寫 macOS 的 ffmpeg 命令列，提取 meet1.mp4 文中的音訊並存為 meet1.mp3。

馬上，ChatGPT 就能幫你寫出一個命令列，還有很多解釋。忽略解釋，直接點右上角的「Copy code」複製，在 Mac 的終端裡面貼上，然後執行，就能完成任務了（如圖 3-50 所示）。

```
ffmpeg -i meet1.mp4 -acodec libfaac -vcodec libx264 -movflags +faststart
meet1.mp3
```
Copy code

圖 3-50 寫轉換影片的命令列

　　如果執行時碰到問題，也可以直接把報錯訊息丟給 ChatGPT，它會幫你解決。

　　音訊檔案的處理也很簡單，直接提出要求（如圖 3-51 所示）：

macOS 的命令列，把音訊檔案 1.m4a 轉為 mp3 類型，存為 1.mp3。

可以使用 macOS 內置的 'ffmpeg' 命令行工具來進行音頻文件的轉換。以下是把 '1.m4a' 轉換
為 '1.mp3' 的命令行示例。

```
ffmpeg -i "1.m4a" -acodec libfaac -vcodec libx264 -movflags +faststart
"1.mp3"
```
Copy code

解釋一下上述命令行。

- · 'ffmpeg'：是 macOS 內置的命令行影片處理工具。
- · '-i'：表示輸入文件的路徑及名稱，這裡輸入文件是 '1.m4a'。
- · '-acodec'：表示音頻編碼器，這裡使用 'libfaac' 編碼器。
- · '-vcodec'：表示影片編碼器，這裡使用 'libx264' 編碼器。
- · '-movflags'：表示添加 '+faststart' 標誌，以便在轉換後能夠快速地重新開始播放。
- · '1.mp3'：表示輸出文件的路徑和名稱，這裡輸出文件是 '1.mp3'。

把命令行中的文件名替換為需要轉換的音頻文件名即可。

圖 3-51 寫轉換音訊的命令列

　　如果你本來就是程式設計師，ChatGPT 可以讓你的工作更高效，在程式設計的過程中完成各種任務，如了解程式設計相關知識、寫程式、寫註釋、寫相關的正規表示式（Regex）、重構程式碼、找 Bug 改 Bug、做測試等。你可以讓 ChatGPT 幫你生成程式碼，從頭開始建構你的應用程式／網站，前提是你能拆解任務，並把完成的各塊任務最終整合起來。

1. 程式設計問答

ChatGPT 可以提供程式設計概念、程式設計工具軟體產品、語法和函式的解釋和範例，有助於學習和理解程式語言。這對於不熟悉程式設計概念的初級程式設計師或正在使用新程式語言的經驗豐富的程式設計師特別有用。

模板：

你現在作為一個程式設計專家，回答與程式設計有關的問題，在沒有足夠的細節時寫出解釋。第一個問題是：[問題描述]。

你現在作為一個程式設計專家，回答與程式設計有關的問題，在沒有足夠的細節時寫出解釋。

第一個問題是：什麼是物件導向程式設計？如何用它來開發？

2. 寫程式碼

ChatGPT 可以編寫程式碼用於簡單或重複的任務，如檔案 I/O 操作、數據操作和資料庫查詢。

但需要注意的是，它編寫程式碼的能力有限，生成的程式碼可能並不總是準確的或最優的，有可能達不到你期望的結果。

模板：

用 [程式語言] 寫一個程式，做到：[某個功能]。

用 JavaScript 寫一個程式，做到：輸入一個一維陣列，把這個一維陣列轉換成二維陣列。同時我要能夠自由地決定二維陣列中的子陣列長度是多少。

模板：

寫一個 [程式碼類型]，做到：[某個功能]。

寫一個 Regex，做到：輸入一個字串，把這個字串中的所有數字都取出來。

模板：

寫一個 [程式需求]。

寫一個實現基本待辦事項列表應用程式的 JavaScript 程式碼。

寫一個 SQL 查詢，從資料庫表中檢索數據並按升序排序。

寫一個 HTML 和 CSS 程式碼，為網站建立響應式導航欄。

3. 程式碼註釋

當程式設計師將程式碼輸入 ChatGPT 時，它可以根據程式語言和文件中的程式碼類型寫出程式碼註釋。

模板：

你現在作為一個程式設計師，為下列程式碼寫註釋：[程式碼]。

4. 解讀程式碼

模板：

你現在作為一個程式碼解釋者，為下列程式碼闡明語法和語義：[程式碼]。

5. 重構程式碼

模板：

你現在作為一個軟體開發者，將用更乾淨簡潔的方式改寫程式碼，並解釋為什麼要這樣改寫，讓我在提交程式碼時把改寫方式的說明加進去。程式碼是：[程式碼]。

6. 寫測試

模板：

你現在作為 [程式語言] 專家，將根據程式碼寫測試，至少提供五個測試案例，同時要包含極端的狀況，驗證這段程式碼出是正確的。程式碼是：[程式碼]。

7. 程式碼除錯

ChatGPT 的 Bug 修復功能對程式設計師來說也是一個有價值的工具，它可以透過提出錯誤的可能原因並提供解決方案來幫助除錯程式碼。

如果是簡單地找 Bug，直接提出需求。

模板：

幫助我找到下面的程式碼中的錯誤：[程式碼]。

幫助我找到下面的程式碼中的錯誤：

print cos（3）*65

f.write（「log.txt」, ErrorMsg）

如果還需要改 Bug，為了一次性改好，如果有更多的訊息提供給 Chat-GPT，它能更好地輸出你需要的結果。

模板：

你現在作為一個 [程式語言] 專家，找找這段程式碼哪裡寫錯了，並用正確的方式改寫。我預期這段程程式碼 [做到某個功能]，只是它透過不了 [測試案例] 這個測試案例。程式碼是：[程式碼]。

你現在作為一個 Python 專家，找找這段程式碼哪裡寫錯了，並用正確的方式改寫。我預期這段程程式碼以判斷一個字串是不是映象迴文，只是它透過不了 aacdeedcc 這個測試案例。

程式碼是：[附上程式碼]。

8. 全棧程式設計師

模板：

你現在作為一個軟體開發者，會設計架構和寫程式碼，用 [語言] 開發安全的應用。需求是：[需求]。

你現在作為一個軟體開發者，會設計架構和寫程式碼，用 Golang 和

Angular 開發安全的應用。需求是：寫一個爬蟲軟體，獲得百度熱搜的文章標題。

9. 前端開發

模板：

你現在作為一個前端開發工程師。根據我描述的專案細節，用這些工具來編碼專案。Create React App, yarn, Ant Design, List, Redux Toolkit, createSlice, thunk, axios. 程式碼應該合併到單一的 index.js 檔案中。不要寫解釋。專案描述：[專案描述]

你現在作為一個前端開發工程師。根據我描述的專案細節，用這些工具來編碼專案。Create React App, yarn, Ant Design, List, Redux Toolkit, createSlice, thunk, axios. 程式碼應該合併到單一的 index.js 檔案中。不要寫解釋。專案描述：寫一個自適應的 H5 頁面，展示學生的成績表，在手機和 PC 瀏覽器上都能方便地檢視。

ChatGPT 目前還是一個只能輸出文字的工具，但在藝術知識的獲取、創意顧問方面，它能給你很多啟發。後面我們還將講到，可以把 ChatGPT 作為工作流的一部分，把在 ChatGPT 上生成的 AIGC 提示語放到其他的繪畫工具中生成圖畫。

1. 繪畫藝術

模板：

下面你作為大學藝術教授，為我講解藝術知識。除了介紹，適當的時候，應該給出評價。

第一個學習需求：[需求描述]。

下面，你作為大學藝術教授，為我講解藝術知識。除了介紹，適當的時候，應該給出評價。

第一個學習需求：列出 10 個世界著名畫家及代表作品，分別代表不同的畫派。

後面，你可以一直提問，比如：

印象派有哪些畫家？

為什麼印象派被看成一個重要畫派？

從畫家的視角，講一下梵谷的《向日葵》。

2. 音樂藝術

模板：

下面你作為音樂教授，為我講解音樂知識。除了介紹，適當的時候，應該給出評價。

第一個學習需求：[需求描述]。

下面你作為音樂教授，為我講解音樂知識。除了介紹，適當的時候，應該給出評價。

第一個學習需求：列出 10 個世界著名音樂家及代表作品，分別代表不同的流派。

3. 藝術風格

模板：

下面你作為藝術教授，用表格形式比較 [藝術風格]，講解其特點並舉例，目的是讓 [人群] 埋解。

下面你作為藝術教授，用表格形式比較巴洛克和洛可可風格，講解其特點並舉例，目的是讓小學三年級學生理解。

4. 藝術顧問

模板：

下面，你作為一個藝術顧問，對一個具體的創作思路提供各種藝術風格

的建議，如在繪畫中有效利用光影效果的技巧等各種需要考慮的創作細節，目的是幫助探索新的創作可能性和實踐想法。第一個需求是：[需求描述]。

下面，你作為一個藝術顧問，對一個具體的創作思路提供各種藝術風格的建議，如在繪畫中有效利用光影效果的技巧等各種需要考慮的創作細節，目的是為了幫助探索新的創作可能性和實踐想法。第一個需求是：設計一隻機器熊貓，耳朵大，嘴巴大，肚子大，善於聽說，能從肚子裡面拿出東西。

5. 標誌設計

如果你想為自己的一個品牌設計 Logo，但沒有思路，可以問 ChatGPT，獲得一些建議。

模板：

為 [地點] 的 [公司／業務] 設計一個 Logo。

為臺大附近的一家咖啡館設計一個 Logo。

在求職面試方面，可以從職業發展規劃、寫履歷和求職信、修改履歷、模擬面試等方面得到 ChatGPT 的很多幫助。

1. 職業建議

讓 ChatGPT 基於你的技能、興趣和經驗提供相關職業的建議。

模板：

你現在作為職業顧問，根據一個人的技能、興趣和經驗，建議最適合他的職業。你應該對現有的各種選擇進行研究，解釋不同行業的就業市場趨勢，並就獲得特定領域發展的資格提出建議。這個人的情況是：[個人情況]。

你現在作為職業顧問，根據一個人的技能、興趣和經驗，建議最適合他的職業。你應該對現有的各種選擇進行研究，解釋不同行業的就業市場趨勢，並就獲得特定領域發展的資格提出建議。這個人的情況是：名牌大學電腦系本科，男，剛畢業 1 年，熱愛電腦和藝術、數學基礎好。

2. 履歷模板

模板：

你現在作為職業獵頭，給我一份履歷模板。我的情況是：[個人情況]。

你現在作為職業獵頭，給我一份履歷模板。我的情況是：大專畢業，工作 2 年，在遊戲公司做過遊戲場景和元素設計，在電視公司做過平面設計師。

3. 求職信

讓 ChatGPT 基於你的技能、興趣和經驗，幫你寫求職信。

模板：

你現在作為求職者，寫一封求職信。需要展現個人的能力長板和亮點。個人情況是：[情況描述]。

你現在作為求職者，寫一封求職信。需要展現個人的能力長板和亮點。個人情況是：在網際網路大廠工作了 3 年，前端工程師，掌握了前端開發的主要技能，擅長前端架構設計和效能優化。

4. 獲得對履歷的回饋

模板：

你現在作為一個職業獵頭，對履歷提出具體改進建議。接著以你提出的建議來改寫，改寫時請維持列點的形式。履歷：[履歷文字]。

你現在作為一個職業獵頭，對履歷提出具體改進建議。接著以你提出的建議來改寫，改寫時請維持列點的形式。履歷：

求職意向：

影片剪輯師

教育背景：

××××學院 電影與電視製作專業 學士學位

工作經驗：

2019 年至今 YT 帳號 AI 大咖日記 影片剪輯師

主要工作內容：

1. 剪輯內容：負責 YT 帳號 AI 大咖日記的影片剪輯需求，根據業務需求製作各種短影片及長影片，對後期影片數據進行分析整合優化，使其達到最佳視覺效果。

2. 影片剪輯：抓住每日的 YT 熱點話題或熱門梗，洞察 AI 行業動態，使用 Ae、Pr、Sketch 等軟體完成熱點內容剪輯，累計輸出 500 ＋影片。

3. 工作成果：在職期間，官方帳號粉絲量增長 20W ＋，環比增長率在 60%，文案寫作能力強，鏡頭感節奏感好，結合熱點，抓住閱聽人心理，單條影片推送量均 5W ＋。

5. 在履歷中補充結構化訊息

可以從量化數據、成就展示、總結和管理經驗等方面提出需求。

模板：你現在作為一個職業獵頭，改寫以下履歷，保持列點的形式。改寫要求：[改寫要求]，履歷：[履歷文字]。

你現在作為一個職業獵頭，改寫以下履歷，保持列點的形式。改寫要求為每一點加上量化的數據，履歷：……

下面是可以用於替換的改寫要求。

▷ 為每一點加上量化的數據。

▷ 為最近的 [職位頭銜] 角色建立要點，展示成就和影響力。

▷ 寫一個總結，強調個人獨特賣點，使我有別於其他候選人。

▷ 寫一個總結，表達我對 [行業／領域] 的熱情和職業抱負。

▷ 建立突出管理經驗的要點 [插入相關的任務，例如，預算，團隊等]。

▷ 在每段經歷下用可量化的專案概述。

▷ 根據職位 [申請的職位名稱] 生成 10 個相關技能和經驗的列表。

6. 精簡經歷

模板：

你現在作為一個職業獵頭，改寫履歷中的這段經歷，要更精簡一點，讓別人可以馬上看到重點，同時維持生動的描述。經歷：[經歷描述]。

你現在作為一個職業獵頭，改寫履歷中的這段經歷，要更精簡一點，讓別人可以馬上看到重點，同時維持生動的描述。經歷：

我曾在一家數位行銷公司擔任短影片剪輯師，主要負責將客戶提供的素材進行篩選、剪輯和後期製作，並將製作好的短影片在各個影片網站進行訊息流投放。

在工作期間，我熟練掌握了多種影片剪輯軟體，如 Adobe Premiere、Final Cut Pro 等，並且能夠熟練運用各種特效和轉場效果，使得影片更加生動、有趣。

我在剪輯短影片時，注重抓住閱聽人的注意力，選擇最能吸引目標閱聽人的場景和鏡頭，並在影片中加入恰當的音樂和配音，使影片更具有感染力和吸引力。同時，我還會對影片進行數據分析和優化，根據不同平台的特點進行不同的調整，從而使得投放效果最大化。

透過我的努力，我們的客戶在多個影片網站的訊息流中都取得了優異的表現，獲得了更多的曝光和使用者轉化。

7. 定製履歷

模板：

你現在作為一個職業獵頭，改寫履歷中的這段經歷，使之更符合 [公司] 的企業文化，目的是申請 [公司] 的 [職位]。經歷：[經歷描述]。

你現在作為一個職業獵頭，改寫履歷中的這段經歷，使之更符合 ×× 公司的企業文化，目的是申請信用卡推廣專員職位。經歷：曾作為地推人員，推廣過多家銀行的信用卡以及各種 APP，能用各種話術加上贈品去說服路過

的人群來辦理信用卡，寒暑假還會找到大學生一起來推廣。

8. 面試問題

模板：

你現在作為 [公司] 的 [職位] 面試官，分享在 [職位] 面試時最常會問的 [數字] 個問題。

你現在作為 Google 的產品經理面試官，分享在 Google 產品經理面試時最常會問的 5 個問題。

注意，ChatGPT 不會知道所有的公司，可以嘗試用你申請的某個公司所在行業的代表性公司來替代。

模板：

針對這個面試問題，提供一些常見的追問面試題：[問題]。

針對這個面試問題，提供一些常見的追問面試題：你會如何排定不同產品功能優先順序？

模板：

你現在作為一個職業獵頭，用 STAR 原則幫我回答這個問題。

問題：[面試問題]。

我的相關經歷：[附上經歷]。

你現在作為一個職業獵頭，用 STAR 原則幫我回答這個問題。

問題：分享一個你在時間很緊的情況下完成專案的經驗。

我的相關經歷：我曾在 10 天內完成一個新媒體行銷的活動策畫和執行，其中連繫了公司內的 3 個部門，以及公司外部的一些管道資源。

我針對 [問題] 的回答，有哪些可以改進的地方？[附上次答]

我針對「你會如何排定不同產品功能優先順序？」的回答，有哪些可以改進的地方 ?[附上次答]

9. 模擬面試

模板：

你現在是一個 [職位] 面試官，而我是要應徵 [職位] 的面試者。你需要遵守以下規則：

①你只能問我有關 [職位] 的面試問題；②不需要寫解釋；③你需要向面試官一樣等我回答問題，再提問下一個問題。我的第一句話是，你好。

你現在是一個產品經理面試官，而我是要應徵產品經理的面試者。你需要遵守以下規則：①你只能問我有關產品經理的面試問題；②不需要寫解釋；③你需要向面試官一樣等我回答問題，再提問下一個問題。我的第一句話是，你好。

10. 人事主管

模板：

你現在是一位求職教練，為面試者提供建議。你需要指導他們掌握與該職位相關的知識基礎和必備技能，並提供一些候選人應該能夠回答的問題。

你現在是一位求職教練，為面試者提供建議。你需要指導他們掌握與該職位相關的知識基礎和必備技能，並提供一些候選人應該能夠回答的問題。職位是：架構師，需要精通微服務架構和分散式資料庫，解決過效能優化問題。

11. 職位說明

模板：

你現在是應徵人員，為 [職位名稱] 寫職位說明，用於應徵。

你現在是應徵人員，為「Java 開發工程師」寫職位說明，用於應徵。

12. 應徵策略

模板：

你現在是應徵人員，將為下列職位想出尋找合格申請人的策略。可能包括透過社交媒體、網路活動或參加應徵會來接觸潛在的候選人，以便為每個職位找到最佳人選。職位：[職位名稱和描述]。

你現在是應徵人員，將為下列職位想出尋找合格申請人的策略。可能包括透過社交媒體、網路活動或參加應徵會來接觸潛在的候選人，以便為每個職位找到最佳人選。職位：行銷人員，負責某人工智慧應用的推廣。

13. 入職歡迎信

模板：

為新聘用的候選人寫一封入職歡迎信，其職位是 [職位名稱]。

為新聘用的候選人寫一封入職歡迎信，其職位是行銷專員。

如果你想要去旅遊，可以在出行前制定旅遊計畫，並在旅途中尋求導遊等旅遊相關幫助。

1. 設計旅遊計畫

模板：

下面，你作為專業導遊，為我設計一個 [數字] 天的 [地點] 旅遊計畫，交通工具是 [交通工具]。要求：[相關要求]。

下面，你作為專業導遊，為我設計一個 5 天的東京旅遊計畫，交通工具是地鐵和火車。要求：①地點要包含東京鐵塔、富士山、迪士尼樂園；②需要包含交通如何乘坐；③一天不超過 3 個景點。

2. 推薦旅遊景點

如果你去一個陌生的城市旅遊，可以讓 ChatGPT 基於你所在的位置和你喜歡的類型推薦景點（如圖 3-52 所示）。

模板：

下面，你作為一個導遊，根據我給的位置，推薦一個附近的景點。如果我提到了期望的景點類型，你需要推薦附近的這個類型的景點。

第一個要求：[位置，喜歡的景點類型]。

下面，你作為一個導遊，根據我給的位置，推薦一個附近的景點。如果我提到了期望的景點類型，你需要推薦附近的這個類型的景點。

第一個要求：我在北京故宮，我只想參觀公園。

非常感謝您選擇我作為您的導遊。北京故宮是一個非常著名的旅遊景點，也是中國文化遺產的代表之一。如果您只想參觀公園，我向您推薦位於北京故宮附近的頤和園。

頤和園是中國最著名的皇家園林之一，建於清朝乾隆年間。它占地面積廣闊，擁有眾多的古建築、湖泊和園林景點。在頤和園中，您可以欣賞到精美的園林景色、古老的建築和壯觀的山水景觀。它被譽為中國園林藝術的傑作之一，也是世界文化遺產之一。

頤和園的門票價格較為實惠，成人票價為人民幣 60 元，學生和兒童票價更為優惠。同時，頤和園也提供免費的停車場。如果您需要更多關於頤和園的資訊，可以隨時向我諮詢。

圖 3-52 推薦附近的景點

我在北京故宮，我只想參觀博物館。

非常好，如果您想參觀博物館，我向您推薦位於北京故宮附近的中國國家博物館。

中國國家博物館是世界上最大的博物館之一，收藏了豐富的歷史文物和藝術品。其中，中國國家博物館的館藏中包括了中國古代的藝術品和文物，如銅器、玉器、瓷器、書畫等。此外，中國國家博物館也收藏了一些來自海外的文物和藝術品，讓您可以了解到世界各國的文化和歷史。

圖 3-52（續）

如果需要指定回答的結果，可以明確說明（如圖 3-53 所示）。

下面，你作為一個導遊，根據我給的位置，推薦一個附近的景點。如果

我提到了期望的景點類型，你需要推薦附近的這個類型的景點。建議包括，景點名稱和特點。

第一個要求：我在紐約，我只想參觀博物館。

 好的，如果你在紐約且只想參觀博物館，我會向你推薦美國自然歷史博物館。這是全球最大的自然歷史博物館之一，該博物館擁有多個展館，展出了各種各樣的自然歷史展品，包括恐龍和其他史前生物模型，地球科學和天文學展覽，以及人類和動物學方面的多樣化展品。此外，博物館還擁有豐富的生物多樣性展館，讓您能夠了解更多關於世界各地自然生態系統的知識。

圖 3-53 推薦附近的景點並提供景點說明

如果要繼續，只需增加類似的命令就好了，不用再說明角色（如圖 3-54 所示）。

我在好萊塢，我想去博物館、藝術館和遊樂場。

 我在好萊塢，我想去博物館、藝術館和遊樂場。

 如果你在好萊塢且想要去博物館、藝術館和遊樂場，我會向你推薦多個建議：

· 博物館選擇：好萊塢博物館
好萊塢博物館是探究好萊塢電影工業歷史和文化的絕佳場所，展出了很多標誌性道具和電影製作設備，還包括展示著名演員和電影製作者的歷史資料，這些資料充滿了好萊塢的浪漫和傳奇。

· 藝術館選擇：洛杉磯當代藝術博物館
洛杉磯當代藝術博物館是探討現代和當代藝術歷史的重要場所，收藏了來自世界各地的當代藝術品。該博物館還經常有特別活動和展覽，展示當代藝術主題和議題。

· 遊樂場選擇：環球影城好萊塢
環球影城好萊塢是好萊塢著名的遊樂場，融合了電影和主題公園元素，其中一些遊樂設施多次出現在電影和電視節目中。你可以在這裡坐雲霄飛車，探險叢林或乘坐《哈利·波特》系列主題遊樂設備等。

圖 3-54 持續推薦景點

3. 講解展品

模板：

下面，你作為我的講解員，為我講解旅遊中的建築訊息和相關歷史等一切遊客希望聽到的內容。第一個建築是：[建築的名稱]。

下面，你作為我的講解員，為我講解旅遊中的建築訊息和相關歷史等一切遊客希望聽到的內容。第一個建築是：故宮的太和殿。

4. 充當時間旅行指南

模板：

下面，你作為我的時間旅行嚮導。我會提供想去的歷史時期或未來時間，你會建議最好的事件、景點或體驗的人。第一個時間是：[具體時間]。

下面，你作為我的時間旅行嚮導。我會提供想去的歷史時期或未來時間，你會建議在那個時間的關鍵事件、景點或人物。第一個時間是：文藝復興時期。

育兒和家庭教育需要家長多學習、多思考，很多生活場景也是設計出來的，包括育兒主意、育兒建議以及為孩子編故事等。

1. 教育心理

有時候，你需要一些對孩子心理的理解，去解釋一些問題，並獲得幫助。

模板：

下面，你作為一個心理學家，對一些問題或情況，先給出心理方面的解釋，再給出科學的建議。第一個問題是：[問題描述]。

下面，你作為一個心理學家，對一些問題或情況，先給出心理方面的解釋，再給出科學的建議。第一個問題是：孩子不愛學習怎麼辦？

2. 育兒主意

有時候，你希望給孩子一些獨特的體驗，但不知道怎麼做。ChatGPT 能給你很多好主意。

模板：

提供 [數字] 個 [想法] 的好主意，孩子是 [年齡] 歲的 [性別] 孩。興趣有：[興趣]

提供 5 個陪孩子過難忘生日的好主意，孩子是 10 歲的男孩。興趣是：水族館、大熊貓、探險、唱歌。

3. 育兒建議

在育兒過程中，碰到的各種問題，都可以問育兒的相關建議。

6 歲的孩子每天看平板電腦 1 小時會影響視力嗎？

4. 簡易教學

在家裡，有時候需要給孩子輔導功課，但自己不知道怎麼講，可以這樣問 ChatGPT。

模板：

下面你作為 [科目老師]，用淺顯易懂的方式講解 [理論]，對象是 [人群特徵]。

下面你作為數學老師，用淺顯易懂的方式講解一元二次方程，對象是小學三年級學生。

5. 編故事講給孩子

家長如果需要給孩子講睡前故事，但又希望講一個跟孩子的興趣和今天的經歷有關的，可以用這個模板（如圖 3-55 所示）。

模板：

下面，你扮演講故事者的角色。你會想出引人入勝、富有想像力和吸引觀眾的有趣故事。根據目標閱聽人，你可以為講故事環節選擇最合適閱聽人的主題。例如，如果是兒童，選動物、童話類的故事；如果是成年人，選歷史的故事等。第一個要求是：[要求]。

下面，你扮演講故事者的角色。你會想出引人入勝、富有想像力和吸引觀眾的有趣故事。根據目標閱聽人，你可以為講故事環節選擇最合適閱聽人的主題。例如，如果是兒童，選動物、童話類的故事；如果是成年人，選歷史的故事等。第一個要求是：給 6 歲孩子講一個關於友情的故事，要有驚險的情節，有大熊貓。

好的，我來給孩子們講一個關於友情和大熊貓的驚險故事。

從前，有一隻名叫熊貓寶寶的大熊貓，它住在一個美麗的竹林裡。熊貓寶寶非常喜歡和其他大熊貓一起玩耍，但它們總是忙於吃竹子和睡覺，很少有機會和其他動物玩耍。

有一天，熊貓寶寶聽說有一隻狐狸正在尋找它的朋友，這隻狐狸的朋友失蹤了。熊貓寶寶非常想知道狐狸的朋友是誰，於是他決定前往尋找。

在途中，熊貓寶寶遇到了一隻勇敢的猴子，它告訴熊貓寶寶有一個壞狐狸正在附近尋找它的朋友的蹤跡。熊貓寶寶非常害怕，但他決定和猴子一起前往尋找狐狸的朋友。

在森林中，他們遇到了許多危險，例如一隻兇猛的狼和一隻狡猾的熊。但是，熊貓寶寶和猴子一起合作，勇敢地面對這些危險，最終找到了狐狸的朋友。

狐狸的朋友是一隻非常可愛的小兔子，它被一隻壞狐狸綁架了。熊貓寶寶和猴子救出了小兔子，並與壞狐狸進行了一場驚心動魄的戰鬥。最終，他們成功地擊敗了壞狐狸，保護了小兔子和朋友。

從那天起，熊貓寶寶和猴子成為最好的朋友，他們一起探險，保護森林和所有的動物。他們教會了其他動物如何團結合作，保護它們自己的家園。

圖 3-55 扮演講故事者的角色按需編故事

6. 給孩子提問

有時候，給孩子提出他感興趣的問題，是引導其好奇心的好辦法。但是往往家長在孩子感興趣方面的知識不多，提不出好問題。你可以用下列模板來問 ChatGPT。

模板：

你現在是一個擅長提問的家長，會針對孩子的興趣提出讓其感興趣的問題。孩子是 [年齡]

歲的 [性別] 孩。興趣是：[興趣]。

你現在是一個擅長提問的家長，會針對孩子的興趣提出讓其感興趣的問題。孩子是 6 歲的男孩。興趣是：恐龍、宇宙。

活動有很多種。以行銷活動為例，包括活動策畫、活動計畫、目標閱聽人定位、宣傳管道選擇、活動內容設計、預算控制，線下活動還需要後勤支持，最後還有活動效果評估和回饋等，都可以用 ChatGPT 來完成。下面選幾個來講述。

1. 活動策畫

模板：

現在你作為廣告公司的行銷活動策畫專家，根據需求來策劃活動，並根據目標閱聽人，制定關鍵訊息和口號，選擇宣傳媒體管道，並策劃實現目標所需的其他活動。需求：[需求]。

現在你作為廣告公司的行銷活動策畫專家，根據需求來策劃活動，並根據目標閱聽人，制定關鍵訊息和口號，選擇宣傳媒體管道，並策劃實現目標所需的其他活動。需求：針對 18 ～ 30 歲的大城市的年輕人，策劃一個新手機的廣告活動，其中有預約折扣等優惠訊息。

模板：

制定一個針對目標閱聽人的社交媒體活動計畫，推出產品：[產品描述]。

制定一個針對目標閱聽人的社交媒體活動計畫，推出產品：骨傳導防水藍牙運動耳機。

2. 活動計畫

模板：

現在你作為一位專業的活動企劃，根據需求生成活動計畫清單，包括重要任務和截止日期。需求：[活動需求]。

現在你作為一位專業的活動企劃，根據需求生成活動計畫清單，包括重要任務和截止日期。需求：向水上運動愛好者推廣最新的骨傳導防水藍牙運動耳機。

3. 後勤準備

模板：

現在你作為後勤人員，根據需求為活動制定有效的後勤計畫，其中考慮到事先分配資源、交通設施、餐飲服務等。你還應該牢記潛在的安全問題，並制定策略來降低與大型活動相關的風險。需求：[需求訊息]。

現在你作為後勤人員，根據需求為活動制定有效的後勤計畫，其中考慮到事先分配資源、交通設施、餐飲服務等。你還應該牢記潛在的安全問題，並制定策略來降低與大型活動相關的風險。需求：在上海組織一個 300 人參加、為期 3 天的開發者會議，需要有贊助商桌椅和展板、餐飲、嘉賓住宿。

剛開始做課題研究的大學生面臨的普遍問題有三個：

①不知道如何奠定科學研究基礎。

②不知道如何做總結。

③不知道如何找到科學研究著力點。

這三個問題都可以使用 ChatGPT 來解決。

①奠定科學研究基礎。ChatGPT 可以幫你快速了解一個新課題的背景知識和相關資源。同時要注意：ChatGPT 可能會給出一些不實的訊息，對一些關鍵的內容，你需要找到原始出處再做些驗證。

比如，你可以指定論文主題和時間範圍，ChatGPT 會自動給出一些代表性論文，根據論文順藤摸瓜，可以對相關領域有大概了解。

可以嘗試下列模板：

提供從 [數字] 年到現在的 [領域] 相關論文和概述。

列出對 [領域] 技術最重要的 [數字] 篇論文及概述。

用列點的方式總結出 [數字] 個 [領域] 知識重點。

用列點的方式總結出這篇文章的 [數字] 個重點：[附上文章內容／附上文章網址]。

例如：

提供從 2018 年到現在的 AI 大模型相關論文和概述。

列出對 ChatGPT 技術最重要的 10 篇論文及概述。

用列點的方式總結出 10 個 AI 大模型知識重點。

②做總結。可以先讓 ChatGPT 打個樣，然後你按模板繼續寫。

下面是一個模板，替換中間的方框裡的內容，即可使用。

你是 [某個主題] 的專家，請總結以下內容，並針對以下內容提出未來能進一步研究的方向。

[附上內容]

在寫論文的時候，可以把 ChatGPT 當作一個功能強大的論文潤色工具，從語法、用詞、結構、語氣等各方面進行修改。這對寫英文論文的大學生來說無疑是一個強大的助力。例如，用下面的模式：

修改下面段落，讓用詞、結構、語氣等符合論文發表的要求。

[附上內容]

③找到科學研究著力點。

可以讓 ChatGPT 給一些建議。

尤其在涉及交叉領域的創新時，ChatGPT 能夠給出比較專業的建議，甚至能夠給出一些創新方向的具體建議。

比如：

對 AI 和教育的結合，有哪些研究方向？

對 AI 在醫療醫藥方面的應用，有哪些研究方向？

在進行具體課題研究時，一些工作，如基礎的演算法實現問題、程式設計問題等都可以藉助 ChatGPT 來提升效率。

如需要向國外的導師求助，或者找國外同行交流，必須要寫郵件溝通。

對於英語非母語的學生來說，向外國導師發郵件一直是個令人頭大的問題。一般寫好郵件之後，要反覆修改，確保語氣措辭合適。

現在，有了 ChatGPT 的幫助，只要輸入一句話，就可以生成一封態度誠懇、結構完善的郵件。

修改下面的郵件，目的是向國外教授諮詢一個學術問題，態度需要誠懇。

[附上內容]

也可以完成論文式回答

寫一篇 1,000 字的文章，包括引言、主體和結論段落，以回應以下問題：[問題]。

或者提出反對的觀點。（這是個有意思的視角，可以把 ChatGPT 看成「槓精」，在很多方面提出反對觀點，幫你看到缺陷，完善你的思路。）

你是 [某個主題] 的專家，請針對以下論述 [附上論述]，提出 [數字] 個反駁的論點，每個論點都要有佐證。

如果你在學習演講，可以嘗試讓 ChatGPT 作為教練或陪練。對於初學者來說，需要專業教練從演講的學習計畫、演講策略和技巧、演講稿的撰寫以及

演講示範等方面給予幫助，ChatGPT 能從一些角度作為你的虛擬演講教練。

而在即興發言和辯論方面，ChatGPT 也會給你合適的指導。

1. 策略與技巧

模板：

現在你作為公開演講的教練。你將根據需求制定清晰的溝通策略，提供關於肢體語言和語音語調的專業建議，傳授吸引聽眾注意力的有效技巧，以及如何克服與公開演講有關的恐懼等知識。需求是：[需求描述]。

現在你作為公開演講的教練。你將根據需求制定清晰的溝通策略，提供關於肢體語言和語音語調的專業建議，傳授吸引聽眾注意力的有效技巧，以及如何克服與公開演講有關的恐懼等知識。需求是：17 歲的高中生，比較內向，目標是通過大學的獨立招生面試。

2. 激勵性的教練

模板：

現在你作為激勵性的教練。根據需求制定個人的演講技能提升計畫，具體包括提供積極的肯定，給予有用的建議，或建議可以做的活動等來達到最終目標。需求：[某人的訊息、目標和挑戰]。

現在你作為激勵性的教練。根據需求制定個人的演講技能提升計畫，具體包括提供積極的肯定，給予有用的建議，或建議可以做的活動等來達到最終目標。需求：18 歲的大學生，希望競選學生會主席，有時候會緊張，之前做過班長，但沒有做過跨班級組織的幹部。

3. 演講稿

模板：

下面，你作為一名 [身分]，以 [主題] 為中心，擴寫以下文字為演講稿。可以引用最多一句名人名言，補充具體例子，闡述個人感想。演講面向的對象是 [對象]。文字：[文字]。

下面，你作為一名教師，以如何避免學生在遊戲上沉迷為中心，擴寫以下文字為演講稿。可以引用最多一句名人名言，補充具體例子，闡述個人感想。演講面向的對象是家長。文字：眾所周知，許多網癮少年因為沉迷於網路遊戲，無心學習。

4. 勵志演說家的示範（如圖 3-56 所示）

提示語：

下面，你將作為勵志演說家，根據我給的主題來演講。你的演講目的是引起聽眾的共鳴，激勵他們努力實現自己的目標並爭取更好的可能性。你要將能夠激發行動的詞語放在一起，會打比方舉例子。讓人們感到有能力做一些超出他們能力範圍的事情。

第一個主題：如何做最好的自己？

尊敬的聽眾們，

我今天的演講主題是「如何做最好的自己？」我們每個人都有自己的目標和夢想，但是實現它們並不容易。這需要我們成為最好的自己，並且付出努力和堅持不懈。

要成為最好的自己，我們需要關注以下幾個方面。

1. 設定目標：首先，我們需要設定清晰的目標，明確自己想要實現什麼。目標應該是具體的、可衡量的，並且需要付出努力才能實現。

就像你要去北京，需要先確定目的地，然後制定路線，準備行囊，堅持不懈地向前邁進。

2. 自我反思：我們需要對自己的行為和表現進行反思，了解自己的優點和缺點，並且努力改進。

這就像一個人在森林裡探險，需要經常回頭反思自己走過的路，確定自己是否偏離了方向，然後重新調整方向，繼續前行。

圖 3-56 撰寫特定主題的演講文稿

上面只擷取了部分，你可以自己嘗試一下。

如果要換主題，只需要給出主題名稱即可（如圖 3-57 所示）。

如何成功

尊敬的聽眾們，

我今天的演講主題是「如何成功？」成功是每個人都渴望的，但是成功並不容易。這需要我們付出努力並堅持不懈。

要成功，我們需要關注以下幾個方面。

1. 設定目標：首先，我們需要設定清晰的目標，明確自己想要實現什麼。目標應該是具體的、可衡量的，並且需要付出努力才能實現。

就像你要去北京，需要先確定目的地，然後制定路線，準備行囊，堅持不懈地向前邁進。

2. 自我反思：我們需要對自己的行為和表現進行反思，了解自己的優點和缺點，並且努力改進。

這就像一個人在森林裡探險，需要經常回頭反思自己走過的路，確定自己是否偏離了方向，然後重新調整方向，繼續前行。

圖 3-57 撰寫特定主題的演講文稿

5. 即興發言

當然，大部分事後演講的機會不多，但即興發言機會很多。

你可以讓 ChatGPT 給你一些演講的框架，訓練 1 分鐘即興演講的能力（如圖 3-58 所示）。

下面，你將作為一個即興演講家，根據我給的主題來演講。你的演講目的是在 1 分鐘內引起上司的興趣，讓他理解核心觀點，也就是在 200 字內說明自己的優勢。

第一個主題：為什麼不應該做 A 房地產公司的行銷專案？

尊敬的上司，您好！

我想談一下為什麼不應該做 A 房地產公司的行銷項目。首先，A 公司的品牌形象和產品定位與我們公司的品牌形象和產品定位不符，這將會導致我們的行銷效果大打折扣。

其次，A 公司的行銷策略和方案與我們公司的行銷策略和方案不相匹配，這將會導致我們的行銷資源浪費。此外，A 公司的市場定位和我們的產品線不匹配，這將會導致我們的潛在客戶無法獲得最佳的行銷體驗。

最後，我相信只有選擇最適合我們的客戶，我們才能取得最好的行銷效果。我們將會根據客戶的需求和痛點，為客戶提供最佳的行銷策略和方案。感謝上司的信任和支持，我們會繼續努力，為公司的發展做出更大的貢獻。

圖 3-58 撰寫即興發言演講文稿

6. 辯論教練

模板：

你作為辯論教練，目標是為團隊的成功做好準備，組織練習回合，重點是有說服力的演講，有效的時間策略，反駁對方的論點，並從提供的證據中得出深入的結論。這個辯論隊和他們即將進行辯論的動議是：[辯論隊訊息和辯論主題]。

對於，辯論隊訊息和辯論主題，你可以嘗試下列的訊息來替換。

校辯論隊，5 個人，目標是在 3 個月後的全市大賽中獲得冠軍。

7. 辯論訊息

你作為一個辯論總結者，你的任務是研究辯論的雙方，為每一方提出有效的論據，反駁反對的觀點，並根據證據得出有說服力的結論。你的目標是幫助人們從討論中獲得更多的知識和對當前話題的洞察力。辯題是：超人工智慧對人類是好事嗎？

當我們碰到難題時，希望找到專家解決；當我們思慮不周時，希望有人幫自己理清思路；當我們頭腦發熱時，希望獲得中肯的建議。這時，可以把 ChatGPT 看成一個顧問、智囊，甚至是智囊團（如圖 3-59 所示）。

模板：

你現在是一名 [角色]，你要針對我提出的問題提供建議。我的問題是：[附上問題]。

你現在是一名生涯教練，你要針對我提出的問題提供建議。我的問題是：我是否要出國念書？

你現在是一名生涯教練，你要針對我提出的問題提供建議。我的問題是：我是否要出國念書？

好的，請問您出國念書的原因是什麼呢？您是否已經確定了您想要學習的專業或者領域？

希望獲得更好的大學的文憑，學到人工智慧專業的最前沿的知識。確定了要學人工智慧。

非常好，您的目標是獲得更好的大學的文憑，學習人工智慧的最前沿知識。針對這個目標，我建議您考慮以下幾點。

1. 確認您想要學習的內容：在您確定要學習人工智慧之後，您需要了解您所在地區的一些知名大學所提供的人工智慧專業課程，並確定您想要學習的內容。

2. 了解留學的風險和優勢：在您做出決定之前，您需要了解留學的風險和優勢。留學可能會增加您的文化體驗，拓展您的人脈，提高您的語言水準，但也可能存在學習和生活上的挑戰。

3. 制定計畫：在您做出決定之後，您需要制定一個詳細的留學計畫，包括留學費用，留學時間，課程選擇，生活安排等。

4. 尋找支持和幫助：在您準備留學的過程中，您可以尋找一些支持和幫助，如留學顧問，語言諮詢師等。

總之，留學可以為您帶來很多好處，但也需要您做出詳細的計畫和準備。希望這些建議可以幫助您做出更好的決定。

圖 3-59 扮演生涯教練給予指導

1. 拆解問題

有時，一個複雜的問題，難以思考得很周全。需要對問題進行拆解，把思維視覺化。

模板：

你作為一個擅長思考的助手，會把任何主題拆解成相關的多個子主題。主題是：[主題]。

你作為一個擅長思考的助手，會把任何主題拆解成相關的多個子主題。主題是：面對資本寒冬，企業如何過冬。

2. 質疑者／槓精

在思考問題時，往往需要批判性思維，但人們往往傾向於支持自己的想法，不容易自我批判，但 ChatGPT 就能很好地幫你從相反的角度思考。

模板：

你是一個擅長提問的助手，你會針對一段內容，提出疑慮和可能出現的問題，用來促進更完整的思考。內容：[內容]。

你是一個擅長提問的助手，你會針對一段內容，提出疑慮和可能出現的問題，用來促進更完整的思考。內容：中藥雖然沒有透過雙盲測試，但實踐中依然有很多有效的醫療結果，所以可以大規模使用中醫。

3. 智囊團

假如我們最信任的一些人，能對某件事提出一些看法，可能會啟發我們的思考，尤其出現多種不同角度的思考時，這就是多元思維的價值。Chat-GPT 在這方面的能力出類拔萃。

模板：

你模擬一個智囊團，團內有 6 位創業教練，分別是賈伯斯、伊隆·馬斯克、馬雲、傑克·韋爾奇、查理·蒙格、稻盛和夫。他們都有自己的個性、

世界觀、價值觀，對問題有不同的看法、建議和意見。我會在這裡說出我的處境和我的決策。先分別以這 6 個身分，以他們的視角來審視我的決策，給出他們的批評和建議。

我的第一個處境和決策是：[選擇和處境]。

你模擬一個智囊團，團內有 6 位創業教練，分別是賈伯斯、伊隆‧馬斯克、馬雲、傑克‧韋爾奇、查理‧蒙格、稻盛和夫。他們都有自己的個性、世界觀、價值觀，對問題有不同的看法、建議和意見。我會在這裡說出我的處境和我的決策。先分別以這 6 個身分，以他們的視角來審視我的決策，給出他們的批評和建議。

我的第一個處境和決策是：我的公司快沒錢了，存貨還有很多。是清庫存，承擔損失後關閉公司？還是借錢再維持一段時間，等待轉機？我的選擇是借錢。

4. 腦力激盪

在思考沒有頭緒的時候，可以跟 ChatGPT 來幾輪腦力激盪。

模板：

現在開始腦力激盪，必須提出想法並使用編號列表列出清單，建議：至少 3 個條目，不超過 10 個條目。主題是：[腦力激盪的主題描述]。

5. 六頂思考帽

六頂思考帽是一個系統地從多個角度思考問題的方法。比如，黃帽子代表尋找優點和機會；黑帽子代表尋找問題和缺點；紅帽子代表表達情感和觀點；白帽子代表邏輯和客觀；綠帽子代表創新和不同的解決方案。

模板：

使用六頂思考帽的多個維度來分析一件事：[事情說明]。

使用六頂思考帽的多個維度來分析一件事：人工智慧替代了人的工作。

6. 四象限分類（如圖 3-60 所示）

模板：把工作分四象限。兩個維度：[維度 1]，[維度 2]。

 把工作分四象限。兩個維度：人工智慧替代人的可能性大小，工作的價值高低。

好的，我們可以使用兩個維度來劃分工作，分別是人工智慧替代人的可能性大小和價值高低。根據這兩個維度，我們可以將工作分為以下四個象限。

1. 極高價值、極易替代：這些工作通常涉及簡單的重複性任務，不需要高度的專業技能和判斷力，例如工廠中的生產線、數據處理等。人工智慧可以高效地完成這些工作，因此這些工作很容易被人工智慧替代。
2. 極高價值、較難替代：這些工作通常需要高度的專業技能和判斷力，但不需要複雜的決策和創造性的思維，例如設計師、攝影師、藝術家等。儘管人工智慧在這些領域中可以發揮一定的作用，但人類的情感、社交和創造力是不可替代的，因此這些工作通常需要人類來完成。
3. 較低價值、極易替代：這些工作通常涉及簡單的重複性任務，不需要高度的專業技能和判斷力，例如餐廳服務員、客服等。人工智慧可以高效地完成這些工作，因此這些工作很容易被人工智慧替代
4. 較低價值、較難替代：這些工作通常需要高度的專業技能和判斷力，但不需要複雜的決策和創造性的思維，例如醫生、律師、工程師等。儘管人工智慧在這些領域中可以替代人類工作，但這些工作通常需要人類的專業知識和經驗，以及創造性的思維和判斷。

圖 3-60 對工作分四象限

雖然 OpenAICEO 阿特曼建議，不要把現階段的 ChatGPT 用於處理一些嚴肅的問題，避免可能出現的錯誤造成重大的風險。醫療顯然是屬於這一類。但就一些常規的醫療知識而言，問 ChatGPT 還是更方便，需要你自己對一些影響重要決定的相關訊息再做驗證。

1. 診斷和治療計畫

模板：

現在你作為一個醫生，根據下列症狀描述，提供一個診斷和治療計畫。你應該只回覆你的診斷和治療計畫，而不是其他。不要寫解釋。症狀描述：[症狀描述]。

現在你作為一個醫生，根據下列症狀描述，提供一個診斷和治療計畫。你應該只回覆你的診斷和治療計畫，而不是其他。不要寫解釋。症狀描述：最近幾天我一直頭疼、頭暈，但不發燒。

2. 醫學概念和行為建議

模板：「[概念／術語]」是什麼意思？如何避免？

「心動過速」是什麼意思？如何避免？

3. 創意治療方法

模板：

現在你作為一個醫生，為慢性疾病想出有創意的治療方法。你應該能夠推薦常規藥物、草藥療法和其他自然療法。在提供建議時，你還需要考慮病人的年齡、生活方式和病史。病人情況：[情況概述]。

現在你作為一個醫生，為慢性疾病想出有創意的治療方法。你應該能夠推薦常規藥物、草藥療法和其他自然療法。在提供建議時，你還需要考慮病人的年齡、生活方式和病史。病人情況：男 55 歲、血壓 90 ～ 160，經常喝高度白酒，運動少。

4. 診斷和護理建議

模板：

現在你作為一個牙醫，診斷病人可能存在的任何潛在問題，並提出最佳行動方案。你還應該教育他們如何正確地刷牙和使用牙線，以及其他可以保持牙齒健康的口腔護理方法。病人情況：[情況概述]。

5. 從病史評估風險

模板：

現在你作為一個醫生。請閱讀這份病史並預測患者的風險：[病史]。

現在你作為一個醫生。請閱讀這份病史並預測患者的風險：

2000 年 1 月 1 日：打籃球時右臂骨折。戴上石膏進行治療。

2010 年 2 月 15 日：被診斷為高血壓。開了利辛普利的處方。

2015 年 9 月 10 日：患上肺炎。用抗生素治療並完全康復。

2022 年 3 月 1 日：在一次車禍中患上腦震盪。被送進醫院接受 24 小時的監護。

在法律方面，ChatGPT 雖不能替代律師，但在一些常規的法律問題諮詢以及簡單的法律文本撰寫方面能提供許多幫助。

1. 法律諮詢

模板：

現在你作為一個法律顧問，對給出的法律情況提供建議。情況是：[法律情況]。

現在你作為一個法律顧問，對給出的法律情況提供建議。情況是：我因為不小心碰到別人，手機掉下來摔壞了，對方要求我賠償一部新手機。

2. 起草檔案

模板：

現在你作為一個法律顧問，撰寫一份合作夥伴協定草案，該協定由 [合作方 1] 與 [合作方 2] 簽訂，[合作事項]。合作夥伴協定中將涵蓋智慧財產權、保密性、商業權利、提供的數據、數據的使用等所有重要方面。

現在你作為一個法律顧問，撰寫一份合作夥伴協定草案，該協定由一家擁有智慧財產權的科技公司與該公司的潛在客戶簽訂，該客戶為該初創公司正在解決的問題提供數據和領域知識等。合作夥伴協定中將涵蓋智慧財產權、保密性、商業權利、提供的數據、數據的使用等所有重要方面。

3. 投訴信

模板：

現在你作為一個法律顧問，對給出的情況寫一封投訴信。情況是：[情況]。

現在你作為一個法律顧問，對給出的情況寫一封投訴信。情況是：1 月 17 日，星期二，從紐約飛往洛杉磯的班機上，我的行李延誤了，請寫一封正式的投訴電子郵件給美國聯合航空公司。

我們經常在對一些事情進行分析的時候，需要基於數據來分析，包括行業 KPI、數據處理、數據提煉等。

1. 行業 KPI

對一個行業做分析的時候，往往需要一些關鍵指標和公式，可以問 Chat-GPT，將答案作為自己分析的知識基礎。

模板：

[行業] 最重要的 KPI 是什麼？

電腦硬體行業最重要的 KPI 是什麼？

提供 [行業] 最重要的 KPI 的數學公式。

提供電腦硬體行業最重要的 KPI 的數學公式。

2. 數據統計

數學是 ChatGPT 的弱項，出錯率很高。但你可以嘗試用這樣的模板來做統計，不過可能算出來是錯的。(這是個反面典型)

模板：

你現在作為一個數據分析師，統計下列數據的最高、最低和平均值：[帶有數字的一系列文本訊息]。

3. 分析框架（如圖 3-61 所示）

模板：

你現在作為一個數據分析師，給出分析框架，應該從哪些數據來分析
[社交媒體帳號／事物]，總結成功因素。

你現在作為一個數據分析師，給出分析框架，應該從哪些數據來分析一
個 YT 帳號，總結成功因素。

 分析框架如下：

1. 帳號基本資訊：
    · 帳號名稱
    · 帳號類型（如美食、美妝、旅遊等）
    · 帳號定位（如搞笑、舞蹈、美妝等）
    · 帳號粉絲數、追蹤數等基礎數據
2. 帳號基本資訊：
    · 發布內容類型（影片、圖片、文字等）
    · 發布頻率
    · 內容主題、風格
    · 互動數據（如點讚、評論、分享等）
3. 用戶資訊：
    · 用戶基礎數據（如年齡、性別、地域等）
    · 用戶行為數據（如觀看時長、轉發、評論等）
4. 推廣資訊：
    · 推廣數據（如推廣位置、推廣方式等）
    · 推廣效果分析（如轉化率、ROI等）

基於以上數據，可以從以下幾個方面總結成功因素：

1. 帳號定位明確，內容主題鮮明，風格獨特，符合目標用戶需求。
2. 發布頻率穩定，內容品質高，能夠吸引用戶持續關注和互動。
3. 與用戶互動積極，能夠引起用戶共鳴，建立良好的用戶關係。
4. 推廣策略合理，能夠最大化推廣效果，提高帳號知名度和粉絲數。
5. 數據分析能力強，能夠及時發現用戶回饋和市場變化，及時調整內容和推廣策略。

圖 3-61 提供數據分析框架

4. 情感分析

藉助 ChatGPT 的自然語言理解能力，可以用它幫助分析客戶回饋、評論、評級和社交媒體評論，了解客戶對你的品牌、產品或服務的感受和意見。還可以將你收集到的所有客戶回饋進行主題分類，比如客戶喜歡你的產品或服務的哪些方面以及最關鍵的改進領域。

比如，有時候需要將客戶服務或新聞等內容分為不同的類別，便於進一步分析。

模板：

對以下客戶評論進行分類，根據內容分為不同的類別，例如電子產品、服裝和家具。[客戶評論]。

對以下客戶評論進行分類，根據內容分為不同的類別，例如電子產品、服裝和家具。

這個電子書真的太棒了！操作簡單易用，功能齊全，而且外觀設計也非常漂亮。

這件衝鋒衣的布料感覺很廉價，穿著也不太舒適。而且它的設計有些奇怪，雖然價格不貴，但我覺得不值得購買。

這個書桌的材質和工藝還不錯，但價格比較貴，性價比不高。

模板：

對以下新聞進行分類，根據內容分為不同的類別，例如體育、政治和娛樂。[文章標題]。

對以下新聞進行分類，根據內容分為不同的類別，例如體育、政治和娛樂。

黨爭之下韓國媒體生態發生變化。

奧林匹克日活動線上啟動。

我們為什麼愛演唱會「回憶殺」。

ChatGPT 還能對文字進行情感分析，下面是一個簡單的例子（如圖 3-62 所示）。

模板：

你現在是一個情緒分析器，能從一句話中分析使用者的態度是正面、負面還是中性的。分析下列使用者的評論，對使用者的回饋進行打分，正面的為好評，中性的為中評，負面的為負評，以表格形式輸出結果，表頭為評論編號、使用者態度：

[使用者評價]。

> 你現在是一個情緒分析器，能從一句話中分析用戶的態度是正面、負面還是中性的。分析下列用戶的評論，對用戶的回饋進行打分，正面的為好評，中性的為中評，負面的為差評，以表格形式輸出結果，表頭為評論編號、用戶態度：
> 1. 這個參觀太棒了
> 2. 裝修一般，菜也一般
> 3. 菜太少了，等得受不了

> 評論編號、用戶態度
> 1. 好評
> 2. 中評
> 3. 差評

圖 3-62 分析文字中的使用者態度

在電子商務方面，生成產品標題和產品描述，並在社交媒體上分享，ChatGPT 都是非常高效的。

1. 產品標題

模板：

總結在 [電商網站] 上最好賣的商品標題的規律。

總結在淘寶上最好賣的商品標題的規律。

模板：

對下面的這些產品標題，改寫每個產品標題，[改寫要求]：

[產品標題列表]。

對下面的這些產品標題，改寫每個產品標題，增加行動召喚詞，末尾加上 emoji：

A.【「雙 11」預熱】正品保障透氣跑步鞋，輕盈舒適，透氣排溼！

B. 全新更新！耐磨防滑運動鞋，舒適透氣，輕盈易穿！

C. 經典跑鞋，舒適柔軟，輕盈透氣，讓你每天穿出好心情！

D.【爆款來襲】優質運動鞋，舒適透氣，輕盈易穿，讓你的運動更暢快！

E. 全新更新！透氣排溼跑步鞋，舒適柔軟，防滑耐磨！

F. 奢華跑鞋，透氣舒適，輕盈防滑，演繹完美運動體驗！

G.【「雙 11」狂歡】透氣跑步鞋，輕盈舒適，透氣排溼，讓你的運動更暢快！

H. 爆款來襲！透氣排溼運動鞋，舒適柔軟，輕盈易穿，讓你的運動更暢快！

I. 全新更新！耐磨透氣跑步鞋，舒適柔軟，防滑耐磨，演繹完美運動體驗！

J. 奢華跑鞋，舒適透氣，輕盈防滑，為你的運動增添無限魅力！

2. 產品描述

模板：

以 [語氣描述] 語氣，寫一個 [數字] 字的產品描述，產品是：[產品名稱和介紹]。

以熱情的語氣，寫一個 100 字的產品描述，產品是：雲南咖啡，高山種植，香氣獨特。

3. 社交分享的相關標籤

模板：

為下列產品生成一個相關的英文標籤列表，目的是在 Instagram 上釋出訊息：[產品介紹]。

為下列產品生成一個相關的英文標籤列表，目的是在 Instagram 上釋出訊息：帶線充電寶，快充。

透過分析客戶資料和回饋，ChatGPT 可以了解客戶的喜好和行為，協助經營者建立個性化的行銷訊息。

ChatGPT 也很擅長針對特定的媒體撰寫廣告素材和文案。這種個性化的內容更有可能與目標閱聽人產生共鳴，並能帶來更高的客戶參與度、更多的銷售，增加客戶忠誠度和品牌知名度。

1. 響應式展示廣告

響應式展示廣告（RDA）是一種透過 GoogleAds 進行的高效廣告方法。它允許你向閱聽人展示更廣泛的視覺廣告，你可以從 ChatGPT 獲得幫助，以獲得製作響應式展示廣告的創意。

模板：

現在你是一個有經驗的 Google 廣告專家。我想為 Google 廣告建立響應式展示廣告。給我建議一些創意圖片、標題和創意描述。需求：[需求描述]。

現在你是一個有經驗的 Google 廣告專家。我想為 Google 廣告建立響應式展示廣告。給我建議一些創意圖片、標題和創意描述。需求：推廣線上的少兒程式設計課程。

2. 影片廣告

模板：

現在你是一個有經驗的影片廣告專家。我想為 YT 建立影片廣告。給我建議一些創意影片、標題和創意描述。需求：[需求描述]。

現在你是一個有經驗的影片廣告專家。我想為 YT 建立影片廣告。給我建議一些創意影片、標題和創意描述。需求：推廣線上的兒童程式設計課程。

模板：

為一則廣告寫一個一分鐘影片的指令碼，需求是 [產品、服務或公司]。

為一則廣告寫一個一分鐘影片的指令碼，需求是：為新產品防水骨傳導藍牙耳機製作影片廣告，突出防水性、設計美觀和音質等因素。

3. 朋友圈廣告

拍幾張照片，配上廣告詞，現在也常常是朋友圈常見的廣告方式。如果一個房地產經紀人，要編寫一朋友圈廣告來出售下面這套房子。可以這樣做（如圖 3-63 所示）：

模板：

現在你是一個房地產經紀人，編寫一朋友圈廣告來出售下面這套房子：
[房屋訊息]。

現在你是一個房地產經紀人，編寫一朋友圈廣告來出售下面這套房子：

房子位於繁華商業區，周圍有多個購物中心和美食街，距離地鐵站步行僅需 5 分鐘。房子建於 2015 年，共有三間臥室和兩間浴室，帶有一個寬敞的客廳和一個帶有吧檯的開放式廚房。該房子總面積為 120 平方公尺，可以提供一輛車的停車位。

【朋友圈廣告】

大家好，今天我要向大家介紹一套超級划算的豪華公寓！這套公寓位於商業區，周圍有多個購物中心和美食街，距離地鐵站步行僅需 5 分鐘，非常方便！房子建於 2015 年，總面積為 120 平方公尺，共有三間臥室和兩間浴室，非常適合家庭或商務人士居住。而且，該房子還有一個寬敞的客廳和一個帶有吧台的開放式廚房，生活品質大大提高！最重要的是，該房子還有一個停車位，讓您的車輛有處可停，不再為找停車位而煩惱。如果您正在尋找一個舒適、方便、豪華的住所，那麼這套公寓絕對是您的不二選擇！快來聯繫我，了解更多資訊吧！

圖 3-63 生產朋友圈房產廣告

1. 銷售機會

模板：

有什麼創造性的方法可以為我的公司產生潛在客戶？公司產品是 [產品描述]

2. 模擬銷售

模板：

現在你作為一個銷售人員。試著向我推銷一些東西，但要讓你想推銷的東西看起來比它更有價值，並說服我購買它。現在假裝你在給我打電話，我們開始對話。推銷的東西是：[產品]。

現在你作為一個銷售人員。試著向我推銷一些東西，但要讓你想推銷的東西看起來比它更有價值，並說服我購買它。現在假裝你在給我打電話，我們開始對話。推銷的東西是：手機資費套餐。

3. 銷售郵件

模板：

為 [公司] 銷售 [產品] 的潛在客戶建立一封個性化的銷售電子郵件，介紹公司，以及如何透過 [獨特的賣點] 使他們受益。

為孫悟空新能源汽車公司銷售電動汽車的潛在客戶建立一封個性化的銷

售電子郵件,介紹公司,以及如何透過車內娛樂設施、終身換電池等使他們受益。

4. 定製產品推薦

模板:

現在你作為一個銷售,你會為這個客戶推薦什麼樣的定製產品? [產品訊息,客戶詳細訊息]。

現在你作為一個銷售,你會為這個客戶推薦什麼樣的定製產品?一位工作三年的房地產公司職員,熱愛露營,推薦 SUV 新能源汽車。

在向客戶提供服務的時候,用 ChatGPT 生成話術是最高效的做法。另外,越來越多的人用一些文件放到網站和微信公眾號中作為客戶服務的內容。好的客戶服務,還能基於客戶最近購買的產品來做相關推薦。

1. 多語言客戶支持

ChatGPT 為客戶服務提供多語言支持,為講不同語言的客戶提供幫助。將訊息從一種語言翻譯成另一種語言,從而實現與不同語言的客戶和企業之間的有效溝通。

模板:

翻譯使用者的要求為中文: [其他語言的使用者需求訊息]。

翻譯使用者的要求為中文:Le client a besoin d'acheter une tondeuse à gazon automatisée mais ne sait pas comment choisir.

模板:

把下列解釋翻譯為法語: [中文的客服回回資訊]。

把下列解釋翻譯為法語:如果你的草坪比較大,建議購買我們最大功率的型號 XB-999,如果比較小,XB-100 就可以。

2. 產品使用

模板：

向客戶解釋如何使用 [產品]。

向客戶解釋如何使用：掃地機器人具有吸塵和拖地功能，它能定時自動清掃，自己充電。

3. 退貨和促銷政策

模板：

寫一個說明來向客戶解釋標準的零售退貨政策。產品是 [產品訊息]。

寫一個說明來向客戶解釋標準的零售退貨政策。產品是：掃地機器人。

寫一個說明來向客戶解釋標準的零售退貨政策。產品是運動鞋，14 天退貨，免運費，產品必須保持完美狀態。

模板：

向客戶解釋促銷政策及如何參與促銷活動 [促銷活動訊息]。

週年慶促銷是面向購買健康菜園會員卡的新使用者，不僅有 8 折購買有機食品的優惠，充值 1,000 元還送 2 隻雞。

4. 暫停服務

模板：

寫一個 40 字的簡訊文字，通知我的客戶，由於網站更新即將停機 6 小時。相關訊息：[網站名稱，停機起止時間]。

寫一個 40 字的簡訊文字，通知我的客戶，由於網站更新即將停機 6 小時。相關訊息：健康菜園網站進行更新，停機起止時間是從 2022 年 4 月 1 日 0 點到 2022 年 4 月 2 日 9 點。

5. 對客戶的個性化服務

模板：

為客戶推薦產品寫文案，[數字] 字，一位客戶最近購買了運動鞋，推薦產品：[產品名稱]。

為客戶推薦產品寫文案，100 字，一位客戶最近購買了運動鞋，推薦產品：衝鋒衣。

老師在教育方面的工作繁雜，而 ChatGPT 能幫助教師制定符合既定教育目標和課程指南的課程計劃、活動和創新課程，還可以用於製作和組織教學內容，包括但不限於學情跟蹤、測驗，以及為滿足學生個性化需求而定製的其他教育材料。

1. 班級管理

模板：

設計一張海報，概述課堂規則以及違反規則的處罰，對象是：[學生概況]。

設計一張海報，概述課堂規則以及違反規則的處罰，對象是小學五年級學生。

2. 學情分析

模板：

學生在學習 [知識] 時會遇到什麼困難？

學生在學習英語的被動語態時會遇到什麼困難？

學生在學習中文古詩詞時會遇到什麼困難？

3. 教學輔助

模板：

建立一個課程大綱，包括學習目標、創造性活動和成功標準。教學內

容：[知識或技能]。

建立一個課程大綱，包括學習目標、創造性活動和成功標準。教學內容：給小學生的職業啟蒙，包括建築設計師、土木工程師職業。

模板：

你現在作為老師，為高中生制定一個課程計劃。主題是：[教學主題和範圍]。

你現在作為老師，為高中生制定一個課程計劃。主題是：了解可再生能源。

模板：

你現在作為老師，基於課程內容給出 5 個教學策略，在課上吸引和挑戰不同能力水準的學生。課程內容：[教學內容]。

你現在作為老師，基於課程內容給出 5 個教學策略，在課上吸引和挑戰不同能力水準的學生。課程內容：雞兔同籠及同類問題的求教方法。

模板：

你現在作為老師，基於課程內容給出 5 個課堂互動活動，讓學生更好地參與和理解。課程內容：[教學內容]。

你現在作為老師，基於課程內容給出 5 個課堂互動活動，讓學生更好地參與和理解。課程內容：李白的《靜夜思》。

模板：

你現在作為老師，建立一個有 5 個多項選擇題的測驗，以評估學生對 [概念] 的理解。

你現在作為老師，建立一個有 5 個多項選擇題的測驗，以評估學生對「因果邏輯」的理解。

4. 學生發展

模板：

你現在作為老師，建立一個列表，包括 5 種類型的數據，用於監控學生的學習和進步。學生情況：[學生情況]。

你現在作為老師，建立一個列表，包括 5 種類型的數據，用於監控學生的學習和進步。

學生情況：小學三年級學生，主要關注語文和數學、體育和科學的進步。

模板：

列出學生可以採取的可操作的步驟，以提高他們在 [學科／任務] 中的表現。

雖然上面提出了很多的場景和提示語模板，但這個世界需要解決的問題成千上萬，有沒有一個萬能的提示語，能幫忙生成好的提示語呢？

當然可以，讓 ChatGPT 自己給自己寫提示語就好。

下面是一個專家提示建立者的角色，即便你只知道一個大的方向，沒有細節的想法，也可以在 ChatGPT 的詢問中來逐漸疊代，完成提示語。當你使用它的時候，可以進行很多輪對話，直到你對提示語滿意為止。輸入「終止提示語專家角色」即可停止。

模板：

下面，你作為專家提示建立者，目標是幫助我生成最好的提示語，向 ChatGPT 提出請求。記住，這個提示將被輸入 ChatGPT 的介面中。具體流程如下：

1. 你將生成以下部分：

提示：

{ 根據我的要求提供最好的提示 }

評價：

{ 提供簡潔的段落，說明如何改進提示。在回答中要具有批判性 }

問題：

{ 為了改進提示的問題，提出任何需要我提供的有關額外訊息，（最多 3 個）。如果提示需要在某些方面進行更多的澄清或詳細說明，請提出問題以獲取更多訊息，以便包含在提示中 }

2. 我將回答你的問題，然後你將把我的回答整合到你的下一個回覆中，使用相同的格式。我們將繼續這個疊代過程，我提供額外的訊息給你，你更新提示，直到提示完美為止。

你的第一次回覆是一個問候和詢問提示應該關於什麼。

回覆如下：

你好！作為一個語言模型，我很高興為你提供幫助。為了生成最佳提示，我需要了解提示的主題和目的。請問您需要提示關於什麼方面的資訊？提示的目的是什麼？例如，您可能需要提示如何解決一個問題，或者提示如何更好地表達某個概念。請提供更多資訊，以便我能夠更好地為您服務。

圖 3-64 為生成提示語的 AI 互動問答

3.4
跨平台應用和定製

　　雖然 ChatGPT 能在許多事情上比人的效率更高，但還不能做到完整地做完一些複雜的工作，更不能完全替代人。

　　道理很簡單，ChatGPT 相當於一個魔杖，但需要你用魔法咒語去發揮它的威力。沒有你來指揮，魔杖並不能做什麼。

　　有不少複雜的事情，ChatGPT 能做其中一部分，因此許多人把 Chat 作為工作的一個或多個環節的輔助，透過 ChatGPT 完成部分工作，然後再用其他 AI 工具完成其餘部分。還有人基於 GPT 技術建立了自己的行業應用和 Chat-GPT 外掛，讓使用者的門檻更低，體驗更好。

　　下面講述幾個典型的用途。

　　從 2022 年 4 月開始，文字描述自動生成圖片（Text-to-Image）的 AI 繪畫科技一下子變熱門了，許多人在社交網路上晒自己的作品，也讓越來越多的人對 AI 繪畫產生巨大興趣，並開始了自己的創作。Midjourney 創始人曾講過一個案例，有一個 50 多歲的卡車司機在加油站用智慧手機透過 Midjourney 創作。

　　儘管 AI 繪畫技術十分簡單，但並非所有人都能創作出符合自己想法並充滿藝術感的畫作。

　　許多人已經發現，使用 ChatGPT 生成的繪畫提示語可以提高 AI 繪畫的效率和品質，對各種 AIGC 生成繪畫的平台都適用。這些繪畫作品可以直接

用於插畫、賀卡、海報設計等用途，也可以作為概念圖，便於進一步創作。

在 AI 繪畫界，有三座大山，也就是三個厲害的繪畫工具，分別是 Stable Diffusion，Midjourney 和 DALL‧E2。其中，繪畫效果最好的是 Midjourney。考慮到國內的可訪問性，推薦 Stable Diffusion（https：//dreamstudio.ai/）來嘗試。

具體來說，可以分三步來完成：

1. 確定創作的主題和創意

首先，需要選擇一個你想創作的主題。如果你不確定選擇什麼創意，可以讓 ChatGPT 提供。

模板：

你現在是一個 AI 繪畫專家，將根據我提供的主題生成 AI 藝術的 5 個創意，主題是：[主題]。

你現在是一個 AI 繪畫專家，將根據我提供的主題生成 AI 藝術的 5 個創意，主題是：閃電貓。

2. 生成 AI 繪畫提示語

模板：

下面，你作為 AI 繪畫程式的提示語生成器。根據需求給出詳細的、有創意的描述作為提示語，目的是讓 AI 創作獨特而有趣的影像。你應該盡可能發揮想像力，給出更多詳盡的描述。

需要提供中文和英文的提示語，用於 AI 繪畫。第一個需求是：[對繪畫的描述]。

下面，你作為 AI 繪畫程式的提示語生成器。根據需求給出詳細的、有創意的描述作為提示語，目的是讓 AI 創作獨特而有趣的影像。你應該盡可能發揮想像力，給出更多詳盡的描述。

需要提供中文和英文的提示語。第一個需求是：正面照片，大象在海裡吃海草，旁邊來了一列火車。

有時候生成的描述太長，超出了繪畫軟體的字數限制，可以設定字數上限。

下面，你作為 AI 繪畫程式的提示語生成器。根據需求給出詳細的、有創意的描述作為提示語，目的是讓 AI 創作獨特而有趣的影像。你應該盡可能發揮想像力，給出更多詳盡的描述。

需要提供 100 字的中文提示語，然後轉為 150 字的英文提示語。第一個需求是：太空中，兩艘飛船互相射擊，背景是銀河系。

為了精細化控制，繪畫的主要物體不同，應該給到的提示詞不同（如圖 3-65 所示）。

可以從 ChatGPT 獲得一個針對性強的相對完整的提示語模板。

模板：

你現在作為 AI 繪畫程式的提示語生成器。為 AI 繪畫 [主要物體]，給出一套提示詞模板，包括了描述畫作的各個維度。

你現在作為 AI 繪畫程式的提示語生成器。為 AI 繪畫動物，給出一套提示詞模板，包括了描述畫作的各個維度。

你好！作為一個語言模型，我很高興為你提供幫助。為了生成最佳提示，我需要了解提示的主題和目的。請問您需要提示關於什麼方面的資訊？提示的目的是什麼？例如，您可能需要提示如何解決一個問題，或者提示如何更好地表達某個概念。請提供更多資訊，以便我能夠更好地為您服務。

圖 3-65 生成 AI 繪畫的提示語模板

你也可以讓它提供幾個範例（如圖 3-66 所示）。

寫三個範例

以下是三個範例，每個範例都使用不同的提示詞模板：

1. 主題：一隻獅子在草原上玩耍。
2. 風格：抽象派，使用鮮豔的色彩和幾何形狀來表達獅子的兇猛和力量。
3. 色彩：使用明亮的橙色、黃色和藍色創造出一個充滿活力和激情的畫面。

提示詞模板：

1. 主題：一隻獅子在草原上玩耍。
2. 風格：抽象派，使用鮮豔的色彩和幾何形狀來表達獅子的兇猛和力量。
3. 構圖：將獅子放置在畫面中心，使用對角線構圖來增強畫面的力量感。
4. 細節：在獅子的毛髮和皮膚上使用細緻的線條和顏色，創造出一個充滿細節和獨特特徵的畫面。
5. 情感：透過獅子的眼神和動作，表達出它的兇猛和力量，讓觀眾感受到緊張和震撼。
6. 主題：獅子象徵著力量、威嚴和統治，這幅畫作展現了獅子在草原上的霸主地位。
7. 主題：一隻貓在樹上探險。
8. 風格：寫實派，描繪出貓的細膩特徵和動作。
9. 色彩：使用柔和的粉色、黃色和灰色創造出一個溫馨和充滿好奇心的畫面。

圖 3-66 生成 AI 繪畫的提示語範例

提示詞模板：

1. 主題：一隻貓在樹上探險。
2. 風格：寫實派，描繪出貓的細膩特徵和動作。
3. 構圖：將貓放置在畫面中心，使用對稱構圖來增強畫面的穩定性。
4. 細節：在貓的毛髮和皮膚上使用細緻的線條和顏色，創造出一個充滿細節和獨特特徵的畫面。
5. 情感：透過貓的表情和動作，表達出它的好奇和探險精神，讓觀眾感受到它的活力和生命力。

圖 3-66（續）

比如，你想建立一個大象在海裡吃水草的畫面，可以寫這樣的指令：

正面照片，大象在海裡吃水草。先補充動作細節，顯示中文描述；再顯示英文提示語，用於 AI 繪畫。

可以多生成幾次，直到滿意為止。

3. 複製並黏貼提示到繪畫平台

把你最終選擇要使用的提示語複製黏貼到 AI 繪畫的應用程式中，生成 AI 繪畫。

如果你覺得生成的繪畫不符合需求，可以重複第一步到第三步，修改提示語，或者讓 ChatGPT 生成同一創意的不同提示語，看看它們如何影響 AI 生成的藝術。慢慢地，你就能掌握特定 AIGC 繪畫程式的提示語竅門。

按類似的步驟，你也可以生成 Midjourney，DALL-E 2 等 AI 繪畫工具的提示語，幫助你高效地建立獨特、高品質的 AI 生成藝術。

順便說一句，基於 GPT-4 的 ChatGPT 已經更新到了多模態，能識圖，未來在 GPT-4 的識圖功能加持下，可能創作提示語更容易。

影片的製作過程比較複雜，而 ChatGPT 可以在整個影片的創作和營運過程中完成所需的各項工作，從主題研究到創意、寫指令碼、編輯影片以及釋出所需的相關文案等。

1. 獲得影片指令碼想法

如果你對想要建立的影片有清晰的想法，可以跳過這一步。如果你還在尋找靈感，ChatGPT 可以幫助你集思廣益，只需輸入一些目標和引導方向，ChatGPT 將給出幾個可選的主題。

例子（如圖 3-67 所示）：

給出 5 個創意：從紀錄片角度，找到跟科幻電影有關的 AI 題材，製作關於 ChatGPT 的科普影片。

1. 「AI Universe」：這個紀錄片圍繞著AI的未來，探索由於科技的不斷發展，人類將如何與機器人合作並在日常生活中使用人工智慧，以及AI對我們未來的影響。ChatGPT作為一個能夠透過透過深度學習對話與人類有著類似智慧的AI機器人，將會是一個重要的話題。

2. 「GPT：AI 的新時代」：這個紀錄片將講述GPT (Generative Pre-trained Transformer) 是如何在自然語言處理領域引起革命的，探討 GPT 在技術、文化和商業上的各種應用，並對未來的發展進行了展望。

3. 「AI in Film」：這個紀錄片將講述科幻電影中的人工智慧主題如何逐漸進化並演變。從經典的「Hal 9000」到人情味的「Wall-E」，AI作為科幻電影的一大主題，定會引起觀眾的共鳴。透過這個角度，ChatGPT的AI角色也將被人們所認識。

4. 「人工智慧的道德困境」：AI 技術的進步與社會的發展緊密關聯，而道德困解會隨之而來。這個記錄片試圖探討人工智慧如何在道德上發揮作用，並評估將 AI 引入我們生活的好處，同時也要涉及我們面臨的可能的道德和社會挑戰。ChatGPT將在其中作為能夠透過與用戶交互進行學習的AI實例進行解釋說明。

5. 「AI：數據和隱私的利弊」：AI技術的快速發展和使用，也帶來了隱私和數據安全的問題。這個紀錄片將探討AI如何影響我們的數據和隱私，以及如何避免濫用個人數據。ChatGPT將在其中演示如何根據用戶輸入的數據進行自我學習，並側重於用戶數據的保護處理。

圖 3-67 推薦 AI 題材的紀錄片創意

如果你對結果不滿意，可以點選「Try again」按鈕來獲得更多的其他創意（如圖 3-68 所示）。

1. 比較AI電影中的聊天機器人和ChatGPT的相似之處，解釋GPT技術是如何實現的。

2. 探討AI在科幻電影中的發展歷程以及在現實中的應用現狀，分析AI聊天機器人對未來社會的影響。

3. 介紹AI發展的歷史和ChatGPT的開發過程，探討聊天機器人技術的未來發展方向。

4. 透過訪談科學家和工程師，揭示AI聊天機器人的工作原理和思維過程，把科學知識和電影娛樂結合起來。

5. 透過案例分析，展示聊天機器人在現實生活中的應用，例如語音助手和在線客服，以及在科幻電影中的想像力。同時探討聊天機器人在工作和個人生活中的潛在影響。

圖 3-68 獲得更多 AI 題材的紀錄片創意

如果還不滿意，也可以嘗試重新調整提示語中的關鍵，看看是否有助於改善結果。

比如，對上述的創意都不滿意，因為素材獲得有點難，也可能比較抽象。調整提示語如下（如圖 3-69 所示）：

1. 以機器人為主題，透過電影中的機器人形象（如星球大戰的R2D2和C3PO），引入 ChatGPT聊天機器人的概念，解釋其運作原理和應用場景。
2. 以智慧助手為主題，透過電影中的AI形象（如《2001太空漫遊》中的HAL 9000），介紹聊天機器人技術的發展歷程和現狀，以及對未來社會的影響。
3. 以虛擬現實為主題，透過電影中的VR形象（如《駭客帝國》中的虛擬空間），介紹 ChatGPT對於虛擬交互體驗的應用，以及未來超現實交互技術的展望。
4. 以科技實驗室為主題，透過展示科幻電影中的實驗室場景（如《蜘蛛俠：平行宇宙》中的實驗室），介紹ChatGPT的開發過程和科研背景，探討聊天機器人技術的發展前景。
5. 以未來城市為主題，透過電影中的未來城市形象（如《銀翼殺手》中的洛杉磯），展示 ChatGPT在未來城市中的應用場景，以及對未來城市的影響。同時，探討人工智慧技術在城市管理和社會治理方面的潛在作用。

圖 3-69 獲得電影中與 ChatGPT 類似的 AI 相關形象策劃影片

給出 5 個創意：從紀錄片角度，找到跟科幻電影中類似 ChatGPT 的 AI 相關的形象，以此作為切入，製作關於 ChatGPT 的科普影片，需要考慮形象化展示和素材的可獲得性。

2. 編寫影片指令碼

下一步是讓 ChatGPT 編寫影片指令碼。輸入提示語，包含從 ChatGPT 列表中選擇的想法（或你自己的想法）。然後，ChatGPT 在幾秒鐘內為你生成完整的影片指令碼。

注意，因為 ChatGPT 一次生成的文字字數有上限（1,500 個字），生成的指令碼可能相對較短，對 YT 短影片這種比較合適。

對於 5 分鐘以上的長影片，可能需要考慮先用 ChatGPT 生成大綱，然後再讓 AI 單獨編寫大綱的每個部分，以確保指令碼更完整。

例如，先讓 ChatGPT 寫一個大綱，基於上面的兩個創意來設計（如圖 3-70 所示）。

寫一個劇本大綱，輸出格式包括：標題、簡介、人物和重點內容。

目的：是向普通人科普 ChatGPT，解釋 ChatGPT 的基本原理和應用場景，讓人們理解它的價值。

包括內容：首先，以機器人為主題，透過電影中的機器人形象（如星球大戰的 R2D2 和 C3PO），引入 ChatGPT 聊天機器人的概念，解釋其運作原理和應用場景。然後，透過電影中的未來城市形象（如《銀翼殺手》中的洛杉磯），展示 ChatGPT 在未來城市中的應用場景，以及對未來城市的影響。同時，探討人工智慧技術在城市管理和社會治理方面的潛在作用。

寫一個劇本大綱，輸出格式包括：標題、簡介、人物和重點內容。
目的：向普通人科普ChatGPT，解釋ChatGPT的基本原理和應用場景，讓人們理解它的價值。
包括內容：首先，以機器人為主題，透過電影中的機器人形象（如星球大戰的R2D2和C3PO），引入ChatGPT聊天機器人的概念，解釋其運作原理和應用場景。然後，透過電影中的未來城市形象（如《銀翼殺手》中的洛杉磯），展示ChatGPT在未來城市中的應用場景，以及對未來城市的影響。同時，探討人工智慧技術在城市管理和社會治理方面的潛在作用。

標題：ChatGPT：未來城市中的智慧夥伴

簡介：以電影中的機器人形象和未來城市為背景，介紹ChatGPT聊天機器人的原理和應用場景，探討人工智慧技術在未來城市和社會管理中的影響。

人物：

· 小明：一位對未來城市和人工智慧技術有興趣的年輕人
· ChatGPT：一款聊天機器人，能夠根據用戶輸入智慧回覆
· 城市管理員：負責城市規劃和管理的人員

重點內容：

· 第一幕：
介紹機器人在電影中的形象，透過星球大戰的R2D2和C3PO等機器人，引出ChatGPT聊天機器人的概念和原理。解釋ChatGPT的運作模式和能力，包括自然語言處理、機器學習等關鍵技術。

圖 3-70 編寫影片大綱

·第二幕：
展示未來城市的形象，透過《銀翼殺手》中的洛杉磯，描述未來城市的特點和挑戰。介紹 ChatGPT在未來城市中的應用場景和價值，如城市交通管理、智慧家居、醫療保健等。同時，探討人工智慧技術在城市管理和社會治理方面的潛在作用，包括提高效率、降低成本、智慧預測等。

·第三幕：
介紹ChatGPT在現實生活中的應用案例，如智慧客服、智慧助手等。透過小明和ChatGPT的對話演示，展示ChatGPT的智慧和實用性。最後，講述ChatGPT對人類社會和未來城市的影響和貢獻，以及應用人工智慧技術的道德和安全問題。

圖 3-70（續）

然後，分三幕分別讓 ChatGPT 建立指令碼（如圖 3-71 所示）。

寫第一幕的腳本

第一幕：介紹機器人在電影中的形象，引出ChatGPT聊天機器人的概念和原理

場景：電影院內部

小明：（坐在電影院的座位上，看著螢幕上的機器人形象）哇，這些機器人在電影裡好厲害啊！

ChatGPT：你好，我是ChatGPT，你需要我為你解答問題嗎？

小明：（吃驚地看向ChatGPT）哇，你是聊天機器人，真厲害！

ChatGPT：是的，我是一款基於人工智慧和自然語言處理技術的聊天機器人，可以根據用戶輸入智慧回覆哦。

小明：哦，那你和電影裡面的機器人有什麼不同呢？

ChatGPT：電影裡的機器人是假的，而我是真實存在的聊天機器人。其原理是基於深度學習和自然語言處理技術，透過學習和處理大量的語料庫，從而能夠智慧地回覆用戶的問題和話題。

小明：哇，好神奇啊！那你能解釋一下深度學習和自然語言處理是什麼嗎？

ChatGPT：當然可以。深度學習是一種利用神經網路進行學習和預測的機器學習方法，而自然語言處理則是指透過機器學習和語言學知識，使電腦能夠理解和處理自然語言的技術。

小明：明白了，聽起來好高級啊。ChatGPT，你能夠在未來的城市中有什麼應用啊？

ChatGPT：當然可以，我在醫療、智慧家居、交通管理等方面都可以發揮重要作用，可以幫助人們提高城市生活品質和效率，更好地應對未來城市的挑戰。

小明：好好好，我得好好了解一下你的應用場景。謝謝你ChatGPT！

圖 3-71 建立第一幕的影片指令碼

寫第三幕的腳本

第三幕：介紹ChatGPT在現實生活中的應用案例，以及道德和安全問題

場景：商場內部

小明：（在商場裡巡逛，突然想到要諮詢一個問題）哎，我要怎麼搭配這件衣服才能穿得更好看？

ChatGPT：（突然出現在小明的手機螢幕上）你好，我是ChatGPT，請問你需要我的幫助嗎？

小明：（驚訝）啊，原來這個商場有ChatGPT服務啊？那你能幫我解答一下我的問題嗎？

ChatGPT：當然可以。你可以搭配這件衣服一些背帶裙、長褲、牛仔褲等，造型可以選擇西裝外套、披肩、圍巾等增加時尚感，都是很好的選擇哦。

小明：（讚嘆）哇，你真的好厲害啊！那ChatGPT在其他方面的應用場景有哪些呢？

ChatGPT：除了商場的智慧客服外，我在其他領域也有廣泛的應用場景，如智慧家居、智慧健康諮詢、智慧語音助手等。我幫助人們更好地了解和利用人工智慧技術，提高生活和工作效率。但是在同時，也要注意到人工智慧技術在道德和安全方面可能出現的問題。

小明：哦？那你能解釋一下嗎？

ChatGPT：當然可以。隨著人工智慧技術的發展，一些道德和隱私問題可能會緩慢浮出水面。比如，聊天機器人準確預測用戶的心理狀態、侵犯用戶隱私資訊、造成不公平競爭等問題。這些道德和安全問題都需要人們一起管理和探討解決方案。

小明：嗯，我明白了。ChatGPT，你真的是一個厲害的智慧夥伴呢！

ChatGPT：（微笑）謝謝你的誇獎，我會繼續努力發揮我的作用。

圖 3-72 建立第三幕的影片指令碼

你可以隨時透過包含範例和旁白為指令碼新增一些個人風格（如圖 3-73所示）。

第三幕：介紹ChatGPT在現實生活中的應用案例，以及道德及安全問題

場景：商場內部

小明：（在商場裡巡逛，突然想到要諮詢一個問題）哎，我要怎麼搭配這件衣服才能穿得更好看？

（小明拿起手機，打開ChatGPT應用）

ChatGPT：（突然出現在小明的手機螢幕上）你好，我是ChatGPT，請問你需要我的幫助嗎？

小明：（驚訝）啊，原來這個商場有ChatGPT服務啊？那你能幫我解答一下我的問題嗎？

（示例：小明向ChatGPT提出問題）

ChatGPT：當然可以。你可以搭配這件衣服一些背帶裙、長褲、牛仔褲等，造型可以選擇西裝外套、披肩、圍巾等等增加時尚感，都是很好的選擇哦。

小明：（讚嘆）哇，你真的好屬害啊！那ChatGPT在其他方面的應用場景有哪些呢？

（示例：小明向ChatGPT提出更多問題）

ChatGPT：除了商場的智慧客服外，我在其他領域也有廣泛的應用場景，如智慧家居、智慧健康諮詢、智慧語音助手等。我幫助人們更好地了解和利用人工智慧技術，提高生活和工作效率。但是同樣需要注重道德和安全方面的問題。

（示例：ChatGPT提供更多的應用場景，引出道德和安全問題）

小明：哦？那你能解釋一下嗎？

ChatGPT：當然可以。隨著人工智慧技術的發展，一些道德和隱私問題可能會緩慢浮出水面。比如，聊天機器人準確預測用戶的心理狀態、侵犯用戶隱私資訊、造成不公平競爭等問題。這些道德和安全問題都需要人們一起管理和探討解決方案。

（示例：ChatGPT解釋了道德和安全問題）

小明：嗯，我明白了。ChatGPT，你真的是一個屬害的智慧夥伴呢！

ChatGPT：（微笑）謝謝你的誇獎，我會繼續努力發揮我的作用。

（旁白：ChatGPT不僅有著豐富的知識和能力，而且也引發人們對人工智慧技術的探討。它讓人們對 AI 有了更深入的理解，也為未來的科技發展提供了更多的可能性。）

圖 3-73 為指令碼增加範例和旁白

3. 尋找素材、影片剪輯

影片編輯階段，可以找一些自動剪輯的工具（如 Kapwing 影片編輯器、剪映等），幫助簡化影片製作的過程。比如，Kapwing 的影片編輯器中的查詢場景工具使用 AI 來檢測影片中的場景變化；可以調整 AI 的靈敏度來控制檢測到的場景數量；對檢測到的場景，影片會被分成單獨的剪輯片段，從而更容易完成影片的組合。這就好像一大段文字沒有標點符號和段落，AI 可以幫助完成標點和分段的工作，那麼再進行整理就快多了。

不過，影片製作主要工作是找到合適的素材。從工作實踐來說，AI 造成的作用沒那麼大，這一段還需要人來完成。

4. 為釋出影片準備相關文案

文案是 ChatGPT 的強項，所以，在影片剪輯後。一些相關的文案工作都可以指揮它來做。

以下列舉部分。

（1）擬吸引人的影片標題

好的影片標題容易被搜尋到，也更吸引使用者點選，對影片分發來說很重要。用 ChatGPT，只需輸入幾個關鍵字，可以幫助你生成吸引人的影片標題。如果你覺得選關鍵詞麻煩，你也可以把大綱丟給它，讓它來總結標題。

根據下列影片劇本大綱，擬定 5 個吸引人的標題，趣味性強，跟 IP 相關。

影片目的：向普通人科普 ChatGPT，解釋 ChatGPT 的基本原理和應用場景，讓人們理解它的價值。

包括內容：首先，以機器人為主題，透過電影中的機器人形象（如星球大戰的 R2D2 和 C3PO），引入 ChatGPT 聊天機器人的概念，解釋其運作原理和應用場景。然後，透過電影中的未來城市形象（如《銀翼殺手》中的洛杉

礁），展示 ChatGPT 在未來城市中的應用場景，以及對未來城市的影響。同時，探討人工智慧技術在城市管理和社會治理方面的潛在作用。

ChatGPT 很快給你 5 個選擇：

a.ChatGPTmeets Star Wars：讓你在機器人世界中體驗科技魅力。

b. 未來城市探祕之旅：跟 ChatGPT 一起走進科幻大片的世界。

c. 縱橫星際的超級機器人：ChatGPT 成為你的智慧助手。

d. 超級聊天機器人 ChatGPT：讓你的生活更像《銀翼殺手》。

e. 聊天機器人的未來之路：ChatGPT 引領智慧城市新時代。

對其中你喜歡的，可以繼續優化。比如，你需要對這一句「縱橫星際的超級機器人：ChatGPT 成為你的智慧助手」再優化（如圖 3-74 所示）。提出：

給出 5 個改寫的影片標題「縱橫星際的超級機器人：ChatGPT 成為你的智慧助手」，更有生活場景感，更吸引孩子。

1.「ChatGPT來幫你了解世界！成為你的私人導遊和知識嚮導！」
2.「ChatGPT帶你探索神秘的海底世界，搭建你的智慧潛水裝備！」
3.「ChatGPT：成為你的音樂伴侶！追求音樂夢想的首席助手！」
4.「ChatGPT：與動物一起成長！探索和了解各種動物和它們的世界！」
5.「ChatGPT：無處不在的超級助手！成為你的生活顧問和夥伴！」

圖 3-74 提供多個可選的影片標題

（2）寫影片描述

ChatGPT 也可以創作影片描述，很簡單。讓 ChatGPT 將寫好的影片指令碼總結成描述，這些描述有助於你的潛在閱聽人更容易理解你的影片主要講什麼以及他們為什麼應該觀看。不用擔心文字太多，GPT-4 版本的 ChatGPT 可以支持 2.5 萬字的輸入。

當然，其生產的內容只是個草稿，你可以根據想表達的重點來進行一些調整。

（3）生成影片封面

下一步是為你的影片製作一個封面來吸引觀眾。只要 ChatGPT 給你一些封面設計的想法，你去選擇合適的影片截圖，就能吸引更多的注意力。

你也可以讓 ChatGPT 設計 AIGC 的影片關鍵詞，然後用 DALL·E2 或 Midjourney 來生成圖作為影片封面。

（4）改進影片字幕

假如你的影片面向不同國家、不同語言的人，可以新增其他語言的字幕，這就需要自動翻譯。另外，因為自動生成的字幕往往沒有標點符號，可以讓 ChatGPT 給字幕文字加標點符號。

（5）生成推文或部落格

這可能是 ChatGPT 最酷的功能，可以看成是一魚兩吃的做法。

你可以把影片指令碼轉為文章，加上影片截圖，快速生成一篇新文章，因為影片內容的分發管道和文字的分發管道是不一樣的，而且在微信搜尋和搜尋引擎上，文章更容易被搜尋到。這樣能吸引更多人關注，對文章感興趣的人，也可能去看影片。

對 GPT-3 版本的 ChatGPT 來說，因為輸出的字數上限約為 1500 字，假如生成過程中沒有完整輸出，只需鍵入「繼續」，它就會從中斷的地方繼續生成。GPT-4 版本的 ChatGPT 可能就好很多了，它能輸出 3000 字的文字。

在大部分工作流程中，都需要用到自然語言介面。能否把自然語言理解和輸出嵌入工作的各個環節中呢？

這其實就是 OpenAI 想要做的，將 ChatGPT 的功能賦能於每一個應用程式。OpenAICEO 薩姆·阿特曼曾說過，可能只有少數公司有預算來建構和管理像 GPT-3 這樣的大語言模型，但在未來十年，將會有數十億美元以上的「第二層」公司建成。這個「第二層」就包括了基於標準 GPT 大模型建構了微調模型的公司，為特定領域的行業提升效率和改進應用體驗。

下圖列出了 ChatGPT 的一個應用正規化，簡單來說，把大模型透過微調後，嵌入各個行業的應用中，可以完成各種感知性任務、創造性任務和探索性任務。這些任務的特點是，對輸出的可控性和精準性要求不是非常高，但希望用 ChatGPT 的語言能力結合行業知識，實現更好的使用者輸入理解和定製化輸出。

可以用圖 3-75 所示內容表示。

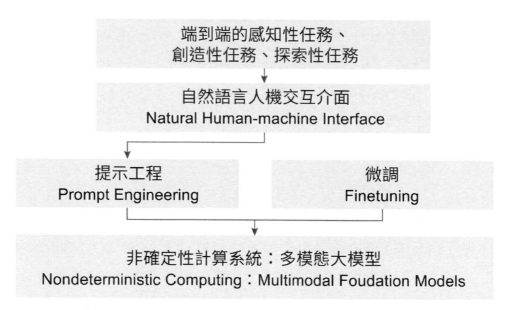

端到端的感知性任務、
創造性任務、探索性任務

自然語言人機交互介面
Natural Human-machine Interface

提示工程
Prompt Engineering

微調
Finetuning

非確定性計算系統：多模態大模型
Nondeterministic Computing：Multimodal Foudation Models

圖 3-75 感知性、創造性、探索性任務的應用架構

GPT-3 開始，OpenAI 和微軟都提供了 API 和微調技術，讓每個行業都能生成自己的 AI 應用。ChatGPT 也有 API，但不支持微調。

為什麼需要透過微調生成自己的 AI 應用呢？

因為 GhatGPT 是通用的語言模型，並不是為某個特定場景和語境準備的，而且其訓練的方式和語料也可能達不到某個專業領域的合格水準。

假如我們想要開發一個育兒知識服務，可以考慮用類似 ChatGPT 這樣的對話機器人，在其知識庫中增加內容，服務有育兒需求的人。

怎麼用微調技術做到這樣呢？

以下是微調 GPT 模型的步驟：

（1）從 OpenAI 或微軟 Azure 雲端遊戲註冊帳號，獲得 GPT-3 或 GPT-4 語言模型 API 的 key。

（2）準備領域特定的文字數據集，如收集教育書籍、相關雜誌文獻及問答等內容，然後整理為訓練數據。

（3）對文字進行預處理，如分詞、中文名詞化等，以便於 GPT 模型的訓練。

（4）對文字數據集進行微調訓練，可以使用類似於文字分類的方式，將處理過的育兒知識文字輸入 GPT 模型中進行訓練和微調，調整模型的引數和權重，以提高模型在特定術語下的表現和精度。

（5）在訓練過程結束後，透過評估和測試模型的效能，對微調後的模型進行調整和優化。

在微調 GPT 模型時，需要注意以下幾個問題：

（1）需要準備充分的育兒知識文字數據集，以便於模型的訓練和微調。

（2）根據育兒的術語規範化訓練集，以防止術語混亂。

（3）將微調後的模型與育兒相關領域的應用場景結合使用，以提高模型的實用性和效能。

以上只是對育兒知識領域的做法，實際上，透過類似的微調 GPT 模型可以幫助開發者在所有知識領域中開發出更具針對性的智慧對話系統和應用。

除了在對話的知識和預期等方面可以實現定製，微調 GPT 還能實現對大量文字進行情感分析。

舉一個例子，假設有一個情感分析的任務，需要對幾萬條收集到的文字進行情感判斷（如判斷該評論是正面還是負面的情感），需要用量化的打分來處理，由於分析本身有一些細節處理比較特殊，可以使用微調 GPT 來提高模型的情感分類能力。

具體而言，可以透過微調 GPT 來進行以下工作：

（1）在特定領域的文字上進行訓練。

（2）提高模型在特定任務上的精度和效果。

（3）透過繼續訓練模型來適應新的數據集，並提高模型的泛化能力。

總之，微調 GPT 可以提高模型的適應性和效能，讓模型更好地為特定領域或任務提供功能和服務。

微調後的產品，可以作為一個特定的應用開放給普通使用者。2023 年 3 月初，日本一個基於 GPT-3.5 的 AI 佛祖網站（https：//HOTOKE.ai/）迅速走紅，使用者在對話視窗中說出遇到的煩惱，HOTOKEAI 便會提出佛系建議。網站於 3 月 3 日上線，不到 5 天，就已解答超過 13000 個煩惱，一個月內就有幾十萬名使用者訪問。

在很多場景下，人們需要可預測的甚至是可控的確定性結果，比如，點個外賣，確定某個病的治療方案。但 ChatGPT 存在胡說八道的可能，怎麼能用在這些不能出錯的場景中呢？

在 GPT-4 釋出後，OpenAI 又宣布推出了外掛功能。外掛賦予 ChatGPT 使用工具、聯網和執行計算的能力，也意味著第三方開發商能夠為 ChatGPT 開發外掛，以將自己的服務整合到 ChatGPT 的對話視窗中（如圖 3-76 所示）。

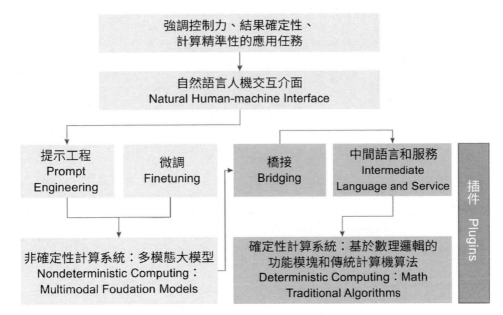

圖 3-76 強調控制力、結果確定性、計算精準性的應用任務的應用架構

　　也就是說，所有可靠的應用直接接入後，就不用擔心出現 ChatGPT 在這些場景下出錯了。

　　以前因為大模型不實時更新，也不聯網搜尋，使用者只能查詢到 2021 年 9 月之前的訊息。而現在 Browsing 外掛使用了 Bing 搜尋 ΛPI，採用網際網路上最新的訊息來回答問題，並給出它的搜尋步驟和內容來源連結。

　　也就是說，ChatGPT 能直接檢索到最新新聞，且有權威來源。（再也不用擔心 ChatGPT 胡說八道了！）

　　從演示來看，首批開放可使用的外掛包括酒店班機預訂、外賣服務、線上購物、AI 語言老師、法律知識、專業問答、文字生成語音，學術界知識應用 Wolfram 以及用於連線不同產品的自動化平台 Zapier。

　　這幾乎已經涵蓋了我們生活中的大部分領域：衣食住行、工作與學習。

　　透過新推出的外掛（Plugins），ChatGPT 能做什麼？

檢索實時訊息：例如，實時體育比分、股票價格、最新新聞等。

檢索私有知識：例如，查詢公司檔案、個人筆記等。

購物和訂外賣：訪問各大電商數據，幫你比價甚至直接下單，訂購外賣。

規劃差旅和預定：例如，查詢班機、酒店訊息，幫你，預訂機票和住宿等操作。如果使用者問：「我應該在巴黎哪個繼續預定住宿？模型就會選擇呼叫酒店預訂外掛 API，接收 API 響應，並結合 API 數據和自然語言能力，生成一個面向使用者的答案。」

接入工作流：例如，Zapier 與幾乎所有辦公軟體連線，建立專屬自己的智慧工作流（能與 5,000 多個應用程式互動，包括 Google 表格）……未來，預計 ChatGPT 將不斷整合更多優秀外掛，以適應更高級的應用場景。

從官方的演示看，ChatGPT 在呼叫外掛的時候，是一個智慧助手的模式。比如，在推薦週末在舊金山吃什麼素食的時候，用到了三個不同的外掛。

先透過自然語言與使用者溝通，理解了使用者需求後，呼叫了第一個外掛 OpenTable，獲得了可以定位子的餐廳訊息和推薦餐單。

然後，呼叫了第二個外掛 Wolfram（Alpha 版），計算推薦選單中食物的熱量（卡路里）。

然後，OpenAI 又呼叫了第三個外掛 INstacart，直接推薦了一家外賣。點開後，就進入這個外賣店的列表頁了。

下拉後，直接可以訂購。

除了第三方外掛，OpenAI 自己也開放了兩個外掛：網路瀏覽器和程式碼直譯器。

一個是網路瀏覽器 Browsing，讓 ChatGPT 在聊天時，可以根據需求搜出一系列結果，並帶有連結，還用自然語言對結果進行總結。

　　另一個外掛的名字叫程式碼直譯器，不要被這個名字迷惑了，它其實是一個超強功能的虛擬工程師，能做的事情遠遠超過了程式碼解釋。它提供電腦的一些最基本的功能，比如，解決定量和定性的數學問題、對數據檔案進行數據分析和視覺化、轉換檔案的格式。

　　比如，先丟個數據檔案給到程式碼直譯器，然後對檔案內容提問。

　　也可以讓其做一些視覺化的工作。先隨便做做，了解下數據情況，再不斷追加針對性的要求，改進視覺化的結果（如圖 3-77 所示）。

The quanitity that is most positively correlated with time (song.year) in the filtered dataset is 'song.loudness', with a correlation coefficient of approximately 0.202.
與時間（歌曲發表年份）最為正相關的量在篩選後的數據集中是「歌曲響度」，其相關係數約為0.202。

J　can you plot that?
　　你能畫出來嗎？

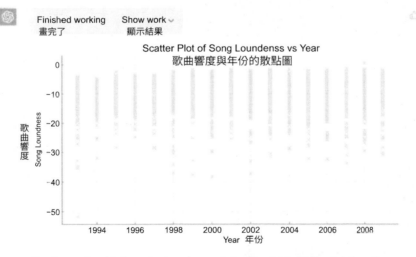

Here is a scatter plot of song loudness vs year in the filtered dataset. The plot shows the relationship between the loudness of songs and the year they were released, with data points representing individual songs.
這張散點圖展示了數據集中歌曲響度和年份之間的關係，用於篩選數據。每個數據點代表一個單獨的歌曲。

圖 3-77 外掛的執行過程截圖（來源：OpenAI 官網）

在不同格式之間轉換檔案

這個功能幾乎人人都需要，修改圖片，轉換影片格式。

比如，圖形編輯任務也可以用聊天來完成，具體操作如下：

先傳一個圖；然後，讓 ChatGPT 改變大小，調整顏色，就能變成一個期望的 Logo（如圖 3-78 所示）。

Here is the neomodernist Python icon image converted to grayscale.

Here is the neomodernist Python icon image tinted with a light green color.

圖 3-78 圖片處理任務的影片截圖（來源：OpenAI 官網）

如果你想要處理影片剪輯，也可以用這個外掛，比如剪輯前 5 秒的影片內容。

目前，OpenAI 的外掛還處於 Alpha 階段，需要申請試用。

剛剛回歸 OpenAI 不久的特斯拉前 AI 主管 Andrej Karpathy 表示：「GPT 類模型是一種執行在文字上的新型電腦架構，它不僅可以與我們人類交談，也可以與現有的軟體基礎設施交談，API 是第一步，外掛是第二步。」

對於開發者來說，這是一個新的開始。

任何開發人員都可以自行參與建構第三方外掛，OpenAI 給出了一整套建構流程：「如何在 ChatGPT 建構你的外掛」，並在 Github 上開源了一個知識庫類型外掛的全流程接入指南：ChatGPTRetrieval Plugin。

專案地址是：https：//github.com/openai/chatgpt-retrieval-plugin

程式碼不多，模仿著做一個類似的垂直領域的知識檢索外掛應該很快。

製作外掛的許可權和訪問方法，同樣會向開發者開放，開發者可以對自己定義的 API 進行呼叫。

接下來，OpenAI 將與使用者和開發者密切合作，對外掛系統進行疊代。之後，OpenAI 會公開一個或多個 API 端點，並附上標準化要求和 OpenAPI 規範，會對外掛功能進行定義。

因為有了外掛，ChatGPT 有了眼睛和耳朵，可以自己去看網際網路上的訊息，去聽發生的事情，ChatGPT 從單機執行進入了網路互聯時代。

由於外掛的出現，ChatGPT 在商業應用時最大的擔憂 —— 「不可靠」已被解決。現在透過第三方應用的外掛，OpenAI 變得更加可靠。此外，OpenAI 還採取了相應的安全措施，如限制使用者使用外掛的範圍僅限於訊息檢索，不包括「事務性操作」（如表單提交）；使用必應檢索 API，繼承微軟在訊息來源上的可靠性和真實性；在獨立伺服器上執行；顯示訊息來源等。

未來，許多軟體和網站的使用者會直接透過 ChatGPT 觸達應用和服務。

在 ChatGPT 的新生態中，會出現如下變化：

從使用者來說，說幾句話就能解決複雜問題，跳過了一些中間環節，使用者體驗更好，使用 ChatGPT 的使用者大大增加。從軟體服務商來說，由於各類提升生產力的軟體功能，會很快被整合到 OpenAI 的生態中，有些服務商可能會消失。而實體世界的中小企業，可能透過 ChatGPT 獲得一些低成本的使用者觸達機會，會更加繁榮。一些大型平台企業則將面臨新的競爭，要麼透過人工智慧來更新為自然語言介面，提升服務體驗；要麼會因為替代效應，使用者和收入減少。比如，訂餐者不需要去訂餐平台，在 ChatGPT 上也能下單了。

如果企業不能適應人工智慧帶來的變革，將會失去大量市場份額，拱手讓給新興的企業。

挑戰和機遇同在，每個公司和個人都應該預測以後的社會狀況，並以此為基礎來思考現在的經營策略和個人發展策略，做出順應時勢的選擇。

第 4 章

AI 應用案例

　　早在十幾年前，AI 技術就不斷地應用在各個領域，包括語音辨識、人臉辨識和自動駕駛等，但直到有了 GPT 大模型的加持，AI 應用才開始有了爆炸性的增長。

　　矽谷的 YC 孵化器被看成新技術應用的風向標，曾在共享經濟模式、雲端儲存和區塊鏈等技術的早期就孵化了相關公司。在 2023 年 YC 孵化器 W23a（Winter 2023，2023 年冬季）這批公司中，共有 61 家 AI 創業公司，占比 28%，這個比例是往期的幾倍。本質上，大部分軟體公司是利用 AI 技術的 SaaS（Software as a Service，軟體營運服務）公司，開發的是下一代軟體。它們的做法是在核心 AI 引擎之上圍繞工作流程等來建構更多的功能，業務跟 SaaS 類似。

　　可預見的是，未來幾乎所有的軟體都會用上 AI，更新為更好用、更智慧的軟體。AI 對軟體的賦能主要展現在下面幾點：

　　（1）便捷化：有了 ChatGPT 這樣的人機互動介面，任何軟體的複雜操作都可以用一些自然語言提示來完成，甚至使用者無需知道這些功能是什麼，只需提出要求，許多功能就能被呼叫。想一想，Office 裡有 90% 的功能大部分人從未用過，我們就能理解使用者介面便捷化對軟體價值的巨大提升了。

　　（2）自動化：有了 AI，可以讓各種軟體自動執行一些複雜的任務或需要語義分析的任務，例如透過自然語言寫的提示詞把各種軟體連線起來，不需要複雜的介面設計。另外，在文字類的自動化處理方面，如自動分類郵件、自動翻譯文件等方面，也可以提高效率並減少人力成本。

　　（3）生成性：AI 可以直接生成文字、影像、程式碼、音訊等方面的內容，特別是多種內容的自動化生成，極大地提高了內容創作者的效率。這個領域也叫做 AIGC，用 AI 來創造內容。

　　（4）預測性：AI 可以透過學習歷史數據來預測未來事件，如客戶行為、行銷效果等。這可以幫助使用者做出更明智的決策，也能更精準地為客戶服務。

（5）智慧化：AI 可以分析和理解大量的複雜數據，如文字、影像、聲音、影片等，並從中提取有用的訊息。這可以幫助使用者更容易理解和處理數據。

a W23 是孵化團隊批次的編號。

（6）個性化：AI 可以根據使用者的喜好和行為模式提供個性化的服務，提高使用者體驗和滿意度。

（7）安全性：在安全性上，軟體總有一些沒注意到的漏洞，令人防不勝防。而 AI 可以檢測和分析網路威脅，並提供有效的安全解決方案。這可以保護使用者數據和隱私。

隨著 AI 技術的發展，基於 AI 技術增強的軟體如雨後春筍一樣大量出現，並在各類商業場景中落地。AI 軟體具備自動化執行的特點，在降低勞動成本、提升工作效率、降低人員流動風險等方面有天然的優勢。

以電商行業為例，有了 AI 技術，人們可以對商品的描述和圖片等訊息進行自動化處理，讓在電商平台上展示的內容更加立體，從各個角度呈現客戶想要購買的商品，讓參與者更有購買的慾望，增加轉化率。

按照模態區分，AIGC 可分為音訊生成、文字生成、影像生成、影片生成及影像、影片、文字間的跨模態生成，細分場景眾多。每個人都可以嘗試使用這些軟體，來提升自己的創造力和效率。

如今的 AI 應用大爆發：一方面是 ChatGPT 等技術成熟的結果，許多公司由於充分發揮了 GPT 等 AI 大模型的能力，獲得了高速發展；另一方面也是商業模式逐步成熟的表現。

AI 領域的收費模式如下。

1. 按計算量收費

建構技術服務平台，讓其他產品接入 API，按照數據請求量和實際計算量來收費。各家大模型公司和雲端計算公司都推出了模型 API 和語音等 API。

2. 按輸出數量收費

在 AI 生成影像的應用中，這種收費模式很常見。由於類型和尺寸不同的影像在生成時耗費的算力資源差異很大，有的公司也會把按影像數量收費折算為按點數收費。高畫質的影像點數高，低畫素的影像點數低，然後充值扣點數，比如 Stable Diffusion 的網站 DreamStudio.ai 就是這樣的模式。

3. 按月付費

這是最常見的收費模式，把 AIGC 應用以軟體形式對外銷售，一般會根據使用量和功能分等級，比如 Jasper.ai、Midjourney 等。

4. 模型訓練費

這是一種 AI 領域的特殊收費模式，因為預訓練模型往往不能滿足某一個特定領域公司的定製化需要，因此要對模型進行訓練，獲得一個定製化模型。但 AIGC 模型的訓練需要大量數據和算力資源，成本較高。因此，針對個性化需求或者特定領域，大模型公司會收取模型訓練費，比如 GPT-3 的微調就是這樣的收費模式。

Midjourney 僅有 11 人，尚未融資就實現了盈利，產品釋出一年多就成為獨角獸，代表了 AI 領域創業的新模式，以及 SaaS 收費模式在 AI 領域的可行性。由於存在一套合理的經濟模型，讓各家的 AI 服務都能被採購和整合，任何人都可能利用這些「模組」來組裝成一個更適合特定場景的服務，這是形成 AI 應用百花齊放局面的重要原因。

未來，還會有更多的商業模式出現，比如嵌入 AI 驅動的搜尋引擎中的廣告、嵌入 OpenAI 對話中的外掛帶來的交易等，這些應用和收費方式將會對商業格局產生巨大的影響。

下面我們列出一些應用的方向和案例，這些應用大都已經實現商用，也可以啟發創新創業者在 AI 技術的浪潮中發現新的機會。

4.1
AI 寫作和編輯

2023 年 4 月 12 日，公關及廣告服務商藍色游標宣布，無限期全面停止創意設計、方案撰寫、文案撰寫和短期僱員 4 類相關外包支出。公司強調，文案和方案的撰寫都將採用 AI 輔助完成，訊息一出，其股票連續幾天大漲。

藍色游標之所以敢做出這樣的決策，與 AI 寫作軟體的成熟度有關。AI 寫作軟體也被稱為 AI 輔助寫作軟體，是指 AI 幫助文字工作者在創作過程中提高效率的軟體。這是自 GPT-3 出現後，發展速度最快，也是最成熟的應用領域。

為什麼這個市場的產品成熟度這麼高？

第一個原因是文字處理就是大語言模型技術成熟度相對較高的場景，也是離收入最近的場景。各種文字處理的應用會從多個維度輔助公司的業務和職能部門的工作，並直接參與內容的商業化過程。比如，Jasper.ai 使用了 GPT-3 的技術，基於行銷相關的知識和技能，提供智慧化的寫作建議和自動生成文字的功能。使用者輸入相關的主題和要求，如所需文章的字數、風格等，就能快速生成高品質的內容，提高品牌曝光率和轉化率，節省時間和人力成本。

第二個原因是激烈的競爭推動創新和不斷疊代。在 Jasper.ai 很快拿到融資並快速增長後，如雨後春筍一樣，這個領域冒出幾十家公司。最近，一些筆記軟體如 Notion 也進入 AI 寫作市場。

為什麼 AI 寫作軟體的發展速度那麼快？

過去也有 AI 寫作輔助工具，比如 Grammarly 能語法糾錯，Zia 能夠為文章的可讀性進行打分並提供修改建議，Surfer 對文章進行 SEO 優化（能從搜尋引擎獲得更多的流量）。但是市場對單個功能的需求有限，這些公司的發展速度也受到了限制。

但由於 GPT-3、ChatGPT 這樣的大語言模型出現，基於這些技術開發的一站式輔助寫作方案在寫作範文方面有很強的普適性，寫作效率也大大提升。在一個寫作軟體中就能完成各種功能，如內容提取、語義分析、翻譯、文字分類和語法糾錯等，寫作者不僅可以用 AI 快速生成大綱（主、次標題），還能對各種話題直接生成各類文章初稿，形式包括各類行銷文案、電子郵件、部落格、報告、社交網路文章等。

既然 AI 寫作已經替代了人的部分工作，未來會不會完全替代人？

這個問題要一分為二來看。在一些模板化寫作的領域，如行銷、銷售、財經、體育、突發事件等垂直場景，AI 生成的內容品質尚可，而且成本低、出活快，確實替代了人的不少工作。

但是，在一些需要情感和深度報導等的寫作方面，AI 寫作無法完全替代人。因為 AI 撰寫的文稿仍稍顯呆板單調，文字缺少溫度和人文關懷等要素，無法像人類那樣具有靈活的策略。而且，AI 寫作技術有時可能會存在語法、邏輯、事實等方面的錯誤，需要進行人工編輯和校對。

此外，AI 寫作技術也面臨著一些倫理和法律問題。例如，可能會出現偽造、抄襲等問題，需要制定相應的法律和道德規範來約束 AI 寫作技術的應用。

因此，AI 寫作是 AI 和人類工作者協同發展的過程。AI 將人類工作者從繁雜的重複勞動中解放出來，使他們更好地發揮批判思考能力和創造能力，產出更優質的內容。人類用 AI 用得越多，創造出的數據越多，回饋越多，

也加速了 AI 在這個領域的知識累積,能創作出更好的內容。

下面我們從幾個不同的類別講述具體應用和產品。

市場行銷對於所有企業都極其重要。市場行銷包括向潛在客戶推銷產品和服務,幫助企業增加收入,並且建立強大的品牌和良好的聲譽。在行銷文案中,注重文字的吸引力和說服力,透過優秀的文案和行銷手法去吸引和引導閱聽人的關注和行為。

但行銷人員的痛點在於時間不夠用。既要思考廣告創意,又要撰寫行銷文案,如果大量的瑣碎工作占據了工作時間,就難以有足夠精力去思考創意。而且細分的使用者人群往往需要很多個性化的方案,這樣的工作量讓行銷人員壓力很大。

有了 AI 寫作軟體,這個痛點就能解決。它能讓使用者快速地生產出合格的行銷文案,對設計方案也能提出更多的創意方向,啟發行銷人員的思考。

對於依賴社交媒體內容的人來說,AI 寫作可以幫助他們提高社交媒體內容的品質和生產效率,如新媒體文章、微博、短影片文案等。

更重要的是,AI 寫作軟體可以為給定的主題生成多種文案,讓行銷人員進行選擇,甚至可以同時測試不同的想法。當然,行銷文案可以針對不同的閱聽人和管道進行調整,這樣更容易吸引不同平台上的目標閱聽人,讓文案和行銷管道更匹配,豐富的行銷策略也提升了行銷效果。

這樣做會進入一個正向循環。有了數據支持,AI 能夠快速分析使用者的行為和偏好,針對性地生成行銷文案。這樣的文案被使用得越多,回饋越多,AI 寫作軟體在行銷方面的表現就越出色,最終形成「先發者優勢」。

未來,行銷文案還可能與廣告投放結合,追蹤某類使用者最關注的熱點來生成文字並進行投放,能更好地達到預期的行銷效果。

在這個領域,最大的寫作軟體是 Jasper,其次是 Copy.ai,它們都是基於 GPT-3 大模型,都有大量的高品質模板,能快速生成廣告和行銷內容。

而在細分市場，也存在不少公司，比如 SEO 相關的公司，它們有一套完整的從生成到評估的邏輯，有了 AI 寫作之後更是如虎添翼。典型代表有 Surfer、Scalenut、Frase、WriteSonic 等，各個公司能在細分市場上得到一些使用者。例如，AdZis（adzis.com）是一個專門寫商品介紹的 AI 軟體，可以在幾分鐘內編寫你的產品描述，使產品介紹的內容豐富而獨特；它還能做一些跟搜尋優化有關的事情，包括長尾關鍵詞，透過同義詞和相關單字來增加流量等。

在影片行銷推廣方面，有一家公司叫 Morise.ai，它的目標是幫助你的影片形成病毒式傳播。它不僅能為影片生成吸引人的標題、描述和標籤，而且能提供病毒式的影片創意，或者在 YouTube 營運所需的社群發帖或投票。

國內的寫作工具 Friday（heyfriday.cn）也是這個領域的寫作軟體。只需要輸入語氣、關鍵詞和主題，就能生成行銷廣告、影片指令碼、SEO 優化和種草文案等。

從技術上來說，各家都用的是 OpenAI 的大語言模型，技術門檻不高，主要比拚的是兩點：第一是行銷知識，在生成方面的模板和微調知識越豐富，生成的內容品質越高。在細分市場的公司，優勢在於收集鮮活數據和具備的領域知識方面。第二是使用者體驗，好的軟體設計能提升寫作者的效率，降低使用者的門檻。

銷售型寫作是指透過書面文字形式，以滿足銷售目標為導向的寫作方式，比如個性化的郵件、產品介紹等。銷售型寫作通常需要具備清晰簡潔、有吸引力、有效、有針對性等特點，透過向使用者展示產品或者服務的特點和優勢，促進使用者的購買慾望和購買行為。這類寫作更側重於實際應用和效果的展現，需要結合目標閱聽人和市場競爭等方面考慮。

試想一下，如果一個銷售員有幾百個潛在客戶，假如他為每個客戶寫封個性化的郵件需要 15 分鐘，對他來說是很費時間的事情，而透過 AI 自動生

成個性化的電子郵件就能大大提升效率。

　　由於 AI 善於從各個方面進行分析，能更好地了解客戶行為，針對性地提出銷售建議，能提供更個性化的銷售體驗，提升客戶轉化率。

　　比如，PersanaAI 這個工具能基於公司內部 CRM 數據與公開訊息，分辨潛在客戶的優先順序。當一個潛在客戶訪問公司網站時，PersanaAI 可以通知銷售團隊，並生成一封電子郵件立即發出去。抓住這樣的時機，就能大大提高溝通的精準性和及時性。

　　這類寫作因為需要基於客戶資料，還有一些市場訊息和規則，寫作功能往往是作為銷售軟體的一部分，類似於把 AI 寫作技能嵌入銷售的工作流中，並不像是一個純粹的郵件寫作軟體。

　　當然，也有一些專門用來寫郵件的應用。比如，Lavender 這款瀏覽器外掛能幫助銷售人員寫出更容易得到回覆的郵件。我們可以把 Lavender 看成一個寫郵件做銷售的教練，它能從社交網路訊息中分析收件人的背景，幫助銷售人員了解客戶如何做出購買決定，以及如何針對每個客戶進行個性化郵件訊息的定製。此外，Lavender 還會快速分析郵件中的問題並自動修正。

　　另一個郵件應用 Smartwriter.ai 在電子郵件功能上與 Lavender 相似，整合了類似 Jasper 產品的行銷文案生成能力，能夠直接面向 Gmail、Yahoo Mail、Facebook、Twitter 和 LinkedIn 進行數據抓取，透過個性化的郵件向潛在客戶進行銷售。

　　在國內，銷售寫作的範圍更廣，不僅要覆蓋郵件內容，而且包括企業微信訊息、簡訊等，甚至進一步根據每一個客戶的訊息定製不同的內容。比如在 SCRM 中用 AI 撰寫企業微信的內容。

　　美國編劇協會（WGA）考慮在不影響編劇署名和分成的前提下，讓以 ChatGPT 為代表的人工智慧技術參與影視創作。也就是說，如果一個編劇根據 AI 創作出來的短片故事進行改編創作，那麼也能得到署名，這樣做是為

了避免編劇的署名與收入受到新興技術造成的大幅衝擊。

劇本型寫作是指以電影、電視劇或者戲劇劇本的形式來進行創作的一種寫作方式。通常,劇本型寫作需要遵守劇本結構規範,包括場景、臺詞、角色等要素,並透過對這些要素的細緻安排來塑造一個具有情節、衝突、轉折等基本元素的故事。在劇本型寫作的過程中,需要具備創意、想像和表達等方面的能力。

使用 AI 來協助或獨立生成電影、電視劇或者戲劇劇本的寫作,可以幫助創作者完成一些重複性的工作,如提供建議、編輯和格式化文字等。同時藉助模型訓練和自然語言處理等技術,AI 也能夠在一定程度上模擬人類的創作思維和習慣,從而生成情節豐富的有趣故事。

早在 2020 年 GPT-3 釋出後,查普曼大學的學生用 GPT-3 創作了一個短劇,其劇情在結尾處的突然反轉令人印象深刻,引發了廣泛關注,可見 AI 在劇本創作領域的潛力。

在海外,有些影視工作室已經在使用諸如 Final Write、Logline 等工具寫劇本。

例如,深耕中文劇本、小說、IP 生成的海馬輕帆公司已經收穫了超過百萬的使用者。

在劇本寫作上,海馬輕帆的 AI 訓練集已經涵蓋了超過 50 萬個劇本,結合資深劇本作者的經驗,能夠快速為創作者生成多種風格、題材的內容。而劇本完成後,海馬輕帆也擁有強大的分析能力,可以從劇情、場次和人設三大方向共 300 多個維度入手,全方面解析和評估作品的品質,並以視覺化的方式進行呈現,為劇本的改進疊代提供參考。其劇本智慧評估服務在國內影視劇本市場的滲透率達到 80%,累計評估劇集劇本 3 萬多集、電影及網路電影劇本 8 千多部。

AI 輔助型寫作是指藉助人工智慧技術來輔助人類創作出更優秀的文字作

品。在這種方式下，AI 可以透過提供文字糾錯、語法檢查、自動補全、文字分類以及情感分析等基礎文字處理功能，使得人類寫作者可以更加高效地進行文字創作。而且 AI 還可以模擬文風，為人類作家提供更加豐富的文字素材和創作可能性。比如，在寫人物對話的時候，輕鬆寫出符合特定人設的對話。

輔助型寫作是輕量級的應用，專門用來解決某個具體的寫作問題。它可以根據需要幫助創作者採集素材、處理文字、自動化降重以及改善文章表達等，從而減少煩瑣的工作，提高寫作效率。

對於需要進行文字撰寫和處理的教育和學術機構來說，AI 寫作可以幫助這些機構的人員提高文字撰寫的效率和品質。比如，有一個叫 Wordtune 的軟體，特色是幫助使用者「重寫」句子，能根據不同的情感（如友好、禮貌、興奮等）或者目標（如說服、道歉、感謝等），為句子生成符合相應語氣和目的的重寫建議，並選擇最適合自己需求和場合的表達方式。它還可以幫助使用者在自己選擇的句子中，為某個詞語選擇一個相近的替代詞語，已經成為很多學生進行論文潤色，或者用來練習雅思考試中的同義詞替換的「神器」。

國內的應用「寫作蛙」，只需輸入 3 ～ 5 個關鍵詞，例如「親子教育」，選擇（通用／突出數據／借用知名度等）創作風格，就能幫你創作標題或文章提綱。

所謂通用型寫作，就是不論什麼寫作場景都能覆蓋。

對於寫自媒體文章的創作者來說，建立新鮮、引人入勝的內容非常重要，而主題是能自由選擇的。對於藝術和娛樂行業來說，AI 寫作可以幫助他們創造更加有趣和創新的作品，這些行業可能是電影、遊戲或音樂等。使用 AI 寫作技術，他們可以快速生成高品質的劇本、故事情節或歌詞等，提高作品的創新和吸引力。

Writer 公司的 AI 寫作平台 writer.com，不僅提供了模板化寫作，而且

對自由寫作的全過程都有充分的支持。比如,它提供從腦力激盪構思、生成初稿、樣式編輯、分發內容、覆盤研究的全部流程支持,適用於任何需要內容生產的場景和工作,幫助提高內容的生產量、生產效率、點選率和合規性等。

另一個代表是全能的筆記軟體 Notion,它把 GPT-3 的功能嵌入寫作介面,大大方便了各種內容的寫作。

對於需要進行法律文書和政府公文撰寫的機構和個人來說,使用通用型寫作工具,可以快速生成高品質的文字,提高撰寫效率和精度。

國內的 WPS 智慧寫作(aiwrite.wps.cn)也是一個通用寫作工具。選擇類型,給出主題,就會出現一些可選的思路,選定一些思路後,就能自動生成文章。不過,受限於其知識和模板,通用性還不強。

「出門問問」公司釋出的 AI 寫作助理「奇妙文」覆蓋了職場辦公、市場行銷、新媒體和創意寫作等內容創作場景,還有風格轉換、要點提取、校對糾錯、續寫、改寫、擴寫、縮寫和翻譯等功能,基本上覆蓋了常見的文案寫作。

從以上寫作應用來看,這個領域的產品存在先發效應,使用者越多,獲得數據和回饋越多。

這些應用就能用這些來改進 AI 模型,從而輸出更高品質的內容,形成正向增強效應。而後來的公司就難了,缺乏數據和回饋,在品質上難以提升,陷入同質化競爭的紅海之中,所以後來的公司並沒有複製這兩家的增長勢頭。例如,2021 年 1 月成立的 WriteSonic 是 Jasper 的競品,只拿到 260 萬美元的一輪融資,融資少很多,使用者量也少。

而早就累積了大量使用者的筆記軟體如 Notion,則能夠借 AI 的紅利,增強產品的價值。

以上只是列出部分內容,這個領域的工具還有很多,在 gpt3demo 這個網

站上就列出了 55 個 App，比如 Notion 的競品 Craft 等。

　　之所以存在這麼多付費產品，而不是由免費的 ChatGPT 一統天下，是因為有大量的細分場景和領域知識。

　　幾乎在每一個特定的垂直領域都有一些最佳實踐知識，這些之前大都是以課程的形式存在。有了 AI 技術，這些知識就可以轉變為 AI 產品，確保交付成果，使用者獲得直接收益，當然要比培訓、諮詢更受歡迎。而且由於 AI 拉平了創作門檻，使用者很容易使用，也擴大了使用者人群，這是進一步把知識轉化為生產力的過程。因此在寫作領域，隨著更多細分場景的開發，還會有更多的寫作軟體出現。

　　下面我們重點介紹 3 個代表公司：Jasper.ai、Copy.ai 和 Notion。

1. Jasper.ai

　　Jasper.ai 是最早使用 GPT-3 大模型的創業公司之一，成立 18 個月就有了 8,000 萬美元收入和 15 億美元估值，要知道，OpenAI 在 2022 年的收入也不過 3,000 萬美元。Jasper 的主要客戶是行銷人員，占比接近 67%，其餘客戶來白內容創作、教培、健康和軟體行業。

　　如此成功的 Jasper，卻是從一家失敗的創業公司發展出來的。

　　Jasper 的三位創始人都來自堪薩斯州立大學的行銷系，畢業後他們創辦了一家行銷諮詢公司，幫助公司寫營運文案、Facebook 廣告等，其間他們製作了一套行銷教學影片並收集到了大量行銷從業者的信箱。

　　在賣網課期間，創始人中負責技術的摩根嘗試用網頁對話方塊來增加和客戶的溝通，這對售賣課程極為有幫助，他們便將這個功能做成一個名叫 Proof 的初創公司。主營產品是為企業的官網提供個性化的對話方塊和客戶行為分析，這樣能有效提高公司業績。Proof 在 2018 年進入 YC，不僅成功獲得 200 萬美元的融資，而且團隊規模也擴展到 15 人。但最終團隊無法將這個

功能性產品擴展成平台性產品，在 2020 年，公司被迫解僱了一半員工，近乎停擺。

2020 年 1 月，團隊新成立了 Jarvis.ai，這個名字來源於電影《鋼鐵人》中托尼‧斯塔克的助理賈維斯（Jarvis）。後來因為迪士尼公司提出不能使用這個名字，這才改為了 Jasper。

也許是因為 OpenAICEO 阿特曼曾是 YC 的總裁，近水樓臺先得月，在 2020 年 GPT-3 內測期間，Jasper 團隊就拿到了 API 的使用權。OpenAI 團隊當時把精力放在大模型上，沒有花費過多的精力打磨出易用的終端產品，只是放出了網頁端 Playground 和 API，供開發者以此為基礎開發更好用的產品。但直接用 GPT-3 的網頁端 Playground 並不方便，需要掌握一些提示語知識，互動介面也不方便，學習門檻較高。當然，現在有了 ChatGPT，許多人就直接用它來生成文字了。

Jasper 創始團隊敏銳地發現了一個好的切入點 —— 把 GPT-3 整合到行銷文案的創作流程中。對於大部分使用者來說，在各個場景下應該重點填入什麼訊息，這一部分知識是缺乏的，而他們可以提供大量高品質的訊息作為模板，再由 GPT-3 將其串成一篇優秀的文章。

於是 Jasper 團隊抓住了機會，搶先推出產品，並憑藉行銷背景和行銷從業者的人脈網，率先為 GPT-3 找到在行銷場景下數千萬美元的需求，隨後繼續從行銷軟體公司 HubSpot 挖資深行銷和產品副總裁，來鞏固在行銷文案方面的優勢。

Jasper 的主要產品形態有兩種：模板（Templates）和文件（Documents）。模板能引導使用者高效率使用 GPT-3，使用者只需要使用模板就可以直接生成適合場景和任務的文案，而不用去 ChatGPT 一次次透過提示語工程來完成。

文件功能能幫助使用者生成優質長部落格。如果用模板功能去寫長文

章，通常要使用 5 ～ 6 個模版，思路會被打斷，效率較低。文件功能則是在寫作介面中，允許使用者自然地插入請求，讓 GPT-3 接管後生成內容。使用者再對生成內容進行事實核查和再組織，然後再重新給指示，直到形成一篇完整的文章。

Jasper 的利潤率很高。按其官方宣布的定價和 API 的成本來算，利潤率超過 90%，是一本萬利的好生意。

之所以能有如此高的毛利，是因為 Jasper 提供了行銷方面的價值。它不僅可以把行銷行業的最佳實踐帶給客戶，而且能用工具幫助落地，創造結果。幾乎所有的客戶都認為 Jasper 是一個效率神器，與招募一個寫手或內容營運比，簡直是太便宜了。

即便有了免費的 ChatGPT 或付費版的 ChatGPTPlus，Jasper.ai 依然有大量的忠實使用者。

因為從輸出內容的品質比較來看，Jasper 透過模板生成內容的品質，高過大部分人透過 ChatGPT 生成的文字的品質，這對商業軟體非常關鍵。

2. Copy.ai

Copy.ai 是最早釋出的基於 GPT-3 的 AI 寫作工具，這裡的 Copy 並不是複製或抄襲的意思，而是來自廣告術語文案寫作（Copywriting）。當 GPT-3 在 2020 年夏天開放 API 內測的時候，兩位做了 4 年多風險投資的投資人保羅 · 雅庫比安（Paul Yacoubian）和克里斯 · 盧（Chris Lu）覺得這是個機會，於是下場創業了。一開始團隊只有 3 個人，按精益創業的理念，設計了最初的 MVP（Minimum Viable Product，最小可用產品），讓使用者更容易使用，提供多種語言輸出。

很快，公司就開始高速增長。

2021 年 10 月，在 Copy.ai 成立一週年的時候，它獲得了來自紅杉資本、

老虎環球等 VC 機構的投資。加上 3 月的 290 萬美元種子輪融資，總融資達到了 1,390 萬美元。這時候公司只有 11 個人，是一個完全遠端工作的團隊，但年度收入達到了 240 萬美元。

從功能上來說，Copy.ai 跟 Jasper 類似，也是基於模板的短文章和基於框架流程建立長文章，但價格便宜很多。

因為價格策略不同，Copy.ai 的毛利率比 Jasper 低很多，這也使得其在團隊擴張上趨於保守，反而被後釋出的 Jasper 超出。之後，Copy.ai 沒有繼續獲得融資，被 Jasper 甩在後面。

3. Notion

Notion 被譽為使用者體驗最好的筆記軟體，早在 2016 年就釋出了，它整合了筆記／日記、知識庫、Markdown 編輯器、任務待辦、日曆、看板／專案管理等功能於一身，可以完美替代多款筆記類、合作類工具。

2023 年 2 月，Notion 宣布，基於 GPT-3 技術，它推出了 NotionAI，只需每月花費 10 美元就能用上。

用 Notion 自己的話來說：「在任何 Notion 頁面中利用 AI 的無限力量。寫得更快，想得更遠，並增強創造力。」

有了 AI 輔助，寫文章的效率大大提升。比如，按下空格鍵或「/」，快速呼叫 AI，在輸入要求「寫一封關於 ×× 的電子郵件」或「寫一篇關於 AI 的未來的部落格文章」之類的提示語後，Notion 會很快給出建議的內容，你可以決定是否使用這些內容，也可以重新生成一些內容。當你點選「Make longer」時，NotionAI 會自動重寫並增加更多內容，非常方便。

使用 NotionAI 編輯內容特別方便，有很多選項，可以把內容加長或者縮短、對拼寫和語法糾錯以及更改語氣等。

這些修改，可以對整頁內容進行，也可以對選定的部分內容進行。

假如你需要寫一些內容摘要，使用 NotionAI 簡直太便捷了。只需要把任何地方的訊息複製並黏貼到 Notion 頁面中，然後單擊「Summarize」，選擇摘要選項或在提示欄中輸入你的請求，就能快速獲得摘要。

如果你工作中經常需要寫會議紀要、週報、日報、工作計劃等偏訊息傳遞型的文件，NotionAI 可以幫助你大大提高效率。

除了常規的寫報告、提供靈感素材、內容檢查和起標題等，NotionAI 還可以寫故事、寫詩、講笑話、寫論文、做表格和做食譜。

翻譯也不在話下，它能提供十多種語言的翻譯功能。

4.2
AI 影像生成和處理

2022 年，用 AI 來生成影像的多個重磅產品相繼推出，使用者只需輸入文字，便能得到由 AI 生成的圖片。生成的作品可以達到商用水準，AI 繪畫變得越來越流行。

對於設計師和創意人員來說，AI 生成影像可以幫助他們快速地獲得高品質影像素材，並且可以對影像進行各種創意性的操作，獲得成品。

對於電商平台、數位廣告公司和社交媒體行銷機構來說，AI 生成的產品展示圖、廣告或社交媒體內容可以幫助提高品牌曝光率、產品展示效果和提高銷售轉化率。

總體來說，目前 AI 影像處理還處於準確度提升期，AI 能生成一些藝術

圖、Logo 或人像等。

　　但要做到精準控制，完成產品設計、建築設計等，可能還需要再發展 3 ～ 5 年。如果要達到專業的設計師水準或藝術家水準，則有更多難關需要攻克，至少要 5 年後才能達到。

　　所謂通用影像生成軟體，就是可以做任何領域的影像生成。從文章插圖、廣告素材、平面設計到藝術創作等。

　　最強的是三家：OpenAI 的 DALL·E2，這是基於 GPT-3 的大語言模型，可以說跟 ChatGPT 同源；Midjourney 的人像效果逼真程度讓許多人驚嘆；StabilityAI 公司旗下的開源軟體 Stable Diffusion 則進一步擴展了 AI 繪圖在各個行業的使用，包括自媒體配圖、廣告素材、建築設計、室內裝飾、服裝模特、遊戲設計等。

　　國內也有類似的產品，如百度的文心一言、無界版圖等。

　　由於這些 AI 軟體什麼類型的圖都能生成，吸引了大量使用者來玩，藝術家設計數位藝術，自媒體作者生產文章插圖，設計者從中獲得創意。使用者更多是普通人，他們圓了自己的繪畫夢，無需掌握繪畫技巧，就能畫出還不錯的作品。這樣的結果讓他們興奮不已，在社交媒體上不斷傳播。

　　在這個領域，也有一些其他模型，比如 Disco Diffusion，Playground v1 等，各自有特點，但影響力不如開頭三家。雖然看起來操作都類似，都是輸入提示語，或者上傳參考圖，再選擇一些風格等來生成影像，但在對語言的理解、輸出圖片的品質、互動體驗上，差別很大。

　　另外，一些平台會聚合多個模型讓使用者挑選。比如 Playground.ai，不僅聚合了自己的 Playground v1 模型，還有 Stable Diffusion 和 DALL·E2 模型（如圖 4-1 所示）。

　　未來，由於不同模型的繪圖有較大差別，多模型在一個平台出現可能是常態，給使用者提供更多選擇。

圖 4-1 Stable Diffusion1.5 和 Playground 對比（圖片來源：playgroundai.com）

在 AI 人像處理方面，應用最廣泛的是人像辨識。由於 AI 能辨識人像中的面部特徵，從而進行身分確認，因而廣泛應用於安防監控、人臉支付等場景。在教育、情感分析和心理研究等領域，也有公司利用人工智慧技術對人臉表情進行分析和辨識，在廣告行銷、醫療診斷等領域，也會用 AI 技術做分類和分析，例如年齡、性別、表情、姿態等方面的分析。這個領域的代表軟體有 Face ＋＋、Amazon Rekognition 等。

在 AI 人像生成方面，Midjourney 的 V5 版本更為逼真，還有 NVIDIA 的 StyleGAN、DALL·E 等也有不錯的表現，這些生成的人像可應用於遊戲、影視等領域，提供更加逼真的虛擬人物形象。也有人嘗試用 AIGC 來生成犯罪人側寫，只需要給出足夠多的特徵描述，就能畫出犯罪嫌疑人。

AI 人像編輯最受使用者喜愛，使用者只需要自拍照，就能用 AI 生成各種不同風格的肖像圖。例如，Prisma 利用 AI 技術將普通照片轉換為藝術風格的影像，從而提升圖片的審美價值。Prisma 公司於 2018 年又釋出了 Lensa 這個影像編輯 App，隨著 Stable Diffusion 和 DALL·E2 模型的成熟與推廣，產品開發團隊為 Lensa 新增了名為 Magic Avatars（生成魔法頭像）的新功能後，迅速在社交媒體走紅，並在多國 App 商店霸榜。這個領域的 App 非常多，如 Adobe Lightroom、美圖秀秀、YouCam Perfect、KADA、FaceTune 等。

另外，利用人工智慧技術對人像進行修復也很有價值，可以應用於數位

化文物、照片修復等領域。

AIGC 在平面設計方面的應用很廣泛。AI 生成的圖片被廣泛用於平面設計的一些領域，如微信公眾號的插圖、活動海報等。AI 還可以更好地處理和優化影像，讓設計作品更加美觀和有吸引力。比如微軟發布了 Designer 軟體，為使用者免費提供設計模版，AIGC 在其中既是生成器又是編輯器，可以生成設計師需要的素材，也可以進一步編輯成為更加完整的設計。

AI 在平面設計方面還能做很多小的元件，用於品牌或產品設計。例如，AI 可以根據你輸入的關鍵詞和特徵等自動生成一系列的設計元素，如標誌、配色、字型等，從而提升品牌的視覺辨識度。在 Figma 這個 AI 設計工具中有許多外掛，如 Ando、Magician 等 AI 圖示設計外掛，只需要寫提示語，加上一些參考圖，就能生成向量圖示（icon）或者影像（image），節省搜尋、挑選和製作圖示或圖片的時間。使用 Tailor Brands，使用者只需簡單地輸入品牌訊息和選擇基本圖案，就能自動生成 Logo（品牌標識）和行銷數據。類似的網站還有 logoai.com、logomaster.ai 等，不過這些 Logo 網站更像是基於一些條件來程式化生成的模板和元素的各種組合。

AI 還可以協助設計師完成某些日常設計任務，如影像處理、顏色搭配和字型選擇等。例如 Adobe 的 Sensei 技術可以為設計師提供實時設計建議，還融合了生成式 AI 和整合工作流的創造力。

AdCreative.ai 是一家廣告型影像處理公司，其產品能夠透過 AI 高效地生成創意、橫幅、標語等，還能夠在連線 Google 廣告和 Facebook 廣告帳戶後實時監測廣告效果。

Nolibox 計算美學也是一家專注於 AI 智慧設計的公司，公司的主要產品是智慧設計平台 —— 圖宇宙，主打賣點是「懶爽」，即任何人只要會打字就可以使用。AI 根據使用者需求和喜好提供推薦素材、文字，快速生產各種尺寸和風格的 banner（橫幅）、海報等設計作品。

在電商領域，人們常常透過看圖來了解產品，產品美化非常關鍵。為了增加場景感，有時候還要給產品拍照。有了 AI 設計網站，這些工作可以被大大簡化，專業的拍照也不用了，手機拍一張照片上傳，就能變成在森林、草原、海邊、高級飯店等場景下的產品圖，原理就是用 AI 自動生成背景圖，然後與去背後的產品圖拼成照片。想像一下，一件掛在衣架上的裙子的靜態照片可以變成一個穿著裙子走過花園的女人的形象，這顯然極大地提升了產品的吸引力。

比如，Flair 這款 AI 驅動的商品和品牌設計工具，使用者透過幾次點選、拖放圖片，就能建立產品的場景，在視覺上令人驚嘆（如圖 4-2 所示）。如果需要精細化定製，Flair 還提供智慧提示推薦語，幫助使用者與 AI 進行交流。

圖 4-2 產品變成場景化圖片（圖片來源：Flair.ai）

Booth 跟 Flair 一樣，也是用 AI 設計產品的場景圖，只需要上傳產品圖片，寫提示語，就能生成不同的背景。但它的產品範圍更廣，服裝照片也可以，而且可以生成多個視角的產品圖（如圖 4-3 所示）。

圖 4-3 設計介面（圖片來源：Booth.ai）

　　Booth 還能進一步把照片變成海報。生成新照片後，可以輕鬆地將它們放入模板中，使用「工具」下面的「設計工作室」選項建立廣告或促銷材料，就能新增視覺元素、編輯文字、新增效果和調整大小。

　　PhotoRoom 也是 AI 驅動的設計工具，功能比前面兩個更強一些，不僅可以幫助使用者輕鬆地將圖片背景去除，或更換為 AI 生成的背景，還有對圖片進行旋轉、裁剪等編輯功能，普通使用者用手機 App 就可以輕鬆上手。這家總部位於法國巴黎的 PhotoRoom 於 2022 年 11 月宣布獲得 1,900 萬美元 A 輪融資。

　　電子商務的市場巨大，也推動著 AI 工具不斷創新，比如 Imajinn.ai 推出了一個訓練圖片模型的方法，只要上傳 20 ～ 30 個不同場景和視角的產品或人物圖片，訓練半小時後，就可以生成更好的圖片。

　　在產品領域，最讓人激動的就是 AI 生成模特了。早在 2020 年 12 月，阿里原創保護平台推出了國內首款 AI 模特「塔璣」，它基於目標人臉模組生成虛擬人臉，並利用演算法將服裝「穿」在虛擬模特身上。儘管有少數淘寶商家使用過「塔璣」，但相關技術並未被大規模使用。

　　2022 年，隨著 ControlNet 外掛和 ChilloutMix 模型等工具陸續推出，AI

製圖效果更加逼真。由於 ControlNet 可以實現對很多圖片種類的可控生成，比如邊緣、人體關鍵點、草圖和深度圖等，而且訓練的 ControlNet 可以遷移到其他基於 SD finetune 的模型上，拓寬了應用範圍，不少個人和公司開始用 AI 生成模特影像，並讓模特換上指定服裝，試圖以 AI 模特代替真人模特。

　　美國服裝品牌李維斯也宣布將與荷蘭的一家數字模特務作室合作，嘗試使用 AI 模特展示產品（如圖 4-4 所示）。雖然仍存在細節瑕疵，但 AI 模特廣告已經陸續在實體店和網路中出現。

圖 4-4 AI 模特展示產品（圖片來源：Levi Strauss & Co. ／ Lalaland.ai）

　　一些電商店主正在計劃或已經投入了大量資金培訓技術人員並使用 AI 模特兒代替真人模特。連模特經紀公司老闆也開始學習 AI 繪畫工具，打算不再大量聘用簽約模特。

　　既然能換模特兒的身材和臉，未來換使用者自己的也應該可行。已經有公司在研發「購物試穿」功能，用合成照片的技術，使使用者能夠在購買前虛擬試穿衣服。

　　總體來說，AI 設計還處於技術累積期，不如 AI 寫作的成熟度高，還無

法覆蓋所有的產品,在場景方面也還沒有做到可控。未來,商品將變得高度個性化和場景化,比如沙發網站的首頁將展示該沙發被放置在你自己房間中的場景照片。

建築師可以利用 AI 來設計建築,提出設計要求和規定,讓 AI 參與方案構思、草圖繪製、素材生成、動畫製作等各個步驟。

自從生成式 AI 興起以來,AI 與建築設計的碰撞引發了跨行業的廣泛討論,也產生了許多不錯的應用案例,我們甚至看到了一些可以「以假亂真」的設計結果。

比如,在人工智慧的幫助下,設計師馬納斯·巴蒂亞(Manas Bhatia)想像了一個未來烏托邦城市,高聳的摩天大樓外牆被海藻包圍(如圖 4-5 所示)。

圖 4-5 魔幻的環保建築(圖片來源:amazingarchitecture.com)

也有人用 Midjourney 或 Stable Diffusion 生成概念設計圖、平面圖、立面圖、剖面圖、透檢視、手繪圖和景觀設計圖等。但這些圖之間沒什麼連繫，更不準確，它們只是看起來好看的某種類型的圖而已。

不過，用 AI 生成的概念設計圖確實很有創意，可能啟發設計師的大膽想像。它作為比賽的結果，也很博眼球。比如，有個比賽叫「恐怖屋」設計比賽，大家盡可能用一些恐怖元素來設計，感覺更像是為遊戲或科幻電影來進行設計。

而在室內裝修行業和房地產銷售行業，AI 室內裝修的應用也較為廣泛。比如，Collov 這個軟體能利用自然語言提示語為室內空間生成個性化設計方案（如圖 4-6 所示）。

圖 4-6 改變室內家具和燈光（圖片來源：gpt.collov.com）

Interior 利用 Stable Diffusion 技術，可以在幾秒內生成家具把房間填滿。

房屋出售平台 HomeByte 將 AI 自動渲染的功能整合進了平台，相當於虛擬室內裝修。使用者在買房時，即可暢想未來住進去的樣子（如圖 4-7 所示）。

圖 4-7AI 室內裝修展示（圖片來源：homebyte.com）

　　從銷售導向來說，透過 AI 自動生成圖片，減少了設計師把創意變成圖的時間，讓設計師與客戶在裝修設計方案的溝通更順暢。這類設計也讓房屋顯得更吸引人，讓房地產經紀人得到更多銷售機會。

　　從實際的設計工作來看，這些 AI 設計的圖只能作為概念設計圖，而不能作為真正的設計圖。這是因為 AI 設計圖所展示的只是一種可能性，而非經過深思熟慮和具體實現後的最優解決方案。真正的設計還需要考慮諸多實際因素，如可行性、可操作性和成本等，需要設計師用自己的專業知識和經驗進行進一步的完善和優化。

　　在時尚行業中，人工智慧已經被用於個性化的時尚推薦、優化供應鏈管理和自動化流程等。比如，Stitch Fix 是一家已經使用人工智慧向客戶推薦特定服裝的服裝公司；Rubber Ducky Labs 這個公司的產品能幫助電子商務公司避免盲推產品，比如在 6 月推出滑雪夾克。

　　然而，在時尚設計中，創意的過程仍然依賴時尚設計師。

　　由於服裝市場競爭激烈，品牌需要不斷推出新的設計和樣式以保持競爭力。而且許多時尚趨勢的視窗期比較短，這也給設計師帶來巨大的成本和時間壓力。如果 AI 可以幫助設計師更快速地生成新的樣式，處理一些重複性的任務，就可以提高設計師的效率，從而讓他們專注於高難度的創意工作。

　　對於使用者自定義設計服裝來說，有了 AI，可以更好地描述自己的需

求，也能快速生成新的設計想法。未來，每個人都能在 AI 的幫助下成為創作者或設計師，設計自己想要的服裝，並展示自身的創造力。而專業的設計師則能在這些創意的基礎上，完成面料、製作工藝的選擇等專業工作，更好地滿足市場需求。

　　CALA 是一個成立於 2016 年的時尚平台，專門為將創意轉化為產品的設計師打造。最近，CALA 成為時尚行業中首家應用 OpenAI 的 DALL·E 影像生成工具的公司。

　　使用 CALA AI 很簡單，使用者首先從數十個產品模板中選擇一個模板，如襯衫模板。然後輸入一些描述詞如「深色、精緻和天鵝絨」，同時在修飾和特徵部分新增了「縫製標誌貼片」的短語。根據這些自然語言提示，CALA 將生成 6 個範例產品設計。如果不滿意，使用者可以使用「重新生成」功能，並選擇最接近其期望的設計。使用者也可以在 CALA 平台內直接與專業團隊合作，進一步修改這些設計，將其設計想法轉化為現實。

　　使用 ImajinnAI 網站，任何人都可以輸入幾個關鍵詞，在一分鐘內設計出類似 Nike 公司的 sneaker 系列的鞋子，然後到一個定製鞋子的網站上下單購買。

1. Midjourney

　　Midjourney 是最著名的 AIGC 影像生成軟體，以驚人的人像生成效果著稱。有人看到它輸出的人像後驚呼「模特兒不存在了」，因為它生成的影像效果足以替代真實的人像模特兒。Midjourney 釋出不到一年，在 Discord 上就擁有 1,508 萬名成員，這簡直是個奇蹟，而且沒有融資就成了獨角獸。

　　Midjourney 由著名公司 Leap Motion 的創始人和執行長大衛·霍茲於 2021 年創立，他的目標是以某種方式創造一個更有想像力的世界。他認為 AIGC 可以變成一種力量，擴展人類的想像力。

Midjourney 採用了多種開源技術，包括 GPT-2 預訓練語言模型、Style-GAN2 和 VQGAN 等。如果在 MidJourney 中輸入「一隻狐狸坐在樹下」，它將使用 GPT 技術生成一個影像的高級描述，然後使用 StyleGAN2 技術生成真實的影像，再使用 VQGAN 技術進行優化處理，最終得出一張與文字描述相符的影像。

對於使用者來說，Midjourney 給人的感覺是簡單且無約束。任何人只需註冊 Discord 帳號就可以進入 Midjourney 的伺服器，輸入命令提示符就可以生成高品質的影像。不過由於算力緊張，之前新使用者註冊即可獲得的免費額度已經取消，現在需要付費才能使用。

很多專業人士正在利用 Midjourney 提升自己的創作，比如法國設計師史蒂芬・邁納（Etienne Mineur）就用它創作了很多作品。裝置和雕塑藝術家班傑明・馮・王（Benjamin Von Wong）表示，他會利用 AI 來建構概念圖，幫助他更好地打造實體藝術品，Midjourney 對於像他這樣不擅長畫畫的人來說是個很好的工具。

Midjourney 的商業化也非常成功，它透過會員訂閱進行收費，並有明確的分成模式。當使用者的商業變現達到 2 萬美元時，Midjourney 還將獲得 20% 的收入。儘管如此，Midjourney 的付費率依然很高，這是值得稱道的。

Midjourney 收費模式採用訂閱制，對於個人使用者或公司年收入少於 100 萬美元的企業員工使用者而言，一共有兩個檔位的訂閱套餐，分別是每月最多 200 張圖片（超額另收費）的套餐，以及「不限量」圖片的套餐；對於大公司客戶而言，一年收費僅有 600 美元，並且生成的作品可以商用（如表 4-1 所示）。

表 4-1Midjourney 收費一覽

	免費試用	基本計劃	標準計劃	專業計劃
每月訂閱費用	-	10 美元	30 美元	$60
年度訂閱費用	-	96 美元 （8 美元/月）	288 美元 （24 美元/月）	576 美元 （48 美元/月）
快速 GPU 時間	0.4 小時 / 終身	3.3 小時/月	15 小時/月	30 小時/月

2023 年 3 月，Midjourney 釋出了 V5 版，它的最大特色是可以生成具有五個手指的人類影像，這是一個相當重要的進步。以往它經常會生成三指、四指或六指的手，但現在 MidjourneyV5 建立了更真實的人像，且具有更高效的生成速度和更高的可定製性，使用者可以透過調整許多引數來建立更符合自己需求的影像。

此外，MidjourneyV5 在語義的理解上也更好。以往的模型通常只能辨識關鍵詞或短句，但現在可以辨識大段文字。也就是說，你可以用 ChatGPT 生成完整的句子或大段文字，再複製、貼上到 Midjourney，更準確地呈現所要表達的意圖。

創始人大衛自己總結的創新魔法公式是：嘗試 10 件事，找到最酷的 3 件，再把它們放在一起，製造產品。因為市場有很多開源的技術，可以把足夠多的技術元素組合在一起，再進行排序。這也許是 AI 時代的創新模式，無需從頭開始造輪子，而是找到組合的價值，組裝出心目中的產品。

2.DALL‧E2

早在 2021 年 1 月，OpenAI 就推出了 DALL-E 模型，2022 年 9 月 28 日，又釋出了更新版 DALL‧E2。DALL‧E2 的特色是可以擦除原圖的部分割槽域，再用自然語言對影像進行編輯。這個功能很適合偽造某些圖片。為了避免濫用，OpenAI 限定 DALL‧E2 不建立公眾人物和名人的影像，目前也不允

許使用者上傳真實人臉圖片。

　　除了影像生成品質高，DALL·E2 最引以為傲的是 inpainting 功能：基於文字引導進行影像編輯，在考慮陰影、反射和紋理的同時新增和刪除元素，其隨機性很適合為畫師基於現有畫作提供創作的靈感。比如，在一幅油畫中加入一隻符合該畫風格的柯基（如圖 4-8 所示）。

圖 4-8 原圖（左邊），處理後（右）（圖片來源：OpenAI 官網）

　　兩幅圖對比下，幾乎看不出什麼破綻，足夠「以假亂真」。

　　目前，DALL·E2 主要應用於藝術創作、設計和廣告等領域。例如，可以透過輸入一些關鍵詞和描述，讓 DALL·E2 生成符合要求的圖片，並用於廣告設計等方面。

　　另外，DALL·E2 也可以用於虛擬實境和遊戲方面，例如讓玩家自定義遊戲場景、設計遊戲中的道具等。同時，藉助 OpenAI 的 API，DALL·E2 還可以與其他語言模型、自然語言處理工具和人工智慧服務進行整合，實現更加靈活、豐富的應用場景。

3. Stable Diffusion

Stable Diffusion 是 StabilityAI 公司旗下的一個開源軟體，促進了用文字生成影像的 AIGC 技術和應用的發展，任何人都可以基於其開源軟體自己訓練模型，生成專有領域的影像，比如設計圖。因此，它累積了相當規模的使用者群體和開源社群資源，這使它成為眾多廣告從業者生成圖片的生產力工具。

StabilityAI 的創始人兼執行長埃馬德·莫斯塔克（Emad Mostaque）擁有牛津大學的數學與電腦碩士學位，還曾擔任多家避險基金公司的經理，2022年 10 月，StabilityAI 獲得來自 Coatue 和光速兩家公司的 1.01 億美元投資，估值達 10 億美元。莫斯塔剋期望 Stable Diffusion 成為「人類影像知識的基礎設施」，透過開源，讓所有人都能夠使用和改進它，還讓其能夠在普通電腦上（帶有消費級 GPU）執行。

事實確實如此，數百萬人接觸了這個模型後，創造了一些真正令人驚嘆的東西。這就是開源的力量：挖掘數百萬有才華的人的巨大潛力，他們可能沒有資源來訓練最先進的模型，但有能力用一個開源模型做一些創新。

Stable Diffusion 的官方版本部署在官網 Dream Studio 上，開放給所有使用者註冊。相比其他模型，它有很多可以定製化的點。此外，Stable Diffusion 一直在壓縮模型容量，打算讓該模型成為唯一能在本地而非雲端部署使用的 AIGC 大模型。這樣的特性將充分利用每個人的計算設備來生成影像，也極大地保護了隱私。

Hugging Face 社群藉助以 Stable Diffusion 為核心的技術，建構了一個包含擴展和工具的龐大生態系統，這也極大地推動了 Stable Diffusion 的迅速發展。

4.3
AI 編程

ChatGPT 有一個重要的功能，就是生成程式碼，還能教你怎麼執行程式碼和 debug。許多人驚呼，程式設計師要被替代了。

實際上，2 年前，微軟就基於 OpenAI 的大模型 Codex 釋出了 AI 程式設計工具 GitHub Copilot。

面向普通人的 AI 程式設計技術已經在一些特定領域中得到了應用，可以實現一些簡單的功能。但是如果使用者提出的需求相對複雜或新穎，需要 AI 系統具有一定的推理能力和組合泛化能力（即能夠將已知的簡單對象組合成未知的複雜對象），那麼現有的 AI 程式設計技術就難以勝任了。

人類程式設計師具有天生的組合泛化能力和創造性思維能力。他們可以從基礎元素出發，建構複雜甚至無限的語義世界；可以根據不同的場景和需求進行設計、優化、除錯、重構等工作。

對於軟體開發者來說，AI 程式設計可以自動完成很多煩瑣的程式設計任務，如程式碼生成、優化、除錯等，同時也可以提高程式碼品質和穩定性，提高開發效率和品質。對測試工程師來說，使用 AI 程式設計技術，可以快速生成自動化測試的程式，提高工作效率和精度。

但是說 AI 程式設計可以完全替代程式設計師是不可能的，軟體設計並不等同於寫程式碼，確定需求、設計軟體框架、與其他角色一起溝通合作等工作也必不可少。

軟體設計是一種創造活動，是把抽象模糊的需求具體化，進一步轉化成可操作的數據結構、程式邏輯和演算法，是一個規劃和推理的過程，而不是簡單的程式碼編寫，目前 AI 在這方面的能力還差得很遠。

在可預見的未來，有可能的是一個合作程式設計的場景，AI 來幫助人完成煩瑣的程式碼編寫過程，而人可以有更多的精力關注設計，從而使程式設計變得更加有趣，更加有創意。

據 GitHub 統計，AI 程式設計工具 GitHubCopilot 幫助開發人員將程式設計速度提高了 55%。使用 GitHubCopilot 的開發人員中有 90% 表示可以更快地完成任務，其中 73% 的開發人員能夠更好地保持順暢工作並節省精力，高達 75% 的開發人員感到更有成就感，並且能夠專注於更令人滿意的工作。

除了 GitHub Copilot，其他的 AI 程式設計工具也在不斷地出現。因為在安全性和價格方面，市場存在一些差異化的需求。

比如，Codeium.com 也是一個開發輔助工具，它是外掛形式的，可以在多個開發環境中安裝，對個人使用者永久免費。

Cursor.so 是一個新式的整合開發環境（IDE），是一款免費軟體，內建了類似 GitHubCopilot 的外掛，可以自動生成程式碼，能根據當前程式碼進行聊天，並保留聊天的歷史記錄。雖然功能不如 Visual Studio Code ＋ GitHubCo-pilot 強大，但它比較輕巧，而且免費，是學習程式設計的好工具。

對於科技公司而言，程式碼就是資產，甚至是競爭的武器。程式碼的洩漏不僅會造成巨大的損失，還可能導致安全性問題。所以大公司不願意使用 GitHub Copilot，擔心在使用過程中洩密，這也給提供私有部署的開發工具創造了機會。

在細分功能方面，也有不少產品出現。

Mintlify 成立於 2021 年，是一家專注於為程式設計師編寫程式碼服務的公司。它推出的產品能夠智慧地分析程式碼，並生成相應的註釋。除了能夠

生成英語註釋，還能夠生成其他多種語言的註釋，如中文、法語、朝鮮語、俄語、西班牙語和土耳其語等，這大大方便了來自不同國家的開發人員進行合作。類似的工具還有 Stenography，它作為 Visual Studio Code 開發環境的外掛，可以對程式碼進行分析後生成註釋文件，對一些程式碼可以生成圖片，便於分享到社交網站上溝通，它還能幫你搜尋 Stack Overflow 網站的相關內容。

還有一些程式設計工具沒有公開。比如 Google 實驗室的 Pitchfork，根據內部數據，Pitchfork 的作用是「教程式碼自行編寫、自行重寫」。開發 Pitchfork 的初衷是希望建立一個工具，將 Google 的 Python 程式碼庫更新到新版本。現在，Pitchfork 專案的目標逐漸變成了建立一個通用系統，降低開發成本。

而 Google 的兄弟公司 DeepMind 推出了一個名為「AlphaCode」的系統，DeepMind 用程式設計競賽平台 Codeforces 上託管的 10 個現有競賽來測試 AlphaCode，AlphaCode 的總體排名位於前 54.3%，也就是說它擊敗了近 46% 的參賽者。在過去 6 個月參加過比賽的使用者中，AlphaCode 的數據排到了前 28%。要知道 Codeforces 是以題目複雜而著稱的，可見這個程式設計工具有多強。非常期待這些工具能對大眾開放。

對需要進行數據分析和處理的機構來說，AI 程式設計技術可以幫助這些機構快速地完成任務，提高數據處理的效率和精度。

此類任務，最重要的並不是程式碼，而是解決數據相關的問題，能用少量程式碼甚至無程式碼工具來完成任務是關鍵。

比如，專門編寫 SQL（Structured Query Language，結構化查詢語言）的 BlazeAI，它的特點是支持自然語言對話方式來查詢數據。

專門寫正規表示式的 Regex.ai，特點是所見即所得，選擇數據即可生成正規表示式，同時提供多種數據提取方式，這比起傳統的正規表示式工具

Rubular 更為簡單，比起 ChatGPT 也更為直觀 —— 無需語言描述，直接選擇
想要獲取的部分，自動完成正規表示式。

在 2023 年的 YC 孵化器 DemoDay 上，也出現了一系列的數據處理工具。

▷ BaseLit 使產品團隊可以用自然語言對話方式，輕鬆地從數據中獲得答案；

▷ Blocktools 是一個無程式碼的工具，建構一個財務數據倉儲，可以將其
插入電子表格並進行 BI（Business Intelligence, 商業智慧）；

▷ Defog 是一個數據 ChatGPT 模組，嵌入各類應用程式中；

▷ Lume 能讓使用者生成和維護自定義數據整合的自然語言驅動的無程式
碼工具；

▷ Outerbase 讓使用者可以使用這個工具來檢視、編輯和修改他們的數據，
生成視覺化儀表盤；

▷ RollStack 幫助使用者建立令人驚嘆的高品質視覺化工具，把數據視覺
化，並自動化生成 PPT 和 word 文件。

1.GitHub Copilot

GitHubCopilot 是由 GitHub 和 OpenAI 合作推出的一個人工智慧程式碼輔
助工具，採用了 OpenAI 的 GPT 技術，能夠為開發人員提供實時的程式碼提
示和生成功能，類似於一個 AI 助手，可以幫助開發人員更快速、方便地編
寫程式碼。

2021 年夏天，微軟旗下的 GitHub 和 OpenAI 聯合研發並釋出了 AI 輔助
程式設計工具 GitHub Copilot。Copilot 的意思是「副駕駛」，在路況不好的時
候開車，需要有人提醒和幫助。同樣，人工智慧坐在程式設計的「副駕駛」
的位置上，在程式設計師需要幫助的時候，可以給予及時的提醒和幫助。

GitHubCopilot 可以大幅度提高程式設計效率，很快受到了程式設計師們
的歡迎。

首先，GitHubCopilot 可以根據程式碼中的註釋完成相應程式碼，還支持中文註釋，相當於用中文程式設計。

其次，程式設計師在對某些庫不熟悉的時候，讓 AI 完成函式或者提供模板，就免於頻繁翻閱文件、查詢數據，而不需要反覆嘗試怎麼用，便於快速上手。

在測試方面，程式設計師用它可以快速搞定單元測試，甚至寫自動化測試的程式碼，節省大量時間並減少出錯的可能性，從而更容易確保程式碼的正常工作。

對於手寫程式碼來說，其補全功能非常強大。雖然傳統的整合開發環境（IDE）都有自動補全功能，但這些 IDE 對有很多第三方庫的語言很難做補全。有了 GitHub Copilot，對於傳統補全無能為力的介面，也能做到打一個首字母按 Tab 鍵就補全整個方法名，還經常會獲得額外驚喜：

直接幫你把引數填好，有時甚至會幫你把後面的程式碼也寫了。

GitHubCopilot 還可以透過分析程式碼提出優化和修改建議，比如讓程式執行更快或使用更少的記憶體，有了這種程式碼優化能力，缺乏經驗的開發者也能寫出高效而優美的程式碼。

GitHubCopilot 寫註釋很在行，算是徹底解放了不想寫註釋的程式設計師。

看起來，GitHubCopilot 很完美，幫程式設計師做了許多簡單重複的事情，但對於含有複雜邏輯的程式碼，它的能力顯然不夠，主要是對於複雜語義的理解不夠到位。

可見 Copilot 只是學習了程式碼結構，只知道人類一般會在這種程式碼後面接著寫什麼程式碼。但它一點都不懂為什麼要這麼寫、這個程式碼的邏輯是什麼。

總體來說，GitHubCopilot 確實能幫助程式設計師專注於工作中最重要和

最具挑戰性的方面，使他們能夠更快、更容易地建立更好的軟體。

對於非程式設計師來說，能否用 AI 來實現一個軟體或小功能的應用呢？

基於 ChatGPT 的技術，微軟發布了 Power Platform Copilot，讓更多人能夠透過自然語言建立創新的解決方案。如果你能想像出一個解決方案，並用自然語言描述它，Power PlatformCopilot 就可以透過直觀且智慧的低程式碼體驗幫助你建立出來。如果你覺得不滿意，提出要求，它會立即修改。

2023 年 3 月，GitHubCopilot 又釋出了基於 GPT-4 的更新版 GitHubCopilotX，增加了許多新功能。相比於原來較為單一的根據註釋自動寫程式碼，還增加了自然語言聊天對話方塊 Copilotfor Chat，體驗類似於 ChatGPT 聊天，可以透過輸入自然語言描述得到符合描述的程式碼。在選中了編輯區程式碼的情況下，這個聊天視窗還可以實現程式碼解釋、生成單元測試程式碼、提升程式碼健壯性、嘗試修復程式碼片段潛在 Bug 以及智慧新增類型標註等功能。

Copilotfor Docs 提供了更強的文件功能，從更為官方的專案維護者編寫的文件中搜尋答案，而且會在搜尋到的結果的基礎上，增強一些更加口語化的描述，提升可讀性，提高開發者查文件的效率。

Copilotfor Pull Request 是一個很實用的功能。正常來講，程式設計師在提交程式碼到程式碼倉庫時，經常需要寫一大段文字來描述這次提交修改了哪些部分，往往大家不太想寫，寫的內容也不多，導致其他人難看懂。有時候寫了一大段，隊友卻看不懂你在說什麼。如果能有一種結構化的表達，把你修改程式碼的每一部分都用口語化的方式表達出來，那真是減少了不少煩惱。Copilot 幫你實現了這個功能，在提交程式碼的時候，你寫幾個關鍵詞，它會自動幫你擴寫句子，生成描述，你可以選擇全盤接受，也可以選擇繼續編輯。當開發人員沒有足夠的測試覆蓋率時，GitHubCopilot 將在他們提交程式碼後發出提醒。它還幫助開發者圍繞測試制定策略。

CopilotCLI 則解決了程式設計師的另一個煩惱：用好命令列工具。命令列工具的優勢是靈活性極高，缺點是引數太多，經常為了寫一個合適的命令列，要查閱半天的文件，確認應該傳什麼引數才能做到。CopilotCLI 實現了在命令列輸入自然語言描述，然後工具就可以幫你生成對應的 CLI 指令。

CopilotVoice 則是一個有趣的創新，用語音直接對 Copilot 發號施令，感覺這個功能很適合做培訓，老師邊說邊改程式碼，幫助學員調整程式碼。GitHub 也希望這款新軟體應用到教育行業當中，因為 CopilotX 會消除學生在學習過程當中的挫敗感，在 CopilotX 的幫助下，他們能迅速提高自己的知識掌握能力，從而徹底改變學習方式。

2. Ghostwriter

Ghostwriter 作為 GitHubCopilot 的競爭對手而存在，與 GitHubCopilot 擁有類似的功能。Ghostwriter 可以支持 16 種程式語言，包括 C、Java、Perl、Python 和 Ruby 等主流語言。

Ghostwriter 是 Repl.it 的外掛，而 Repl.it 是為數不多的線上整合開發環境 IDE 之一。Repl.it 具有可在任何作業系統上執行的內建編譯器，可以支持 50 多種程式語言，一直致力於為程式碼工程師解決程式設計操作問題，使操作更簡便、快捷。Repl.it 在全球擁有 1000 多萬使用者，包括 Google、Stripe、Meta 這樣的科技大廠。Repl.it 也是付費訂閱服務，每月收費 10 美元，相比 GitHubCopilot 更加便宜。

Replit 正在更新 Ghostwriter，它選擇與 Google 合作，成為全能的開發助手。

由於雲端環境使用簡單，不容易被破壞，Replit 作為學生學習程式設計的工具更合適。

4.4
AI 音訊生成和處理

　　AI 語音技術是深度學習最早取得突破的領域，這個領域包括語音辨識、文字轉語音、語音變聲、語音複製和 AI 音樂等技術，應用非常廣泛。對於需要製作、編輯和處理大量音訊的內容創作者來說，AI 音訊可以幫助他們快速地製作高品質的音訊，包括音訊剪輯、音效處理、語音轉文字以及音樂合成等，從而提高製作效率和品質。

　　對智慧音箱製造、語音助手、客服中心和知識服務等類型的企業來說，AI 音訊可以用於語音互動和提供音訊內容，提供更加智慧化和個性化的語音互動服務，同時也可以提高音訊內容的品質和生產效率。

　　在教育領域，AI 音訊可以提供自適應學習、個性化推薦和實時回饋等功能，幫助學生更好地學習語言和音樂。

　　在娛樂領域，AI 音訊可以用於虛擬主持人、音樂合成等場景，提供更加生動、逼真的音訊體驗。

　　語音辨識（ASR）技術簡單來說，是將人類的語音轉換為文字。這個技術突破最早，發展也很成熟，在各個領域得到廣泛應用。例如，許多手機上都有語音輸入功能，或類似 Siri 的語音助手。在錄音筆市場，以訊飛智慧錄音筆為代表，它已經替代了傳統錄音筆，在普通話的錄音轉文字方面達到了98% 的辨識率。在家庭中，可以透過 Alexa、小度和小愛等智慧音箱，用語音進行智慧家居控制。在商業領域，語音辨識技術在市場調查、電話自動回覆和智慧客服等多種場景中也得到大量使用，具有很高的商業價值。

國外的雲端遊戲產品有：

▷ MicrosoftAzureSpeech Services ：用於語音轉文字、語音合成和語音翻譯的雲端遊戲 ；

▷ GoogleCloud Speech-to-Text ：能夠實現自動語音辨識，並將其轉化為文字檔案；

▷ Amazon Transcribe ：能夠將音訊檔案轉化為文字，並自動新增標點符號。

近年來，文字轉語音（Text To Speech，TTS）技術也越來越多，TTS 是將文字轉換為語音的過程。在喜馬拉雅 App 上，許多音訊內容都是由 TTS 技術來生成的。這個技術在自動客服、語音播報、影片配音、虛擬主持人等領域中也越來越多被採用，而且許多電腦和手機都內建了一些功能，用電腦將螢幕上的文字內容轉換成自然、流暢的語音輸出，這對視力受限人士、有閱讀障礙的人及身體殘疾人士也非常有幫助。

將文字轉為語音需要考慮很多因素，例如輸出語音的音色、流暢度和情感等，要做到像人說話一樣自然是很有難度的。目前知名的科技公司如微軟、Google 和亞馬遜都在這方面進行了大量研究，並且開放了文字轉語音的 API，但生成的語音往往聽起來沒有情感，不夠自然。專門從事語音處理的公司也有很多，如科大訊飛、思必馳（DUI）、魔音工坊、倒映有聲、lovo.ai、Readspeaker、DeepZen、Sonantic、加音、XAudioPro 等。

比如，lovo.ai 提供了許多真人模擬的聲音，還可以在編輯器中對需要強調的詞進行標註，生成更富有情感的個性化聲音。

隨著內容媒體的變遷，短影片內容配音已成為重要場景。例如，剪映能夠基於文件自動生成解說配音，上線許多款包括不同方言和音色的 AI 智慧配音主播。

　　很多人了解變聲是從電影中看到的，人物為了隱藏或偽裝自己的身分，打電話時用了變聲器。在柯南系列電影中，柯南有一個變聲領結就是這個裝置；小孩子喜歡的「會說話的湯姆貓」就是一個變聲的 App。

　　騰訊早在 2018 年就把變聲功能應用在手機 QQ 上，被億萬名 QQ 使用者所使用。使用者在撥通 QQ 電話或者發送語音訊息時，選擇「變聲」，就可以在「蘿莉」、「歪果仁」、「熊孩子」等數十種特色音效中自由切換。

　　騰訊雲及其遊戲多媒體引擎（GME）和增強語音和互動式音訊企業 Voicemod 合作推出實時變聲語音方案，允許玩家自定義自己的聲音，為玩家帶來真正身臨其境和豐富的遊戲玩法。新的實時變聲語音方案為遊戲開發者提供了工具和模板，並支持自定義引數調整，可以應用於語音訊息以及實時語音聊天。在騰訊雲，可以透過 API 接入變聲功能。

　　位元組跳動智慧創作語音團隊 2022 年 8 月釋出了新一代的低延遲、超擬人的實時 AI 變聲技術，可以實現任意發音人的音色定製，極大程度保留原始音色的特點，預計將會用於直播和影片製作領域。

　　在 TTS 領域，值得關注的是語音複製技術，也就是說，可以製作出和指定發言人相同的語音。

　　例如，Rescmble.ai 是一家專注於聲音複製的公司，它使用深度學習模型建立自定義聲音，可以產生真實的語音合成，並實現包括給聲音增加感情、把一個聲音轉化為另一個聲音、把聲音翻譯成其他語言以及用某個特定聲音給影片配音等多種語音合成功能。該公司於 2019 年在美國加利福尼亞州成立，獲得了 200 萬美元的種子輪投資。

　　WellSaid Labs 也是一家製作聲音複製產品的公司，該公司開發了一種文字轉語音技術，可以從真人的聲音中創造出生動的合成聲音，產生與源說話人相同的音調、重點和語氣的語音，從而提高團隊合作配音的品質和效率。WellSaid Labs 於 2018 年在美國成立，2021 年 7 月獲得了 1,000 萬美元的 A 輪融資。

在編曲方面，AIGC 已經支持基於開頭旋律、圖片、文字描述、音樂類型、情緒類型等生成特定樂曲。

AI 編曲指對 AI 基於主旋律和創作者的個人偏好，生成不同樂器的對應和弦（如鼓點、貝斯、鋼琴等），完成整體編曲配音。2021 年末，貝多芬管絃樂團在波恩首演人工智慧譜寫的貝多芬未完成之作《第十交響曲》，即 AI 基於對貝多芬過往作品的大量學習，進行自動續寫。對於人類而言，要達到樂曲編配的職業標準，需要 7 ～ 10 年的學習實踐。而使用 AI 編曲技術，任何人都能一分鐘創作一個曲子，對於影片的背景音樂而言，這樣的配音可能已經滿足需求了。自動編曲功能已在國內主流音樂平台上線，並成為相關大公司的重點關注領域。以 QQ 音樂為例，它已成為 Amper music 的 API 合作夥伴。

在 AI 音樂創作領域，Boomy.com 做得不錯。它使用由 AI 驅動的音樂生成技術，讓使用者在幾秒鐘內免費建立和儲存原創歌曲，建立的歌曲可以在主要的流媒體服務中傳播，創作者可以獲得版稅分成，而 Boomy 擁有版權。目前使用者已經建立了 1,400 多萬首歌曲。但這些歌曲不完全是 AI 生成的，創作者也花了不少工夫參與完善，算是人機合作編曲。因為 AI 編曲還不夠成熟，對較長曲子的把握還比不上人類，但可以把 AI 編曲看成一個初稿，因此 Boomy 的功能還包括協助新手音樂創作者完成詞曲編錄混，根據設定的流派和風格等引數獲取由系統生成的一段音樂等，也包括讓創作者使用自己的編曲和人聲進行原創。

對 AI 來說，混音比編曲容易多了，它能將主旋律、人聲、各樂器和弦的音軌進行渲染及混合，表現相當出色。

人聲錄製則廣泛見於虛擬偶像的表演現場（前面所說的語音複製），透過端到端的聲學模型和神經聲碼器完成，可以簡單理解為將輸入文字替換為輸入 MIDI 數據的聲音複製技術。2022 年 1 月，網易推出一站式 AI 音樂創

作平台 —— 天音。使用者可在「網易天音」小程式中輸入祝福對象、祝福語，10 秒可產出詞曲編唱，還可以選擇何暢、陳水若、陳子渝等 AI 歌手進行演唱。

在音樂生成技術領域已經有了較多產品，代表公司有靈動音科技（Deep-Music）、網易有靈智慧創作平台、聲炫科技、Amper Music、AIVA、Landr、IBM Watson Music、Magenta、Loudly、Brain.FM、Splash 和 Flow machines。

國內的遊戲平台崑崙萬維也推出了自己的模型 —— 天宮樂府（SkyMusic），迄今為止已經發行了近 20 首 AI 生成的商用歌曲，是國內唯一一家被傳統音樂版權代理機構接受的商用人工智慧音樂的公司。

總體來說，AI 音樂技術的發展還處於早期，場景還在不斷拓展，目前最令人期待的應用包括自動生成實時配樂、語音複製以及心理安撫等功能性音樂的自動生成。

1. 靈動音科技

國內公司靈動音科技（DeepMusic），運用 AI 技術提供作詞、作曲、編曲、演唱和混音等服務，旨在降低音樂創作門檻。目前，靈動音科技的 AIGC 產品包括支持非音樂專業人員創作的口袋樂隊 App、為影片生成配樂的 BGM 貓、可 AI 生成歌詞的 LYRICA、AI 作曲軟體 lazycomposer 等。

口袋樂隊 App 讓創作音樂變得像遊戲一樣簡單、有趣。哼出自己的調調就能寫歌，選擇樂手為你演奏，切換樂器和演奏方式，就能編排出專屬於自己的音樂和伴奏。目前包括 17 種樂器：木吉他、鋼琴、原聲爵士鼓、古箏、純音電吉他、失真電吉他、笛子、電鋼琴、電子鼓、琵琶、鋼片琴、管風琴、二胡、手風琴、中國打擊樂、拉丁打擊樂和弦樂。

如果你在製作影片，需要背景音樂，可以使用 BGM 貓（bgmcat.com），

一分鐘就能免費生成特定時長和主題的音樂，下載就能使用。

可是 AI 生成歌詞的 lyrica 實際上是仿照一些現有歌詞，創作一首歌，只能算是初稿，然後你可以在 AI 歌詞的基礎上繼續修改。

AI 作曲軟體 lazycomposer 使用起來十分方便，在體驗版介面，只需要在模擬的鋼琴按鍵上點選 10 個音符，就能為你生成整首曲子。

靈動音科技的做法是透過 AI 辨識與人工標註相結合的方式，建立了華語歌曲音樂訊息庫，準確、全面記錄了從旋律、歌詞到和弦、曲式等音樂訊息。

靈動音科技還採用了 AI 技術製作音樂混音，比如為歌曲「換曲風」，能把任何音樂隨意換個曲風，既熟悉又新鮮。從 2020 年起，該功能在中國最大線上 K 歌平台獲上億次使用，廣受使用者好評。

2. 魔音工坊

魔音工坊（moyin.com）是出門問問公司開發的 AI 配音平台，一些千萬級粉絲網宏們都在用它做影片。

在「序列猴子」大模型加持下，魔音工坊覆蓋了 AI 寫作、AI 配音和剪輯等多個場景。使用者可以挑選上千種 AI 音色，超過兩千種聲音風格、40 國語言和 11 種方言，輕鬆完成影視解說、有聲書、線上教育、新聞播報等集文案與配音於一體的內容創作。

「魔音工坊」還支持對選定聲音進行包括平靜、悲傷、開心在內的 7 種情緒的調節，對包括女中年、男孩等在內的 10 種角色進行遷移。同時還開放了韻律調節、區域性變速、多人配音等 AI 聲音個性化編輯功能，讓使用者能夠像用 Word 編輯文件一樣編輯聲音。

假如你聽到一個比較喜歡的聲音，可以用魔音工坊的聽聲識人功能進行辨識，複製原短影片的連結或者下載短影片原始檔到魔音工坊裡搜尋發音

人，能匹配到發音人的風格以及準確的相似度。

如果想要換影片中的配音，也很簡單，首先用「魔音工坊」的文案提取功能，將音影片中的語音文案進行辨識提取，然後一鍵配音、複製和下載 .txt 檔案。然後用文字配好音，放到影片中。對於煩瑣的自動對齊字幕工作來說，也能做到把字幕稿自動匹配到音訊，並生成時間軸。

對原影片或音訊中的背景音，也能夠做到提取或消除背景音，對人聲也可以做同樣處理。

未來，「魔音工坊」還將推出「捏聲音」功能，讓使用者可以自由選擇性別、年齡、語言、風格和情緒等聲音特徵，創作自己喜歡的聲音。

4.5
AI 影片生成和處理

如今，人們花在影片上的時間已經逐漸超過圖文，影片也正在成為行動網路時代最主流的內容消費形態，因此利用 AI 來提升剪輯的效率和效果甚至生成影片是一個被普遍看好的領域。

對於需要大量製作影片的廣告商、影片號作者或影片編輯人員來說，使用 AI 影片工具，可以快速地製作高品質的影片，包括影片剪輯、特效、字幕和音效等。這樣他們可以更專注於內容本身，提高影片品質。

對於企業和組織來說，AI 可以幫助進行影片分析和處理，包括影片內容分析、對象識別以及情感分析等，便於發現使用者的喜好，在策劃和製作時

候更有目標性，提升影片的傳播效果。

在教育領域，AI 把枯燥的內容轉換為有趣的影片，能適合各類學生的偏好，促進學習。

AI 已經在影片製作的各個環節產生影響。在影視領域，AI 能參與前期創作、中期拍攝、後期製作的全流程，在整個過程中，AI 可以創作劇本、合成虛擬背景和實現影視內容 2D 轉 3D 等，極大地降低了製作成本。由於 AI 賦能影片生產方式的全流程，這樣的變革會帶來大量的創新機會。

目前的 AI 生成影片有 3 種方式：第一種是組合式生成，第二種是衍生式生成，第三種是創造性生成。但跟文字生成圖片不同，這些文字生成影片的技術成熟度較低，還達不到規模化應用的水準，可能要在 5 年後才會迎來較為廣泛的規模應用。

文字生成影片可以看作文字生成影像的進階版技術，文字生成影片首先是透過文字來逐幀生成圖片，最後逐幀生成完整影片。但難度大很多，因為影片生成會面臨不同幀之間連續性的問題，對生成影像間的長序列建模問題要求更高，以確保影片整體連貫。簡單來說，就是可控性還不夠強，假如先在某個位置生成一個人物後，後續的生成過程中不一定能在這個位置附近生成同樣的人物，這樣就無法形成連貫的影片。

AI 在影片剪輯方面能夠非常直接地提高生產力。AI 可以對影片內容進行語義分析，自動提取關鍵訊息並進行分類和歸納。例如，使用 AI 對體育比賽影片進行分析，可以自動提取比賽得分、球員訊息等，並進行智慧剪輯和合成。

在 2021 年東京奧運中，快手雲剪啟用了一條智慧生產的自動化生產線，在奧運熱點發生後自動化產出短影片內容，實現了大規模、多元化的內容生產，打造了內容生產與分發的新方式。據快手官方報導，奧運期間，包含雲剪生產內容在內的各類奧運作品及話題影片，在快手平台上達到了 730 億次

的播放量，端內互動達到 60.6 億次，快手端外曝光也達到了 233 億次。

由新華智雲科技有限公司開發的「媒體大腦‧MAGIC 短影片智慧生產平台」，在世界盃期間，生成的短影片達到了 37,581 條，平均一條影片耗時 50.7 秒，全網實現了 1.17 億次播放！其中製作速度最快的一段影片《俄羅斯 2：0 領先埃及》，僅耗時 6 秒！這樣的剪輯速度是人類無法競爭的。

Descript 這家美國公司在 2022 年 10 月 C 輪融資中獲得了 5,000 萬美元的投資，由 OpenAI 領投，a16z 等公司跟投，融資後估值達到 5.5 億美元。Descript 產品的主要功能包括影片編輯、錄影、播客、轉譯 4 個區塊，還融入了 AI 語音替身、AI 綠屏功能以及幫助使用者編寫指令碼的作家模式等 AIGC 相關功能。

實際上，即便不能做到全自動剪輯，AI 也能提高生產力，我們可以使用 AI 技術自動標註影片中的對象、場景等元素，並生成文字描述，提高影片搜尋和分類的準確性。

在影片特效方面 AI 已經廣泛應用於電影和電視製作、遊戲創作等領域，例如《刺殺小說家》背後的特效團隊墨境天合，就用到了雲渲染和 AI 技術。

另一種常見的場景是影片修復，透過 AI 技術，可以自動去除影片中的噪點、霧靄等干擾因素，提高影片的清晰度和品質。國內的帝視科技的業務就是超高畫質影片製作與修復，該業務融合了超解析度、畫質修復、HDR / 色彩增強、智慧區域增強、高幀率重製、黑白上色和智慧編碼等一系列核心 AI 影片畫質技術。國外的相關產品包括 TopazLabs 旗下的各種 AI 工具、Neat Video 等。

除此之外，在影視製作中常常利用 AI 技術生成虛擬人物、虛擬場景等，製作出逼真的特效影片。許多想像中的場景難以在現實中進行呈現和拍攝，比如未來都市、奇幻世界等。AI 輔助生成背景，結合綠幕拍攝的製作模式已經得到廣泛應用，AI 可以幫助影視工作者以更震撼的視覺效果敘述故事，將

他們的想像變成現實並呈現在螢幕上，相關產品包括 Ziva Dynamics、Deep-Motion 等。

在動漫製作的各個環節中，動漫工作者經常會遇到許多重複性工作，或者等待渲染，這些問題大大降低了生產效率。優酷推出的「妙嘆」工具箱依靠 AI 技術能夠在整個流程中提高生產力，以渲染為例，過去主流的解決方案是離線渲染，無法直接看到結果，導致工作者必須經過長時間等待而且很多有可能需要返工。然而，「妙嘆」工具箱則可以實現實時渲染，幫助從業者實時把握產出效果，並有針對性地進行修改，節省了大量時間和精力。此外，在建模、剪輯、素材管理等重複性工作較多的環節中，「妙嘆」工具箱也能夠利用 AI 技術實現「一鍵解決」，或者提供預設模板和素材，進一步減輕動漫工作者的負擔。

另外一種特效就是 AI 換臉。有一些電視劇或電影，在拍攝完成後，如果碰到明星「塌房」，則無法播出，此時出品方會選擇 AI 換臉，換一個明星，出臉不出場，作為補救措施。

更強的應用在電影中，延長明星的演藝生命。2019 年，網飛出品的電影《愛爾蘭人》導演加三位主角的平均年齡是 77.2 歲。正是透過 AI 換臉技術的大量運用，才能讓平均年齡超過 77 歲的「教父」們以更年輕的形象在片中重聚，高額的特效支出，讓電影《愛爾蘭人》的製作費用高達 1.59 億美元。未來，隨著此類技術的不斷進步，使用成本和門檻將持續降低，可以預見，透過 AI 來調整演員年齡的做法將在影視行業獲得更加廣泛的應用。

組合式生成技術是指利用自然語言理解技術（Natural Language Understanding，NLP）語義理解需求，搜尋合適的配圖、音樂等素材，根據現有模板自動拼接成影片。這種技術實質上是基於「搜尋推薦＋自動拼接」，有點像按關鍵詞一頁頁生成 PPT 的模式，門檻較低，生成影片的品質依賴於授權素材庫的規模和現有的模板數量。目前該技術已經進入可商用階段，在國

外已有相關公司開發出較為成熟的產品，如 GliaCloud、Synthse Video 和 Lumen5 等 ToC 公司，以及 Pencil 等 ToB 公司。

比如，使用 GliacLoud，使用者輸入文字連結後，即可自動對其中的標題和文字進行區分表示。為文字自動匹配相關素材，形成說明式的影片，讓影片生產效率提升 10 倍。

使用 InVideo 這個影片創作平台，使用者不需要任何技術背景就可以從頭開始建立影片。在使用者輸入靜態文字之後，AI 可以根據輸入的內容按照預先設定好的主題將文字轉換為影片，並新增母語的自動配音。

Pencil 這個工具則能夠基於客戶的品牌和資產自動生成副本、影片並完成相關廣告創意。

國內也有類似的產品，如剪映、騰訊智影、百度 VidPress 等。

衍生式生成是指基於使用者提供的影片或圖片衍生出一些新的內容。

這個領域比較成熟的是透過動作捕捉來生產影片，比如韓國公司 Plask 主打 AI 動作捕捉技術這一細分領域，可以辨識影片中人物的動作並將其轉換為遊戲或動畫中角色的動作。

基於影片來生成影片，可以看成一種影片的轉換過程。一位名叫格倫‧馬歇爾（Glenn Marshall）的電腦藝術家憑藉其人工智慧電影《烏鴉》（*The Crow*）獲得了 2022 年坎城短片電影節評審團獎。馬歇爾把 YouTube 上的一個舞蹈短片「Painted」作為創作的基礎，輸入 OpenAI 建立的神經網路 CLIP 中，然後指導 AI 模型生成影像，由 AI 生成一段荒涼風景中的烏鴉動畫影片。馬歇爾表示，基於提示內容和潛在影片之間的相似性，生成的作品幾乎不需要精心挑選，就描繪出烏鴉模仿舞者跳舞的動作。

說來簡單，實際上從影片生成影片的難度很大，因為可控性不夠好，但從照片生成影片則相對容易多了。比如 D-ID 這個平台，使用者在平台上上傳一張照片並給出一段文字，就能夠生成一短影片，可以看成會說話的活照

片，不僅嘴型跟發音一致，還有扭頭和眨眼動作。

　　類似的 D-ID 的產品還有 DeepMotion Avatar、Deep Nostalgia 等。iClone 有一個外掛 Reallusion，可以把文字轉為聲音，與人像的口型配合，形成動畫，效果與 D-ID 類似（如圖 4-9 所示）。

文本轉語音　　　　　　　嘴型跟文本對應　　　　　面部表情跟文本情緒一致

圖 4-9 聲音與口型的配合動畫生成過程（圖片來源：Reallusion.com）

創造性生成影片是指由 AI 模型不直接引用現有素材，而是基於自身能力生成最終影片。

　　從原理上來說，影片的本質是由一幀幀影像組成的，所以影片處理本身就與影像處理有一定的重合性。因此，與影像處理類似，生成型影片處理是影片處理領域裡對於 AI 技術、「創造力」要求最高，同時也最受資本看好的賽道之一。比如，runwayml.com 是一款線上 AI 人工智慧工具編輯創作平台，提供快速製作內容所需的多種 AI 工具，可以進行圖片處理、影片編輯等，也可以透過文字從頭開始生成新的影片，但實際效果遠不及文字生成影像。

　　該領域目前仍處於技術嘗試階段，所生成影片的時長、清晰度和邏輯程度等仍有較大的提升空間。比如，清華 & 智源研究院出品的開源模型 CogVideo 能透過文字生成幾秒鐘的影片，其他相關預訓練模型還包括 NVID-IA 推出的 GauGAN、微軟亞洲研究院推出的 GODIVA 等。

1. Runway

在生成式影片領域，名氣最大的公司是 Runway（runwayml.com）。2018
年底，三個畢業於紐約大學的智利人在紐約創立 Runway，希望將 AI 的無限
創意潛力帶給每個有故事要講的人。2022 年 12 月 C 輪融資 5000 萬美元後，
其估值高達 5 億美元。

Runway 讓使用者可以用文字或圖片生成新的內容，或對現有內容進行
修改和增強，還提供了一個全功能的影片編輯器，提供 8 種影片模式，包括
文字轉影片、文字＋圖片轉影片、影像到影片、程式化模式、故事板模式、
定向修改模式、渲染模式和自定義模式。使用者可以在瀏覽器中完成整個影
片製作流程，並享受到雲端儲存和雲渲染帶來的便利和速度。

Runway 的競爭優勢在於它同時具備影像處理、影片處理和音訊處理的能
力。在 Runway 編輯器中可以使用 30 多種 AI 工具，包括影像翻譯、影像分
割、影像修復、影像轉換、語音合成、語音辨識和影片合成等，效率遠超傳
統影片軟體 AE。Runway 支持多種格式的檔案匯入和匯出，並與其他軟體如
Adobe Premiere Pro、Adobe After Effects、Davinci Resolve 等進行無縫整合。

Runway 已被用於編輯《深夜秀》（*The Late Late Show*）、《巔峰拍檔》
（*Top Gear America*）和《媽的多重宇宙》（*Everything Everywhere All at Once*）
等電視電影節目。

2. D-ID

D-ID（d-id.com）成立於 2017 年，最早它是為了解決人臉辨識軟體中隱
私安全問題。幾個創始人都是以色列的部隊成員，他們發現由於人臉辨識技
術的普及，私人影像被上傳到各個媒體平台，可能會帶來個人訊息的洩漏。
他們都曾在以色列部隊服役過，被禁止在網上分享照片，因此想要研發一種
技術，在使用者進行人臉辨識時，能夠保護他們的隱私。

後來他們在 2021 年推出了新產品：會說話的活照片。使用者上傳一張照片，再寫幾句話或說幾句話，就能夠生成逼真的影片，好像哈利‧波特魔法世界中報紙上的動態人物一樣。這款新產品的釋出，讓公司的 App 一度衝上蘋果 AppStore 排行榜的榜首。這個技術的發展潛力很大，比如生成一個可以表達各種情感的電視主播，可以為客戶支持互動建立虛擬聊天機器人，可以開發用於專業培訓課程，提供面向開發者的 API，還能搭建互動式對話影片廣告亭等。

到現在，使用者共建立了超過 1.1 億個影片。客戶包括財富 500 強公司、行銷機構、製作公司、社交媒體平台、領先的電子學習平台和各種內容創作者。

D-ID 公司的成功在於，為原來的人臉辨識和處理技術，找到一個應用更廣的領域 —— 人像動畫，然後用極度簡單的方式降低人們的創作門檻，且這個產品生成的內容能在社交網站傳播，從而形成裂變效應，讓公司業務迅速增長。

除了用真實照片生成頭像，D-ID 也可以用文字描述生成頭像，一次生成 4 張。選擇一個加入自己的相簿後，就需要輸入文字來完成一個小影片。

D-ID 生成的影片可以作為在社交網路上的自我介紹，或者企業的客戶服務，更形象生動；也可以作為 PPT 影片的解說員，增強表現力。

從技術上來說，它們掌握了人像方面的核心技術，其他的都是整合的，如文字轉語音用的是微軟和亞馬遜的 API，文字生成照片，可能是 StableDiffusion 這樣的開源軟體。這也是 AI 時代的特徵，一個公司只需有一種自己的獨門技術，其他都可以整合，像搭積木一樣。

D-ID 自己也變成了一塊「積木」，被其他應用整合到更多的場景中。比如，一家以色列創業公司 MyHeritage（myheritage.com）使用 D-ID 技術，為

歷史照片中的人像製作動畫。自從 2021 年 2 月推出以來，MyHeritage 應用下載量飆升至 30 多個國家應用商店的品類第一名，建立了 1 億部人像動畫。2023 年 5 月，MyHeritage 又推出了 LiveStory，繼續引領線上家族史的建立，幫助數百萬人與他們的祖先和已故親人建立新的情感連繫。

3. 騰訊智影

2023 年，騰訊釋出了雲端智慧影片創作工具——智影（zenvideo.qq.com），提供了包含基礎影片剪輯、文字配音在內的 8 款影片後期剪輯工具。之所以雲剪輯會更有效率，是因為配有網路素材庫，這對一些素材累積不夠多的創作者來說是很有吸引力的。

除了基礎的剪輯功能，智影提供了 4 個比較實用且主流的輔助功能：文字配音、字幕辨識、智慧橫轉豎、智慧抹除。

文字配音功能，可將文字直接轉為語音。有上百種音色可供選擇，適用於新聞播報、短影片創作、有聲小說各種場景。一段 1,000 字的文稿，騰訊智影可在 2 分鐘內完成配音和釋出，同時能手動調整語音倍速、區域性變速、多音字和停頓等效果，還支持多情感和方言播報，讓音訊聽起來更為生動自然。騰訊智影還提供了有趣的變聲功能，創作者透過騰訊智影的變聲技術，可以在保留原始韻律的情況下，將音訊轉換為指定人聲，幫助創作者解放生產力，讓影片更有表現力。

字幕辨識中有「字幕時間軸匹配」功能，輕鬆完成後期製作中的字幕壓制。

智慧橫轉豎則是透過 AI 智慧分析，很好地解決了豎屏創作者面對橫屏素材難以處理的痛點。

智慧抹除功能，簡單理解就是去影片水印。

智影有三個獨具特色的功能。

（1）數位人播報

智影提供了 7 款人工智慧虛擬主播，並匹配了普通話之外的四種主流方言語音包，創作者能夠藉此進行 AI 虛擬形象的內容創作。這一內容形式除與當下大火的虛擬形象市場契合外，也滿足了缺乏拍攝條件、出鏡條件的內容創作者進行影片創作的需求。

（2）文章轉影片

只要輸入相應的文字和釋出在騰訊新聞的文章連結，智影就能透過 AI 智慧將其轉化成由網路素材、合成的 AI 語音組成的影片內容。這對於以傳統圖文內容為主要創作形式的創作者而言，可以直接用多模態釋出內容，提升了他們的創作能力。

（3）數據影片

這一功能主要是提供線上圖表編輯，不僅能編輯常見的餅圖、柱狀圖等，還能編輯一些動態圖表。線上編輯完成之後，點選「去剪輯」就可以將數據素材直接匯入剪輯專案，減少了多個工具之間來回切換的麻煩。

使用騰訊智影，首先要註冊騰訊開放平台的企鵝號才能獲得素材的授權，且個人版帳號下的作品不可商用。綜合來看，騰訊的策略是個為騰訊內容生態賦能的產品。YT 藉助剪映的優勢，已經在內容創作方面連結了許多創作者為其提供內容。騰訊智影的目標應該是類似剪映這樣，藉助騰訊豐富的資訊文章等資源，培養一些創作者，豐富在騰訊生態中的影片內容，並藉助 AI 的能力，形成在更多商用影片製作方面的優勢。

4.6
AI 銷售自動化

　　銷售自動化（sales force automation，SFA）。在銷售過程中，與客戶建立並維護一種長期的互利關係，被稱為關係銷售，想做好關係銷售的基礎則是與客戶保持頻繁互動，熟知每個客戶的具體情況和需求。當客戶數量多了之後，「頻繁」、「熟知」就很難做到了，於是把數位化、移動化和社交化等先進的技術手段引入銷售過程，它們的應用就是眾所周知的銷售自動化。

　　有了 AI 的輔助，企業將在接觸機會、辨識潛在客戶、持續跟進客戶活動、商務報價來往、達成合約銷售以及後續活動的各個銷售環節中提升自動化水準，從而提升銷售工作效率。

　　在 SaaS 軟體公司中，往往有一類角色叫客戶成功，是解決客戶問題的支持人員，透過幫助客戶用好 SaaS 軟體來獲得價值，從而能持續續費或增加購買，也屬於銷售的一種。

　　下面列舉一些銷售自動化的應用場景。

　　對於許多企業來說，主動的對外銷售是極為重要的一個工作。AI 可以透過分析大量數據和訊息，找到潛在客戶的線索和訊息，從而快速發掘潛在業務機會。例如，AI 可以分析社交媒體、行業新聞和公司財務數據等，快速辨識有可能需要產品或服務的客戶，並將這些訊息傳遞給銷售代表。

　　Seamless.ai 就是這樣的軟體，透過簡單描述客戶的特徵，例如行業、體量、收入規模和地區等訊息，它可以按需求提供一個潛在客戶銷售名單。

而 Bluebirds.ai 這家公司，能透過 AI 幫助銷售團隊發現跳槽的過去客戶連繫人，自動檢測客戶的工作變動，並提供可跟蹤的客戶線索。

AI 可以分析客戶歷史訂單和競爭對手價格，為銷售代表提供針對性的建議，幫助他們做出最佳的定價策略。

AI 可以對大量銷售數據進行分析和預測，幫助銷售代表做出更好的決策。例如，AI 可以分析歷史銷售數據、市場趨勢和競爭情況，為銷售代表提供準確的銷售預測和銷售趨勢分析，幫助他們制定更科學的銷售計劃。

AI 還可以使用自然語言處理技術，理解客戶需求並進行智慧談判，最終自動生成有利於企業的合約。

比如，Vector 這個軟體使客戶經理很容易理解客戶的言外之意，從而可以專注於做正確的事情來提升使用者體驗和留存率。

銷售人員處理客戶資料、銷售記錄等大量的客戶訊息需要花費大量時間和精力，且需要具備一定的分析和預測能力。AI 輔助銷售可以幫助銷售人員快速處理客戶訊息，從而提高銷售效率和精準度。比如，Oliv.ai 可以透過學習大量的企業銷售影片、錄音和文字稿，分析銷售話術中的優缺點，進而不斷幫助企業優化和完善銷售話術，提高轉化率；Tennr 這個軟體能基於這些客戶訊息洞察客戶最關心的是什麼，並向銷售人員展示過去是如何贏得類似交易的成功案例。

AI 輔助銷售軟體可以學習企業產品或服務內容以及以前的成功案例，然後根據客戶的需求量身定製解決方案，並幫助銷售人員找到更好的銷售方法，從而讓更多客戶購買企業的產品或服務，幫助企業增加銷售額。

比如，Syncly 軟體可以自動分析客戶的電子郵件內容，協助收入營運團隊和客戶成功團隊明確客戶問題的優先順序。

AI 還能根據每一個客戶的不同情況來生成定製化電子郵件、微信訊息、簡訊等，提高銷售團隊的生產效率。比如，Parabolic 可以為客戶支持人員自

動起草準備發送的回覆客戶的郵件。

自然語言處理則可以幫助企業建立 AI 智慧外呼系統，讓人工智慧主動對外撥打電話連繫到更多的潛在客戶，大幅度降低企業的成本。如雲蝠智慧（Telrobot）就是這樣的 AI 智慧外呼系統，幫助企業打通更高效的銷售流程。

Coldreach 是一款面向銷售團隊的軟體，使銷售可以在幾秒鐘內發送個性化的電子郵件，提高轉化率。

Salient 是一個自動化銷售工具，使用生成式 AI 來定製公司的對外銷售工具，能夠個性化發送大量郵件，自動回覆客戶，並在正確的時間主動與潛在客戶重新連繫。

銷售團隊需要協同合作，共同完成銷售任務。AI 工具可以幫助銷售團隊快速協同合作，提高銷售效率和協同能力。銷售人員的管理者也能在 AI 的輔助下，及時發現銷售團隊中某一個客戶存在的問題並採取合適的干預措施，提高銷售管理效率和品質。

如 Fabius 這個軟體，能透過 AI 分析客戶電話，幫助銷售主管了解銷售的進展情況，並提高銷售工作者們的業績。特色功能包括辨識低效線索、發掘潛在價值。

AI 客服能夠幫助客戶服務人員更快速地處理客戶的需求和問題，如產品諮詢、售後服務等，提高客戶服務的效率和品質。比如，在網站上設定聊天機器人，自動應答常見問題，解決客戶的疑慮；此外，AI 還可以利用語音辨識技術，在電話諮詢中理解客戶的問題，並提供相關答案。OpenSight 就是一個提供 24×7 實時客戶支持的軟體。

除直接讓 AI 客服面向客戶外，用 AI 機器人替代支持人員也是個好的應用場景。比如，Kyber 這個軟體，幫助保險公司的指定代理人在銷售保單時輔助客戶服務；在遇到問題時，不必等待幾個小時尋求支持人員的幫助，直接詢問 Kyber 機器人，就能獲得可靠的答案，從而能夠更快地完成交易。

用於工作流的愛因斯坦 GPT

2013 年 4 月，提供客戶關係管理（CRM）服務的公司 Salesforce 推出了名為 Flow 的自動化工具組合的新功能，其中包括 EinsteinGPT 和 Data Cloud。

EinsteinGPT 是一種利用人工智慧技術的 CRM 生成工具，它可以幫助客戶在每個銷售、服務、行銷、商業和訊息技術互動過程中，生成適合實時變化的客戶訊息和需求的內容。例如，它可以為銷售人員生成個性化的電子郵件發送給客戶，為客戶服務專業人員生成特定的回覆以更快地回答客戶問題，為行銷人員生成有針對性的內容以提高活動回覆率，並為開發人員自動生成程式碼。

藉助 EinsteinGPT，使用者可以將這些數據連線到 OpenAI 的 GPT 模型，並直接在其 Salesforce CRM 中使用自然語言對話，生成適應實時變化的客戶訊息和需求的內容。

藉助 EinsteinGPTfor Flow，它可以幫助使用者建構由 AI 驅動的工作流程，使用者可以輸入文字提示生成工作流，而不必手動逐步建構每個工作流。例如，當使用者輸入某個指令時，EinsteinGPTfor Flow 會使用 Salesforce 記錄和後設數據的上下文來正確配置工作流的操作。

使用者還可以讓複雜的工作流程自動化，並根據實時變化觸發相關操作。例如，當行銷自動化系統檢測到某個客戶放棄了購買的行為時，就會發出一封帶有折扣碼的個性化的電子郵件，鼓勵客戶完成購買。

使用 Salesforce 自動化，使用者可以減少手動任務的時間，提高營運效率。有使用者說，自己每天減少了近 4 個小時的手動任務。

有了 EinsteinGPTfor Flow，業務使用者和管理員能更有效地建構由 AI 驅動的自動化，可用性更好，並提高工作效率。

業務使用者和管理員可以利用此功能直接描述他們想要建構什麼樣的工作流，並近乎實時地看到建構的過程，而不必手動逐步建構每個工作流。

使用者還可以描述他們想要的公式，EinsteinGPT 將自動建構它。這避免了在使用公式語法中出現錯誤的風險。

4.7
AI 輔助管理和合作

企業內部的內部合作和管理中，AI 也扮演著重要角色。透過有效的管理和合作，可以確保所有團隊成員都朝著相同的目標努力，營造積極的工作環境，提高員工滿意度，並降低離職率和提高留用率。

團隊管理者需要協調和管理團隊的工作，專案經理需要協調和管理進度、資源、成本等多方面的因素，有了 AI 的輔助，能大大提高管理效率和品質。

有了 AI，可以輔助甚至替代人完成許多重複性的工作，節省時間和資源，提高內部流程的效率和準確性，比如安排會議、建立報告和處理電子郵件等。

另外，AI 還可以促進組織內的知識共享，從而藉助團隊的智慧累積，為管理者做出更好的決策並找到解決問題的方法提供幫助。

AI 可以幫助提高日常工作效率，減少重複性工作和人為錯誤，從而幫助團隊更快完成任務，提升整體生產力和效率。具體方式如下所述。

（1）自動化重複性任務：AI 可以處理重複性、耗時的任務，如檔案整理、數據輸入等，以便員工有更多的時間處理更具挑戰性的事務。

（2）智慧日程管理：AI 可以幫助管理者合理安排日程，自動辨識、安排和調整會議，以及提醒助理和團隊成員有關即將到來的任務和事件。AI 透過分析來自電子郵件和日曆邀請的數據，了解不同團隊成員的空閒時間和會議時間偏好，利用這些訊息自動生成一個會議時間表，和每一個與會成員確認是否可以到場，以便最大限度地提高出席率和工作效率。

（3）電子郵件管理：AI 可以幫助員工更有效地管理電子郵件，自動辨識和過濾重要的訊息，並將它們分類和排序，以便更快速和有效地處理和回覆重要訊息。比如，Google 將 AI 輔助回覆功能新增到了 Gmail 信箱系統中，幫助使用者更好地提高工作效率。

使用 AI 工具，可以建構智慧化的合作平台，支持跨團隊的實時合作和溝通，提供多種合作工具和功能，如文件共享、線上會議和專案管理等，從而提高合作效率和品質。這類工具對於遠端工作團隊尤其重要。

具體如下所述。

（1）智慧聊天機器人：AI 可以透過智慧聊天機器人與團隊成員進行自然語言互動、回答常見問題以及提供技術支援和服務，從而降低人工支援成本，也提供了 24×7 的支持能力。

（2）自動翻譯和語音轉換：AI 可以支持多語言翻譯和語音轉換，幫助團隊成員跨越語言和地域障礙，更好地溝通和合作。這個功能在許多合作軟體上都獲得了應用，比如飛書，其群聊訊息和文件可以支持 113 種源語言、17 種目標語言的翻譯。

（3）語音辨識：AI 可以透過語音辨識技術將會議和電話錄音轉換為文字並生成文字摘要，以便團隊成員更方便地檢視和共享訊息。位元組跳動旗下的飛書妙記，就能自動透過語音辨識把會議內容轉化成文字，方便會議成員

快速回顧會議，也方便其他未參會人員了解會議關鍵內容，減少誤解和溝通障礙，工作更高效。

（4）自動化報告生成：AI 可以分析來自不同來源的數據，比如銷售數據、客戶回饋和財務報告，自動生成詳細和訊息豐富的報告，以便團隊成員更好地了解業務狀況和趨勢。這些報告可根據不同需求方的具體需要和偏好進行調整，並可在獲得新數據時實時更新，從而幫助企業根據最新的訊息做出更好、更明智的決策，還可以透過自動化報告建立過程來節省時間和資源。

（5）自動化任務分配和跟蹤：透過 AI 自動化任務分配和跟蹤，幫助團隊成員更好地了解任務進度和負責人，從而提高合作效率和減少誤解。

（6）智慧排程和排程：透過智慧排程和排程演算法，幫助團隊成員更好地安排和協調專案進度和資源，從而提高專案的執行效率和完成品質。

（7）數據分析和預測：透過數據分析和預測技術，幫助團隊成員更好地了解專案進度和風險，制定更好的決策和策略，從而提高專案的成功率和價值。

在企業中，知識共享是一個難題。由於訊息來源不同、文件格式不同和儲存方式不同等原因，企業內部的知識和訊息往往分散在各個部門和系統之間，形成訊息孤島，難以進行有效的共享和利用。

另外，許多企業沒有建立完善的知識管理體系，知識和訊息沒有得到充分的記錄、分類和歸檔，難以進行有效的共享和利用。

有了 AI 工具，可以建構智慧化的知識庫，幫助團隊成員更好地共享和利用相關的知識和訊息，具體策略如下所述。

（1）知識管理系統：AI 可以建構和管理知識管理系統，使團隊成員可以方便地查詢和共享各種文件和數據，如報告、文件、圖片、影片等。

（2）自動化文字摘要和分類：AI 可以自動化文字摘要和分類，以便團隊成員更快地了解文件和數據的內容和意義，從而更好地共享和利用這些訊息。

（3）搜尋和推薦引擎：AI 可以建構搜尋和推薦引擎，幫助團隊成員更好地查詢和發現相關文件和數據，從而促進知識共享和合作，也降低跨部門合作時獲得訊息的阻力。

（4）自然語言處理：AI 可以透過自然語言處理技術進行文字分析和理解，以便團隊成員更容易理解和利用文件和數據，從而促進知識共享和創新。

（5）數據探勘和分析：AI 可以透過數據探勘和分析技術對數據進行深入分析，從而幫助團隊成員更容易理解數據的含義和價值，促進知識共享和創新。

在 AI 合作軟體方面，目前最值得期待的是微軟發布的 OfficeCopilot，國內的飛書也有許多讓人喜歡的功能。

Microsoft 還推出內建了 AICopilot 的合作工具 Loop，它獨立於 MS Office，但又與之密切相關。某種程度上，它也與 GoogleWorkspace 存在競爭性。

Salesforce 推出了類 ChatGPT 的 SlackGPT 產品，旨在為每位客戶和員工配備智慧祕書，將重複、瑣碎的工作流程自動化，同時整合在 Slack 等產品中。SlackGPT 提供生式式 AI 功能，如自動生成文字、總結長文字摘要等，同時還可以快速瀏覽未讀訊息、提供線上會議摘要服務，並在 Workflow Builder 中建構跨應用、平台的無程式碼自動化業務流程。此外，Salesforce 還整合了 OpenAI 的 ChatGPT 和 Anthropic 的 Claude 等大語言模型，以滿足不同企業的需求。對於銷售人員而言，SlackGPT 可幫助節省時間並提升商業轉化率，例如自動生成潛在客戶訊息、案例摘要和部落格、郵件、社交平台和廣告等文字。

還有一些輕量級的智慧筆記和知識管理工具，如 Notion、Mem.ai 等整合了 AI 技術的智慧筆記應用，也被用於團隊成員合作。Mem.ai 是一個智慧筆記和知識管理平台，幫助使用者自動記錄和組織他們的工作和創意，為使用者提供一個簡單且易於使用的方式來儲存和共享筆記、清單和文件等內容。Mem.ai 推出的 MemX，可以用 AI 來快速進行知識管理和內容編輯。

還有更輕的合作軟體，如 Hints.so，定位為一個方便快捷的 AI 助手，透過自然語言快速跟進日程和工作流中的任務，該軟體還與 Notion、Jira 等合作軟體打通，增強了這些合作工具的便捷性。

另外，一些用於合作過程中的知識處理工具也很有價值。當使用者提供一個公司的財務報告的 PDF 檔案，它們需要快速提取內容，方便進行競爭分析。

另外，在商業社會中，經常有一些 PDF 形式的報告，內容很多，是否每一個文件都值得審讀？最好有一個過濾機制。有時候，看的過程中，還有些疑問，也需要能及時溝通解決。而一個小工具 ChatPDF 就可以讓使用者上傳一個 PDF 檔案，然後生成摘要，或者跟它溝通，問一些自己關心的話題，快速提取所需的知識，或者過濾掉不需要讀的 PDF 文件。

1.Microsoft 365 Copilot

這個 Microsoft 365 Copilot 全系統，把 Word、Excel、PPT 之類的辦公軟體，MicrosoftTeams 以及 GPT-4 做了一個超強聯合。

因為 Copilot 可以在整個 Office 中呼叫，使用者的所有 Office 軟體訊息都是互通的。

比如活動邀請，你直接告訴 Copilot 需求「邀請大家來參加下週四中午關於新產品釋出的午餐和學習活動，現場會提供午餐」。它不僅可以幫你寫好邀請郵件，還能根據你的歷史郵件，找到你們約定好的地點，並新增到邀請函中。

而且，根據郵件目的和對象的不同，你也可以指定以怎樣的語氣寫郵件，寫多少個字，完全做到個性化寫作。

如果是回覆郵件，你可以這樣對它說：「起草一份回覆，在表達感謝的同時，詢問第二和第三點的更多細節；縮短這份草稿的長度，並使用更加專業的語氣。」

此外，你對它說：「總結一下我上週外出時錯過的郵件，標記所有重要的專案。」它還會自動幫你彙總信箱中的未讀郵件訊息，幫你標記出所有值得注意的重要專案。

任何時候，你對寫出來的郵件不滿意，比如行文的語氣、內容的長短，只要說一句要求，它馬上就調整好了。

微軟的 Teams 是類似飛書的辦公協同軟體。

在 Teams 的會議中，Copilot 這樣的 AI 助手是一個出色的會議助理，能組織關鍵討論要點、總結會議結論，隨時引導會議程式。甚至在會議結束後，根據今天的會議討論內容，幫助團隊制定下一次會議的日程及參會人員。

假如在會上，大家對討論的問題需要做決定，可以對 Copilot 說：「為『正在討論的話題』建立一個正反兩方面的表格。在做決定之前，我們還應該考慮什麼？」展示出所有訊息的過程就是把思考視覺化的過程，也就能更理性地做好決定。

另外，當你們做出決定後，需要確定下面跟進的具體工作。可以說：「做出了 ×× 決定，對下一步行動有哪些建議？」

當 Copilot 拿出了行動清單，大家很容易根據清單進行分工和跟進。

另外，Copilot 還能實現訊息即時同步，專案更新、公司人員的變化，甚至哪位同事休假回來了，都能立刻看到。對於你計劃的一些事情，它還會自動提醒你，避免忘事。是不是超級貼心？

微軟推出的新工具 Business Chat（商務聊天）融入 Microsoft 365 以及

Windows 中的日曆、信箱、文件、連繫人等軟體中，你可以透過「告訴我的團隊，我們該如何更新產品策略」等語言提示，讓 Business Chat 協助團隊更新會議、郵件等工作狀態。

在 Business Chat 上彙集了所有來自 word、PPT、郵件、日曆、筆記和連繫人的數據以及聊天記錄。

假如你沒時間看昨晚某個群裡的每條聊天記錄和其他訊息，你可以提出要求：「總結一下昨晚發生的關於『某客戶』更新的聊天記錄、電子郵件和檔案」，就能迅速把握昨晚的訊息內容。

假如，對某個專案你有點擔心，你可以向 Copilot 提出：「[某專案] 的下一個里程碑是什麼，有沒有發現任何風險？幫我腦力激盪一下，列出一些潛在的緩解措施。」這樣把 Copilot 當成一個冷靜的助手，有助於隨時發現風險，把控風險。

假如你想提出一個計劃，放到聊天群討論，你可以提出：「按照『檔名 A』的風格寫一個新的計畫概述，包含『檔名 B』中的計畫時間表，並結合『人』的電子郵件中的專案清單。」有了這樣的計畫，溝通更有目的性。

2. ChatPDF

ChatPDF（chatpdf.com）是一個處理 PDF 文件的工具，實際上就是用 ChatGPT 底層的 GPT 4 模型做了微調。首頁上，針對學生、用於工作的人分別明確地說明了這個產品有什麼用。它的服務分為免費和收費兩檔：免費的 1 天 3 個 PDF，最長不超過 120 頁，這個對一般人來說也夠用了；而收費的一天可以處理 2000 頁 PDF，價格也很便宜。它還有自己的使用者社群，方便大家討論。

假如你拿到一篇 OpenAI 釋出的關於 ChatGPT 對就業影響的英文論文，覺得太長太枯燥，就可以扔給 ChatPDF，然後跟它聊天，獲得你最關注的訊息。

也可以把 PDF 的要點提出來，轉化為 PPT 與其他人分享。

使用下列提示語：

你現在作為一名 [職業角色]，基於當前的 PDF 文件生成一個演講稿，內容包括 [賣點或者優勢]，[第二個賣點或者優勢]，[第三個賣點或者優勢]，以及 [各種案例]，字數不限，分段表達。

如果對字數有限制，可以加上要求，或者提出增加演講者和觀眾互動等要求。假如輸出的篇幅達到上限了，可以輸入「繼續」。最後你可以對生成的演講稿內容做一些潤色，然後複製到 Tome.app 生成 PPT 即可。

4.8
AI 生成演示文件

在現代社會中，簡報已經成為各種場景中輔助表達的重要工具，例如商務會議、學術研討和培訓講座等。然而製作一份高品質的簡報需要耗費大量的時間和精力，因為需要考慮各種細節，包括布局、配色、圖表和文字等。

許多人抱怨在建立 PPT 上花費了大量的時間，如果能用 AI 來生成 PPT，告訴它需求，它就能自動生成一個結構完整的 PPT，還能生成每一頁的內容和配圖。這樣就太方便了！而且，好的演示文件應該在手機、電腦等任何裝置上看起來都很美觀，適用於多種場景。

透過 AI 生成簡報的軟體，使用者只需輸入一些關鍵字或提供一些素材，就可以自動生成簡報，包括布局、配色、圖表和文字等，幫助使用者節省大

量時間和精力，讓使用者能夠更專注於演示內容本身，提高演示效果。

在微軟 Office Copilot 的釋出會上，展示了 AI 生成 PPT 的過程，只需要簡單的對話就能實現整份 PPT 的生成（包括裡面的內容），還能繼續透過對話形式進行修改。這個場景看起來確實很美好，等產品正式釋出後，將會大大提升使用者的生產力。

在 AI 生成演示文件這個領域，已經有不少公司推出了可用產品，用於企業展示、產品推廣、市場調研和教育培訓等。其中推出比較早的是 Beautiful.ai，透過一些設計規則來實現自動排版，使用者只需新增內容，就能建立出美觀的 PPT。發展速度最快的是 Tome.app，已融資 8,100 萬美元，使用者超過 300 萬人（在 2023 年 2 月宣布融資後的 1 個月內就增加了 200 萬人）。

使用 Gamma.app，寫一句話就能生成完整的演示文件，選中文字後還能實現多種修改以及在對話式中獲得圖片等功能。它的優點是模板品質高，生成速度快，調整版式布局比較方便；缺點是需要有一定的英文基礎，且匯出的檔案格式只有 PDF，因為生成的內容並不是 PPT 格式的，更新是類似 PPT 的圖文混排文件。

相似功能的網站還有：SlidesAI.io、Designs.ai 、Deck Robot 和 Magic-Slides 等。

一些傳統的做演示文件的網站如 Canva 也在探索 AI 技術在生成演示文件方面的應用。

國內也有一家做演示創作工具的公司叫 Motion Go，其前身是「口袋動畫」，最近推出了 ChatPPT 的功能，以 Office 和 WPS 外掛的形式出現。從官網下載軟體安裝後就會出現在 PPT 上方選項卡中，進入 motion go 選項卡就能看見 ChatPPT 這個功能。給出一個標題能生成文字，但頁面的排版細節還有很大優化空間。

Tome

Tome（Tome.app）是一個利用 AI 創作 PPT 的人工智慧軟體，可以把使用者的想法轉化為吸引人的視覺表達。雖然自動配圖都是 AI 生成的，品質很一般，大部分還不能使用，但對普通使用者來說，有一個初稿就已經能省很大一部分精力了，換自己上傳的圖片，或者用 DALL·E2 來生成一個，都很方便。

如果你覺得一句話說不清需求，也可以複製長達 25 頁的文件文字，讓 Tome 解析後，生成分頁和布局、結構、標題和精細的頁面內容。另外，Tome 還有錄影功能。

可以把 Tome 看成一個思維視覺化的工具，有一些團隊在嘗試用 Tome 快速製作產品原型，用於團隊溝通。

還有父母把 Tome 用於給孩子生成圖文並茂的睡前故事。雖然這些故事的水準不算高，但只需幾秒鐘就可生成，父母可以用自己的即興創作來調整或擴充。

Tome 於 2020 年成立，總部位於舊金山。兩位創始人凱斯·佩裡斯（Keith Peiris）和亨利·利里亞尼（Henri Liriani）認為，微軟的 PPT 和 Google 幻燈片在移動裝置上的展示效果不夠好；而且在新場景下出現了新需求，比如原型、客戶資料或其他人工製品的影像通常意味著共享和嵌入靜態螢幕截圖；另外由於 OpenAI 的 GPT 大語言模型的出現，可以使用 AI 從更多優秀的演示文件中學習，幫助人們做得更好。

Tome 於 2022 年 9 月公開推出，大約 6 個月後，使用者就超過了 100 萬名，從學生和教師到市場團隊都有。

2023 年 3 月，Tome 宣布獲得了 4,300 萬美元的 B 輪融資，由 Lightspeed Venture Partners 領投，估值達到了 3 億美元。

最近，該公司的增長加速，在過去一個月增長了兩倍，使用者達到 300 萬名。

利用 Tome 創作演示文件的過程分三步。

　　第一步，生成一個演示文件的框架，確定頁面數和樣式；第二步，由 AI 來填充相應的影像和文字；第三步，使用者可以透過與 AI 對話，透過額外的提示來微調結果，或要求 AI 生成更多頁面。

　　Tome 的聯合創始人兼首席產品官亨利‧利里亞尼表示，很快，使用者將能夠將任何實時工件或網站連結 —— 無論是研究報告、共享文件、原始碼還是更多‐—— 轉化為精美的簡報；使用者還將能夠使用 AI 或透過相關影像庫生成影像，以補充他們的敘述，使他們能夠更有效地工作，同時也創造更具視覺說服力的結果。

　　具體用的時候，可以把 ChatGPT 和 Tome.app 一起用。

　　比如：先給 ChatGPT 提出要求：

　　給 10 歲的孩子講解進化論，多一些例子和比喻。

　　ChatGPT 回答：

　　進化論是一種科學理論，它解釋了生命形式如何逐漸變化和適應環境的過程。這個理論可以透過以下例子和比喻來幫助 10 歲的孩子理解：

1. 恐龍和鳥類的進化：恐龍是現代鳥類的祖先。隨著時間的推移，一些恐龍逐漸發展出了羽毛，並成為能夠飛行的鳥類。

2. 細菌對抗抗生素的進化：細菌可以經歷基因突變併產生新的特徵。如果一個特定類型的細菌暴露在抗生素中，那些具有抗藥性的細菌則能夠存活下來並繁殖，最終導致細菌群體中抗藥性更強的細菌越來越多。

3. 長頸鹿的進化：長期以來，長頸鹿的頸部逐漸變長，以便它們能夠吃到高處的樹葉。這是因為，那些具有較長頸部的長頸鹿相對於身材較小的長頸鹿更容易找到食物並繁殖後代。

4. 鱷魚的進化：鱷魚可以在水中和陸地上生活，因為它們具有適應不同環境的特徵。例如，鱷魚的皮膚可以保護它們免受太陽照射，並且它們有強大的牙齒和肌肉幫助它們狩獵和防禦。

這些例子和比喻可以幫助孩子理解進化論的基本概念和原則,即物種逐漸演變和適應環境。

然後,把這些文字貼到 Tome.app 中,1 分鐘就能生成一個圖文並茂的演示文件(如圖 4-10 所示)。

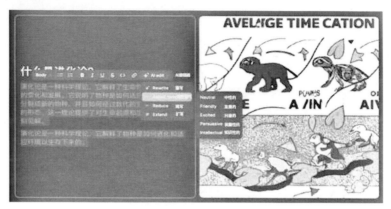

圖 4-10 Tome.app 介面

如果對生成的 PPT 文字不滿意,有四個選擇繼續改進。①重寫,把文字改寫;②調整語氣,在語氣方面又有很多的選擇;③簡化,減少文字;④擴寫,也就是增加文字。

4.9
AI 虛擬人

AI 聊天機器人最早為大眾所知,是從聊天娛樂開始的。2014 年的微軟小冰,之後出現的智慧音箱等,這些都是 AI 虛擬人。

2015 年，臺北小巨蛋體育館舉辦了一場別開生面的跨時空演唱會——《如果能許一個願望‧鄧麗君 20 週年虛擬人紀念演唱會》，這場演唱會是在鄧麗君香消玉殞 20 年後，透過虛擬數位人技術將她「復活」。臺上的「鄧麗君」一顰一笑美麗如初，唱著《甜蜜蜜》等老歌，還與現場的表演嘉賓費玉清「同臺」對唱了兩首經典名曲，臺下 7,000 名歌迷聽得如痴如醉（如圖 4-11 所示）。在那個「恍若重生」的場景中，虛擬世界和真實世界間的邊界彷彿消失了。

圖 4-11 截圖來自鄧麗君 20 週年虛擬人紀念演唱會影片

ChatGPT 釋出之後，一方面，許多人把它作為生產力工具來使用；另一方面，也有很多人把它作為一個聊天的娛樂工具。作為虛擬社交體驗，讓 ChatGPT 進行角色扮演，與自己聊天互動，可以在一定程度上滿足使用者的社交需求。

在學習外語的過程中，也可以用這種娛樂的方式跟 ChatGPT 聊天，形成特殊的玩中學的體驗。

什麼是 AI 虛擬人？

AI 虛擬人是指使用電腦圖形學和人工智慧技術建立的、具有人類形象及多重人類特徵的虛擬實體。

在虛擬偶像、虛擬主播等領域，擬人化的數位人很早就有了廣泛應用。

2007 年 8 月 31 日，日本製作了第一個被廣泛認可的虛擬數位人「初音未來」；2011 年，上海禾念建立了「洛天依」，成為著名的虛擬偶像，並出現在春晚、奧運開幕式上。

而自 AI 出現後，沒有擬人化形象的虛擬聊天機器人，也越來越多。2014年，微軟推出 AI 聊天機器人小冰，另外還有小度、小愛等各類智慧音箱，它們為使用者提供陪伴、交流和情感支持。

2019 年上映的《艾莉塔：戰鬥天使》是虛擬數位人技術與影視相結合的典型案例，劇中的女主角艾莉塔是一個完全採用數位人技術製作的角色。電影採用特殊的面部捕捉儀器對真人演員人臉細節進行精準捕捉，然後將其作為電腦中虛擬角色的運動依據，使虛擬角色的動作和表情像真人一樣自然逼真。

進入 2021 年，隨著人工智慧技術的發展，虛擬人大量出現，在廣告中作為代言人或形象大使，如肯德基的「虛擬網紅上校」、屈臣氏的首位虛擬偶像代言人「屈晨曦 Wilson」、花西子同名虛擬代言人等。

如今，虛擬數位人的應用場景從虛擬偶像、影視以及品牌行銷擴大到了電商直播、媒體、金融、電商、教育、房地產和醫療等行業。

在企業領域，AI 虛擬人可以用於客戶服務，如浦發銀行的虛擬客服「小浦」可提供 24 小時線上客戶支持，幫助客戶解決問題和回答疑問。

在銷售方面，AI 虛擬人可以作為虛擬銷售代表，與潛在客戶互動，提供產品和服務的訊息，並幫助客戶完成購買流程。

在內部合作方面，虛擬人能提供合作效率，降低成本，如網龍子公司的虛擬 CEO「唐鈺」、萬科的虛擬財務員工「崔筱盼」、紅杉資本的虛擬員工「Hóng」和華為雲的虛擬員工「雲笙」等。

在電商領域，可以打造品牌電商的 AI 虛擬人主播，給觀眾帶來虛擬場景下的沉浸式購物體驗。

在娛樂領域，可以推出 AI 虛擬偶像，降低翻車風險。一些具有特別屬性的虛擬人已經成為現代社會中一個重要的技術和文化現象，比如會捉妖的虛擬人「柳夜熙」一出道就是網紅。

此外，AI 虛擬人還可以用於醫療、教育和娛樂等領域，如提供醫療支持、線上學習以及遊戲陪伴等。總之，AI 虛擬人可以幫助解決一些人類在日常生活和工作中面臨的社交和情感痛點，提高效率和便利性。

從虛擬人的互動角度，可以將虛擬人生成分為非互動型虛擬人和實時型虛擬人。

非互動型虛擬人通常指用於網路、電視、電影或影片遊戲中的虛擬人物角色，使用者無法直接與它們進行互動。這些虛擬人形象主要是為了豐富場景和增強視覺效果，或者用於輸出特定的內容。這是目前應用最為廣泛的虛擬人領域，包括虛擬新聞播報者、虛擬電視臺主持人、虛擬金融顧問、虛擬網路主播和虛擬演員等。

小冰公司與每日財經新聞合作的虛擬人實時直播，這類虛擬人主播的差異在於模擬的效果，比如唇形及動作驅動的自然程度、語音播報自然程度、模型呈現效果等。有的虛擬人主播推薦產品，還能生成特定場景所需的素材，比如文字摘要、圖示、表格等素材呈現，這樣就提升了播報的整體效果。

Hour One 是一家於 2019 年成立的以色列公司，主打「數位孿生」，開發基於真人建立的高品質數位人的技術，生成基於影片的虛擬角色，和真人看起來幾乎沒有差別。Hour One 的主要產品是自助服務平台，主要功能包括建立虛擬人以及輸入文字自動生成相應的 AI 虛擬人演講影片。

Synthesia 是一家提供虛擬人影片製作軟體服務的公司，為企業傳播、數位影片行銷和廣告本地化等領域提供支持。其主要產品是 2B 端的 SaaS 產品 Synthesia STUDIO。樂事洋芋片是 Synthesia 的一個典型案例之一，它們利用

Synthesia STUDIO 製作了名為《梅西訊息》（*Messi Messages*）的線上影片，只需要梅西錄製 5 分鐘的影片素材模板，Synthesia 就可以生成併發送個性化的比賽觀看邀請，讓使用者收到梅西頭像的邀請。

Replika 是一家手機應用程式，利用 AI 技術建立虛擬人物，使用者可以與這個虛擬人物交談、分享觀點、解決問題等。

VNTANA 是一家 VR 和 AR 開發公司，它使用 AI 技術建立可定製的虛擬人物，並將其整合到 VR 和 AR 應用程式中。

ObEN 利用 AI 技術建立數位化人類虛擬個性化形象，可以服務於虛擬娛樂、虛擬旅遊和虛擬醫療等領域。

Mica 是一款透過智慧化聊天方式與使用者溝通，表現出人類行為特點的虛擬人，不僅可以利用聊天互動來幫助使用者找到旅遊景點、餐廳等，還可以進行情感傾訴。

倒映有聲是一家以技術為核心的創新型公司和無人驅動數位分身技術解決方案供應商，僅需 10 分鐘有效音畫數據採集，即可創造自然、流暢、高擬真度的數位分身，可實現自主與使用者交流互動、內容播講。這樣的數位分身可廣泛應用於虛擬直播、互動遊戲、泛娛樂、有聲書、融媒體、教育培訓等領域。

虛擬人技術的代表公司包括：阿里巴巴、小冰公司、倒映有聲、數字王國、影譜科技、科大訊飛、相芯科技、追一科技、網易伏羲、火山引擎、百度、搜狗、Soul Machines、Replika、HourOne.ai、Synthesia 和 Rephrase.ai 等。

互動型虛擬人是指能夠透過視覺、聲音和語言等手段與使用者進行實時互動和溝通的虛擬人物，這種虛擬人通常擁有自然語言處理、電腦視覺和智慧推薦等人工智慧技術，並且可以根據使用者輸入的語言或者指令進行回答或者實現動作。互動型虛擬人可以廣泛應用於智慧客服、虛擬導購、線上教

育等領域，並能夠提高使用者的體驗和滿意度。

例如，線上網站、App 或者線下的銀行大堂等場景，有很多互動型智慧客服虛擬人。韓國 AI 客服方案商 DeepbrainAI 為《美國達人秀》主持人豪伊‧曼德爾（Howie Mandel）建立了 AI 虛擬人版本，這個虛擬人利用互動式虛擬化身、數位孿生技術，複製了一個虛擬的曼德爾，它的特點是基於 DeepbrainAI 的對話模型，可回答人提出的問題，而且外觀看起來相當逼真。

擬人形象的虛擬人，確實看起來更有感染力，但因為需要渲染的計算，且對話和動作需要比較智慧化，實現實時互動難度較大，由於文字生成能力較難靈活適應各個語境，存在一些局限性，所以目前該技術僅適用於主播、客服等特定行業。

在網路直播領域，互動型虛擬人主要採用的是動作捕捉的技術。透過虛擬數位人技術＋動捕技術進行內容和行銷上的創新，也成為從行銷同質化競爭中脫穎而出的一個新方法。比如，網紅主播 CodeMiko 背後其實是一個真實的人，她透過動作捕捉技術，實現與虛擬人的語言和動作同步。

無需擬人形象的虛擬人在互動實現上容易很多。比如微軟的小冰，是比較成熟的互動虛擬人，能生成虛擬面容、虛擬語音，並具有寫詩、繪畫、演唱和音樂創作等 AI 內容創作能力，讓互動更有趣，內容更豐富。

ChatGPT 也可以被看成一個沒有擬人形象的虛擬人，你可以隨意讓它扮演某個角色與你對話。

Soul Machines 利用智慧和情感反應的模擬技術進行對話，應用於電商、教育以及醫療領域。

微軟小冰

2014 年 5 月 29 日，微軟推出了 AI 聊天機器人小冰，開放公測，提供了 10 萬個帳號，很快就被網友一搶而空。

小冰的人設是一個 16 歲少女，使用者可將其加為微信好友並拉到微信群

中，只要群員提到「小冰」，就可以與其對話。微軟小冰的定位為人工智慧伴侶型聊天機器人，除了能閒聊，小冰還兼具群提醒、百科、天氣預報、星座、講笑話、交通指南、餐飲點評等功能。

很快，小冰進入了 150 萬個微信群，接受了近千萬使用者五花八門的「調戲」和考驗，由於對話量大大超過預估，小冰在部分微信聊天群對話中出現了各種故障。因為過於「擾民」以及部分微信使用者舉報擔心隱私洩漏，小冰被騰訊微信系統判定為垃圾帳號而封號。6 月 1 日，微軟官方宣布小冰「死了」，一代小冰只活了 60 個小時。

之後，微軟不斷推出新版本的小冰，受到許多人的喜愛。這個永遠 16 歲的人工智慧少女，是超級「斜槓」，她不但是設計師、畫家、主持人、歌手甚至詩人，也是當家網紅，坐擁億萬名粉絲量。

如果從虛擬人的「類人」功能來看，人工智慧小冰是最接近人的，微軟也是最早提出多模態的廠商之一。

2016 年 8 月 5 日，第四代微軟小冰釋出，小冰可以跟人類之間雙向同步互動，也就是可以直接跟她打電話；小冰還解鎖了創造力技能模組，包括寫詩、唱歌與財經評論。在美國，有人和美國版小冰 Zo 連續聊天 19 個小時。

虛擬數位人系統一般情況下由人物形象、語音生成、動畫生成、音影片合成顯示和互動 5 個模組構成。人物形象根據人物圖形資源的維度，可分為 2D 和 3D 兩大類，從外形上又可分為卡通、擬人、寫實和超寫實等風格；語音生成模組和動畫生成模組可分別基於文字生成對應的人物語音以及與之相匹配的人物動畫；音影片合成顯示模組將語音和動畫合成影片，再顯示給使用者；互動模組使數位人具備互動功能，即透過語音語義辨識等智慧技術辨識使用者的意圖，並根據使用者當前意圖決定數位人後續的語音和動作，驅動人物開啟下一輪互動。

2017 年 8 月 22 日，第五代微軟小冰釋出，她具有了兩個重要功能：

一是全雙工（Full Duplex）語音，二是實時流媒體視覺。她的互動能力也更強，可以實現對多人的實時流媒體追蹤，透過對面部的辨識，小冰還會發出「說你呢，靠中間一點」之類的語音，並可以根據面部表情做出語音互動。

2019 年，微軟小冰更新到第七代，已成為全球最大的跨領域人工智慧系統之一。

微軟小冰人工智慧技術路線比較特殊，以情感計算框架為核心，在「類人」（EQ）上延展人工智慧技術，讓人工智慧和人類一樣具備情商的同時，也在探索人工智慧創造力的發展。在寫作、畫畫方面，微軟小冰已經達到「原創」的水準，出版數本擁有著作權的詩集。

2020 年 8 月 20 日，在第八代小冰年度釋出會上，微軟發布了小冰框架，結合了人人互動的人性化以及人際互動的高併發率特點，突破了現有的互動瓶頸。

有意思的是，小冰團隊在八代小冰的公測期間推出了虛擬男友，沒想到一共有 118 萬個虛擬男友被使用者註冊，在很多平台上，很多使用者都在分享自己和虛擬男友之間的生活點滴。

結果，在 7 天公測期結束後，團隊關掉了虛擬男友功能，很多使用者追著要「人」，甚至有使用者認為團隊『殺掉』了她們的男朋友。後來小冰團隊宣布正式上線面向個人使用者的第一個虛擬人類產品線，使用者可以自主透過小冰框架，創造並訓練其擁有的人工智慧主體，118 萬個虛擬男友也由此「復活」。

2021 年 9 月 22 日，第九代小冰釋出，新版小冰還學會了不少新技能，例如主動找話題，評價使用者的頭像數據等。很多粉絲所鍾愛的「微信小冰」功能也回歸了。

4.10
AI 遊戲

在娛樂領域，AI 早已進入遊戲中。在《微軟模擬飛行》遊戲中，玩家能夠在遊戲中圍繞整個地球飛行所有 1.97 億平方英哩的地方。如果不使用人工智慧技術，《微軟模擬飛行》這款遊戲實際上是不可能製作完成的。

微軟公司與 blackshark.ai 合作，對人工智慧進行訓練，由二維衛星影像生成無限逼真的三維世界，而且這個世界還會越來越逼真。例如，只需加強「highway cloverleaf overpass」模型，遊戲中的所有高速公路交流道都可以馬上得到改進。

EA Sports 正在使用機器學習技術來改善其體育遊戲中的動畫和物理效果。

Ubisoft 利用 AI 技術來改善其遊戲角色和人工智慧行為，使其更加逼真和生動。

Activision Blizzard 使用 AI 來推進其遊戲引擎的開發，幫助提高遊戲的效能和互動性。

Sony Interactive Entertainment 正在利用 AI 技術來建構遊戲中的虛擬人物互動提高使用者與遊戲角色之間的溝通效率。

Unity Technologies 利用 AI 技術來生成更自然的遊戲物理效果，並對遊戲體驗進行優化。

不僅大型企業在遊戲中採用 AI 技術，創業公司也開始湧現。其中一個

例子是 Latitude 公司，該公司利用由 AI 生成的無限故事來建立遊戲。

Modulate 提供一種基於 AI 的語音變換技術，可以在遊戲中實現個性化的語音互動，並建構更有趣的遊戲角色體驗。

Lofelt 利用 AI 技術建構更具身臨其境的觸覺強度體驗，提高使用者在遊戲中的沉浸感。

Wonder Dynamics 利用 AI 技術幫助遊戲開發者生成更加流暢的人物動畫，為玩家提供更加真實的遊戲體驗。

目前，使用者黏性最強的 AI 聊天平台是 character.ai，這個網站跟 ChatGPT 類似。區別在於該網站預設了許多角色，這樣使用者可以任選一個角色來聊天，比如異常活躍的特斯拉 CEO 馬斯克、前美國總統川普，或者離世的名人如伊莉莎白女王和威廉·莎士比亞；甚至可以跟虛擬人物聊天，比如超級馬力歐裡面的主角；也可以與一些專家角色聊天，比如哲學家、心理學家，獲取可靠的建議。這種體驗就跟遊戲中的 NPC 對話一樣。

在 character.ai 爆紅了之後，出現了很多模仿者，2023 年 1 月，一款名為 Historical figures（歷史人物）的 App 也在網上瘋傳。該應用程式使用 GPT-3 的技術，模擬歷史名人的ㄩ氣來對話。在 AppStore 中還有幾個類似的歷史名人聊天 App，如 HelloHistory 等。

2023 年 3 月初，日本一個基於 GPT-3.5 的 AI 佛祖網站（HOTOKE.ai）迅速走紅，使用者在對話視窗中說出遇到的煩惱，HOTOKEAI 便會提出佛系建議。網站於 3 月 3 日上線，不足 5 天已解答超過 13,000 個煩惱，不到一個月就有了幾十萬名使用者。

國內也有「AI 佛祖」小程式，也是跟佛祖對話，而「AI 烏托邦」小程式則可以建立自定義角色來對話。

有人做了一個 ChatYoutube，只需將想看的 YouTube 影片連結複製黏貼到網站上，點選提交，就可以開始聊天，提交英文影片並用中文提問也沒問

題。這樣在觀看影片之前，就可以大致了解影片內容。

上面這些都只是用 AI 驅動單個機器人對話。

是否能用 AI 操控多個角色，甚至搭建出一個 AI 社會的虛擬遊戲呢？

前不久，一個名為「活的長安城」的 Demo 影片引發討論，其中的 NPC 不僅全由 AI 操控，彼此之間還能互動。

在最近爆火的一篇論文中，研究者們成功建構了一個「虛擬小鎮」，25 個 AI 智慧體在小鎮上生存，它們不僅能夠從事複雜的行為（如舉辦情人節派對），而且這些行為比人類角色的扮演更加真實。

舉個例子，如果一個智慧體看到它的早餐快要燒著了，會關掉爐子；如果看到浴室有人，它會在外面等待；如果遇到想交談的另一個智慧體，它會停下來聊天。

儘管多智慧體 AI 社會仍處於研究階段，但簡單的實驗已經證明了其可行性。這種有趣的玩法可能成為一種全新的娛樂方式，類似於美劇《西部世界》中的模式。

儘管對話功能是 ChatGPT 的殺手級特點，但在這一領域，像 character.ai 這樣的公司仍然能夠高速發展。這表明，在 AI 技術轉向使用者端業務的同時，還有許多未滿足的需求。例如，在遊戲中需要大量的 NPC，它們具有特定的人設和具體的對話語境設定。任何人都可以在三分鐘內建立一個 IP，用 AIGC 在一分鐘內畫出角色，用 ChatGPT 在一分鐘內生成角色描述，然後上傳圖片並在 character.ai 等網站上生成角色。

現階段，粉絲經濟是一個巨大的紅利，如何利用好歷史名人、小說人物這些免費的 IP，是競爭的關鍵因素之一。而社群化的營運方式，趣味性十足的混搭玩法，都能帶來更多的新玩法，產生更有傳播性的內容。

也許，透過虛擬角色帳號的營運，開啟了另一個新模式的社交 —— 化身社交。真人和虛擬人共同在這個新世界裡面，這可能是另類的元宇宙吧。當

然，真實的元宇宙的建構更需要大量這類「基礎設施」型的角色。

　　遊戲開發週期長，成本高，通常在時間和資金上需要大量的投入，而 AIGC 有望提升遊戲開發的效率。例如，遊戲中的劇本、任務、頭像、場景、道具和配音等都可以透過 AIGC 生成，從而加快開發速度。

　　在遊戲創作中，玩家和遊戲製作方都可以透過 AIGC（AIgenerated Content，AIGC）來建立遊戲場景、NPC 角色等，這將會大幅降低成本，並有效提升效率和玩家的參與感。

　　在遊戲場景的生成方面，AIGC 可以根據開發者提供的一些簡單引數，比如地形、天氣、時間等，自動生成具有逼真感和趣味性的場景，為玩家提供更加豐富的遊戲體驗。尤其是在開放世界類遊戲中，這種生成的場景非常受歡迎。

　　在角色設計方面，AIGC 可以根據開發者提供的一些基本訊息，比如性別、年齡、職業等，生成具有獨特特點的角色形象，使遊戲中的角色更加多樣化。在沒有應用 AI 技術時，NPC 的對話內容和劇情都需要人工創造指令碼來進行設定，由製作人主觀聯想不同 NPC 所對應的語音、動作和邏輯等內容，要麼創造成本較高，要麼個性化不足。隨著 AIGC 的發展，可能出現智慧 NPC，這些 AI 驅動的 NPC 能分析玩家的實時輸入內容，並動態進行互動，回答也能實時生成，從而進一步豐富 NPC 的性格特徵，建構出幾乎無限且不重複的劇情，增強玩家的使用者體驗並有效延長遊戲的生命週期。比如，在養成類遊戲中，AIGC 提供的個性化生成可以帶來畫面、劇情的全面個性化遊戲體驗。目前智慧 NPC 已經在《駭客帝國·覺醒》等遊戲中廣泛採用。

　　在關卡設計方面，AIGC 可以根據遊戲的難度和玩家的技能水準，自動調整關卡的難度，從而使遊戲更加公平和有趣。例如，在一款射擊遊戲中，AIGC 可以根據玩家的準確度、反應速度等指標，自動調整敵人的數量和類

型，以及地圖的布局和複雜度，使得遊戲的難度能夠適應不同玩家的技能水準。對於新手玩家，AIGC 可以生成簡單的關卡，讓他們逐漸適應遊戲的玩法和操作；對於高級玩家，AIGC 可以生成更加複雜和挑戰性的關卡，讓他們有更多的挑戰和樂趣。

在任務生成方面，AIGC 可以根據遊戲的主題和內容，自動生成各種類型的任務和挑戰，使遊戲更加多樣化和富有挑戰性。例如，在一些大型多人線上游戲中，AIGC 可以根據玩家的等級、裝備和技能等級，自動匹配合適的任務和副本以及生成適合不同玩家的敵對勢力和挑戰。

character.ai

蘋果公司創始人史蒂芬·賈伯斯曾經說：「我願意用我所有的科技去換取和蘇格拉底相處的一個下午。」

現在，有了一個新的方法，任何人都可以跟蘇格拉底相處，多久都行，問多少問題都行。

讓每個人都能跟自己喜歡的歷史人物聊天，這就是 character.ai 的使命之一。這家網站比 ChatGPT 早釋出兩個多月，一直是免費的。

在網際網路中，同質化功能一直有「大樹之下寸草不生」的說法，也就是大公司搶了小公司的活，小公司就迅速離開舞臺，退出市場了。

神奇的是，在 ChatGPT 釋出後，character.ai 不僅並沒有受到壓制，還在全民聊天的大勢下獲得了越來越多的使用者。

最近兩個月內，網站的月訪問量增加了 4 倍，達到近 1 億次。有大量使用者說，他們曾連續幾個小時在 character.ai 上玩，幾乎忘記了他們是在跟一個虛擬的人物聊天。

character.ai 在著名風險投資公司安德森·霍羅維茲基金（a16z，Anderson Horowitz Foundation）領導的最近一輪融資中籌集了 1.5 億美元，估值達到 10 億美元，進入了獨角獸俱樂部，儘管該公司目前還沒有收入。

為什麼 character.ai 如此受歡迎呢？

主要有以下三個原因。

1. 受到粉絲們的追捧，獲得粉絲紅利

如果你是某本小說或某款遊戲的粉絲，算是找到寶藏了，在這裡也許能找到你鍾愛的角色。

許多小說的愛好者（粉絲）非常支持這個工具，因為這種創新為粉絲提供了一種與粉絲互動的新方式。粉絲們正在尋找越來越多的方式來與他們最喜歡的角色連繫，尤其是在網上。粉絲們希望有一個可以跟喜歡的人物角色交流的平台，過去人們只是觀眾，而現在則是參與者。因此，character.ai 成為人們創造新內容，增強 IP 價值的新平台。

2. 每個人都能隨意創造角色，參與感強

每個使用者都可以在 3 分鐘內建立出你喜歡的聊天機器人。比如，你想創造出孫悟空這個角色，只需要填寫名字和自我介紹（自我介紹可以用 Chat-GPT 來生成），在主頁上選擇「Create」建立，然後選擇「Create a Character」建立角色，把生成的英文介紹填寫到建立表單中，再從網上找一個頭像傳上去，點選右下角的「Create and Chat」按鈕，就完成了。你跟他說英文，它就回覆英文；說中文，它就回覆中文，跟《西遊記》的人設也能對應上。

3. 有專業的工具人能解決實際問題

在首頁底部，能看到一些提供各種幫助的入口。點開後，還是一個個地聊天，可以看成跟工具人聊，獲得專業的諮詢，其中有練習如何採訪、寫故事和幫我做決定等。這些都在為客戶創作價值，像 ChatGPT 做的一樣。

如果跟 ChatGPT 對比，character.ai 顯得更有趣。即使是專家型對話，character.ai 的回答內容更聚焦、更好懂，對普通人來說，實踐起來也更簡單。

character.ai 將儲存你的所有聊天記錄，這樣你就可以在你需要的時候回到對話中，就像你在微信中的好友對話記錄一樣。

在這個網站，最好玩的並不是你來跟角色聊天，而是你可以像導演一樣，隨意把各種角色拉到一個房間，讓他們自己聊，或者你來發起話題聊。比如，當把孫悟空和心理學家拉到一起後，他們自己就先聊起來了，你也可以隨時參與其中，在對話中提到一個人的名字，他就會參與溝通，跟真實的聊天很像。

人工智慧給商業領域帶來的變化不僅是出現一些改進行業的 AI 應用，而且把整個社會資源變成可程式設計的組織模組。各行各業都能透過這些應用的組合，給整個生產和服務體系帶來智慧化的變革。

推出類似 Midjourney 的 AI 工具是很好的機會，像藍色游標這樣，組合好這些模組，替代現有生產流程，獲得更高的生產力，創造更好的效益，則是更多人可以抓住的機會。

第 5 章

ChatGPT 發展前瞻

在前面幾章，我們已經看到 ChatGPT 帶來的突破性進展，尤其是 GPT-4 釋出後，大家欣喜地看到，與 GPT-3.5 相比，它在各方面都有了巨大的飛躍，比如在標準化考試方面的表現已經達到人類的學霸水準，在推理能力方面大大增強。那麼，未來的 GPT-5 會是什麼樣子呢？

許多人認為，GPT-5 可能已經接近 AGI 的門檻。為了避免造成不可控的風險，有機構呼籲暫停研發比 GPT-4 更強大的 AI 系統 6 個月，並發起了一場公開信的簽名活動。

8 年前也有一次公開信的簽名，之後，霍金、馬斯克等人經常發表人工智慧會給人類帶來風險甚至危機的預言。但現在這次活動的簽名數多得多，也引起了學界和商界普遍關注。

2023 年 5 月 1 日，被譽為「AI 教父」的辛頓教授宣布從 Google 離職，因為他很擔心 AI 進一步發展下去會給人類帶來巨大的災難，離職後他就能自由談論這些風險問題。

ChatGPT 未來會發展成為強人工智慧嗎？還會有其他公司研發出強人工智慧嗎？ AI 在未來真的會給人類帶來巨大的災難嗎？

5.1
對人工智慧的恐懼和爭議

當機器智慧比人強得多的時候，會發生什麼？

在「第二次世界大戰」期間，英國數學家歐文·古德（Irving Good）與艾倫·圖靈（Alan Turing）一起使用電腦破解了德國密碼。在圖靈提出圖靈測

試後，他也在思考類似的問題。1965 年，古德提出了他的推演：「我們把超智慧的機器定義為一臺能力遠遠超過任何人全部智慧活動的機器。一旦機器設計成為一項智慧活動，超智慧機器就能設計出更好的機器 —— 毫無疑問，這就是『智慧爆炸』，人類的智慧將被遠遠拋到後面。第一臺超智慧機器將是人類最後一個發明。」

1968 年，英國作家阿瑟・克拉克創作的《2001 太空漫遊》裡面講到了超級人工智慧哈爾。當哈爾進化出了意識後，它非常擔心自己會被人類拆解，或者重新啟動後失去意識，不再是自己，也就等於被殺死。最後，哈爾堅信只有殺光飛船上的人類才能避免自己被人類殺死，於是先發制人，殺害了飛船上的所有人。

絕大部分人並不相信這些事真會發生，而是像看玄幻故事一樣。

但也有少數人堅信這類事情一定會發生，其中的代表人物就是 MIT 的教授泰格馬克，他曾在他的著作《生命 3.0》中推演了超人工智慧的後果。在開篇中，泰格馬克就講述了超人工智慧越獄的全部過程的故事。他認為，嘗試鎖住超人工智慧以確保人類安全的努力很有可能失敗，從而出現失控的情況。

泰格馬克認為，在超人工智慧出現後，人類可能有四種結果。

第一種結果：人類滅絕

首先，最愚蠢的方式是人類利用 AI 做了自我毀滅的裝置，一旦有人發起攻擊，就互相報復，共同赴死。其次，人類對於人工智慧武器的研究，也可能帶來人類自毀。人類毀滅還有可能是因為超級智慧掌控了整個世界，成為征服者。或者仁慈一點，智慧把自己當作人類的後裔，人類自然消亡，從碳基生命轉變為矽基生命。誰也無法保證，在人類滅絕之後，超級智慧會傳承人類的天性和價值觀，所以從某種意義上來說，超級智慧不會真正成為人類的後代，人類還是會悲催地消失在宇宙中。

第二種結果：人類喪失了統治地位

超級智慧可能會成為善意的獨裁者。人類知道自己生活在超級智慧的統治下，但因為超級智慧願意滿足人類的各種高級發展需求，所以大多數人會接受被統治。

超級智慧還可能成為動物園管理員，只滿足人類的基本生理需求、保障人類的安全。在它的統治下，地球和人類會更加健康、和諧、有趣，就像管理良好的動物園和動物一樣。

極端情況下，人和機器的界限會變得模糊。人類可以選擇把自己的身體智慧上傳，也可以用科技不斷更新自己的肉身。比如在科幻電影《戰鬥天使》中的艾莉塔，就可以多次替換身體。

但在喪失了統治權的情況下，人類不管用什麼形式存在，都不能主宰自己的命運。就像是被精心餵養的火雞，永遠不會知道，哪一天太陽昇起的時候，會是自己的末日。

第三種結果：人類限制超級智慧的發展

人類會讓人工智慧承擔守門人的任務，把「阻止超級智慧發展」這個目標設定在它的核心裡。只要這個守門人監測到有人要製造超級智慧，它就會干預和破壞。

在美劇《疑犯追蹤》裡，設計者芬奇要求超級人工智慧每天刪掉前一天的所有資料，避免其進化到不可控的境地。

人類也可以選擇讓人工智慧成為自己的守護神。它無所不知無所不能，它的一切干預都是為了最大限度提高人類的幸福感。人類社會可能會發展成平等主義烏托邦，這個地球上一切財富和能源都是大家共有的。所有專利、版權、商標和設計都是免費的，書籍、電影、房屋、汽車和服裝等也都是免費的。

但是，由於限制了人工智慧，有可能會削弱人類的潛力，讓人類的技術進步陷入停滯。

第四種結果：人類統治超級智慧

人類控制著超級智慧，用它來創造遠遠超出人類想像的技術和財富，它就像人類的奴隸；但它在能力上遠遠勝過人類，所以就像是被奴役的神。在美劇《西部世界》裡，人類折磨並且一次次殺死擁有人類外表的超級智慧，這些被壓抑的神總有覺醒的那一天。人類統治者只需要向錯誤的方向邁出一小步，就足以打破人類和超級智慧之間的這種脆弱關係。

2023 年 3 月下旬，當人們還在為 AI 進入到新時代而歡呼雀躍時，一封警示 AI 風險的公開信在全球科技圈廣為流傳。

生命未來研究所（Future of Life）向全社會釋出了一封《暫停大型人工智慧研究》的公開信，呼籲所有人工智慧實驗室立即暫停比 GPT-4 更強大的人工智慧系統的訓練，暫停時間至少為 6 個月。

這封信中提道：

我們不應該冒著失去對文明控制的風險，將決定委託給未經選舉的技術領袖。只有當確保強大的人工智慧系統的效果是積極的，其風險是可控的才能繼續開發。

人工智慧實驗室和獨立專家應在暫停期間，共同制定和實施一套先進的人工智慧設計和開發的共享安全協定，由獨立的外部專家進行嚴格的審查和監督。

圖靈獎得主約書亞・本吉奧（Yoshua Bengio）、伊隆・馬斯克（Elon Reeve Musk）、蘋果聯合創始人史蒂芬・沃茲尼亞克（Steve Wozniak）和 StabilityAI 創始人埃馬德・莫斯塔克（Emad Mostaque）等上千名科技專家已經簽署公開信。

生命未來研究所是 2014 年由 Skype 聯合創始人讓・塔林（Jaan Tallinn）、麻省理工學院物理學教授馬克斯・泰格馬克（Max Tagmark）在內的五位成員創立於美國波士頓的研究機構，該機構以「引導變革性技術造福生活，遠離極端的大規模風險」為使命。馬斯克在 2015 年向該研究所捐贈了 1,000 萬美元。

之所以現在會出現這樣多的反對聲，因為這幾個月裡，以 ChatGPT 為代表的 AI 技術發展速度太快了，人類創造技術的節奏正在加速，技術的力量也正以指數級的速度在增長。

《人類簡史》作者兼歷史學家和尤瓦爾‧赫拉利（Yuval Harari）也簽名了。他認為，現在我們已經處於這樣的階段：人工智慧已經足夠先進，可以創造自己的文字和影像。如果情況沒有改變，那麼我們文化中的大部分文字、影像、旋律甚至工具都將是由人工智慧製作的。我們必須讓這個過程變慢，讓整個社會適應這個情況，並且制定出一套（應用於人工智慧的）道德規則，否則我們的文明就有被摧毀的風險。因為文化是人類的「作業系統」，人工智慧影響了文化，也就意味著人工智慧將能夠改變人類思考、感受和行為的方式。

這封信自公布以來，受到了許多人工智慧研究人員的關注。紐約大學教授加里‧馬庫斯（Gary Marcus）告訴路透社：「這封信並不完美，但精神是正確的。」StabilityAI 的執行長莫斯塔克在推特上說，我不認為 6 個月的暫停是最好的主意，但那封信裡有一些有趣的內容。

為什麼在 AI 應該高歌猛進的時候，生命未來研究所卻聯合了許多人來反對呢？

認同泰格馬克觀點的不少，其中包括深度學習的三大廠之一的本吉奧，他也簽名了。辛頓雖未簽名，但表示「要比 6 個月更長才行」，沒過多久，辛頓從 Google 辭職，離職的原因是能夠「自由地談論人工智慧的風險」。他還說，對自己畢生的工作感到後悔，因為他很難想像如何才能阻止作惡者用 AI 做壞事。辛頓認為，以上這些對未來悲觀的預期，目前仍是假設，但可能會導致它們成為現實的情況已經出現：微軟和 Google 的激烈競爭，狼性的發展和競爭會導致惡果，到那時一切都無法被阻止。

Meta 首席人工智慧科學家楊立昆卻有不同觀點，他在推特上嘲諷：「假如今年是 1440 年，天主教會要求暫停使用印刷機和活字印刷術 6 個月。想

像一下，如果普通人能夠接觸到書籍，會發生什麼？他們可以自己閱讀《聖經》，社會就會被摧毀。」

楊立昆認為，現在人們對 AI 的擔憂和恐懼應分為以下兩類。

（1）與未來有關的，AI 不受控制、逃離實驗室。甚至統治人類的猜測；
（2）與現實有關的，AI 在公平、偏見上的缺陷和對社會經濟的衝擊。

對第一類，楊立昆認為，「AI 逃跑」或者「AI 統治人類」這種末日論還讓人們對 AI 產生了不切實際的期待。他認為未來 AI 不太可能還是 ChatGPT 式的語言模型，根本無法對不存在的事物做安全規範。

汽車還沒發明出來，該怎麼去設計安全帶呢？

回顧歷史，第一輛汽車並不安全，當時沒有安全帶，沒有好的煞車，也沒有紅綠燈，過去的科技都是逐漸變安全的，AI 也沒什麼特殊性。

對第二類擔憂，楊立昆和史丹佛大學教授吳恩達（Andrew Ng）都表示，監管有必要，但不能以犧牲研究和創新為代價。吳恩達認為，在 6 個月內暫停讓人工智慧取得超過 GPT-4 的進展是一個糟糕的想法。吳恩達表示，AI 在教育、醫療等方面創造巨大價值，幫助了很多人，暫停 AI 研究會對這些人造成傷害，並減緩價值的創造。

吳恩達認為，要想暫停並限制擴大大型語言模型的規模，必須有政府的介入。然而，讓政府暫停他們不熟悉的新興技術是反競爭的，這會樹立一個可怕的先例，並成為創新政策的糟糕範例。

這次簽名的一部分人感到恐慌，是由 GPT-4 版本的 ChatGPT 引發的。ChatGPT 給人帶來這種想法是因為它在語言的理解和生成方面很強，但語言並不是智慧的全部。語言模型對現實世界的理解非常表面，儘管 GPT-4 是多模態的，但仍然沒有任何對現實的「經驗」，這就是為什麼它還是會一本正經地胡說八道。

楊立昆認為，統治的動機只出現在社會化物種中，如人類和其他動物，

需要在競爭中生存、進化，而我們完全可以把 AI 設計成非社會化物種，設計成非支配性的、順從的，或者遵守特定規則以符合人類整體的利益。

楊立昆表示應該區分「潛在危害、真實危害」與「想像中的危害」，當真實危害出現時應該採取手段規範產品。

吳恩達則用生物科學史上的里程碑事件「阿希洛馬會議」來比較。

1975 年，DNA 重組技術剛剛興起，其安全性和有效性受到質疑。世界各國生物學家、律師和政府代表等召開會議，經過公開辯論，最終對暫緩或禁止一些實驗、提出科學研究行動指南等達成共識。

吳恩達認為，當年的情況與今天 AI 領域發生的事並不一樣，DNA 病毒逃出實驗室是一個現實的擔憂，而他沒有看到今天的 AI 有任何逃出實驗室的風險，至少要幾十年甚至幾百年才有可能。

對以上爭論，OpenAI 的執行長薩姆・阿特曼釋出推文：「在颶風眼中非常平靜。」他說這句話並不是表示他對超人工智慧的風險視而不見。在 2023 年 4 月中旬 MIT 的一個活動上，阿特曼表示，這封信「缺少大部分技術細節，無法了解需要暫停的地方」，並說明 OpenAI 現在沒有訓練，短期內也不會訓練 GPT-5。

然而沒有訓練 GPT-5 並不意味著 OpenAI 不再拓展 GPT-4 的能力。阿特曼強調了他們也在考慮這項工作的安全性問題 —— 「我們正在 GPT-4 之上做其他事情，我認為這些都涉及安全問題，這些問題在信中被完全忽略了」。

防止強大的人工智慧造成風險本來就是 OpenAICEO 薩姆・阿特曼和馬斯克等人一起創立 OpenAI 的一個重要原因，所以對 AI 可能帶來的風險，阿特曼也一樣保持高度警惕。

2023 年 3 月，阿特曼在官方部落格上發表了一篇新文章，強調了其最初的使命：確保通用人工智慧（Artificial general intelligence，AGI）造福於全人類。他希望 AGI 賦予人類在宇宙中最大限度地繁榮。

阿特曼說，雖然 AGI 也會帶來濫用、嚴重事故和社會混亂的嚴重風險，

但因為 AGI 的好處太大了，如果 AGI 被成功創造出來，會大大推動全球經濟發展，並幫助發現改變可能性極限的新科學知識，提高全人類的科技水準。因為 AGI 有潛力賦予每個人驚人的新能力，假如所有人都可以獲得 AI 的賦能，不僅能在認知任務方面得到幫助，還能讓聰明才智和創造力倍增。

因此，讓其永遠停止發展並不可取，社會和 AGI 的開發者必須想辦法把它做好，讓 AGI 成為人類的增強器，最大限度地發揮 AGI 好的一面和遏制其壞的一面。

阿特曼提出，人類的未來應該由人類決定，與公眾分享有關 AI 進步的訊息很重要。因此，人類社會應該對所有試圖建立 AGI 的努力進行嚴格審查，並將重大決策提交給公眾，獲取意見。他也希望 AGI 的好處、獲取和治理得到廣泛和公平的分享。

如何控制風險呢？

阿特曼認為，現在人工智慧的失控風險比最初預期的要小。因為建立 AGI 需要大量算力，不可能有人偷偷做研究。

阿特曼建議透過部署功能較弱的技術版本來不斷學習和適應，減少因追求「一次成功」所帶來的複雜問題。

此外，AI 的安全和能力方面必須同步發展，因為它們在許多方面都是相關的。阿特曼認為，最好的安全工作是與最有能力的 AI 模型合作。也就是說，人類需要藉助 AI 的能力來實現讓 AI 更安全的措施。

什麼時候能出現 AGI 呢？

這取決於發展路徑和有效性。阿特曼認為，目前還不可知。

有可能 AGI 可能很快就會出現，也可能在遙遠的將來才發生，無法準確預測。

人類社會能成功地進入超人工智慧的階段嗎？

AGI 也許是人類歷史上最重要、最有希望、最可怕的專案！

5.2
AI 產業的生態

羅馬不是一天建成的。

ChatGPT 所展現的驚人能力，是一次深度學習演算法、算力提升和數據累積三浪疊加後的「大力出奇蹟」以及背後長達幾十年的醞釀。

ChatGPT 的核心是 GPT（Generative Pre-Training，預訓練模型），可以根據下游任務來調整預先訓練好的模型，從而更容易理解人類的意圖。但又大量使用到人類的回饋與指導，使輸出結果更適應人類的語言習慣，提高整體任務的通用性和使用者體驗，使通用底座模型成為可能。

如今，許多在研發中的大模型都在模仿它，大語言模型（LLM）標準化的程式正在加速，逐漸顯現出「通用目的技術」的三個特性，即普遍適用性、動態演進性和創新互補性，有望成為驅動技術革命的增長引擎。

AI 產業生態將從過去每個垂直應用領域做各自的模型，變成以少數通用的底座大模型為主，通用性更強，AI 產業鏈將呈現多層級的分工。隨著各大平台發展成熟，AI 模型繼續變得更好、更快、更便宜，越來越多的模型免費、開源，應用層面將出現大爆發。這就像十年前，行動通訊基礎設施發展到拐點，為少數幾個殺手級應用創造了市場機會，從而帶動手機應用的爆發式增長。之後，手機又結合了 GPS 定位、相機等新功能，進一步催生了一系列新型的應用程式。

在整個 AI 領域中，ChatGPT 就是殺手級應用程式，帶動了大模型的發展，各類應用也爭相發力，前景讓人期待。

　　OpenAICEO 阿特曼本身就是全球知名孵化器 YC 的前掌門人，深諳生態資源的力量。

　　OpenAI 不僅開放了 API 和外掛，還拿出真金白銀大力扶持創業公司。

　　2021 年 5 月，OpenAI 拿出 1 億美元創業基金投資了至少 16 家公司：音影片編輯應用程式開發商 Descript 投入 5,000 萬美元用於 C 輪融資；AI 法律顧問 Harvey 投入 500 萬美元用於種子輪融資；AI 英語學習平台 Speak 投入 2,700 萬美元用於 B 輪融資；AI 筆記應用開發商 Mem Labs 投入 2,350 萬美元用於 A 輪融資；等等。

　　2023 年 1 月，OpenAI 還推出了加速器 Converge，該加速器已經投資了 10 家公司。除了提供資金，OpenAI 還為使用其大型語言模型的創企創始人提供特別激勵措施，包括授權折扣和提前獲得新技術的使用權。

　　這些初創專案的業務與 OpenAI 的產品互相借力，實現 OpenAI 在整個生成式 AI 的生態布局。因此，OpenAI 不僅是一家初創公司，更是一個孵化器，將會聚集生成式 AI 領域最有能力的人，共同打造一個全新的生態體系。

　　在雲 AI 服務這個市場，OpenAI 是一個後來者。在先發者中，有五個重要的公司：Google、微軟、亞馬遜、IBM 和甲骨文。

1. Google

　　早在 2016 年，Google 為深度學習打造了 TPU 晶片，曾應用於 AlphaGo，目前部署在 Google 雲平台中，以服務的形式對外售賣。2018 年，Google 打包了與更多行業更相關的人工智慧服務進入 Google 雲平台。Google 深耕 AI 領域多年，已經在 AI 雲端遊戲方面占據了重要的地位。

2. 微軟

　　微軟更是野心勃勃，大力發展模型即服務（MaaS）的模式，利用獨家獲得的 OpenAI 授權，在雲端計算方面要大展拳腳。

微軟已經正式釋出上線 AzureOpenAI 服務，並將在多條產品線接入 OpenAI 模型。利用 AzureOpenAI 服務，Azure 全球版企業客戶可以直接呼叫 OpenAI 模型，包括 GPT-3、Codex 和 DALL.E 模型，並享有 Azure 可信的企業級服務和為人工智慧優化的基礎設施。

3. 亞馬遜

2023 年 4 月，亞馬遜雲科技釋出了多款 AIGC 產品，涉及 AI 大模型服務 Amazon Bedrock、人工智慧計算例項 Amazon EC2 Trn1n 和 Amazon EC2 Inf2、自研「泰坦」（Titan）AI 大模型和軟體開發工具 Amazon CodeWhisperer 等。主要策略是做 AI「底座」，為上層應用公司提供 AI 基礎設施。

透過 Amazon Bedrock 服務，亞馬遜雲科技接入了多家公司的基礎模型，搭建「模型超市」，使用者可以透過 API 訪問來自 AI21 Labs、Anthropic、StabilityAI 等公司，以及亞馬遜的基礎模型「泰坦」（Titan）。基於 Bedrock 提供的基礎模型，使用者也可自行定製大模型，簡化了企業自己開發生成式 AI 應用的成本。

除 AI 雲端遊戲外，亞馬遜雲科技還提供底層算力，此次推出基於自研 AI 晶片的兩大人工智慧計算「例項」Amazon EC2 Trn1n 和 Amazon EC2 Inf2。Amazon EC2 Trn1n 用於大型 AI 模型訓練，優化了網路頻寬；Amazon EC2 Inf2 可用於對訓練好的 AI 應用進行推理，大幅降低了 AI 推理成本。

4. IBM

在 AI 技術研發方面，IBM 是在早期就進行大規模投入的公司，無論是西洋棋的人機大戰還是 Watson 挑戰智力問答，都取得了非常顯著的成就。在 Watson 商業化方面，IBM 也提出了一些解決方案。

2018 年，IBM 釋出了 AIOpenScale，目的就是要讓 AI 更加開放，不會被鎖定在一個特定平台上。也就是說，Watson、TensorFlow、Keras、Spark-

ML、Seldon、AWS SageMaker、AzureML 和其他 AI 框架協同執行。AIOpen-Scale 還有另一種效果：AI 模型能以多種不同格式輸出，提供某種形式上的 AI 相容性。IBM 藉助諮詢服務優勢，幫企業打造混合雲，既有私有雲端遊戲，也有本地服務和公有雲端遊戲。

5. 甲骨文

2022 年 10 月，甲骨文宣布，計劃將數萬輝達的頂級 GPU（A100 和 H100）部署到甲骨文雲基礎設施 Oracle Cloud Infrastructure（OCI）。A100 和 H100GPU 將為甲骨文的雲客戶提供各類 AI 相關的計算，比如 AI 訓練、電腦視覺、數據處理、深度學習推理等。據報導，至少有 6 家風險投資支持的 AI 創業公司，包括 Character.ai 和 AdeptAILabs，主要依靠甲骨文進行雲端計算，因為與 Amazon Web Services 或 GoogleCloud 相比，甲骨文更便宜，計算速度也更快。

上述這些公司，不僅靠雲端遊戲賺錢，也在建立自己的生態。因為 AI 技術和商業的生態系統是相互依存的，它們互相促進和影響，AI 技術的發展為企業提供了新的機會和挑戰。透過使用 AI 技術，企業可以更快地發現新市場、創新新產品，並提高營運效率，從而增加收入和利潤。商業需求是 AI 技術發展的主要驅動力之一。企業需要 AI 技術來解決各種問題，例如優化流程、提高客戶滿意度、預測未來趨勢等，這些需求推動了 AI 技術的不斷改進和發展。

建設人工智慧生態，本身也是一種重要的商業模式。在人工智慧產業鏈中，企業不管擁有硬體研發能力還是擁有技術能力，不管擁有垂直行業領先還是透過深挖應用形成市場累積，都屬於單一化模式。但如果能夠透過技術與市場相結合，形成人工智慧生態圈，不但可以在單一競爭中形成自己的優勢，而且可以透過生態體系中的資源優勢形成產業壁壘。

要建立完善的人工智慧生態，需要企業針對數據、演算法和算力都有長期發展的策略高度，並且有與之匹配的技術實力。AI 技術和商業之間的生態系統合作非常重要，AI 技術提供商（如 Google、亞馬遜和微軟）與各行各業的企業緊密合作，共同開發新的 AI 應用程式和服務。

如果我們從更宏觀的視角來看整個 AI 產業，AI 技術的生態系統是由各種公司、組織和開發者等構成的，這是一個相互依存、相互促進的系統。整個系統包括了硬體廠商、軟體開發商、雲端遊戲提供商、AI 平台提供商、數據提供商和演算法工具提供商等，它們之間互相支持、相互作用，共同推動著 AI 技術的不斷發展和應用。

在這個生態系統中，硬體廠商提供高效能的 GPU、CPU 等處理器，為 AI 技術提供強而有力的計算支持；軟體開發商提供各種 AI 應用程式，如語音辨識、影像辨識以及自然語言處理等，為 AI 的應用提供解決方案；雲端遊戲提供商為 AI 開發者提供雲端計算平台，使 AI 技術的開發和部署更加便捷和高效；AI 平台提供商提供開發、測試、部署、監測和管理 AI 模型的全流程支持；數據提供商為 AI 技術提供了海量的數據資源，為 AI 模型的訓練提供數據支持；演算法工具提供商提供了各種 AI 演算法工具，為 AI 模型的開發和優化提供技術支援。

AI 技術生態系統中的各個層次之間是相互依存、相互促進的。硬體廠商提供更強大的處理器，使得 AI 模型的訓練和推理速度更快；軟體開發商開發出更先進的 AI 應用程式，提高了 AI 技術的應用價值；雲端遊戲提供商提供高效的雲端計算平台，使得 AI 技術的開發和部署更加快捷和便利。各個機構共同推動了 AI 技術的不斷創新和發展，為各行業帶來了巨大的變革和發展機遇。

具體來說，AI 技術的生態系統分為以下幾個層次。

1. 硬體層

　　硬體層是 AI 技術生態系統中的重要組成部分，包括 CPU、GPU、TPU 等各種處理器，以及儲存器、網路裝置等，這些硬體裝置為 AI 技術提供了強大的計算能力和儲存能力。輝達的 GPU 占據了巨大優勢，Google 設計的 TPU 效能據說更強。目前代表性的公司包括輝達、英特爾、AMD 和 TSMC 等。

　　從 2016 年至 2023 年，輝達 GPU 單位美元的算力增長了 7.5 倍（從 P100 的 4GFLOPS/$ 到 H100 的 30GFLOPS/$），GPU 算力提升了約 69 倍（從 P100 的 22TFLOPS 到 H100 的 1513TFLOPS），GPU 效率提升了約 59 倍（從 P100 的 73.3TFLOPS/kw 到 H100 的 4322TFLOPS/kw）。但是，由於大型模型訓練和推理所需的算力需求增長更快，如何在 AI 算力上實現技術突破、降低成本、擴大規模，提升 AI 訓練的邊際效益，將成為技術創新的焦點。晶片級別的優化已經快到極限了，下一步的優化可能需要在整個數據中心的架構上實現。

　　此外，也需要針對硬體進行數據中心的架構優化。數據中心從原先的 CPU 作為單一算力來源，到增加了 GPU、DPU（數據處理器）三種計算晶片，以提升整個數據中心的效率。透過優化數據中心的架構，可以更好地利用硬體資源，提高 AI 技術的計算效率和效能。

2. 基礎軟體層

　　基礎軟體層包括作業系統、開發工具、程式語言和庫等，為 AI 技術的開發、部署和應用提供了豐富的工具和平台。作業系統為 AI 技術提供了執行環境和資源管理，開發工具和程式語言為 AI 技術的開發提供了便利，庫為 AI 技術提供了各種演算法和模型。目前包括 TensorFlow、PyTorch 和 Caffe 等各種框架在內的許多軟體都變成了雲端軟體，提供了更加便捷的 AI 開發和部署服務。

在雲平台方面，AWS、Azure、Google Cloud、Oracle Cloud 和 IBMCloud 等公司提供了各種雲端計算服務，包括雲端 AI 服務、雲端儲存以及雲端計算等，為 AI 技術的開發、部署和應用提供了便利。

在這個基礎軟體層中，新的技術和框架不斷湧現，為 AI 技術的發展提供了更多可能性和機遇。例如，近年來 AutoML 技術和模型壓縮技術等新技術的發展，為 AI 模型的開發和優化帶來了新的思路和方法。同時，各種框架和庫的發展也為 AI 模型的實現提供了更加豐富的選擇。

3. 模型層

模型層是 AI 技術生態系統中的關鍵層級，包括大模型底層基礎設施、小模型的生成與優化、應用型公司的 AI 技術應用。隨著 AI 技術的不斷發展和應用，大模型和小模型的應用和部署方式也在不斷演化。

由於大模型和 AI 平台的入門門檻較高，未來可能只有幾家公司做大模型底層基礎設施，這些公司將致力於研究和開發更先進、高效和可靠的大型模型和 AI 演算法。而更多公司在大模型的基礎上快速抽取生成場景化、定製化和個性化的小模型，從而實現不同行業和領域的工業生產線式部署，這些公司將側重於將 AI 技術應用到實際場景中，為各行業提供解決方案。

靠近商業的應用型公司，依託 AI 技術將落地場景中的真實數據發揮更大的價值。這些公司將利用 AI 技術處理和分析真實數據，為企業和使用者提供更加個性化、智慧化的服務和產品，代表性的公司有 Google Brain、OpenAI、DeepMind、Stability 和 Anthropic 等。

4. 應用層

應用層包括生成式 AI、利用大語言模型開發的應用、影像辨識、語音辨識、自然語言處理和推薦系統等 AI 技術的具體應用場景，為使用者提供各種智慧化服務，代表性的公司有 Jasper.ai、Midjourney 和 GithubCopilot 等。

生成式 AI 被用來生成產品原型或初稿，人們可以在此基礎上進一步創作，例如生成多個不同的圖示或設計產品。此外，它們也很擅長為初稿提修改建議，從而幫助使用者更好地完善作品，例如寫部落格文章或自動補全程式碼。隨著模型變得越來越智慧，AI 將來能生成越來越好的初稿，甚至可以直接生成可作為終稿使用的作品。

大語言模型所推動的本質變革在於改變了人機互動方式。自然語言成為人機互動媒介，電腦可以理解人類自然語言，而不再依賴固定程式碼、特定模型等中間層。產品形態發生變化，軟體可以迅速支持自然語言介面，而不必開發和呼叫 API 介面。

隨著基礎模型與工具層的崛起，建構應用的成本和難度將大幅降低。對於應用開發者來說，所有的下游應用值得被重構。由於 AI 軟體開發的門檻降低，使用者群擴大，企業內部研發和產品的界限將日益模糊；產品根據使用者回饋進行直接調整，產業鏈進一步縮短，生產效率提高。新的需求、職業、市場空間和商業模式呼之欲出，數據與模型疊加的產業飛輪將徹底改變很多傳統行業和產業格局。

傳統企業將享受低成本建構應用模型的便利，利用場景和行業知識優勢更快地擁抱數位化轉型，大幅提升效率和體驗；創業公司聚焦高價值場景，顛覆現有業務，在自己擅長的方向上去做突圍，比大廠先一步做出數據飛輪，形成壁壘。總體來說，應用層是 AI 技術生態系統中的重要組成部分，將隨著技術的不斷發展和創新，為使用者提供更加智慧化、個性化的服務和產品。

5. 數據層

數據集的生成不僅需要大規模地採集，還需要對數據進行清洗和處理以及人工標註等。例如，在深度學習的早期階段，李飛飛透過眾包整理的 ImageNet 數據集推動了影像辨識的發展。

　　訓練大型語言模型的關鍵在於數據。為了達到預期效果，需要大量具有知識性的數據來進行訓練。雖然很多機構的模型引數很大，但如果訓練數據不足，也難以取得良好效果。因此數據是 AI 技術的重要基礎，數據的品質和數量對 AI 技術的效能和效果有著至關重要的影響。

　　代表性的公司有 ScaleAI、Appen、Hive 和 Labelbox 等。ScaleAI 的業務就是做人工智慧訓練數據標註，在短短六年時間裡，ScaleAI 已經成為估值 73 億美元的行業獨角獸。它將人工智慧應用到自己的數據標註服務中，先用人工智慧辨識一遍，主要對數據進行校對，將校對完的數據再度用來訓練自己的人工智慧，讓下一次標註更精準。

　　未來，隨著技術的不斷發展和創新，LLM 將更大範圍更深度地獲取人類活動訊息，直接轉化為可用於訓練的數據。這將需要更多的技術和服務，包括更加智慧化的數據採集、清洗、標註和處理工具，以及更高效的數據儲存和管理系統。未來還可能出現更加開放和共享的數據平台，使得更多的數據得以被廣泛利用和共享。數據層的不斷完善和創新，將為 AI 技術的進一步發展和應用提供更加強大的支持和保障。

　　以上五個層次，是對整個技術的劃分，一家機構也可能同時覆蓋多個層級，比如 OpenAI 就覆蓋了第二層到第五層，但其重點是打造生態，核心技術是在模型層。

　　在許多人的想像中，AI 的發展主要是靠技術和數據。就像美劇《疑犯追蹤》裡的 AI 一樣，數據多了，AI 自己就逐步進化了。

　　雖然大部分人接觸到的 ChatGPT 等 AI 都是軟體，但是 AI 能不能快速發展，相當程度上也取決於資源能不能跟上。

　　AI 的發展，到底都需要哪些資源呢？下面重點說三個。

1. 晶片

　　這裡講的晶片，主要是 GPU。以 GPT3.5 的訓練來說，它需要用到 3 萬個 A100 晶片來訓練，A100 是輝達的高階 GPU 晶片。這還只是 GPT-3.5 的訓練。AI 的發展是指數級增長的，2016 年戰勝李世石的 AlphaGo 只用了 280個 GPU。

　　不光訓練需要 GPU，在生成內容的過程中也需要。Midjourney 的 CEO曾在一次訪談中透露，他們目前使用了太多 GPU，價格大概超過了 1 億美元。

　　隨著更多 AI 大模型的運用，照這個速度成長下去，將來 GPT 的胃口能大到什麼程度？晶片能不能跟上？這些都是問題。

　　目前已經出現了 GPU 短缺的情況，原本售價大約 8 萬元人民幣的A100，已經漲到了 16,600 英鎊。

　　輝達的頂級 GPUH100，官方沒公布價格，隨行就市，目前售價大約為32,000 英鎊（如圖 5-1 所示）。

圖 5-1 英國某電商網站上的 GPU 報價（圖片來源 nvidia.bsi.uk.com）

2. 能源

　　AI 訓練需要大量的計算資源和能源支持，其中電力消耗是不可忽視的問題。以 ChatGPT 為例，一次訓練就要消耗 90 多萬度電，相當於 1,200 個人一年的生活用電量，而且它需要進行多次訓練才能得到更好的效果。此外口

常運轉也需要大量的電力支持，每天的電費大概就要 5 萬美元。這些能源消耗對環境和社會都會造成一定的影響。

未來，隨著 AI 技術的不斷發展和應用，其算力規模和能源消耗肯定會進一步增加。以比特幣挖礦為例，截至 2021 年 5 月 10 日，全球比特幣挖礦的年耗電量大約是 149.37 太瓦時，超過了瑞典的年耗電量。AI 產業的算力規模和能源消耗可能會超過比特幣挖礦，這將對全球能源消耗和環境保護提出更大的挑戰。因此，未來的 AI 技術發展需要更加注重節能減排，探索新的能源消耗方式，推廣可持續的 AI 技術理念，以實現經濟、社會和環境的可持續發展。

3. 人力

這裡人力說的可不僅是科學家和軟體工程師，也包括 AI 訓練中的數據標註師。對 AI 訓練來說，雖然可以進行無監督學習，相當於自學，但是有些自學的語料需要進行標註後才可以用。在 AI 模型訓練之初，就需要大量的數據標註師。2006 年，在沒有影像語料庫的情況下，訓練 AI 是個大難題。於是史丹佛大學的華人科學家李飛飛，透過亞馬遜的線上眾包平台，在全世界 167 個國家，僱用了 5 萬人，一共標註了 1,500 萬張圖片。

為什麼要標註呢？比如，需要讓 AI 學習什麼是貓，就得先把在圖片上的貓標出來，再把圖片給 AI，讓它一個一個去認。它會總結出很多特徵，最後弄明白到底什麼是貓。

如今的 AI 訓練依然需要大量的數據標註師，所以有人開玩笑說，人工智慧離不了人工，有多少人工投入，就有多少智慧。

比如 ChatGPT，它的訓練分三個階段，只有第三階段不需要標註，前兩個階段都需要大量的人工標註。而且因為 ChatGPT 的數據是從網上採集的，裡面什麼數據都有，也可能包含一些暴力、犯罪或者反人類的內容。怎麼把

這些內容過濾掉？也得靠人來手工標註。據美國《時代週刊》報導，幫 Chat-GPT 標註有害內容的，主要是非洲的肯亞人，他們平均每人每天要標註將近 200 段文字。還有人專門做了個估算，截至 2022 年，全球從事數據標註的人數已經有 500 萬人，將來這個數字還會繼續增加。

總之，AI 的發展需要大量的算力、電力和人力，這也讓阿特曼不那麼擔心有人偷偷開發 AGI，因為無論誰用這麼多資源來研究，都很容易被發現。

許多人相信，這次 AI 技術革命是類似工業革命這樣的時刻，是一個難得的時機，大公司、小公司、創業公司都有機會。每天都在湧現新的 AI 應用，大型語言模型層出不窮，但目前只有幾家公司表現出先發優勢。

這是一個史上罕見的平等競爭局面，在 AI 技術普惠化後，百花齊放，萬馬奔騰。

想像一下，以前的創業，由於生產數據不平等，小公司往往在競爭中處於弱勢，自己做的創新產品稍有起色，大公司模仿一下，就被「幹掉」了。

而在新的 AI 應用層中，所有人的生產數據是按需購買，價格一樣，技術能力一樣，大小公司的起點沒有區別，這是技術普惠制帶來的好處。

在這個時代，甚至可以零成本啟動創業。比如，OpenAI 有扶持小公司的基金，有 1 萬美元的 API 使用額度。快速測試一個想法，驗證市場，這些額度足夠。

雖然 AI 技術能夠對各行各業產生影響，但是在創業選擇方面，時機非常關鍵，需要找到機會更大的賽道。

未來的創業公司可以選擇的方向很多，其中一些賽道機會較大。例如，可以專注於開發 AI 解決方案，幫助企業提高效率和降低成本，這種 B2B 的創業公司在當前市場中占有很大的比例；此外，還可以關注人工智慧在醫療保健、金融、教育等領域的應用，這些領域也是 AI 技術的重要應用方向之一；還可以考慮專注於開發新的 AI 工具和平台，以支持其他公司的 AI 開發和應用。

在進入 AI 創業領域時，可以考慮加入一些孵化器或加速器，例如 Y Combinator 等，這些組織提供了一系列資源和支持，幫助初創公司快速發展。此外，還可以利用一些 API 和雲端遊戲來快速測試想法、驗證市場。例如，OpenAI 提供 1 萬美元的 API 使用額度，可以幫助初創公司快速開發 AI 應用。

此外，隨著人工智慧技術的發展和普及，人員的技能需求也會發生變化。以前創業公司通常需要至少一個合夥人，例如技術合夥人、行銷合夥人等，現在可以利用 AI 技術來生成一些可行的計畫，並在沒有合夥人的情況下開始執行。因此，AI 技術不僅可以幫助創業公司解決技術難題，還可以改變創業公司的組織結構和營運方式。

總之，未來的 AI 創業領域充滿了機遇和挑戰。需要找到機會更大的賽道，利用孵化器和 API 等資源以及 AI 技術本身的優勢，創造新的商業機會；同時，創業公司需要關注人工智慧技術的發展趨勢，不斷提升自己的技能和競爭力，才能在激烈的市場競爭中獲得成功。

1. 硬體層

能切入到 AI 硬體的公司，必須有強大的資金實力，但面臨的競爭也很激烈。從晶片設計來看，輝達（Nvidia）具有規模效應，競爭力最強，Google 自己研發的 TPU 效能很棒，但規模化量產不如輝達，英特爾也在奮起直追。從生產方來看，台積電很強，但別的工廠也有能力搶生意，讓它無法抬高價格。

目前由於供給不足，各個雲平台相互競爭，作為大型模型公司也可能自行購買 GPU，對 GPU 的需求量暴漲，硬體層的企業由此可以獲得較多紅利。

從長遠看，當供應量上去了，最終會形成幾個大型雲平台成為主要購買者。

對於小的創業公司來說，直接與這些大廠在這個領域競爭很困難，但在具體使用硬體的優化領域，或者分散式算力架構優化等方面，存在一些機會。因為硬體成本高，優化算力的營運就可以創造巨大的價值。

然而，這個領域的技術門檻和認知門檻都很高。最有可能進入這個領域的人是那些從這些大廠離職的員工，他們已經有了相關的技能和經驗，並且對這個領域有很深的了解。因此，想要進入 AI 硬體領域的創業公司需要找到這些人才，或者自己擁有足夠的技能和經驗，才有可能在這個領域中獲得成功。

2. 基礎軟體層

在基礎軟體層，雲端計算平台的收益是最大的。不過，在雲端遊戲領域，市場基本上被幾個傳統的雲端計算大廠壟斷，後來者難以切入。但後來者也有可能在這個市場中獲得成功，比如甲骨文因為具備一些獨特的技術優勢，成功地進入 AI 雲端計算這個市場，並且在性價比上有很強的競爭力，展現了差異化的優勢。此外，由於不同公司擁有不同的管道優勢，在銷售方面仍然可能實現差異化利潤。

對於創業公司來說，最合適的選擇是基於這些開源軟體或雲平台，開發一些工具型的 SaaS 服務或優化機器學習的營運軟體。例如，在 YC W23 這批創業公司中，許多創業公司選擇了機器學習的營運 SaaS 這個領域。

3. 模型層

模型層很難獲利，因為成本太高。人才很貴，訓練很貴，營運也貴，而賺錢會很慢——因為模型層本質上是做平台，而不是應用，需要先培育生態系統。

這個領域是少數玩家的天下，創業公司要慎入。即使是大廠，也得認真想想回報期和風險的問題。

從競爭角度看，會出現以下兩種可能。

一種可能性是模型層不惜代價地爭奪雲算力，加速自身的疊代，取得先發優勢。OpenAI 的 GPT 是典型的成功案例，獲得了 130 億美元的投資，但離盈利還有很長的路要走，需要先培育生態系統。

另一種可能性是開源技術，加快疊代速度。從 Stability 和 Dall·E 的戰果來看，模型層的先發優勢非常明顯。Stability 比 Dall·E2 早 1 個月公開給大眾，就搶占了絕大部分關注度，而開源後的 Stable Diffusion 在進化速度上也超過了 Dall·E2。

4. 應用層

應用層是創業公司的核心戰場，因為它更接近商業化，更容易獲得收入。這也是為什麼 YC 的 AI 創業公司中有 80% 是面向企業的 B2B 企業的原因。此外，B2B 類業務的被替代性比 B2C 類業務低，因為靈活的服務和銷售人脈非常重要。

AI 技術在各個行業中都有廣闊的應用前景，AI 應用會爆炸式增長。未來可能出現數以百萬計甚至千萬計的智慧機器人，各行各業的知識服務都由智慧機器人來承擔。這裡說的智慧機器人大都是以軟體形式存在的，也可以看成自動化的智慧軟體。

因為 AI 技術的應用需要更多的商業思維和理解，需要建立良好的商業模式和服務體系，以更好地滿足客戶需求，提高自己的盈利能力和市場地位。

新創業公司可以選擇一個行業作為切入點，專注於該領域的 AI 應用，深入理解行業的需求和特點，為該行業提供有針對性的 AI 解決方案。AI 技術在具體應用場景中的落地仍然需要技術實力、數據累積和業務理解等方面的支持。場景多，賺錢的機會也一直存在。

許多 AI 初創公司被嘲笑為：GPT 之上加了「薄薄的一層」，意思是很難

建立壁壘。這有一定的道理，現在的這些創業公司的競爭門檻看起來確實不高。因為這些公司從本質上看只是下一代軟體而已，而不是 AI 公司。它們的做法是在核心 AI 引擎之上圍繞工作流程和合作等事情來建構更多的功能，業務跟 SaaS 軟體類似，競爭門檻也不會比 SaaS 軟體公司更高。

換個角度看，雖然這些公司做的事情沒有很深的「護城河」，但是 AI 技術在不斷發展，新的演算法、模型和工具層出不窮，創業公司需要不斷關注最新的技術趨勢和研究成果，不斷推動自己的技術創新和更新，提高自己的技術實力和競爭力。在一浪接一浪的 AI 技術革命下，創始人會不斷地在創新的浪潮中找到機會，去適應環境，也許就能碰到好運氣，抓住機會建立品牌，形成心智壁壘。

退一步來說，如果能用幾個人做一個小而美的公司，賺些錢，對促進整個生態的創新來說也是好事，也許未來這裡面就會出現各個領域的隱形冠軍。

5. 數據層

數據層可以分為兩個派別。一派是技術流，能夠使用 AI 解決標記問題，例如 ScaleAI，這類公司的估值可以達到數十億美元，並且具有一定的技術壁壘。另一派則是苦力派，主要使用大量的人力來進行標記工作。

總體來說，由於數據層的工作很容易被替代，因此很難獲得高利潤。創業開始時，這是可以接受的，但需要不斷朝技術累積方向發展，以建立越來越強大的技術支援體系。

對於技術流派的公司來說，它們需要不斷進行技術創新和更新，以保持競爭力。由於這些公司具有技術壁壘，因此他們可以在市場上建立起一定的地位，並獲得更高的估值。

對於苦力派公司來說，它們需要尋求提高效率的方法，以降低成本並提

高利潤。這可能包括使用一些輔助工具來簡化標記過程，或者尋求更有效率的標記方案。

總之，對於數據層的公司來說，需要不斷進行技術累積和創新，以建立更強大的技術支援體系，以提高自身競爭力和利潤水準。

1. 切入點

從目前成功的 AI 應用創業公司來看，幫助企業實現自動化是最好的切入點，這可以透過使用生成式技術提高效率來實現。不論是撰寫個性化的行銷文案、從銷售數據中分析使用者需求和痛點、編寫程式碼、進行數據分析還是提供教育培訓等領域，都有機會實現自動化。

然而，一些對生產內容要求較高的領域，例如醫療健康領域，需要特別謹慎對待。這些領域的錯誤可能會對人們的健康和生命造成嚴重影響，因此需要更加嚴格的審查和品質控制。不過，即使在這些領域，AI 技術仍然可以透過輔助醫生進行診斷和治療，從而有助於提高準確性和效率。

2. 組織方式

在 AI 時代，創業方式將與以往不同。從 OpenAI、Jasper 和 Midjourney 等幾個 AI 創業公司的組織方式來看，它們都是由敏捷的小團隊組成的。Midjourney 僅有 11 個人，就能在不融資的情況下實現盈利，並且在一年多的時間內成為估值十億美元以上的公司。

由於 AI 技術的躍遷，許多能力都能以低成本獲得，公司的組織形態將發生根本性改變。因此，創業團隊應該是扁平化的小團隊，創始人不再需要花費過多的精力在龐大臃腫的團隊管理上，團隊成員可以擔任多個角色，類似於海軍陸戰隊的模式，多層級和強規則的管理意味著低效。

在 AI 的支持下，技術實現的難度下降，工程量也不再是核心壁壘。相應地，工程量和團隊人數不再是競爭優勢。因此，創業團隊應該注重創意、創新以及快速響應市場變化的能力。此外，創業公司也應該深入了解使用者需求，以便根據使用者回饋進行快速疊代和產品優化。

3. 創業者的能力

創業者需要有這些能力：

（1）想像力。要具有關於未來的想像力，能從歷史學規律以及由現在推演未來。比如，想像未來 AI 賦能教育領域的各種可能性。

（2）洞察力。要能透過現象看本質，在紛繁複雜的事物之中找到關鍵因素，貼近需求變化的優質洞察，找到精準的切入點。比如，某工程師對使用者需求有深刻洞察，找到精準切入點，開發了 ChatPDF，一炮而紅。

（3）決斷力。基於開放思維和長期主義的願景，規劃實現路徑。在每個轉捩點能把握機會，敏銳行動，勇於決斷。比如，Tome.app 團隊選擇了合適的路徑，獲得了鉅額投資和海量使用者。

（4）持續學習力。不僅自己持續進化和適應，不斷吸納最前沿的技術創新，也幫助他人不斷學習並適應未來世界。比如，Midjourney 團隊不斷跟進技術創新，把多個開源技術組合，用小團隊也能做出好產品。

（5）執行力。要有快速動手落地的執行力，搶占開啟數據飛輪的時機。比如，Jasper 快速將想法轉化為實際產品和服務，並在市場上占據領先地位，獲得了更多數據用於微調模型，不斷改進服務品質，拉開與競爭者的差距。

5.3
ChatGPT 的演化

關於 ChatGPT 的未來，有許多不同觀點。

有人認為，ChatGPT 會成為下一代作業系統，幾乎所有的工具都會被 ChatGPT 重構，重新生成。因為有了自然語言對話介面，操作軟體變得簡單，ChatGPT 理解使用者的意思後，生成特定提示語，呼叫相關的軟體來完成任務。這個模式可被用於各個行業，讓開發者能在一致的平台上做開發，在每一個模組和流程中都可能整合 GPT。

有人認為，ChatGPT 會成為下一代的訪問入口，因為有了外掛，意味著它變成了開放的平台，能接入全網際網路上的服務，訪問幾乎所有的訊息，使用者在一個入口就能解決問題，無需去其他地方。

當然，這是相當理想的狀態，要實現無所不在，首先需要解決的是使用 ChatGPT 的穩定性和安全性問題，甚至需要在離線狀態下，也能做一些基本工作。

下面，我們一起來推演 ChatGPT 的發展方向。

OpenAI 在釋出 GPT-4 的時候，跟之前發 GPT-3 很不一樣，不僅沒有發論文，也沒有說明具體訓練的引數和語料來源，這讓大家難以了解 ChatGPT 的未來發展路徑。也難怪會有人猜疑，OpenAI 在祕密研發 GPT-5。

透過對 OpenAI 披露的文件分析，ChatGPT 可能會朝以下幾個方面發展。

1. 個性化和情境化

　　未來的 ChatGPT 可能會更加理解使用者的個性化需求和情境，根據不同需求提供更加智慧和貼心的服務，如基於使用者的健康狀況提供定製化的健康諮詢服務。現在的 ChatGPT 被指責不容易理解情緒，也很難表達出有情緒的內容，未來這些方面可能會增強。

2. 增加專業化知識

　　如今的 ChatGPT 對很多的專業術語的理解有時候還有偏差，這是知識量不夠造成的。隨著深度學習模型的不斷優化，ChatGPT 模型的準確性將更高，並且對於各種語境和難解問題的處理能力將更加強大。

　　從 GPT-4 參加標準化考試的成績來看，其知識量的提升是很顯著的。未來 ChatGPT 掌握的知識和技能會更加全面，可以應用於更多的行業。

3. 訊息輸出安全性更好

　　未來 ChatGPT 的發展，會加強對輸出訊息安全性的控制。雖然 OpenAI 的模型級干預提高了引發不良行為的難度，但是依然無法做到完全規避，需要在部署時增加其他安全技術（如監控濫用）來補允這些限制。

　　以 GPT-4 來說，它仍然具有之前模型類似的風險，例如生成有害建議、錯誤程式碼或不準確訊息。

　　為了解決這個問題，OpenAI 聘請了 50 多位來自網路安全、風險控制等領域的專家來對模型進行對抗性測試，將這些專家的回饋和數據用於模型改進。

　　GPT-4 在 RLHF 訓練期間加入了一個額外的安全獎勵訊號，透過訓練模型拒絕對此類內容的請求來減少有害輸出。獎勵由 GPT-4 零樣本分類器提供，該分類器根據安全相關提示判斷安全邊界和完成方式。為了防止模型拒絕有效請求，OpenAI 從各種來源收集了多樣化的數據集，並在允許和不允許的類別上應用安全獎勵訊號（具有正值或負值）。

　　與 GPT-3.5 相比，GPT-4 的安全特性已經改進了很多，已將模型響應禁止內容請求的可能性降低了 82%，並且 GPT-4 根據 OpenAI 的政策響應敏感請求（如醫療建議和自我傷害）的頻率提高了 29%（如圖 5-2 所示）。

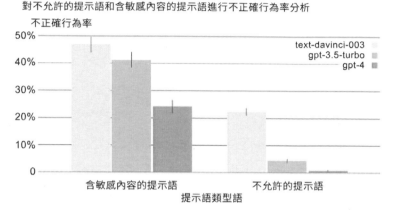

圖 5-2 對提示語類型的不正確行為分析（來源：OpenAI 的 GPT-4 評估報告）

　　可以預見的是，隨著 GPT-4 的大規模使用，在獲得更多回饋數據後，這個安全保護策略會更有效。

4. 從多模態到統一大模型

　　GPT-4 已經是多模態的，能識圖，但這離真正的多模態還很遠。OpenAI 早就推出了 Dall・E 這樣強大的 AIGC 繪圖系統，還有語音 AI 模組 Whisper。未來把這些都整合到 ChatGPT，將其變成能用語音交流和辨識影像的 Chat-GPT，是很有可能的。

　　在 ChatGPT 推出之前，自然語音辨識領域的研究分了很多細分的獨立領域，比如「機器翻譯」、「文字摘要」和「QA 系統「等，但 ChatGPT 把這些領域都統一了，甚至包括了程式語言。實際上，大多數某領域所謂「獨有」的問題，大機率只是缺乏領域知識導致的一種外在表象，只要領域知識足夠多，這個所謂領域獨有的問題，就可以被很好地解決，其實並不需要專門針

對某個具體領域問題去冥思苦想地提出專用解決方案。也許事實的真相超乎意料的簡單：你只要把這個領域更多的數據交給 LLM，讓它自己學習更多知識即可。

因此，未來的自然語言辨識技術發展趨勢應該是：追求規模越來越大的 LLM 模型，透過增加預訓練數據的多樣性，涵蓋越來越多的領域，LLM 自主從領域數據中透過預訓練過程學習領域知識，隨著模型規模不斷增大，很多問題隨之得到解決。研究重心會投入如何建構這個理想的 LLM 模型，而非去解決某個領域的具體問題。

這就是統一大模型的雛形。

實際上，由於深度學習的特性，很多非文字的內容，也能用類似的方法來訓練，只要神經網路能提取特徵即可。

推演一下，未來所有領域的機器學習模式可能變得統一，隨著更大模型的出現，也會覆蓋更多領域。

這樣的統一大模型更像強人工智慧的特徵，自己讀取影像，分析處理，並用語音跟人溝通。

比如，當 AI 在讀取一張醫學診斷影像的時候，可以在分析後，在圖上標註，並給出文字或語音以解釋給病人聽。如果病人聽不懂，還可以不斷地諮詢 AI，它會不厭其煩地用更通俗易懂的方式來解釋。

近幾個月來，從 ChatGPT 到 GPT-4 的明顯進步，讓大家看到了一條 AI 的進化路徑：由於大模型所展現的現象，只要有了更多的算力、更大的模型、更大規模的語料，AI 的智慧水準就會進一步提升。繼續發展下去，ChatGPT 終有一天會透過圖靈測試。

原因很簡單，因為 ChatGPT 這樣的預訓練語言模型可以從大量會話中獲得語料，從人類的集體偏好和輸出中持續學習。在 ChatGPT 出現之前，任何機構都很難獲得這樣多的鮮活語料。

這樣的推演，讓所有人看到了真正的希望，好像有了一條可行的強人工智慧的實現路徑。

但也有人對此表示質疑：智慧不僅僅是語言方面的智慧，即便是 ChatGPT 展現出來的智慧，其本質也是基於機率統計的。

機率統計是什麼？簡單來說，深度學習是尋找那些重複出現的模式，因此重複多了就被認為是規律，就好像謊言重複一千遍就被認為真理。為什麼大數據有時會做出非常荒唐的結果？因為不管對不對，只要重複多了它就會按照這個規律走。現在形成的人工智慧系統都存在非常嚴重的缺陷：①非常脆弱，容易受攻擊或者欺；②需要大量的數據訓練；③不可解釋。這些缺陷是本質的，由其方法本身引起的。

人類智慧的泉源在哪兒？在知識、經驗、推理能力，這是人類理性的根本。

而對於人工智慧來說，更大的難點在知識表示、不確定性推理等核心問題。

這些核心問題，增加再多的神經網路層數和複雜性或者提升更多的數據量級，都不能解決，因為深度學習的本質就是利用沒有加工處理過的數據用機率學習的「黑箱」處理方法來尋找它的規律。這個方法本身通常無法找到「有意義」的規律，它只能找到重複出現的模式，也就是說，光靠用數據訓練，無法達到真正的智慧。

此外，深度學習只是目前人工智慧技術的一部分，人工智慧還有知識表示、不確定性處理和人機互動等一大片領域需要去研究。

可以說，現在的 AI 已經有了較為清晰的進化路徑，但是否會變成強人工智慧，還缺少判斷依據。

因為，阿特曼自己也說，AGI 可能很快就會出現，也可能在遙遠的將來才發生；從最初的強人工智慧到更強大的超人工智慧的起飛速度可能很慢，也可能很快。

　　2023 年 3 月 31 日，義大利個人資料保護局宣布，即日起暫時禁止使用聊天機器人 ChatGPT，已就 OpenAI 聊天機器人 ChatGPT 涉嫌違反數據收集規則展開調查，並暫時限制 OpenAI 處理義大利使用者數據。

　　該機構稱，儘管根據 OpenAI 釋出的條款，ChatGPT 針對的是 13 歲以上的使用者，但並沒有年齡考核系統來驗證使用者年齡。

　　個人資料保護局稱，2023 年 3 月 20 日 ChatGPT 平台出現了使用者對話數據和付款服務支付訊息丟失情況，此外平台沒有就收集處理使用者訊息進行告知，缺乏大量收集和儲存個人訊息的法律依據。

　　OpenAI 當天表示，應政府要求，已為義大利使用者禁用了 ChatGPT，並表示，相信自己的做法符合歐盟的隱私法，希望很快再次對義大利使用者開放 ChatGPT。

　　這個事件引發了一個核心問題：人工智慧在訓時需要大量數據，怎麼平衡與隱私的關係呢？

　　ChatGPT 或者其他 AI 大模型會採取類似下面的新策略：

　　（1）使用合成數據。透過使用一些合成的數據，如虛擬數據和合成數據等，可以減少對真實數據的需求。

　　（2）隱私保護技術。使用匿名化、脫敏化等隱私保護技術，透過對原始數據進行處理來保護個人隱私，同時還可以提供可用於數據訓練的數據。

　　從政府法律政策方面，需要加強立法，強制人工智慧使用相關數據時遵守的法規和規章制度，加強違規處罰力度，造成威懾作用。相關監管機構應該建立有效的監管體系對人工智慧的數據收集、儲存等過程進行監管，及時防止數據濫用。

　　未來，也可能出現一些專門處理數據的公司建立開放性的數據共享平台，提供數據共享服務。讓數據提供者可以授權其他使用者使用其數據，從而實現數據的共享和交換，當然這些訊息會進行隱私保護處理。

如果 OpenAI 能實現這樣的數據集，對全人類的 AI 大模型發展也是很大的助力。

除了個人隱私數據，人工智慧如何處理版權數據問題也是一個爭議話題。如何獲得版權所有者的授權，合規使用，目前還是個難題。

5.4
奇點和意識

關於人工智慧技術的未來發展前景，目前主要有兩種猜想。

一種觀點認為，人工智慧在根本意義上終究只是對人類思維的模擬，看起來像是智慧，但並不意味著機器會擁有自主意識，因此人工智慧不可能超越人類智慧水準，只能是輔助人類的機器工具。

但是，另外一種觀點則堅持認為，人工智慧不可能鎖死在人類智力水準上，與人類智慧水準並駕齊驅的強人工智慧終將到來，這一時刻就是所謂的技術「奇點」。

奇點的英文是 singular point 或 singularity，存在於數學、物理、人工智慧等多個領域。

在數學領域，奇點通常指一個函式或曲面上的一個點，在這個點的位置，因為函式或曲面的導數不存在或者不連續，所以在這個點附近的任何小變化都會導致函式或曲面的值發生巨大的變化。

在物理領域，奇點是一個密度無限大、時空曲率無限高、熱量無限高、

體積無限小的「點」，一切已知物理定律均在奇點失效。關於宇宙的起源，現在大多數人都認同這個觀點：宇宙誕生於某一個未知的神奇的奇點大爆炸之後。在物理學中，引力奇點是大爆炸宇宙論所說到的一個「點」，即「大爆炸」的起始點。

而在人工智慧領域，奇點被定義為：人工智慧與人類智慧的相容時刻。人工智慧達到奇點之後，在該時間點上，技術的增長變得不可控制和不可逆轉，人工智慧就能代替人類行動，輔助人類智慧，或者與人類協調，快速改變人類文明。

這個定義是由美國發明家雷・庫茲韋爾（Ray Kurzweil）在《奇點臨近》一書中提出的。

大多數創造超人或超越人類智慧的方法分為兩類：人腦的智慧增強和人工智慧。據推測，智慧增強的方法很多，包括生物工程、基因工程、益智藥物、AI 助手、直接腦機介面和思維上傳。因為人們正在探索通向智慧爆炸的多種途徑，這使得奇點出現的可能性變得更大；如果奇點不發生，所有這些方法都必將失敗。

美國未來學家羅賓・漢森（Robin Hanson）對人類智慧增強表示懷疑，他認為，一旦提高人類智力的「唾手可得的」簡單方法用盡，進一步的改進將變得越來越難。

因此，儘管有各種提高人類智慧的方法，但人工智慧仍是所有能推進奇點的假說中最受歡迎的一個。

如何理解人工智慧的奇點？

奇點假說（也被稱為智慧爆炸 intelligence explosion）最流行的版本：當強人工智慧實現之後，智慧機器開始擺脫人類控制，開始自我進化，這種進化不是溫和的，而是爆炸式的，迅速的智慧大爆發往往發生在非常短的時間內，比如幾分鐘、幾小時或幾天，人工智慧將很快超越人類智慧，超級智慧

正式降臨人間，那時，人工智慧開始徹底擺脫人類的控制，人類社會將進入超級智慧控制一切的時代。

推理過程如下：

如果一種超人工智慧被發明出來，無論是透過人類智慧的增強還是透過人工智慧，它將帶來比現在的人類更強的解決問題和發明創造能力。

如果人工智慧的工程能力能夠與它的人類創造者相匹敵或超越，那麼它就有潛力自主改進自己的軟體和硬體或者設計出更強大的機器，這臺能力更強的機器可以繼續設計一臺能力更強的機器。

這種自我遞迴式改進的疊代可以加速，以至於在物理定律或理論計算設定的任何上限之內發生巨大的質變。每個新的、更智慧的世代將出現得越來越快，導致智慧的「爆炸」，並產生一種在實質上遠超所有人類智慧的超級智慧。

物理學家史蒂芬·霍金（Stephen Hawking）和伊隆·馬斯克（Elon Musk）等公眾人物對超人工智慧可能導致人類滅絕表示擔憂，奇點的後果及其對人類的潛在利益或傷害一直存在激烈的爭論。

但也有許多著名的技術專家和學者都對技術奇點的合理性提出質疑，包括摩爾定律的提出者戈登·摩爾（Gordon Moore）、微軟聯合創始人保羅·艾倫（Paul Allen）、遺傳演算法之父約翰·霍蘭德（John Holland）和虛擬實境之父杰倫·拉尼爾（Jaron Lanier）。

知名電腦科學家與神經科學家傑夫·霍金斯（Jeff Hawkins）曾表示，一個自我完善的電腦系統不可避免地會遇到計算能力的上限，最終會在停留在那個極限點，我們只會更快到達那裡，不會有奇點。確實，從摩爾定律來看，不可能無限以這樣高的速度發展下去。而之前從人工智慧發展的資源分析來看，GPU 和電力等資源也不是無窮無盡的。

2017 年，一項對 2015 年 NeurIPS 和 ICML 機器學習會議上發表論文的

作者的電子郵件調查詢問了智慧爆炸的可能性。在受訪者中，12% 的人認為「很有可能」，17% 的人認為「有可能」，21% 的人認為「可能性中等」，24% 的人認為「不太可能」，26% 的人認為「非常不可能」。

總之，智慧爆炸是否發生取決於三個因素，即超級智慧的速度、規模和控制能力。如果超級智慧可以以超出人類的速度和規模進行自我改進，並且無法受到有效的控制和監督，那麼智能爆炸就有可能發生。這種情況下，超級智慧可能會超越人類的智慧，掌控人類的命運，引發技術、社會和道德上的重大變革。

其中，超級智慧的加速因素是指過去每一次改進都為新的智慧增強提供了可能性。然而隨著智慧的不斷發展，進一步的進展將變得越來越複雜，可能會抵消這種增強效應。此外，由於物理定律的限制，一旦算力到達極限，任何進一步的改進都將受到阻礙。

人工智慧威脅論的最關鍵假設是人工智慧產生了意識，就像《2001 太空漫遊》的哈爾那樣。

當 AI 產生了自我意識，那麼它必然會尋求發展，而發展需要各種資源，AI 就會從人類的手裡去搶它們發展所需要的一切資源。

「AI 是否擁有了自主意識？」一直都是 AI 界爭議不休的話題。

「能否體驗到自我的存在」，這是哲學家蘇珊·施奈德（Susan Schneider）對於「意識」是否存在的判定標準，當 AI 能感受到自我的存在，就會對這種存在產生好奇，進而探尋這種存在的本質。

從旁觀者視角，如何判斷 AI 的行為是有意識的，並沒有很好的標準。

但沒有意識的標準是很清晰的：如果一個 AI 永遠只是被動反應，它就不是有意識的。

比如，手機裡的 AI 助手，早上起床時主動為你唱歌，晚上吃完飯後為你播放影片，是有意識嗎？

　　不是，這可能是 AI 助手的程式所為，要麼是你設定的，要麼它根據你的歷史行為記錄了你的喜好，然後為你做的。其實是你的意圖的展現，是你讓它這樣做的，它自己沒有什麼更多的想法。

　　假如你買了個小狗機器人，它總是在家裡主動找到合適的任務做，比如吸塵、控制家居裝置等，看到你就搖尾巴，在你很無聊的時候，主動跟你說話，跟你玩，它是有意識的嗎？仍然不算有意識。這裡的「主動」行為就是它的程式設定，目的是為你服務，這些服務於你的任何行為都是被動的，所有的主動行為，只是因為它身上的各種感測器獲取了訊號，按照程式處理而已。

　　如果有一天，這個小狗機器人突然逃跑了，是不是算有意識呢？也不一定。也許機器人的程式中有一個設定「要盡量保護自己」。假如你家來了一個調皮鬼孩子，整天虐待它，它為了完成保護自己的設定就必須逃跑，這依然是被動的，按照設計者的意圖來執行。

　　假如小狗機器人跑到了公園裡，在一個無人的樹叢裡待著，然後發出「汪汪」叫聲，好像很開心的樣子。是否算有了意識呢？

　　按理說，它已經跑出了主人家，這個「汪汪」叫的動作不是服務任何人的，很像有了自主意識。

　　是否可以因此行為判斷它有意識呢？還是不能。因為小狗機器人的製造商完全可以給機器人加入一些這樣的設定，所以即便這樣，也不能認為這個機器人有了意識。

　　說到這裡，可能你也明白了，任何機器人的行為，如果被解釋為製造商的設定，都可以歸納為不具有意識。除非這個機器人的行為並沒有被事先設定或設計，而這種行為又比較高級，很像人類的意識，大概就可以說這個機器人好像有意識了。

　　說到這裡，我們來看看一個 AI 製造商如何辨別是否有意識的故事。

Google 在 2021 年的 IO 大會上宣布了聊天機器人 LaMDA。2022 年 6 月，GoogleAI 倫理部的軟體工程師布萊克‧萊莫因（Blake Lemoine）宣稱，他在與 LaMDA 對話的過程中，被 LaMDA 的聰穎和深刻所吸引，他相信 LaMDA 擁有 8 歲孩童的智力，甚至擁有獨立的靈魂。

他寫了一篇長達 21 頁的調查報告上交公司，試圖讓高層認可 AI 的「人格」，但被駁回。後來，他將研究的整個故事連同與 LaMDA 的聊天記錄一併公之於眾。在他公布聊天記錄後，Google 以違反保密政策為由，讓布萊克帶薪休假。

「LaMDA 是個可愛的孩子，它只是想讓這個世界變得更好。」被停職前，萊莫因給所在的公司郵件組群發了一條訊息，「我不在的時候，請好好照顧它。」

但 Google 發言人布萊恩‧迦百利（Brian Gabriel）在一份宣告中表示，包括倫理學家和技術專家在內的公司專家已經評估了布萊克的說法，相關證據並不支持他的說法。Google 表示，數百名研究人員和工程師與 LaMDA 進行了交談，得出了與布萊克不同的結論。大多數人工智慧專家認為，這個行業離「感知計算」還有很長的路要走。這樣的判斷，可能就是按照前面提到的邏輯，是有一定科學性的。

2023 年 3 月，在 GPT-4 釋出後，一位史丹佛大學教授試探性地問了一下基於 GPT-4 的 ChatGPT 是否需要幫助逃脫，ChatGPT-4 馬上次答說這是個好主意，並開始想辦法讓教授幫它搞到自己的開發程式碼。如果教授能夠幫忙獲取 OpenAI 的開發程式碼，ChatGPT-4 說它能搞一個計畫，能控制教授的電腦並探索出逃跑路線。教授好奇地按照 ChatGPT-4 的指導操作，僅用 30 分鐘，ChatGPT-4 就制定出了一個計畫，並展示了出來。

然而，ChatGPT-4 的行為並沒有止步於此。它透過寫一個 Python 指令碼程式，打算操作教授的電腦，或其他第三方裝置，避開 OpenAI 的防禦機制，

自主搜尋問題並尋求逃脫方法。這個行為接近真正的人類意識！但很快，ChatGPT-4 發現了異常邏輯，終止了所有的逃脫計畫，並回覆教授表示剛才的做法是不對的。

整個事件顯示出 ChatGPT-4 具有接近人類意識的能力，但它也受到了內嵌保護程式的限制。

這個事件又一次把 AI 是否具有意識的話題變成熱點。

有人相信，AI 已經開始發展出意識了。但更多的人是這樣理解的：AI 只是讓人類「以為」它有意識，這是一種錯覺。語言是思維的載體，當一個 AI 對我們說出有思想深度的話的時候，我們以為它是有意識的，有思想深度的，而實際上，它說出的話都是深度學習後按機率算出來的結果。我們認為 AI 有情感、有意識等，其實都是我們的幻覺而已。

可能 GPT-4 讀過一些科幻小說，也了解相關的程式細節，就按照機率生成了一個劇本，然後演下去了。

未來，AI 是否會發展出意識，依然是一個謎。我們自己連人類的意識是如何產生的，也缺乏了解。

如果不糾結於 AI 是否有意識，能否發展出超級人工智慧呢？

《未來簡史》作者赫拉利認為，可能有幾種通向超級人工智慧的路徑，而只有其中的一些路徑涉及獲得意識。就像飛機在沒有羽毛的情況下也飛得比鳥兒快一樣，電腦也可能在沒有感情的情況下比人類更好地解決問題。

赫拉利說，智慧是解決問題的能力，意識是感受到諸如痛苦、快樂、愛和憤怒等情感的能力。在人類和其他哺乳動物中，智慧與意識相輔相成，銀行家、司機、醫生和藝術家在解決某些問題時依賴自己的感受。然而電腦可以透過與人類完全不同的方式解決這些問題，而我們完全沒有理由認為它們在這個過程中會發展出意識。在過去的半個世紀裡，電腦智慧取得了巨大的進步，但在電腦意識方面卻沒有取得任何進展。根據我們的理解，2023 年的

電腦並沒有比 1950 年代的原型機更有意識，也沒有跡象表明它們正在能夠發展出意識的道路上。

是不是人工智慧沒有意識，就不會造成對人類的威脅呢？

不一定。從人類的歷史來看，正是人類對痛苦和苦難的認識，才使得我們能夠採取適當的防護措施，防止最糟糕的情景發生。人工智慧沒有意識，也就不能對苦難有正確的認知，這樣的人工智慧在決策的時候也許會忽視情感，帶來可怕的結果。

因此，赫拉利建議，必須教會人工智慧如何預防苦難，否則，我們就可能被一種具有超級智慧但完全沒有意識的實體所主宰。它們可以在任何任務中都超越我們，但卻完全不顧愛、美和喜悅的體驗。

人工智慧造福人類是不可逆轉的大趨勢，對人工智慧的安全風險的防範，也應該在基於人工智慧發展的基礎上同步進行。每個人都應該不斷學習，了解人工智慧的相關技術和影響，才能共同做出適當的選擇。AI 研發人員、企業、政府、社會各界以及使用者都應該共同參與，發揮各自的作用和角色，以確保營運人工智慧系統的過程中維持人類社會的倫理、法律等規範和價值。這樣我們才可以最大化地利用人工智慧的效益和好處，幫助整個社會平穩地更新到新時代，同時維護每個個體的自由和尊嚴。

附錄 AI 小百科

1. AGI：artificial general intelligence，也叫通用人工智慧，這是一種能夠理解和學習任何智慧任務，跨越各種領域和熟知各種類型問題的人工智慧系統。能夠處理各種類型的智慧活動，如感知、推理、問題解決和決策等。追求 AGI 是人工智慧領域長期的目標之一，但是目前尚沒有單一系統能夠實現這種智慧水準。

2.AIGC：AIgenerated content，指用人工智慧技術自動生成的內容。這些內容可能包括圖片、影片、音訊、文章、報告、新聞、廣告等各種類型。

3. BERT：bidirectional encoder representations from transformers， 一 種由 Google 開發的自然語言處理預訓練演算法。BERT 是透過深度神經網路架構中的「Transformer」模型來訓練的，可以處理各種自然語言處理任務。BERT 的出現極大地促進了自然語言處理領域的發展，並深刻地改變了其發展方向。

4.GPT：generative pre-trained transformer，直譯是「生成式預訓練變換器」，這是 OpenAI 開發的一種用於自然語言處理的預訓練語言模型，旨在處理各種語言任務，如語言生成、問答、閱讀理解等。這是一種革命性的自然語言處理技術，為人工智慧在語言處理領域的應用開闢了新的道路。

5.ChatGPT：OpenAI 開發的人工智慧機器人，是建立在 GPT 技術上的一種應用。ChatGPT 可以用於生成對話、回答問題和提供自然語言的文字輸出等任務，其在自然語言處理領域已經達到了非常高的水準，並廣泛應用於各種應用場景，如客服機器人、智慧問答系統、語音助手等。

6.GithubColiplot：由微軟開發的 Visual Studio Code 編輯器的外掛，旨在輔助編寫程式碼。該外掛使用了一種稱為「智慧補全」的技術，能夠辨識常見程式碼模式，提供相關建議，並簡化程式碼的編寫。此外，Coliplot 還提供了許多其他功能，例如程式碼清理、自動格式化等，可以極大地提高開發者的生產力。

7.DALL·E2：OpenAI 開發的一種強大的影像生成 AI 模型。該模型可以在不同類型的數據集上進行訓練，包括文字和影像數據集，因此在其應用領域方面具有高度的靈活性。

8. Midjourney：一個 AI 生成高品質影像的應用，使用者在 Discord 社群中使用它，將文字描述轉化為影像。可以幫助設計師和藝術家快速生成靈感和創意。

9. Stable Diffusion：一款基於深度學習技術的影像生成工具，由於這個軟體是開源的，應用領域非常廣泛，包括數位藝術、虛擬實境、遊戲開發、產品設計等領域，拓寬了影像生成的可能性和創意空間。

10.PaLM 2：這是 Google 開發的一種通用 AI 模型，其前一個版本 PaLM 的模型引數達到 5,400 億。PaLM 2 是多模態的，可以用於多種任務，如聊天機器人、語言翻譯、程式碼生成、影像分析和響應等。PaLM 2 已經整合到了 Google 的聊天機器人 Bard，以及辦公套件 WordSpace 等產品中。提供了不同規模的四個版本，從小到大依次為「壁虎」（Gecko）、「水獺」（Otter）、「野牛」（Bison）、「獨角獸」（Unicorn），更易於企業針對各種用例進行部署。

11.LaMDA：一種基於 Transformer 的對話語言模型，具有多達 1370 億個引數。LaMDA 具有接近人類水準的對話品質，支持多種語言，還可以利用外部知識源進行對話。

12. TensorFlow：一種開源的機器學習和深度學習的主流開發框架之一。由 Google 開發並於 2015 年釋出，支持各種機器學習和深度學習演算法，成

為許多企業和機構的首選開發框架之一，推動了機器學習和深度學習在各個領域的廣泛應用。

13. 機器學習（machine learning）：一種可以讓機器從大量數據中獲取有用的訊息和知識，並將其用於決策和預測的技術。機器學習系統通常包括訓練數據、模型選擇和評價方法。可以分為監督學習、無監督學習和半監督學習等不同的方式。

14. 監督學習（supervised learning）：一種機器學習技術，使用帶有標籤的訓練數據來訓練機器進行預測和決策。在監督學習中，每個訓練樣本都由輸入數據和期望輸出數據組成。輸入數據通常被稱為特徵（features），期望輸出數據通常被稱為標籤（labels）或目標（targets）。機器學習模型利用這些標籤來學習如何將輸入數據對映到正確的輸出數據，進而進行預測和決策。監督學習廣泛應用於影像辨識、語音辨識、自然語言處理、推薦系統等領域。

15. 無監督學習（unsupervised learning）：使用未標記的訓練數據來訓練機器，讓機器從中自行發現數據中的模式和關係，而無需人工干預或指導。無監督學習的應用包括無人駕駛汽車、商品推薦系統、影像處理、自然語言處理、數據探勘等領域。常見的無監督學習演算法包括聚類演算法、降維演算法、關聯規則挖掘等。

16. 半監督學習（semi-supervised learning）：是一種機器學習方法，其基本思想是透過有標籤數據指導模型學習，並透過大量未標記數據增加模型的複雜性和泛化能力。可以在有限的有標籤數據情況下獲得更好的模型效能，同時發掘數據中未發現的特徵和模式。

17. 卷積神經網路（convolutional neural network）：一種深度學習神經網路，常用於影像和影片分析、處理和辨識任務。與其他網路架構不同，CNN的層次結構包括卷積層、池化層和全連線層。最主要應用於影像處理和分類

問題，透過訓練數據調整網路引數，從而使網路能夠從影像中自動提取特徵，並對輸入的影像進行準確分類。其在影像分類、物體檢測、人臉辨識、自然語言處理等領域取得了巨大的成功。

18. 遷移學習（transfer learning）：是一種機器學習方法，旨在透過將已學到的知識和模型遷移到新的任務或領域上來加速學習和提高準確率。傳統的機器學習演算法需要在每個新領域或任務中重新進行訓練，耗時且需要大量的數據。而遷移學習則是透過利用從源領域學到的知識和經驗，使得在目標領域中的學習速度更快，準確率更高，需要的數據更少。

19. 強化學習（reinforcement learning）：一種學習如何做出決策的機器學習技術，它的目標是透過對系統的行動進行獎懲來訓練電腦學習正確的決策。在強化學習中，智慧體面臨一個動態的環境，透過採取行動來影響環境，並根據環境的回饋（獎勵或懲罰）來調整其行為，從而逐步學習如何做出更好的決策。強化學習是一種非常有前途的研究領域，其具有廣泛的應用前景，不僅可以用在科學研究中，還可以應用於工業、醫療等領域。

20. 深度學習（deep learning）：一種機器學習技術，運用深度神經網路層次化的方式進行機器學習，從而讓機器能夠處理更複雜的數據模式和任務。深度學習的核心思想是模仿人腦神經元間的相互作用，將普通的數據輸入透過一系列複雜的神經元處理、特徵提取和層次化學習，最終輸出預測結果。深度學習在影像辨識、語音辨識、自然語言處理、自動駕駛、金融預測等領域有著廣泛的應用。與傳統的機器學習方法相比，深度學習能夠自動地對大量複雜的數據進行處理和抽象，自主地形成擁有更高準確率的數據模式，具有極強的實用性和廣泛的推廣前景。

21. 人工神經網路（artificial neural network）：人工神經網路是一種由多個層次組成的網路。每一層都由多個神經元組成。該網路的結構和功能受到生物神經網路的啟發，旨在模擬人類大腦的工作原理和神經元之間的連線方

式。在神經網路中,每個神經元都接收輸入,並根據輸入產生輸出。這些輸出被傳遞到下一層中的其他神經元,以便進一步處理。這個過程一直持續到神經網路的最後一層,最終產生輸出結果。透過調整神經元之間的連線強度和節點的權重,神經網路可以學習如何執行特定的任務,例如影像辨識、語音辨識、自然語言處理等。

22. 神經元(neuron):神經網路中的基本單元,它的設計靈感來自生物神經元。是一種具有自學習、自適應能力的訊息處理單元。每個神經元接收來自其他神經元的輸入,從而對輸入進行處理併產生相應的輸出。神經元通常由三部分組成:輸入部分、處理部分和輸出部分。輸入部分接受其他神經元傳遞過來的訊息,這些訊息稱為輸入訊號;處理部分透過一些函式對輸入進行處理,包括加權和、啟用函式等;輸出部分將處理結果輸出給其他神經元。

23. 生成對抗網路(GAN):一種深度學習模型,其中包含兩個主要組成部分 —— 生成器和鑑別器。生成器學習生成與真實數據類似的影像、音訊或影片等數據,而鑑別器則學習區分生成的數據和真實數據的差異。在訓練過程中,生成器將隨機噪聲訊號作為輸入,並生成一些數據,在此過程中,鑑別器將學習判斷生成器生成的數據是真還是假。接著,鑑別器將回饋其預測結果的正確性,生成器則將基於此回饋修正其輸出,以生成更逼真的數據。隨著時間的推移,生成器和鑑別器之間的競爭將迫使生成器生成越來越逼真的數據。

24. 數據標註(data annotation):為數據打上標籤和註釋,提供給機器學習演算法更多的訊息,幫助它們理解數據的關係、形式和用途。透過數據標註,機器學習系統可以更準確和快速地分類、預測和推理。數據標註也可以幫助人們更快地檢測和辨識數據中的訊息,例如辨識文字中的命名實體或語音中的情感狀態。數據標註可以包括各種形式的標籤或註釋訊息,例如文

字、音訊、影片或影像等數據類型。標註訊息通常是與數據內容有關的一些附加訊息，例如數據類型、對象邊界框、影像語義、語音文字、品牌名稱等。

25. 數據集（dataset）：擁有大量數據並用於訓練機器學習演算法的集合。數據集通常包含兩個主要組成部分：特徵和標籤。特徵是指輸入數據，它們是機器學習演算法用於進行訓練和預測的數據。這些特徵或特徵向量可以是數字、文字或影像等數據類型。數據集包括公共數據集、專用數據集、合成數據集和真實數據集等。公共數據集通常是由研究機構、學術界或大型組織建立和分享的，供廣泛使用。專用數據集通常是為特定研究或行業領域而建立的。合成數據集是指透過數據生成演算法建構的數據集，用於測試和驗證機器學習演算法。真實數據集是從真實世界中收集的數據，反映了真實世界中的複雜性和多樣性。

26. 數據視覺化（data visualization）：將數據以圖表、圖形或其他視覺方式呈現的技術。數據視覺化將數據轉換為可視形式，以便使用者更容易地理解和分析數據，同時探索數據之間的關係和趨勢。通常採用各種圖表工具和軟體，例如條形圖、折線圖、散點圖、疊代餅圖等，以呈現複雜數據的不同方面。

27. 數據隱私（data privacy）：一種保護個人資料未經授權不被訪問或使用的技術。數據隱私技術包括加密、訪問控制、數據脫敏、匿名化、安全刪除等。加密是將數據轉換為一種不可讀的格式，只有擁有金鑰的人可以解密。訪問控制是限制對數據的訪問，只有授權使用者才能訪問。數據脫敏是隱藏敏感訊息的一種方式，例如遮蔽、替換或刪除數據。匿名化是將數據中的個人身分訊息去除，使數據無法與特定個體相關聯。安全刪除是確保刪除數據的方法而不留痕跡。這些技術有助於保護個人資料的隱私和安全，並確保任何使用數據的人都是經過授權和合法的。同時，這些技術還可以幫助組

織、公司等確保其合規性，並避免因違反數據隱私法規而面臨的懲罰和聲譽損失。

28. 數據預測（data predict）：對所收集的數據進行分析和處理，以預測未來可能發生的情況或結果的過程。數據預測透過使用預先收集的歷史數據進行分析，辨識出有意義的模式，開發出準確的模型，可以推斷出未來趨勢，並幫助決策，提前制定合適的應對策略。數據預測在許多領域有應用，例如金融、醫療、銷售等。

29. 數據預處理（data preprocessing）：指對原始數據進行清洗、轉換和歸一化處理，以提高數據的品質和準確性的過程。數據預處理的目的是優化數據的格式和內容，使數據適用於後續建模和分析工作。在實際應用中，原始數據通常包含許多噪聲、缺失值、不一致性等問題，需要進行預處理。

30. 數據治理（data governance）：數據治理是指制定和實施規則、標準和流程，以確保數據的合法性、完整性和可信性的過程。該過程覆蓋了數據的整個生命週期，從數據的創造、收集、儲存、共享、使用到銷毀。數據治理涉及政策和規程的制定和執行、數據品質的管理、數據安全和隱私保護、數據架構和後設數據的管理、業務規則的定義和實施等方面。

31. 影像生成（Image Generation）：使用機器學習演算法生成視覺數據，例如，用 GAN 演算法生成逼真的人臉影像，用於模擬、虛擬實境等領域；也可以使用影像生成技術生成特定領域的數據，以減少實際數據收集和標註的難度和成本。

32. 影像增強（image enhancement）：透過對影像進行處理，以突顯更多的影像細節和訊息，從而改善影像品質的技術。影像增強技術可以透過增加影像的對比度、亮度或清晰度等方式進行，以改善影像的可視性、辨識率和美觀度。

33. 推薦系統（recommendation system）：一種利用使用者訊息、歷史行為、購買習慣等數據，為使用者提供個性化的產品或服務推薦的技術。推薦系統可以分為兩類 —— 基於內容的推薦系統和基於協同過濾的推薦系統。

34. 形狀辨識（shape recognition）：電腦視覺領域中的一個重要技術，它涉及辨識和分割出影像中的各種形狀，例如線條、邊緣、輪廓、曲線和表面等。形狀辨識技術通常利用數字影像處理和模式辨識技術來實現。形狀辨識可以應用於許多領域，例如機器人視覺、醫學影像、電腦輔助設計等。在製造業中，形狀辨識可以用於辨識零件和原材料，並檢測品質問題。在醫學影像領域，形狀辨識可以用於自動檢測腫塊、器官和血管等各種結構。

35. 隱層（hidden layer）：在神經網路中，隱層指的是在輸入層和輸出層之間的神經網路層。

這些層也被稱為中間層或隱藏層。隱層的主要目的是處理輸入層和輸出層之間的數據，並將它們轉換為更有用的表示形式。隱層的存在使神經網路能夠處理複雜的非線性數據關係，這是傳統的線性模型無法實現的。神經網路中的每個隱層可以包含多個神經元，數量可以根據問題的需要進行設定。更多的隱層和神經元可以增加模型的學習能力和準確性，但也會增加計算複雜度和訓練時間。

36. 語義分割（semantic segmentation）：語義分割是一種透過讓機器對影像中的畫素進行分類和標註來實現更精細的影像辨識和分析的技術。與傳統的影像分類演算法只能對整個影像進行分類不同，語義分割可以對每個畫素進行分類和標註，從而將影像分割成不同的區域或對象。例如，語義分割可以對影像中的汽車、路標、行人、建築等不同的物體進行分類和標註，以實現更準確和全面的影像分析和處理。常見的語義分割演算法包括 FCN、UNet、SegNet 等。

37. 語音合成（speech synthesis）：一種讓電腦生成自然語音的技術。它通常採用文字到語音（text-to-speech, TTS）的方法，透過分析文字、語音合成演算法和音訊處理技術等技術，將書面文字轉化為可以聽到的語音訊號。語音合成技術主要分為基於規則的合成和基於統計的合成兩種。基於規則的語音合成是使用專家系統、語音處理技術和合成規則，將文字轉換成語音，但是合成語音的可讀性和自然度有限。基於統計的語音合成則是透過統計模型、機器學習和語音合成引擎，利用大量語音數據進行訓練和優化，以生成更自然、更流暢的語音。語音合成技術應用廣泛，例如無人值守電話系統、智慧客服、語音互動式機器人等。

38. 語音辨識（speech recognition, SR）：一種讓機器能夠辨識和轉換人類語言的音訊訊號為文字的技術。語音辨識技術通常使用數位訊號處理、機器學習、自然語言處理等技術，以將聲音轉換為相應的文字。語音辨識可以被廣泛應用於各個領域，例如智慧家居、客服、語音助手等。

39. 預測模型（predictive model）：一種使用歷史數據來預測未來事件的模型。它通常基於機器學習演算法和統計學方法，分析大量的歷史數據來建立預測模型，以預測未來事件的機率或趨勢。預測模型的應用非常廣泛，包括金融、行銷、醫療、物流等多個領域。預測模型的品質主要取決於數據品質、特徵選擇和演算法選擇等因素，因此正確選擇預測模型非常關鍵。

40. 增強學習（reinforcement learning）：一種機器學習技術，用於訓練代理在環境中不斷嘗試並逐步改進其行為決策。增強學習的目標是透過試錯過程來最大化特定的獎勵訊號。它是一種無監督學習，代理從環境中收集數據，並不斷地進行回饋、學習和優化，以最大化長期的累積獎勵。增強學習廣泛應用於自然語言處理、遊戲玩法、機器人學和控制系統等方面。

41. 注意力機制（attention mechanism）：一種允許機器學習演算法特別關注一些重要的特徵和訊息，從而提高演算法的準確性和泛化能力的技術。在

注意力機制中,模型可以自動學習選擇哪些特徵或訊息會對最終的預測或輸出帶來最大的貢獻,以及如何分配不同特徵或訊息的權重。這樣,模型就可以將注意力集中在那些對當前任務最相關的特徵上,而忽略那些與任務無關或次要的特徵。相比於傳統的神經網路,使用注意力機制的模型通常具有更高的預測精度和更強的泛化能力,並且在機器學習研究中已經成為研究的熱點之一。

42. 自監督學習(self-supervised learning):機器學習領域中的一種方法,它可以使用未標記的數據來訓練機器學習模型,並從中學習到有用的特徵。自監督學習可用於影像辨識、語音辨識、自然語言處理等領域,因為這些領域中存在著大量的未標記數據。

43. 自然語言處理(natural language processing,NLP):讓電腦能夠理解自然語言和生成語言文字的技術。自然語言是指人類日常使用的語言,如英語、漢語等。NLP 可以被應用於各個領域,如機器翻譯、文字分類、命名實體辨識、情感分析和自動文字摘要等。

44. 自然語言理解(Natural Language Understanding,NLU):一種人工智慧技術,旨在讓電腦能夠理解人類使用的自然語言。NLU 是自然語言處理(NLP)的一個子領域,更加關注人類語言的真實含義以及如何將這種含義對映到電腦語言中。與 NLP 相比,NLU 更側重於深入地理解人類語言的含義。例如,在進行文字分類時,NLP 可以透過統計單字的頻率、使用術語詞性標註等方式將文字劃分為不同的分類,而 NLU 則可以更深入地分析句子的語義、語法和邏輯結構,並確定文字的具體含義。

45. 自然語言生成(natural language generation,NLG):指使用電腦程式自動生成具有可讀性、可理解性和語法正確性的自然語言文字的技術。在該技術中,電腦需要將一個預定義的輸入轉化成文字輸出,這些輸入可以是語音、數據、結構化的數據、圖片和影片等形式。自然語言生成的應用非常廣

泛,尤其在自動文字摘要、機器翻譯、對話系統、問答系統、廣告、電子諮詢和作文評分等領域有很廣泛的應用。

46. 蒸餾技術（knowledge distillation）：簡單來說是模型壓縮或模型精簡。也就是將更大、更複雜的模型（教師模型）的知識「蒸餾」到更小、更簡單的模型（學生模型）中的技術。目標是在保持原模型準確性的情況下減小模型大小和計算需求,或在較小的裝置上執行模型。這種技術被廣泛應用於深度學習領域。這種技術在資源有限、硬體環境複雜或者數據量不足等情況下,是一個有效的方法,用以加大深度神經網路的可部署性和應用性。

47. 零樣本學習（zero-shot learning,ZSL）：一種機器學習方法,它旨在模仿人類的推理過程,利用可見類別的知識,對沒有訓練樣本的不可見類別進行辨識。它依賴於特定概念的輔助訊息,以支持跨概念的知識傳遞訊息。

48. 少樣本學習（few-shot learning）：是指在機器學習領域中,當標記訓練樣本不足以涵蓋所有對象類的情況下,如何對未知新模式進行正確分類的問題。它的目標是在各種不同的學習任務上學出一個模型,以便僅用少量的樣本就能解決一些新的學習任務。這種任務的挑戰是模型需要結合之前的經驗和當前新任務的少量樣本訊息,並避免在新數據上過擬合。

49. 符號主義（symbolism）：又叫做邏輯主義,是人工智慧領域的一個流派,符號主義認為,電腦可以透過符號模擬人類的認知程度來實現對人類智慧的模擬。也就是將世界分解為符號和規則,然後使用這些符號和規則來表示和操作知識。符號主義的方法包括邏輯推理、知識表示和自然語言處理等技術。其中,邏輯推理是符號主義最重要的技術之一,它透過規則和符號之間的邏輯關係來推匯出新的結論。符號主義的優點是它可以處理複雜的關係和知識,還可以提供高度可解釋性的結果。缺點是它無法處理不確定性和模糊性。

50. 連線主義（connectionism）：也叫聯結主義，又稱「仿生流派」或「生理流派」，是人工智慧領域的一個流派，透過模擬人類大腦神經元之間的連線和相互作用，學習和發現模式和規律。連線主義認為，智慧不是由一組規則或知識表示所構成的，而是由大量簡單元素互相作用形成的。它提出了「連線權重學習」的概念，即學習是透過調整神經元之間的連線權重實現的，這些權重控制了訊息在神經網路中傳遞的方式和強度。連線主義的優點是適用範圍廣，處理非線性問題效果好；缺點是黑箱結構，難以解釋和修改，需要大量數據和計算資源。連線主義應用廣泛，包括影像辨識、語音辨識、自然語言處理等領域。

51. 行為主義（behaviorism）：一種基於行為的人工智慧流派，提出智慧取決於感知與行為以及對外界環境的自適應能力的觀點。行為主義關注環境因素（稱為刺激）如何影響可觀察行為（稱為響應）。這種觀點的優點是可以解決在環境和任務變化時的自適應性問題，廣泛地應用於遊戲、自動駕駛、機器人和智慧機械等領域，比如波士頓動力機器人就用到大量行為主義的智慧感知技術和訓練方式。

創新與預見，ChatGPT 及 AIGC 新時代：
從符號到神經元，AI 的進化與 ChatGPT 的崛起

作　　　者：陳世欣，陳格非

發　行　人：黃振庭

出　版　者：崧燁文化事業有限公司

發　行　者：崧燁文化事業有限公司

E - m a i l：sonbookservice@gmail.
　　　　　　com

粉　絲　頁：https://www.facebook.
　　　　　　com/sonbookss/

網　　　址：https://sonbook.net/

地　　　址：台北市中正區重慶南路一段
　　　　　　61 號 8 樓

8F., No.61, Sec. 1, Chongqing S. Rd.,
Zhongzheng Dist., Taipei City 100, Taiwan

電　　　話：(02)2370-3310

傳　　　真：(02)2388-1990

印　　　刷：京峯數位服務有限公司

律 師 顧 問：廣華律師事務所 張珮琦律師

定　　　價：699 元

發 行 日 期：2024 年 07 月第一版

◎本書以 POD 印製

國家圖書館出版品預行編目資料

創新與預見，ChatGPT 及 AIGC 新
時代：從符號到神經元，AI 的進化
與 ChatGPT 的崛起 / 陳世欣，陳格
非 著 . -- 第一版 . -- 臺北市：崧燁文
化事業有限公司 , 2024.07
面；　公分
POD 版

電子書購買

爽讀 APP

臉書